# Eisenbahn-Verkehrsordnung.

# Eisenbahn-Verkehrsordnung.

## (E. V. O.)

**Gültig vom 1. April 1909 ab.**
(Reichs-Gesetzblatt 1909 S. 93 ff.)

**Im Reichs-Eisenbahn-Amt durchgesehene Ausgabe**
(unter Berücksichtigung der bis Ende April 1911 im Reichs-Gesetzblatt veröffentlichten Änderungen und Ergänzungen).

**1911**
**Springer-Verlag Berlin Heidelberg GmbH**

ISBN 978-3-662-33622-9 ISBN 978-3-662-34020-2 (eBook)
DOI 10.1007/978-3-662-34020-2

Additional material to this book can be downloaded from http://extras.springer.com

# Inhaltsverzeichnis.

---

## Anlagen zu dieser Ausgabe:



---

## Abkürzungen.

HGB. = Handelsgesetzbuch.
IÜ. = Internationales Übereinkommen über den Eisenbahnfrachtverkehr.

## Bekanntmachung des Reichskanzlers,

betreffend die

**Eisenbahn-Verkehrsordnung. Vom 23. Dezember 1908.**

---

Gemäß dem vom Bundesrat in der Sitzung vom 17. Dezember 1908 auf Grund des Artikels 45 der Reichsverfassung gefaßten Beschlusse tritt mit dem 1. **April 1909** an die Stelle der Eisenbahn-Verkehrsordnung vom 26. Oktober 1899 die nachstehende

# Eisenbahn-Verkehrsordnung.

## I.

## Eingangsbestimmungen.

### § 1.

### Geltungsbereich.

Die Eisenbahn-Verkehrsordnung (abgekürzte Bezeichnung: EVO.) gilt auf allen dem öffentlichen Verkehre dienenden Haupt- und Nebeneisenbahnen Deutschlands. Für den internationalen Verkehr gilt sie nur soweit, als er nicht durch besondere Bestimmungen geregelt ist.

### § 2.

### Ausführungsbestimmungen. Abweichungen. Vorläufige oder vorübergehende Änderungen.

(1) Ausführungsbestimmungen können von der Eisenbahn mit Genehmigung der Landesaufsichtsbehörde getroffen werden.

(2) Abweichungen können in Berücksichtigung besonderer Verhältnisse von der Landesaufsichtsbehörde nach Zustimmung des Reichs-Eisenbahnamts für einzelne Bahnstrecken, Stationen, Fahrzeuge, Züge oder Zuggattungen, sowie für gewisse Abfertigungsarten genehmigt werden.

(3) Solche Ausführungsbestimmungen und Abweichungen bedürfen zu ihrer Gültigkeit der Aufnahme in den Tarif. Auch die Genehmigung muß aus dem Tarife zu ersehen sein.

(4) Vorläufige oder vorübergehende Änderungen einzelner Vorschriften dieser Ordnung können, sei es allgemein, sei es nur für bestimmte Bahnstrecken oder Verkehrsbeziehungen, vom Reichs-Eisenbahnamt im Einverständnisse mit den beteiligten Landesaufsichtsbehörden verfügt werden. Solche Verfügungen müssen im Reichs-Gesetzblatte veröffentlicht, auch sollen sie im Reichsanzeiger bekannt gemacht werden.

---

Zu § 1 vgl. HGB. §§ 454, 473, IÜ. Art. 1 und Schlußprotokoll zum IÜ. Ziff. 1.

Zu § 2 vgl. HGB. § 471.

## II.

## Allgemeine Bestimmungen.

### § 3.

### Pflicht zur Beförderung.

(1) Die Beförderung kann nicht verweigert werden, wenn

1. den geltenden Beförderungsbedingungen und den sonstigen allgemeinen Anordnungen der Eisenbahn entsprochen wird;
2. die Beförderung nicht nach gesetzlicher Vorschrift oder aus Gründen der öffentlichen Ordnung verboten ist;
3. die Beförderung mit den regelmäßigen Beförderungsmitteln möglich ist;
4. die Beförderung nicht durch Umstände verhindert wird, die als höhere Gewalt zu betrachten sind.

(2) Gegenstände, die sich nach der Anlage oder dem Betriebe der beteiligten Bahnen nicht zur Beförderung eignen, braucht die Eisenbahn zur Beförderung nicht anzunehmen.

(3) Gegenstände, deren Ein- oder Ausladen besondere Vorrichtungen erfordert, braucht die Eisenbahn nur auf und nach solchen Stationen anzunehmen, wo die Vorrichtungen vorhanden sind.

### § 4.

### Züge.

(1) Zur Beförderung dienen die regelmäßig nach bestimmtem Fahrplan und die nach Bedarf verkehrenden Züge.

(2) Die Ausführung von Sonderfahrten auf Bestellung unterliegt dem Ermessen der Eisenbahn.

### § 5.

### Haftung der Eisenbahn für ihre Leute.

Die Eisenbahn haftet für ihre Leute und für andere Personen, deren sie sich bei Ausführung der Beförderung bedient.

### § 6.

### Tarife.

(1) Die Eisenbahn hat Tarife aufzustellen, die über alle für den Beförderungsvertrag maßgebenden Bestimmungen, über die Beförderungspreise und die Nebengebühren Auskunft geben. Die Tarife bedürfen zu ihrer Gültigkeit der Veröffentlichung. Sie sind bei Erfüllung der darin angegebenen Bedingungen für jedermann in derselben Weise anzuwenden.

(2) Die Beförderungspreise müssen dem Betrage nach feststehen.

(3) Jede Preisermäßigung oder sonstige Begünstigung gegenüber den Tarifen ist verboten und nichtig.

(4) Für milde oder öffentliche Zwecke oder im dienstlichen Interesse der Eisenbahn sind Begünstigungen mit Genehmigung der Landesaufsichtsbehörde zulässig.

(5) Die Tarife treten nicht vor ihrer Veröffentlichung in Kraft, Tariferhöhungen oder andere Erschwerungen der Beförderungsbedingungen frühestens 2 Monate nach der Veröffentlichung, wenn nicht der Tarif nur für eine bestimmte Zeit eingeführt war.

### § 7.

### Beschwerden.

(1) Beschwerden können mündlich oder schriftlich angebracht werden.

(2) Auf Beschwerden ist sobald wie möglich ein Bescheid zu erteilen.

---

Zu § 3 vgl. HGB. §§ 453, 471, JÜ. Art. 5 u. 2.
Zu § 5 vgl. HGB. § 458, JÜ. Art. 29.
Zu § 6 vgl. JÜ. Art. 11 Abs. (1).

## § 8.

### Meinungsverschiedenheiten.

Meinungsverschiedenheiten zwischen dem Publikum und den Bediensteten entscheidet auf den Stationen der Aufsichtsbeamte, während der Fahrt der Zugführer.

## § 9.

### Zahlungsmittel.

Außer den gesetzlichen Zahlungsmitteln ist, wo das Bedürfnis besteht, auch das in den Nachbarländern gesetzlichen Kurs besitzende Gold= und Silbergeld anzunehmen. Den Annahmekurs hat die Eisenbahn festzusetzen und bei den Abfertigungsstellen durch Schalteraushang zu veröffentlichen.

# III.

# Beförderung von Personen.

## § 10.

### Fahrpläne.

Die Fahrpläne sind vor ihrem Inkrafttreten zu veröffentlichen und rechtzeitig auf den Stationen auszuhängen. Aus ihnen müssen Gattung, Wagenklassen und Abfahrzeiten, für die größeren Übergangs= und die Endstationen auch die Ankunftszeiten der Züge sowie die wichtigeren Zuganschlüsse zu ersehen sein. Die ausgehängten Fahrpläne des eigenen Verwaltungsbezirkes müssen auf hellgelbem, die anderer inländischer Verwaltungen auf weißem Papiere gedruckt sein. Außer Kraft getretene Fahrpläne sind sofort zu entfernen.

## § 11.

### Von der Beförderung ausgeschlossene oder nur bedingungsweise zugelassene Personen.

(1) Personen, die die vorgeschriebene Ordnung nicht beachten, sich den Anordnungen der Bediensteten nicht fügen oder den Anstand verletzen, insbesondere betrunkene Personen, können von der Beförderung ausgeschlossen werden.

(2) Personen, die wegen einer Krankheit oder aus anderen Gründen Mitreisenden lästig fallen würden, sind von der Beförderung auszuschließen, wenn ihnen nicht ein besonderes Abteil angewiesen werden kann. Das Fahrgeld und die Gepäckfracht sind ihnen nach Abzug des Betrags für die durchfahrene Strecke zu erstatten.

(3) Pestkranke dürfen nicht befördert werden. An Aussatz (Lepra), Cholera (asiatischer), Fleckfieber (Flecktyphus), Gelbfieber oder Pocken (Blattern) erkrankte oder einer solchen Krankheit verdächtige Personen dürfen nur dann befördert werden, wenn der für die Zugangsstation zuständige beamtete Arzt die Zulässigkeit der Beförderung bescheinigt. Die an Aussatz erkrankten oder dieser Krankheit verdächtigen Personen sind in abgeschlossenem Abteile mit besonderem Aborte, die übrigen hier aufgeführten Personen in besonderem Wagen zu befördern.

(4) Personen, die an Typhus (Unterleibstyphus), Diphtherie, Ruhr, Scharlach, Masern oder Keuchhusten leiden, sind in abgeschlossenem Abteile mit besonderem Aborte zu befördern. Ist eine Person einer solchen Krankheit verdächtig, so kann die Eisenbahn die Vorlegung eines ärztlichen Zeugnisses verlangen, aus dem die Art der Krankheit hervorgeht.

(5) Für den besonderen Wagen oder das Wagenabteil ist die tarifmäßige Gebühr zu entrichten.

(6) Wegen Rückgabe des Gepäcks vergleiche § 34 Abs. (4) und (5).

---

Zu III. Beförderung von Personen vgl. HGB. § 472.

§ 12.

## Fahrpreise. Ermäßigung für Kinder.

(1) Auf jeder Station ist ein Tarifauszug auszuhängen oder auszulegen, der die Preise der dort verkäuflichen Fahrkarten enthält.

(2) Kinder bis zum vollendeten vierten Lebensjahre, für die kein besonderer Platz beansprucht wird, sind frei zu befördern. Kinder vom vollendeten vierten bis zum vollendeten zehnten Lebensjahr und jüngere Kinder, für die ein besonderer Platz beansprucht wird, sind zu ermäßigten Preisen zu befördern.

§ 13.

## Fahrkarten.

(1) Der Reisende muß vor Antritt der Fahrt eine Fahrkarte erwerben; der Tarif kann Ausnahmen zulassen.

(2) Die Fahrkarte muß Strecke, Zuggattung, Wagenklasse und Fahrpreis angeben.

(3) Die Geltungsdauer muß im Tarife festgesetzt werden.

§ 14.

## Lösung der Fahrkarten.

(1) Die Fahrkartenschalter sind auf Stationen mit geringerem Verkehre mindestens 1/2 Stunde, auf Stationen mit größerem Verkehre mindestens 1 Stunde vor der Abfahrzeit offen zu halten.

(2) 5 Minuten vor der Abfahrzeit des Zuges erlischt der Anspruch auf Verabfolgung einer Fahrkarte.

(3) Die Eisenbahn kann verlangen, daß das Fahrgeld abgezählt entrichtet wird.

§ 15.

## Vorausbestellung von Abteilen oder einzelnen Plätzen.

(1) Ganze Abteile sind den Reisenden auf Verlangen für den tarifmäßigen Preis zur Verfügung zu stellen, wenn keine Rücksichten des Betriebs oder des Verkehrs entgegenstehen. Die Bestellung muß mindestens 30 Minuten vor der Abfahrzeit erfolgen.

(2) Für ein Abteil sind höchstens so viele Fahrkarten zu bezahlen, wie es Plätze enthält. In das Abteil dürfen nicht mehr Personen aufgenommen werden, als Fahrkarten bezahlt sind.

(3) Bestellte Abteile müssen durch eine Aufschrift kenntlich gemacht werden.

(4) Ob für einzelne Züge bestimmte Plätze bestellt werden können, hat der Tarif zu bestimmen.

§ 16.

## Prüfung der Fahrkarten. Fahrpreiszuschläge. Bahnsteigkarten.

(1) Die Fahrkarte ist auf Verlangen beim Eintritte in den Warteraum, beim Betreten und beim Verlassen des Bahnsteigs, beim Einsteigen in den Wagen sowie jederzeit während der Fahrt vorzuzeigen und je nach den für die letzte Fahrstrecke bestehenden Einrichtungen kurz vor oder nach Beendigung der Fahrt abzugeben.

(2) Ein Reisender, der keine gültige Fahrkarte vorweisen kann, hat für die von ihm zurückgelegte Strecke, wenn aber die Zugangsstation nicht sofort unzweifelhaft nachgewiesen wird, für die ganze vom Zuge zurückgelegte Strecke das Doppelte des Fahrpreises, mindestens jedoch 6 Mark zu entrichten. Dieser Betrag ist auch zu zahlen, wenn sich der Zug noch nicht in Bewegung gesetzt hat. Wer unaufgefordert dem Schaffner oder Zugführer meldet, daß er keine Fahrkarte habe lösen können, hat einen Zuschlag von 1 Mark zu dem tarifmäßigen Preise, jedoch nicht mehr als das Doppelte dieses Preises zu zahlen.

(3) Der Reisende, der die sofortige Zahlung verweigert, kann ausgesetzt werden. Der Ausgesetzte hat keinen Anspruch darauf, daß ihm sein Reisegepäck auf einer anderen als der Bestimmungsstation zur Verfügung gestellt wird.

(4) Auf Stationen mit Bahnsteigsperre haben Personen, die nicht im Besitz einer gültigen Fahrkarte sind, vor Betreten der abgesperrten Teile der Station eine Bahnsteigkarte zu lösen. Die Karte ist beim Eintritte vorzuzeigen und beim Verlassen der abgesperrten Teile abzugeben. Wer ohne gültigen Ausweis die abgesperrten Teile einer Station betritt, hat 1 Mark zu zahlen.

(5) Wer ohne die Absicht mitzureisen in einem zur Abfahrt bereitstehenden Zuge Platz nimmt, hat 6 Mark zu entrichten.

(6) Den Eisenbahnen bleibt überlassen, mit Genehmigung der Landesaufsichtsbehörden nach Zustimmung des Reichs-Eisenbahnamts die Fälle durch den Tarif einheitlich zu regeln, wo aus Billigkeit von der Erhebung der in den Abs. (2), (4) und (5) bezeichneten Beträge ganz oder teilweise abgesehen wird.

(7) In allen Fällen, wo eine Nachzahlung geleistet wird, ist eine Bescheinigung zu verabfolgen.

## § 17.

## Warteräume.

(1) Die Warteräume sind mindestens 1 Stunde vor Abfahrzeit des Zuges zu öffnen.

(2) Auf Übergangsstationen ist es den angekommenen Reisenden gestattet, sich in dem Warteraume der Bahn, die sie zur Weiterreise benutzen wollen, bis zur Abfahrt ihres Zuges aufzuhalten. Sie können aber nicht beanspruchen, daß der Warteraum ihretwegen in der Zeit von 11 Uhr Abends bis 6 Uhr Morgens offengehalten wird. Nur wenn die Zeit von der Ankunft des letzten bis zum Abgange des ersten Zuges weniger als 4 Stunden beträgt, müssen auf Übergangsstationen oder auf Stationen, wo Züge über Nacht stehen bleiben, die Warteräume für angekommene Reisende, die weiter fahren wollen, geöffnet sein.

(3) Den im § 11 aufgeführten Personen kann untersagt werden, sich in den Warteräumen aufzuhalten.

(4) Das Rauchen in den Warteräumen kann verboten werden.

## § 18.

## Frauen- und Nichtraucherabteile.

(1) Jeder Zug muß mindestens je ein Frauenabteil zweiter und dritter Klasse enthalten, wenn er drei oder mehr Abteile der betreffenden Klasse führt.

(2) In Frauenabteile dürfen Männer nicht zugelassen werden, selbst wenn es die darin fahrenden Frauen zugeben. Die Mitnahme von Knaben bis zum vollendeten zehnten Lebensjahr ist gestattet.

(3) In der ersten Wagenklasse darf, soweit nicht besondere Abteile für Raucher und Nichtraucher eingerichtet sind, nur mit Zustimmung aller Reisenden desselben Abteils geraucht werden. In Zügen, die Abteile zweiter und dritter Klasse führen, müssen Abteile zweiter, und, soweit es die Beschaffenheit der Wagen gestattet, auch dritter Klasse für Nichtraucher vorhanden sein. In den übrigen Abteilen dieser Klassen und in der vierten Klasse ist das Rauchen gestattet, sofern nicht auch für die vierte Klasse Nichtraucherabteile eingerichtet sind.

(4) Nichtraucher- und Frauenabteile sind durch eine Aufschrift kenntlich zu machen.

(5) In Nichtraucher- und Frauenabteilen darf selbst mit Zustimmung der Mitreisenden nicht geraucht, auch dürfen solche Abteile nicht mit brennenden Zigarren, Zigaretten oder Tabakspfeifen betreten werden.

(6) In Zügen, in denen sich keine Wagen mit geschlossenen Abteilen befinden, ist für gesonderte Unterbringung von Nichtrauchern und von Frauen tunlichst Sorge zu tragen.

## § 19.

## Einsteigen und Anweisung der Plätze.

(1) Auf größeren Stationen ist in den Warteräumen zum Einsteigen abzurufen.

(2) Die Bediensteten sind berechtigt und auf Verlangen verpflichtet, den Reisenden die Plätze anzuweisen.

(3) Die mit durchgehenden Fahrkarten angekommenen Reisenden haben den Vorzug vor neu hinzutretenden.

(4) Der Reisende darf beim Einsteigen für sich und für jede mit ihm reisende Person je einen Platz belegen. Wer seinen Platz verläßt, ohne ihn zu belegen, verliert den Anspruch darauf (vergleiche jedoch § 15 Abs. (4)).

## § 20.

### Rücknahme und Umtausch von Fahrkarten.

(1) Der Reisende hat nur dann Anspruch auf Beförderung in der Wagenklasse, für die seine Fahrkarte gilt, wenn ihm dort ein Platz angewiesen werden kann. Erhält er weder hier, noch — wenigstens zeitweilig — in einer höheren Klasse einen Platz, so kann er Beförderung in einer niedrigeren Klasse, in der noch Plätze frei sind, und Erstattung des Preisunterschieds verlangen oder die Fahrt unterlassen und das Fahrgeld sowie die Gepäckfracht zurückfordern. Eine Entschädigung steht ihm nicht zu.

(2) Auf der Zugangsstation darf der Reisende bis 5 Minuten vor der Abfahrzeit des Zuges seine Fahrkarte, wenn sie noch nicht durchlocht oder nachweislich nur zum Betreten des Bahnsteigs benutzt ist, unter Ausgleich des Preisunterschieds gegen eine andere umtauschen.

(3) Für Teilstrecken kann, soweit der Tarif nichts anderes bestimmt, gegen Zahlung des tarifmäßigen Zuschlags eine höhere Klasse oder ein Zug mit höheren Fahrpreisen benutzt werden.

## § 21.

### Abfahrt. Versäumnis der Abfahrt durch den Reisenden.

(1) Nach dem Abfahrzeichen darf niemand mehr zur Mitfahrt zugelassen werden.

(2) Wer die Abfahrt versäumt, hat keinen Anspruch auf Erstattung des Fahrgeldes oder auf eine Entschädigung.

(3) Will er einen späteren Zug benutzen, für den seine Fahrkarte nicht ohne weiteres gilt, so hat er sie ohne Verzug dem Aufsichtsbeamten vorzulegen, der sie für den gewählten Zug gültig schreibt. Die Geltungsdauer der Fahrkarten wird hierdurch nicht verlängert. Bei Benutzung eines Zuges mit höheren oder niedrigeren Fahrpreisen ist der Unterschied auszugleichen.

(4) Wegen Rückgabe des Gepäcks (Abs. (2)) gelten sinngemäß die Vorschriften im § 34 Abs. (4) und (5).

## § 22.

### Öffnen der Fenster.

Nur mit Zustimmung aller in demselben Abteile reisenden Personen dürfen die Fenster auf beiden Seiten des Wagens gleichzeitig geöffnet sein. Im übrigen entscheidet, wenn sich die Reisenden über das Öffnen und Schließen der Fenster nicht verständigen, der Schaffner.

## § 23.

### Beschädigung von Fahrzeugen oder Ausrüstungsstücken.

Die durch Beschädigung oder Verunreinigung der Fahrzeuge oder Ausrüstungsstücke entstandenen Kosten sind zu erstatten. Die Eisenbahn kann sofortige Zahlung oder Sicherheitsleistung verlangen. Die Entschädigung ist, wenn die Eisenbahn dafür feste Sätze bestimmt hat, nach diesen zu bemessen.

## § 24.

### Verfahren auf Zwischenstationen. Anhalten auf freier Bahn.

(1) Bei Ankunft auf einer Station sind ihr Name und der etwa stattfindende Wagenwechsel auszurufen, außerdem die Dauer des Aufenthalts, wenn dieser mehr als 4 Minuten beträgt. Sobald der Zug stillsteht, haben die Bediensteten die Türen der Wagen zu öffnen, aus denen Reisende auszusteigen verlangen.

---

Zu § 23 vgl. BO. § 80.

(2) Wird ausnahmsweise außerhalb einer Station längere Zeit angehalten, so dürfen die Reisenden nur mit ausdrücklicher Bewilligung des Zugführers aussteigen. Sie müssen sich sofort von dem Bahngleis entfernen und auf das erste Zeichen des Zugführers ihre Plätze wieder einnehmen.

§ 25.

### Unterbrechung der Fahrt auf Zwischenstationen.

Der Tarif muß bestimmen, wie oft, wie lange und unter welchen Bedingungen der Reisende die Fahrt auf Zwischenstationen unterbrechen darf.

§ 26.

### Verspätung oder Ausfall von Zügen. Betriebsstörungen.

(1) Die verspätete Abfahrt oder Ankunft oder das Ausfallen eines Zuges begründen keinen Anspruch auf Entschädigung.

(2) Wird infolge einer Zugverspätung der Anschluß an einen anderen Zug versäumt oder fällt ein Zug ganz oder teilweise aus, so kann der Reisende das Fahrgeld und die Gepäckfracht für die nicht durchfahrene Strecke zurückfordern.

(3) Gibt der Reisende in einem solchen Falle die Weiterfahrt auf und kehrt mit dem nächsten, günstigsten Zuge ohne Fahrtunterbrechung zur Abgangsstation zurück, so ist ihm Fahrgeld und Gepäckfracht zu erstatten, auch freie Rückbeförderung in der für die Hinreise bezahlten Wagenklasse zu gewähren; führt der Zug diese nicht, in der nächsthöheren Klasse. Seine Ansprüche hat der Reisende bei Vermeidung des Verlustes unter Vorlegung der Fahrkarte sogleich nach Ankunft auf der Station, wo er die Reise aufgibt, und bei Rückkehr auf der Abgangsstation dem Aufsichtsbeamten zu melden. Auf beiden Stationen ist die Meldung dem Reisenden zu bescheinigen.

(4) Die Eisenbahn hat den Reisenden, der auf Ersatz des Fahrgeldes und auf freie Rückbeförderung verzichtet, nebst seinem Gepäck ohne Preiszuschlag mit dem nächsten, günstigsten, auf der gleichen oder auf einer anderen Strecke nach derselben Bestimmungsstation fahrenden, dem Personenverkehre dienenden Zuge zu befördern, wenn hierdurch die Ankunft auf der Bestimmungsstation beschleunigt wird. Der Rückgriff der Bahnen untereinander wird dadurch nicht berührt.

(5) Die Eisenbahn ist berechtigt, durch den Tarif einzelne Züge oder Zuggattungen von der hilfsweisen Benutzung auszuschließen.

(6) Wenn Naturereignisse oder andere zwingende Umstände die Fahrt auf einer Strecke verhindern, so hat die Eisenbahn für die Weiterbeförderung bis zur fahrbaren Strecke tunlichst auf andere Weise zu sorgen.

(7) Den Eisenbahnen bleibt überlassen, weitere Erleichterungen mit Genehmigung der Landesaufsichtsbehörden nach Zustimmung des Reichs-Eisenbahnamts durch den Tarif einheitlich festzusetzen.

(8) Zugverspätungen, die mehr als 15 Minuten betragen, und Betriebsstörungen sind durch Anschlag bekannt zu machen.

§ 27.

### Mitnahme von Tieren in die Personenzüge.

(1) Tiere dürfen in die Personenwagen nicht mitgenommen werden.

(2) Ausgenommen sind kleine Hunde und andere kleine Tiere, die auf dem Schoße getragen werden, wenn ihrer Mitnahme in das Abteil von den Mitreisenden nicht widersprochen wird. Hunde jeder Größe dürfen mitgeführt werden, wenn ihren Besitzern ein besonderes Abteil zur Verfügung gestellt werden kann.

(3) Im übrigen gelten für Hunde, die von Reisenden mitgeführt werden, folgende Vorschriften:

1. Hunde in genügend sicheren Behältern kann die Eisenbahn zur Beförderung in den Gepäck- oder Güterwagen zulassen.
2. Nicht in Behältern verwahrte Hunde sind in besonderen Wagenräumen zu befördern. Sind solche nicht vorhanden oder schon besetzt, so kann die Beförderung nicht verlangt werden.

3. Für das Ein- und Ausladen sowie für das Umladen der Hunde auf Übergangsstationen hat der Reisende zu sorgen.
4. Die Eisenbahn ist nicht verpflichtet, Hunde, die nicht sofort nach Ankunft auf der Bestimmungsstation abgeholt werden, zu verwahren.
5. Eine Angabe des Interesses an der Lieferung ist nicht gestattet.

(4) Im Tarif ist zu bestimmen, ob und für welche Tiere der Reisende eine Beförderungsgebühr zu bezahlen hat. Über die Zahlung ist ihm ein Ausweis zu erteilen.

(5) Für jedes gebührenpflichtige Tier, das ohne solchen Ausweis mitgeführt wird, ist zu entrichten:

bei rechtzeitiger Meldung (§ 16 Abs. (2)) ein Zuschlag von 1 Mark zu dem tarifmäßigen Preise, jedoch nicht mehr als das Doppelte dieses Preises; ohne solche Meldung das Doppelte des Preises, jedoch mindestens 6 Mark.

In anderen als den im Abs. (2) erwähnten Fällen ist das Tier aus dem Personenwagen zu entfernen. Die Vorschrift im § 16 Abs. (6) gilt sinngemäß.

(6) Wegen sonstiger Beförderung von Tieren siehe §§ 30 Abs. (3), 40 ff. und 48 ff.

### § 28.

### Mitnahme von Handgepäck in die Personenwagen.

(1) Leicht tragbare Gegenstände (Handgepäck) dürfen in die Personenwagen mitgenommen werden, wenn die Mitreisenden dadurch nicht belästigt werden, und keine Zoll-, Steuer- oder Polizeivorschriften entgegenstehen.

(2) In der ersten, zweiten und dritten Wagenklasse steht dem Reisenden nur der Raum über und unter seinem Sitzplatze für Handgepäck zur Verfügung. Auf den Sitzplätzen darf Handgepäck nicht untergebracht werden.

(3) In die vierte Klasse dürfen auch Handwerkzeug, Tornister, Traglasten in Körben, Säcken oder Kiepen und ähnliche Gegenstände mitgenommen werden, wie sie ein Fußgänger tragen kann.

(4) Der Reisende hat die von ihm mitgeführten Sachen selbst zu beaufsichtigen. Die Eisenbahn haftet dafür nur, wenn sie ein Verschulden trifft.

### § 29.

### Von der Mitnahme ausgeschlossene Gegenstände.

(1) Gefährliche Gegenstände, insbesondere geladene Schußwaffen, ferner explosionsgefährliche, leicht entzündliche, ätzende, übelriechende Stoffe und dergleichen sind von der Mitnahme ausgeschlossen.

(2) Der Zuwiderhandelnde haftet für jeden hieraus entstandenen Schaden und verwirkt außerdem die bahnpolizeilich festgesetzte Strafe.

(3) Die Bediensteten sind berechtigt, sich von der Beschaffenheit der mitgenommenen Gegenstände zu überzeugen.

(4) Personen, die in Ausübung des öffentlichen Dienstes eine Schußwaffe führen, sowie Jäger und Schützen dürfen Handmunition mitnehmen. Den Begleitern von Gefangenen, die mit diesen in besonderen Wagen oder Wagenabteilen fahren, ist gestattet, geladene Schußwaffen mitzuführen.

## IV.

## Beförderung von Reisegepäck.

### § 30.

### Begriff.

(1) Der Reisende kann Gegenstände, deren er zur Reise bedarf, zur Beförderung als Reisegepäck aufgeben.

(2) Das Reisegepäck muß durch seine Verpackung — in Koffer, Reisekörbe, Reisetaschen, Hutschachteln, handliche Kisten oder dergleichen — als solches kenntlich sein.

---

Zu § 28 vgl. HGB. § 465.

(3) Ob und unter welchen Bedingungen Gegenstände, die nicht zum Reisebedarfe zu rechnen sind, sowie Tiere in genügend sicheren Behältern und Fahrzeuge als Reisegepäck angenommen werden, muß der Tarif einheitlich bestimmen.

(4) Die von der Beförderung als Frachtgut ausgeschlossenen und die im § 29 aufgeführten Gegenstände dürfen bei Vermeidung der im § 60 festgesetzten Folgen nicht als Reisegepäck aufgegeben werden.

(5) Ob und unter welchen Bedingungen die im § 54 Abs. (2) B Ziffer 1 genannten Gegenstände als Reisegepäck angenommen werden, muß der Tarif bestimmen.

## § 31.
### Verpackung. Entfernung älterer Beförderungszeichen.

(1) Das Reisegepäck muß sicher und dauerhaft verpackt sein. Unverpacktes oder mangelhaft verpacktes Gepäck kann zurückgewiesen werden. Wird es gleichwohl zur Beförderung angenommen, so ist die Eisenbahn berechtigt, auf den Gepäckschein (§ 32) einen entsprechenden Vermerk zu setzen. Die Annahme des Gepäckscheins mit dem Vermerke gilt als Anerkenntnis dieses Zustandes.

(2) Ältere Bezeichnungen (Eisenbahnbeförderungszeichen, Postbeförderungszeichen oder andere Zeichen, die mit Eisenbahnbeförderungszeichen verwechselt werden könnten) müssen von den Gepäckstücken entfernt sein.

## § 32.
### Auflieferung. Gepäckschein.

(1) Das Reisegepäck ist innerhalb der für die Lösung der Fahrkarten festgesetzten Zeit bei der Abfertigungsstelle aufzuliefern; indes kann die Annahme von Gepäck abgelehnt werden, das nicht spätestens 15 Minuten vor Abgang des Zuges aufgeliefert wird. Der Tarif muß einheitlich bestimmen, ob bei der Auflieferung des Gepäcks die Fahrkarte vorzuzeigen ist.

(2) Will der Reisende das Interesse an der Lieferung angeben, so muß dies unter Zahlung der tarifmäßigen Gebühr spätestens $^1/_2$ Stunde vor Abgang des Zuges erfolgen. Ist die Ersatzpflicht nach § 35 Abs. (2) auf einen Höchstbetrag beschränkt, so ist eine Angabe des Interesses an der Lieferung über diesen Betrag hinaus unzulässig.

(3) Als Reisegepäck zugelassene Fahrzeuge, die nicht im Packwagen untergebracht werden können, sind auf der Anfangsstation des Zuges mindestens 2 Stunden, auf anderen Stationen mindestens 24 Stunden vor der Abfahrzeit anzumelden und spätestens 1 Stunde vorher aufzuliefern.

(4) Die Gepäckfracht ist bei der Aufgabe zu entrichten.

(5) Bei der Annahme ist dem Reisenden ein Gepäckschein auszuhändigen und im Falle der Angabe des Interesses an der Lieferung darin auch die angegebene Summe zu vermerken, anderenfalls hat die Angabe keine rechtliche Wirkung.

(6) Wird in dringenden Fällen Gepäck ausnahmsweise unter Vorbehalt späterer Abfertigung befördert oder wird Gepäck auf Stationen ohne Gepäckabfertigung angenommen, so gilt es gleichwohl mit dem Zeitpunkte der Annahme als zur Beförderung übernommen.

(7) Für die Beförderung von Fahrrädern können durch den Tarif besondere Vorschriften getroffen werden.

## § 33.
### Zoll- oder steueramtliche, polizeiliche Abfertigung.

Die Reisenden sind verpflichtet, der zoll- oder steueramtlichen und der polizeilichen Abfertigung ihres Gepäcks beizuwohnen. Für eine durch Nichtbeachtung dieser Vorschrift verursachte Überschreitung der Lieferfrist (§ 37) wird kein Schadensersatz gewährt.

## § 34.
### Auslieferung.

(1) Das Gepäck wird gegen Rückgabe des Gepäckscheins ausgeliefert. Die Eisenbahn ist nicht verpflichtet, die Berechtigung des Inhabers zu prüfen.

(2) Der Inhaber ist berechtigt, auf der Bestimmungsstation die Auslieferung des Gepäcks an der Ausgabestelle zu verlangen, sobald nach Ankunft des Zuges, zu dem es aufgegeben war, die zur Bereitstellung und etwa zur zoll- oder steueramtlichen oder polizeilichen Abfertigung erforderliche Zeit abgelaufen ist. Müssen Fahrzeuge, die nicht im Packwagen verladen werden können, unterwegs auf einen anderen Zug übergehen, so kann ihre Weiterbeförderung erst mit dem nächsten Personenzuge verlangt werden.

(3) Werden Gepäckstücke nicht innerhalb 24 Stunden, Fahrzeuge nicht innerhalb 2 Stunden nach Ankunft des Zuges abgeholt, so ist das tarifmäßige Lagergeld oder Standgeld zu entrichten. Kommt das Fahrzeug nach 6 Uhr Abends an, so wird die Abholungsfrist vom nächsten Morgen 8 Uhr ab gerechnet.

(4) In der Regel ist das Gepäck nur auf der Station auszuliefern, wohin es abgefertigt war. Auf Verlangen des Reisenden kann es jedoch, wenn Zeit und Umstände dies gestatten und keine Zoll-, Steuer- oder Polizeivorschriften entgegenstehen, gegen Rückgabe des Gepäckscheins und Vorzeigung der Fahrkarte auf der Aufgabestation zurückgegeben oder auf einer Zwischenstation ausgeliefert werden.

(5) Wird der Gepäckschein nicht beigebracht, so ist die Eisenbahn zur Auslieferung des Gepäcks nur verpflichtet, wenn die Empfangsberechtigung glaubhaft gemacht wird; auch kann Sicherheitsleistung verlangt werden.

(6) Der Reisende, dem das Gepäck nicht rechtzeitig ausgeliefert wird, kann verlangen, daß ihm auf dem Gepäckscheine Tag und Stunde der Abforderung bescheinigt werden.

## § 35.

### Haftung der Eisenbahn für Verlust, Minderung oder Beschädigung.

(1) Für Reisegepäck haftet die Eisenbahn, soweit nicht in diesem Abschnitt Abweichungen vorgesehen sind, nach den Vorschriften über die Haftung für Güter (Abschnitt VIII).

(2) Bei besonderen Betriebsverhältnissen kann die Eisenbahn mit Genehmigung der Landesaufsichtsbehörde nach Zustimmung des Reichs-Eisenbahnamts die bei Verlust, Minderung oder Beschädigung von Reisegepäck zu leistende Entschädigung im Tarif auf einen Höchstbetrag beschränken. Wegen Beschränkung der Höhe des Schadensersatzes bei Gegenständen des § 54 Abs. (2) B Ziffer 1 gilt § 89 Abs. (2). Wenn Vorsatz oder grobe Fahrlässigkeit vorliegt, kann die Beschränkung auf den Höchstbetrag nicht geltend gemacht werden.

(3) Für Verlust, Minderung oder Beschädigung von Gegenständen, die in beförderten Fahrzeugen (§ 30 Abs. (3)) belassen sind, haftet die Eisenbahn nur, wenn ihr ein Verschulden zur Last fällt.

## § 36.

### Verlust von Reisegepäck.

(1) Für den Verlust von Reisegepäck haftet die Eisenbahn nur, wenn das Gepäck binnen 14 Tagen nach der Ankunft des Zuges, zu dem es aufgegeben war, auf der Bestimmungsstation abgefordert wird.

(2) Ein fehlendes Gepäckstück gilt nach Ablauf von 3 Tagen nach Ankunft des Zuges, zu dem es aufgegeben war, als verloren.

(3) Wird das Gepäck später wiedergefunden, so ist der Reisende, wenn sich sein Aufenthalt ermitteln läßt, hiervon zu benachrichtigen. Er kann innerhalb 30 Tagen nach Empfang der Nachricht verlangen, daß ihm das Gepäck gegen Rückzahlung des Ersatzbetrags nach Abzug des gemäß § 37 für Überschreitung der Lieferfrist zu gewährenden Schadensersatzes auf einer inländischen Station kostenfrei ausgehändigt werde. Bei der Rückgabe auf der Abgangsstation ist dem Reisenden die Fracht zu erstatten.

---

Zu § 35 Abs. (2) u. (3) vgl. HGB. §§ 462, 465.
Zu § 36 vgl. HGB. § 465.

### § 37.

### Haftung der Eisenbahn für Überschreitung der Lieferfrist.

(1) Bei Überschreitung der Lieferfrist hat die Eisenbahn den nachgewiesenen Schaden zu ersetzen, und zwar:

a) wenn das Interesse an der Lieferung nicht angegeben ist, für je angefangene 24 Stunden der Fristüberschreitung — höchstens aber für 3 Tage — bis zum Betrage von 20 Pfennig für jedes Kilogramm des ausgebliebenen Gepäcks, bei Fahrzeugen bis zum Betrage von 30 Mark für jedes ausgebliebene Fahrzeug;

b) wenn das Interesse an der Lieferung angegeben ist, bis zum angegebenen Betrage. Ist dieser niedriger als die unter a) bestimmte Entschädigung, so kann letztere beansprucht werden.

(2) Ist ein Schaden nicht entstanden oder nicht nachgewiesen, so hat die Eisenbahn zu zahlen:

a) wenn das Interesse an der Lieferung nicht angegeben ist, für je angefangene 24 Stunden der Fristüberschreitung — höchstens aber für 3 Tage — 10 Pfennig für jedes Kilogramm des ausgebliebenen Gepäcks, bei Fahrzeugen 15 Mark für jedes ausgebliebene Fahrzeug;

b) wenn das Interesse an der Lieferung angegeben ist, für je angefangene 24 Stunden der Fristüberschreitung — höchstens aber für 3 Tage — 20 Pfennig für jedes Kilogramm des ausgebliebenen Gepäcks, bei Fahrzeugen 30 Mark für jedes ausgebliebene Fahrzeug, jedoch nicht mehr als den angegebenen Betrag. Ist dieser niedriger als die unter a) bestimmte Entschädigung, so kann letztere beansprucht werden.

(3) Die Haftung der Eisenbahn ist ausgeschlossen, wenn die Fristüberschreitung von einem Ereignisse herrührt, das die Eisenbahn weder herbeigeführt hat noch abzuwenden vermochte.

(4) Wegen der Fälle, in denen voller Ersatz zu leisten ist, vergleiche § 95.

### § 38.

### Gepäckträger.

(1) Auf Stationen, wo das Bedürfnis besteht, sind Gepäckträger zu bestellen, die das Reise- und Handgepäck innerhalb des Bahnhofsbereichs nach den von den Reisenden bezeichneten Stellen zu bringen haben.

(2) Die Gepäckträger müssen durch Dienstabzeichen erkennbar sein und eine gedruckte Dienstanweisung nebst Gebührentarif bei sich tragen. Sie haben auf Verlangen den Tarif vorzuzeigen, auch eine mit ihrer Nummer versehene Marke zu verabfolgen.

(3) Der Tarif muß an den Gepäckannahme- und -ausgabestellen und in den zur Gepäckaufbewahrung dienenden Räumen aushängen.

(4) Für das den Gepäckträgern nach Abs. (1) übergebene Gepäck haftet die Eisenbahn wie für das ihr zur Beförderung übergebene Reisegepäck.

### § 39.

### Aufbewahrung des Gepäcks.

Auf den Stationen, wo Reisegepäck abgefertigt wird, sind tunlichst Vorkehrungen zu treffen, die es dem Reisenden ermöglichen, sein Gepäck gegen eine durch Aushang bekannt zu machende Gebühr zu vorübergehender Aufbewahrung niederzulegen. Die Eisenbahn haftet in diesem Falle als Verwahrer.

---

Zu § 37 vgl. HGB. §§ 466, 463.

## V.

## Beförderung von Expreßgut.

### § 40.

### Annahme.

(1) Gegenstände, die sich zur Beförderung im Packwagen eignen, sind nach näherer Bestimmung des Tarifs als Expreßgut anzunehmen.

(2) Jedes Frachtstück muß die genaue und dauerhaft befestigte Adresse des Empfängers tragen. Soll die Sendung dem Empfänger nicht zugeführt werden, so muß der Adresse jedes Frachtstücks noch der Vermerk „Zur Selbstabholung“ oder „Bahnlagernd“ beigefügt sein.

(3) Expreßgut ist bei den von der Eisenbahn bestimmten Abfertigungsstellen während der durch Aushang bekannt zu machenden Dienststunden aufzuliefern.

(4) Die Eisenbahn ist verpflichtet, bei Annahme der Sendung das Gewicht gebührenfrei festzustellen. Dem Absender oder dessen Beauftragten steht frei, der Feststellung beizuwohnen.

(5) Auf Verlangen des Absenders ist die Annahme des Gutes in einer von der Versandbahn zu bestimmenden Form zu bescheinigen.

### § 41.

### Beförderung.

(1) Expreßgut wird wie Gepäck befördert. Wird für einzelne Züge die Beförderung beschränkt oder ausgeschlossen, so sind diese bekannt zu machen.

(2) Wird der Zug, mit dem das Gut befördert werden soll, nicht bei der Aufgabe vom Absender bezeichnet, so ist es mit dem nächsten geeigneten Zuge zu befördern.

### § 42.

### Auslieferung.

(1) Der Empfänger ist berechtigt, auf der Bestimmungsstation die Auslieferung des Expreßguts bei der Abfertigungsstelle zu verlangen, sobald nach Ankunft des Zuges, womit es zu befördern war, die zur ordnungsmäßigen Bereitstellung erforderliche Zeit verstrichen ist.

(2) Holt der Empfänger das Gut nach Ankunft des Zuges nicht ab und ist das Gut nicht bahnlagernd gestellt, so wird es nach dem Tarife der Empfangsbahn dem Empfänger angemeldet oder zugeführt. Zur Selbstabholung bestimmtes Gut ist dem Empfänger stets anzumelden. Die Anmeldung oder Zuführung muß innerhalb der Fristen erfolgen, die in den §§ 78 und 79 für Eilgut vorgesehen sind.

### § 43.

### Weitere Vorschriften.

Der Tarif muß einheitlich bestimmen, ob und inwieweit für das Expreßgut neben den hierfür zu treffenden besonderen Vorschriften die Bestimmungen für Reisegepäck (Abschnitt IV) oder für Güter (Abschnitt VIII) gelten.

## VI.

## Beförderung von Leichen.

### § 44.

### Auflieferung.

(1) Leichen sind zur Beförderung mit den dem Personenverkehre dienenden Zügen anzunehmen; die Benutzung von Schnellzügen kann versagt werden.

(2) Leichensendungen müssen auf der Anfangsstation des Zuges mindestens 6 Stunden, auf anderen Stationen mindestens 12 Stunden vor der Abfahrzeit angemeldet werden.

---

Zu VI. Beförderung von Leichen vgl. Fü. Ausf. Best. § 1 und Vereinbarung erleichternder Vorschriften im Wechselverkehr zwischen Deutschland und Österreich-Ungarn (RGBl. von 1902 S. 137), ferner zwischen Deutschland und der Schweiz (RGBl. von 1908 S. 595).

(3) Jede Leiche muß in einem widerstandsfähigen Metallbehälter luftdicht verschlossen und dieser in einen hölzernen Behälter so fest eingesetzt sein, daß er sich darin nicht verschieben kann.

(4) Bei der Aufgabe ist der Eisenbahn ein Leichenpaß nach dem Muster der Anlage A zu übergeben, der bei Auslieferung der Leiche dem Empfänger ausgefolgt wird. Bei Leichensendungen aus ausländischen Staaten, mit denen eine Vereinbarung wegen gegenseitiger Anerkennung der Leichenpässe abgeschlossen ist, genügt ein Leichenpaß der zuständigen ausländischen Behörde. Die zur Ausstellung von Leichenpässen befugten in- und ausländischen Behörden werden besonders bekannt gemacht. Der Leichenpaß gilt für den ganzen Beförderungsweg.

(5) Leichen sind auf einen Beförderungsschein abzufertigen, der von der Eisenbahn auszustellen und dem Absender auszuhändigen ist.

(6) Das Verladen hat der Absender zu besorgen.

(7) Die Fracht ist bei der Aufgabe zu entrichten. Wer Leichen unter unrichtiger Bezeichnung ausliefert, hat den Frachtunterschied von der Aufgabe- bis zur Bestimmungsstation nachzuzahlen und das Vierfache der Gesamtfracht als Frachtzuschlag zu entrichten.

## § 45.

### Beförderung.

(1) Leichen sind in bedeckten Wagen zu befördern. Die Beiladung von Gütern, die nicht zur Leiche gehören, ist verboten. Mehrere Leichen, die gleichzeitig von derselben Versandstation nach derselben Bestimmungsstation aufgegeben werden, können zusammen in einen Wagen verladen werden. Leichen, die in rings umschlossenen Leichenfuhrwerken aufgeliefert werden, dürfen in offenen Wagen befördert werden.

(2) Jeder Sendung ist ein Begleiter beizugeben, der eine Fahrkarte zu lösen und denselben Zug zu benutzen hat. Begleitung ist nicht erforderlich, wenn der Bestimmungsort eine Eisenbahnstation ist und der Absender bei der Aufgabestation die schriftliche oder telegraphische Erklärung des Empfängers hinterlegt, daß er die Sendung sofort nach Empfang der Nachricht von ihrem Eintreffen abholen lassen werde. Bei Sendungen an Beerdigungs- und an Leichenverbrennungsanstalten ist diese Erklärung nicht erforderlich.

(3) Leichen dürfen unterwegs nicht ohne Not umgeladen werden. Sie sind möglichst schnell und ohne Unterbrechung zu befördern. Läßt sich auf einer Station ein längerer Aufenthalt nicht vermeiden, so ist der Wagen mit der Leiche tunlichst auf ein abseits liegendes Gleis zu stellen. Wird die Beförderung einer unbegleiteten Leiche mit den in Aussicht genommenen Zügen unmöglich, so hat die Station, wo das Hindernis eintritt, dem Empfänger kostenfrei telegraphisch mitzuteilen, mit welchem Zuge die Beförderung erfolgt.

## § 46.

### Auslieferung.

(1) Die Ankunft einer unbegleiteten Leiche am Bestimmungsort ist dem Empfänger auf seine Kosten ohne Verzug durch Telegramm, Fernsprecher oder besonderen Boten mitzuteilen.

(2) Die Auslieferung von Leichen kann zu dem im § 34 Abs. (2) bestimmten Zeitpunkte verlangt werden.

(3) Über die Empfangnahme der Leiche hat der Empfänger eine Bescheinigung auszustellen.

(4) Der Empfänger hat innerhalb 6 Stunden nach Ankunft des Zuges auf der Bestimmungsstation die Sendung auszuladen und abzuholen. Geschieht dies nicht, so kann die Leiche der Ortspolizeibehörde überwiesen werden. Kommt die Leiche nach 6 Uhr Abends an, so wird die Frist vom nächsten Morgen 8 Uhr ab gerechnet. Bei Überschreitung der Abholungsfrist ist die Eisenbahn berechtigt, das tarifmäßige Wagenstandgeld zu erheben.

---

Zu § 44 Abs. (4). Wegen der zur Ausstellung von Leichenpässen befugten in- und ausländischen Behörden s. Anhang.

§ 47.

### Ausnahmebestimmungen.

(1) Für die Beförderung von Leichen nach dem Bestattungsplatze des Aufgabeorts kann die Eisenbahn mit Genehmigung der Landesaufsichtsbehörde abweichende Bestimmungen erlassen.

(2) Bei Leichen, die von Polizeibehörden, Strafanstalten, Krankenhäusern oder dergleichen an öffentliche höhere Lehranstalten gesandt oder von diesen weiterversandt werden, ist Begleitung nicht erforderlich. Sie dürfen in dicht verschlossenen Kisten aufgeliefert und in offenen Wagen mit Güterzügen befördert werden. Güter von fester Beschaffenheit (Holz, Metall oder dergleichen) oder in fester Verpackung (Kisten, Fässern oder dergleichen) dürfen beigeladen werden, es ist aber Fürsorge zu treffen, daß die Leichenkisten nicht beschädigt werden. Von der Beiladung sind ausgeschlossen: Nahrungs- und Genußmittel sowie deren Rohstoffe, ferner die in der Anlage C aufgeführten Gegenstände. Von der Beibringung eines Leichenpasses kann mit Genehmigung der Landesaufsichtsbehörde abgesehen werden. Solche Leichen sind auf Frachtbrief abzufertigen.

## VII.

## Beförderung von lebenden Tieren.

§ 48.

### Auflieferung.

(1) Die Eisenbahn hat bekannt zu machen, mit welchen Zügen Tiere befördert werden. Die Beförderung einzelner Stücke kann abgelehnt werden, wenn im Zuge kein geeigneter Raum vorhanden ist, es sei denn, daß die Tiere mindestens 24 Stunden vorher angemeldet worden sind.

(2) An Sonn- und Festtagen werden Tiere nicht angenommen. Ausnahmen sind durch Aushang an den Abfertigungsstellen bekannt zu machen.

(3) Die Beförderung kranker Tiere kann abgelehnt werden.

(4) Zur Beförderung wilder Tiere ist die Eisenbahn nur verpflichtet, wenn die von ihr im Interesse der Sicherheit vorzuschreibenden Bedingungen erfüllt sind.

(5) Die Tiere müssen rechtzeitig, einzelne Stücke mindestens 1 Stunde vor Abgang des Zuges, auf die Station gebracht werden.

(6) Der Absender muß das Einladen der Tiere und ihre sichere Unterbringung im Wagen besorgen, auch die erforderlichen Befestigungsmittel beschaffen.

(7) Die Eisenbahn ist berechtigt, Begleitung der Tiersendungen zu fordern. Bei kleinen Tieren, die in tragbaren, gut verschlossenen Behältern aufgegeben werden, kann Begleitung nicht verlangt werden.

(8) Die Begleiter haben die Tiere während der Beförderung zu warten. Der Aufsichtsbeamte hat den Begleitern auf Verlangen einen Platz im Packwagen oder in einem Personenwagen anzuweisen. Ist zur Abwendung von Betriebsgefahren ihre Gegenwart im Viehwagen notwendig, so müssen sie sich auf Verlangen des Aufsichtsbeamten oder des Zugführers darin aufhalten.

(9) Tiersendungen sind je nach Vorschrift des Tarifs auf Beförderungsschein, den die Eisenbahn ausstellt, oder auf Eilfrachtbrief abzufertigen.

(10) Die Angabe des Interesses an der Lieferung hat bei den auf Beförderungsschein abgefertigten Tieren nur dann rechtliche Wirkung, wenn sie von der Abfertigungsstelle der Abgangsstation im Beförderungsscheine vermerkt ist.

(11) Vorausbezahlung der Fracht kann gefordert werden.

§ 49.

### Beförderung.

(1) Der Absender darf den Beförderungsweg vorschreiben. Solche Vorschriften muß die Eisenbahn beachten, sie kann aber die Fracht für den vorgeschriebenen Weg verlangen.

(2) Die näheren Bestimmungen über die Beförderung von lebenden Tieren sind in der Anlage B enthalten.

§ 50.

**Auslieferung.**

(1) Tiersendungen sind nach Ankunft auf der Bestimmungsstation mit tunlichster Beschleunigung zur Abnahme bereit zu stellen. Meldet sich nach Eintreffen unbegleiteter Tiersendungen auf der Bestimmungsstation kein zum Empfange Berechtigter, so ist der Empfänger unverzüglich, jedenfalls aber innerhalb der für Eilgut festgesetzten Frist (§ 79 (2)), zu benachrichtigen. Der Empfänger hat die Tiere spätestens 2 Stunden nach der Bereitstellung auszuladen und abzutreiben. Diese Frist beginnt, wenn der Empfänger benachrichtigt werden muß, frühestens 2 Stunden nach der Benachrichtigung (§ 79 (3)). Nach Ablauf der Frist kann die Eisenbahn auf Gefahr und Kosten des Verfügungsberechtigten die Tiere in Verpflegung geben oder, wenn sie deren ferneren Aufenthalt im Wagen oder auf dem Bahnhofe gestattet, das tarifmäßige Standgeld erheben. Die Frist ruht während einer zoll- oder steueramtlichen oder polizeilichen Abfertigung, soweit diese nicht durch den Absender, Empfänger oder Begleiter verzögert wird.

(2) Der Beförderungsschein ist bei Empfang der Sendung an die Eisenbahn zurückzugeben. War die Sendung auf Eilfrachtbrief abgefertigt, so ist dieser dem Empfänger gegen Bescheinigung über den Empfang der Sendung auszuhändigen.

§ 51.

**Lieferfrist.**

(1) Die Lieferfristen dürfen nachstehende Höchstfristen nicht überschreiten:

bei einer Entfernung bis zu 150 Tarifkilometer 1 Tag,
bei größeren Entfernungen für weitere angefangene je 300 Tarifkilometer 1 weiteren Tag.

(2) Die Lieferfrist beginnt für Sendungen, die mit einem Vormittags abgehenden Zuge befördert werden, um 12 Uhr Mittags, bei Sendungen, die mit einem Nachmittags abgehenden Zuge befördert werden, mit der auf die Annahme folgenden Mitternacht. Sie ist gewahrt, wenn vor ihrem Ablaufe die Tiere auf der Bestimmungsstation zur Abnahme bereit gestellt sind.

(3) Der Lauf der Lieferfrist ruht außer in den Fällen des § 75 Abs. (7) auch für die Dauer des Aufenthalts auf den Tränkstationen und für die Dauer der ärztlichen Viehbeschau.

(4) Die Auslieferung der mit Personenzügen beförderten Pferde und Hunde kann zu dem im § 34 Abs. (2) bestimmten Zeitpunkte verlangt werden. Müssen die Pferde jedoch unterwegs auf einen anderen Zug übergehen, so kann ihre Weiterbeförderung erst mit dem nächsten Personenzuge verlangt werden.

§ 52.

**Weitere Vorschriften.**

Im übrigen gelten für die Beförderung von Tieren sinngemäß die Vorschriften im Abschnitt VIII.

## VIII.

## Beförderung von Gütern.

§ 53.

**Durchgehende Beförderung.**

Die Eisenbahn ist verpflichtet, Güter zur Beförderung von und nach allen für den Güterverkehr eingerichteten Stationen und Güternebenstellen anzunehmen, ohne daß es für den Übergang von einer Bahn auf die andere einer Vermittelungsadresse bedarf.

---

Zu § 53 vgl. HGB. §§ 453, 471.

§ 54.

**Von der Beförderung ausgeschlossene oder nur bedingungsweise zur Beförderung zugelassene Gegenstände.**

(1) Von der Beförderung ausgeschlossen sind:

A. die dem Postzwang unterliegenden Gegenstände;

B. soweit nicht im Abs. (2) A Ziffer 1 Ausnahmen zugelassen sind:

1. explosionsgefährliche Gegenstände:[1])
   a) Sprengstoffe[2]),
   b) Munition,
   c) Zündwaren und Feuerwerkskörper,
   d) verdichtete und verflüssigte Gase,
   e) Stoffe, die in Berührung mit Wasser entzündliche oder die Verbrennung unterstützende Gase entwickeln;
2. selbstentzündliche Stoffe.

(2) Bedingungsweise sind zur Beförderung zugelassen:

A. nach den in der Anlage C enthaltenen Vorschriften:

1. die in der Anlage C unter I und II aufgeführten explosionsgefährlichen Gegenstände und selbstentzündlichen Stoffe (Abs. (1) B);
2. die in der Anlage C unter III bis VI aufgeführten brennbaren Flüssigkeiten, giftigen, ätzenden und fäulnisfähigen Stoffe.

   Solche Gegenstände dürfen miteinander oder mit anderen Gegenständen nur dann zusammengepackt werden, wenn dies in der Anlage C zugelassen ist.

B. außerdem:

1. Gold- und Silberbarren, Platina, Geld, Münzen und Papiere mit Geldwert, Dokumente, Edelsteine, echte Perlen, besonders wertvolle Spitzen und besonders wertvolle Stickereien sowie andere Kostbarkeiten, ferner Kunstgegenstände, wie Gemälde, Bildwerke, Gegenstände aus Erzguß, Kunstaltertümer.

   Die Beförderungsbedingungen für diese Gegenstände hat der Tarif zu bestimmen.

   Als Papiere mit Geldwert sind nicht zu behandeln: Postfreimarken, Stempelbogen und Stempelmarken sowie ähnliche amtliche Wertzeichen.
2. Gegenstände, deren Verladung oder Beförderung nach der Anlage oder dem Betrieb einer beteiligten Bahn außergewöhnliche Schwierigkeit verursacht.

   Ihre Beförderung kann die Eisenbahn von besonders zu vereinbarenden Bedingungen abhängig machen.
3. Eisenbahnfahrzeuge, die auf eigenen Rädern befördert werden sollen.

   Sie müssen sich in lauffähigem Zustande befinden. Lokomotiven, Tender, Dampf- und Kraftwagen müssen von einem sachverständigen Beauftragten des Absenders begleitet sein.

§ 55.

**Frachtbrief; seine Form.**

(1) Jede Sendung muß von einem Frachtbriefe begleitet sein, der für gewöhnliches Frachtgut dem Muster der Anlage D, für Eilgut dem Muster der Anlage E zu entsprechen hat.

---

Zu § 54 vgl. HGB. §§ 453, 471, JÜ. Art. 2 u. 3 und Ausf. Best. § 1.

Zu § 55 vgl. HGB. § 426, JÜ. Art. 6, Ausf. Best. § 2.

[1]) Zu den explosionsgefährlichen Gegenständen im Sinne dieses Paragraphen gehören alle explosionsfähigen Substanzen, vergleiche jedoch Anmerkung[2]).

[2]) Explosionsfähige Substanzen, die nicht Schieß- oder Sprengzwecken dienen, durch Flammenzündung nicht zur Explosion gebracht werden können und gegen Stoß und Schlag nicht empfindlicher sind als Dinitrobenzol, gehören nicht zu den Sprengstoffen im Sinne dieses Paragraphen.

(2) Zu den Frachtbriefen ist weißes Schreibpapier in der vom Reichs-Eisenbahnamte festgesetzten Beschaffenheit zu verwenden. Alle Güterabfertigungsstellen sind verpflichtet, Frachtbriefe zu den im Tarife festzusetzenden Preisen zu verkaufen.

(3) Die Frachtbriefe müssen zum Nachweise, daß sie den Vorschriften entsprechen, den Prüfungsstempel einer inländischen Eisenbahn tragen. Die Stempelung der nicht für Rechnung der Eisenbahn gedruckten Frachtbriefe erfolgt gegen eine im Tarife festzusetzende Gebühr; sie kann abgelehnt werden, wenn nicht gleichzeitig mindestens 100 Frachtbriefe vorgelegt werden.

(4) Die stark umrahmten Teile des Musters sind für die Eintragungen der Eisenbahn, die übrigen für die Eintragungen des Absenders bestimmt (vergleiche jedoch § 56 Abs. (1) f)).

(5) Für regelmäßig wiederkehrende Sendungen zwischen bestimmten Orten und für Sendungen, die zur Weiterbeförderung über See bestimmt sind, kann die Landesaufsichtsbehörde nach Zustimmung des Reichs-Eisenbahnamts Abweichungen von den vorstehenden Bestimmungen genehmigen.

---

Zu § 55 Abs. 2. Von dem Reichs-Eisenbahnamt ist auf Grund einer Ermächtigung des Bundesrats angeordnet worden, daß die in den Anlagen C und D der Eisenbahn-Verkehrsordnung v. 26. Oktober 1899 vorgeschriebenen Frachtbrief-Muster noch bis zum 31. März 1910 verwendet werden dürfen (Bekanntmachung vom 15. Januar 1909, Zentralblatt für das Deutsche Reich Nr. 3).

Ferner hat das Reichs-Eisenbahnamt wegen der Beschaffenheit des zu den Frachtbriefen zu verwendenden Papiers folgende Anordnungen getroffen:

I. Bekanntmachung vom 13. Oktober 1892 (Zentralblatt für das Deutsche Reich von 1892 S. 632).

1. Zu den Frachtbriefen ist Schreibpapier zu verwenden von beliebiger Stoffzusammensetzung, jedoch ohne Zusatz von Holzschliff, mit nicht mehr als 15 Prozent Asche, einer mittleren Reißlänge von 3500 m, einer mittleren Dehnung von 2,75 Prozent und ziemlich großem Widerstande gegen Zerknittern. Die Farbe des Papiers muß entschieden weiß sein und das Gewicht bei der für Frachtbriefe durch die Verkehrsordnung vorgeschriebenen Bogengröße von 76×60 cm für je 1000 Bogen (4000 Frachtbriefe) 39 kg betragen Eine Abweichung von diesem Einheitsgewicht um 2,5 Prozent nach oben und unten ist gestattet. Bei der Gewichtsfeststellung wird die Riesumhüllung (das zum Verpacken von 1000 Bogen verwendete Umschlagpapier) mitgewogen.

2. Das Papier der Frachtbriefe ist zum Zeichen dafür, daß es den vorstehenden Anforderungen entspricht, mit einem Wasserzeichen zu versehen, das im nassen Zustande auf dem Siebe in das Papier gebracht werden und die Firma des Erzeugers (Fabrikanten) in Buchstaben, sowie neben dem Worte „Normal" das Zeichen 4a enthalten muß. Die Hinzufügung einer Jahreszahl ist dem Fabrikanten freigestellt. Eine Abkürzung der Firmenbezeichnung ist gestattet, jedoch nur soweit, daß man ohne Weiteres auf den Inhaber zurückgreifen kann. Das Wasserzeichen muß so vollständig, wenn auch unterbrochen, in jedem Frachtbriefe vorhanden sein, daß über die Herkunft und Beschaffenheit des Papiers kein Zweifel obwalten kann.

3. Die mit dem vorschriftsmäßigen Wasserzeichen versehenen Frachtbriefe dürfen von den unter 1 bezeichneten Eigenschaften in ihrer Reißlänge um höchstens 10 Prozent und in ihrer Dehnbarkeit ebenfalls um höchstens 10 Prozent nach unten abweichen. Alle anderen Eigenschaften müssen ohne Einschränkung vorhanden sein.

4. Fabrikanten, die Frachtbriefpapier herstellen, haben ihr Wasserzeichen bei einer mit der Prüfung von Papier zu amtlichen Zwecken in einem Bundesstaat beauftragten Behörde anzumelden. Die Prüfung, ob das Frachtbriefpapier den vorstehend bezeichneten Bedingungen entspricht, erfolgt nach Maßgabe der bei diesen Behörden bestehenden Vorschriften.

II. Bekanntmachung vom 25. Mai 1893 (Zentralblatt für das Deutsche Reich von 1893 S. 154). Die in bezug auf die Beschaffenheit des zu den Frachtbriefen zu verwendenden Schreibpapiers am 13. Oktober 1892 erlassenen Bestimmungen (s. o. I. Bekanntmachung) werden für das Papier zu Frachtbrief-Duplikaten bis auf weiteres außer Anwendung gesetzt. Für Duplikate wird die Beschaffenheit des Schreibpapiers freigegeben, sofern sie durch den Aufdruck „Frachtbrief-Duplikat" zu Original-Frachtbriefen unbenutzbar gemacht sind. Im übrigen müssen die als Frachtbriefduplikate gekennzeichneten Formulare in Farbe, Größe und Vordruck den im § 52 (jetzt § 55) der Verkehrsordnung enthaltenen Vorschriften entsprechen, auch zur Bestätigung dessen mit dem Kontrollstempel einer inländischen Eisenbahn versehen sein.

§ 56.

## Inhalt des Frachtbriefs.

(1) Der Absender hat in den Frachtbrief einzutragen:

a) den Namen und den Wohnort dessen, an den das Gut abgeliefert werden soll (des Empfängers);

b) die Eisenbahnstation oder Güternebenstelle, bis zu der das Gut befördert werden soll (Bestimmungsstation);

c) den Bestimmungsort, wenn dieser ein anderer ist als die Bestimmungsstation;

d) die Bezeichnung der Sendung nach ihrem Inhalte, bei Stückgut auch Anzahl, Art der Verpackung und Adresse (oder statt dieser das Zeichen und die Nummer) der Frachtstücke. Die Eisenbahn kann auch bei Wagenladungen die Bezeichnung des Inhalts nach Anzahl und Verpackungsart verlangen, wenn die Beschaffenheit der Ladung es zuläßt. Die in der Anlage C aufgeführten Gegenstände sind mit der dort gebrauchten Bezeichnung zu benennen;

e) das Gewicht der Sendung (vergleiche jedoch § 58 Abs. (2) und (3)) oder statt dessen eine den Vorschriften der Versandbahn entsprechende Angabe;

f) bei Gütern, die er selbst verladen hat, die Nummer und die Eigentumsmerkmale des Wagens;

g) im Falle der Vorausbezahlung der Fracht den Freivermerk;

h) den etwaigen Antrag auf Ausstellung eines Frachtbriefduplikats oder Aufnahmescheins;

i) die etwaige Angabe des Interesses an der Lieferung und der auf dem Gute lastenden Nachnahme;

k) das etwaige Verlangen, daß das Gut bahnlagernd zu stellen ist. Bei den in der Anlage C aufgeführten Gegenständen ist ein solches Verlangen unzulässig;

l) die genaue Bezeichnung der zur Erfüllung der Zoll-, Steuer- oder Polizeivorschriften beigegebenen Begleitpapiere (§ 65 Abs. (1));

m) bei Sendungen, die einer zoll- oder steueramtlichen Abfertigung unterliegen, die zu berührende Abfertigungsstelle, wenn er eine solche zu bezeichnen wünscht (§ 67 Abs. (2));

n) den Ort und den Tag der Ausstellung;

o) die Unterschrift mit Namen oder Firma unter Angabe der Wohnung. Die Beifügung der Telegrammadresse und Fernsprechnummer ist gestattet.

(2) Die Eisenbahn kann verlangen, daß jeder Wagenladung ein besonderer Frachtbrief beigegeben wird.

(3) Mehrere Gegenstände dürfen in denselben Frachtbrief aufgenommen werden, wenn sie nach ihrer Beschaffenheit ohne Nachteil zusammengeladen werden können und keine Zoll-, Steuer- oder Polizeivorschriften entgegenstehen.

(4) Den vom Absender aufzuladenden oder vom Empfänger abzuladenden Gütern sowie den nach § 54 Abs. (2) bedingungsweise zur Beförderung zugelassenen Gütern sind besondere, andere Gegenstände nicht umfassende Frachtbriefe beizugeben. Eine Ausnahme hiervon ist nur statthaft, wenn die Gegenstände der Anlage C nach den dort getroffenen Vorschriften mit anderen Gütern zusammengepackt aufgegeben werden. In dem gemeinsamen Frachtbriefe müssen dann aber die nur bedingungsweise zugelassenen Güter besonders aufgeführt und durch Hinzufügung des Wortes „(bedingungsweise)“ gekennzeichnet sein.

(5) Reicht der für die Beschreibung der Güter vorgesehene Raum auf der Vorderseite des Frachtbriefs nicht aus, so ist die Rückseite zu benutzen; nötigenfalls sind dem Frachtbriefe gleichgroße Blätter anzuheften und dann besonders zu unterzeichnen. Im Frachtbrief ist auf sie zu verweisen. Wird das Gesamtgewicht einer solchen Sendung angegeben, so ist es im Frachtbrief an der hierfür vorgesehenen Stelle einzutragen. Bei Gütern verschiedener Tarifklassen ist, wenn getrennte Frachtberechnung verlangt wird, das Gewicht für jede Tarifklasse besonders anzugeben.

(6) Der Absender darf im Frachtbriefe vorschreiben, daß die Güter auf der Bestimmungsstation nachgezählt und nachgewogen werden; hierfür ist die tarifmäßige Gebühr zu bezahlen.

---

Zu § 56 vgl. HGB. § 426, JÜ. Art. 6, Ausf. Best. § 2.

(7) Bei Aufgabe von Gütern nach einem Bestimmungsorte, wo keine für den Güterverkehr eingerichtete Eisenbahnstation oder Güternebenstelle vorhanden ist, kann der Absender im Frachtbrief über die Weiterbeförderung des Gutes von der Bestimmungsstation bis zum Bestimmungsorte Verfügung treffen (vergleiche § 76 Abs. (9)).

(8) Auf die Rückseite des Frachtbriefs darf die Firma des Ausstellers gedruckt werden. Auch können dort die Sendung betreffende Vermerke für den Empfänger nachrichtlich angebracht werden, zum Beispiel „von Sendung des N. N.", „im Auftrage des N. N.", „zur Verfügung des N. N.", „zur Weiterbeförderung an N. N.", „für Dampfer N. N.", „versichert bei N. N.", „zur Ausfuhr nach N. N.". Für die Eisenbahn sind diese Vermerke unverbindlich.

(9) Die Aufnahme anderer Erklärungen in den Frachtbrief und die Beifügung anderer Schriftstücke zum Frachtbriefe sind unzulässig, soweit es nicht durch diese Ordnung oder — mit Genehmigung der Landesaufsichtsbehörde nach Zustimmung des Reichs-Eisenbahnamts — im Tarife vorgeschrieben oder für statthaft erklärt ist. Die Erklärungen und Schriftstücke dürfen nur das Frachtgeschäft betreffen.

(10) Alle Eintragungen im Frachtbriefe müssen in deutscher Sprache geschehen; sie dürfen auch durch Druck oder Stempel bewirkt werden.

## § 57.
### Haftung für die Angaben im Frachtbriefe.

Der Absender haftet der Eisenbahn für die Richtigkeit und die Vollständigkeit der in den Frachtbrief aufgenommenen Angaben und Erklärungen und trägt alle Folgen, die aus unrichtigen, ungenauen oder ungenügenden Eintragungen entspringen.

## § 58.
### Prüfung des Inhalts der Sendung. Feststellung von Anzahl und Gewicht.

(1) Die Eisenbahn ist berechtigt, die Übereinstimmung der Sendung mit dem Frachtbriefe nach Stückzahl, Gewicht und Inhalt jederzeit zu prüfen. Gebühren dürfen hierfür nicht erhoben werden. Zur Prüfung des Inhalts ist der Verfügungsberechtigte einzuladen, wenn sie nicht auf Grund polizeilicher Maßregeln stattfindet, die der Staat im Interesse der Sicherheit oder der öffentlichen Ordnung zu ergreifen berechtigt ist. Erscheint der Berechtigte nicht, so sind zwei Zeugen zuzuziehen. Etwa entstehende Auslagen sind der Eisenbahn zu ersetzen, wenn die Frachtbriefangaben sich als unrichtig erweisen.

(2) Bei Stückgütern, die von der Eisenbahn verladen werden (§ 59 Abs. (1)), ist diese verpflichtet, Anzahl und Gewicht bei der Annahme gebührenfrei festzustellen. Dem Absender oder dessen Beauftragten steht frei, der Feststellung beizuwohnen. Die Eisenbahn kann von der Verwägung absehen oder — bei gleichartigen Stücken — Probeverwägungen vornehmen, wenn der Absender das Gewicht in den Frachtbrief eingetragen und die Nachwägung im Frachtbriefe nicht verlangt hat.

(3) Bei allen anderen Sendungen ist die Eisenbahn auf Antrag des Absenders im Frachtbriefe verpflichtet, das Gewicht und die Stückzahl festzustellen, es sei denn, daß die vorhandenen Wägevorrichtungen nicht ausreichen oder die Beschaffenheit des Gutes oder die Betriebsverhältnisse eine Feststellung der Stückzahl nicht gestatten. Das Gewicht hat die Eisenbahn auch ohne Antrag festzustellen, wenn es im Frachtbriefe nicht angegeben ist. Für diese Feststellungen ist die tarifmäßige Gebühr zu zahlen. Ist die Feststellung des Gewichts auf der Versandstation nicht angängig, so erfolgt sie auf einer anderen Station.

(4) Der Absender kann bei der Aufgabe verlangen, daß ihm Gelegenheit geboten werde, der Feststellung der Stückzahl und des Gewichts beizuwohnen, wenn sie auf der Versandstation erfolgt. Stellt er ein solches Verlangen nicht oder versäumt er die ihm gebotene Gelegenheit, so hat er die tarifmäßige Gebühr nochmals zu zahlen, wenn die Feststellung auf seinen Antrag wiederholt wird.

(5) Die Eisenbahn kann die Verwägung der Wagenladungsgüter auf der Gleiswage

---

Zu § 57 vgl. HGB. § 426 Abs. (3), JÜ. Art. 7 Abs. (1).
Zu § 58 vgl. JÜ. Art. 7.

vornehmen und der Gewichtsberechnung das an den Eisenbahnwagen angeschriebene Eigengewicht zu Grunde legen. Jedoch ist einem Antrage des Verfügungsberechtigten auf Verwägung des leeren Wagens zu entsprechen, wenn es die Betriebsverhältnisse gestatten. Ob und welche Gebühr zu erheben ist, hat der Tarif zu bestimmen.

(6) Die Feststellung des Gewichts und der Stückzahl hat die Eisenbahn auf dem Frachtbriefe zu bescheinigen. Erfolgt die Feststellung auf der Versandstation, so ist die Bescheinigung auch auf das Frachtbriefduplikat oder auf den Aufnahmeschein zu setzen.

§ 59.

Beladung der Wagen. Ladegewicht. Tragfähigkeit.

(1) Ob die Güter durch die Eisenbahn oder durch den Absender zu verladen sind, hat der Tarif zu bestimmen, soweit nicht diese Ordnung Vorschriften darüber enthält, oder eine besondere Vereinbarung zwischen dem Absender und der Eisenbahn im Frachtbriefe getroffen ist.

(2) Für die Beladung der Wagen ist das daran vermerkte Ladegewicht maßgebend. Eine Belastung bis zu der an den Wagen angeschriebenen Tragfähigkeit ist zulässig, wenn nach der natürlichen Beschaffenheit des Gutes nicht zu befürchten ist, daß die Belastung infolge von Witterungseinflüssen während der Beförderung die Tragfähigkeit überschreiten werde. Eine die Tragfähigkeit überschreitende Belastung — Überlastung — ist in keinem Falle gestattet. Bei außerdeutschen Wagen, die nur eine die zulässige Belastung kennzeichnende, dem Ladegewichte der deutschen Wagen entsprechende Anschrift tragen, darf die angeschriebene Gewichtsgrenze bis zu 5 % überschritten werden.

§ 60.

Frachtzuschläge.

(1) Bei unrichtiger Angabe des Inhalts, des Gewichts oder der Stückzahl einer Sendung sowie bei Außerachtlassung der Sicherheitsvorschriften in Anlage C sind ohne Rücksicht darauf, ob ein Verschulden des Absenders vorliegt oder nicht, Frachtzuschläge zu entrichten, für die folgende Bestimmungen gelten:

a) Wenn die im § 54 Abs. (1) B und Abs. (2) A aufgeführten Gegenstände unter unrichtiger Inhaltsangabe zur Beförderung aufgegeben oder wenn die Sicherheitsvorschriften in Anlage C außer acht gelassen werden, beträgt der Frachtzuschlag für jedes Kilogramm Rohgewicht des Versandstücks, worin ein solcher Gegenstand enthalten war,
   - bei den gemäß § 54 Abs. (1) B von der Beförderung ausgeschlossenen sowie bei den in Anlage C unter I und II aufgeführten explosionsgefährlichen und selbstentzündlichen Gütern: 12 Mark,
   - bei den in Anlage C unter III, IV und V aufgeführten brennbaren Flüssigkeiten, giftigen und ätzenden Stoffen: 3 Mark,
   - bei den in Anlage C unter VI aufgeführten fäulnisfähigen Stoffen: $^1/_2$ Mark.

b) In anderen Fällen unrichtiger Inhaltsangabe beträgt der Frachtzuschlag, wenn sie keine Frachtverkürzung herbeiführen kann, 1 Mark für den Frachtbrief, sonst das Doppelte des Unterschieds zwischen der infolge der unrichtigen Angabe entstandenen und der richtig berechneten Fracht von der Aufgabe- bis zur Bestimmungsstation. Sind Güter verschiedener Tarifklassen zu einer Sendung vereinigt, und kann ihr Einzelgewicht ohne besondere Schwierigkeit festgestellt werden, so ist der Ermittelung des Frachtzuschlags getrennte Frachtberechnung zu Grunde zu legen, sofern sie sich billiger stellt. Mindestens wird 1 Mark erhoben.

c) Bei unrichtiger Angabe der Stückzahl oder des Gewichts einer vom Absender verladenen Sendung, wenn hierdurch eine Frachtverkürzung herbeigeführt werden kann, beträgt der Frachtzuschlag das Doppelte des Unterschieds zwischen der

Zu § 59 Abs. (2) vgl. IÜ. Ausf. Best. § 3.
Zu § 60 vgl. IÜ. Art. 7, Ausf. Best. §§ 3, 11.

infolge der unrichtigen Angabe entstandenen und der richtig berechneten Fracht von der Aufgabe- bis zur Bestimmungsstation.

d) Bei Überlastung eines Wagens beträgt der Frachtzuschlag das Sechsfache der Fracht von der Aufgabe- bis zur Bestimmungsstation für das Gewicht, das die im § 59 Abs. (2) festgesetzten Belastungsgrenzen übersteigt. Diese Bestimmung gilt sinngemäß auch für Gegenstände, deren Fracht nicht nach dem Gewichte berechnet wird. Ist zum Beispiel die Fracht nach der Ladefläche zu berechnen, so wird der Frachtzuschlag derart ermittelt, daß die nach der Ladefläche des verwendeten Wagens berechnete Fracht als Fracht für das zulässige höchste Belastungsgewicht angesehen, danach die Fracht für das Übergewicht berechnet und der gefundene Betrag sechsfach genommen wird.

e) Die unter a) bis d) festgesetzten Frachtzuschläge werden nebeneinander erhoben, wenn gegen mehrere dieser Vorschriften gleichzeitig verstoßen wird. Trifft unrichtige Inhaltsangabe, die eine Frachtverkürzung herbeiführen kann, mit unrichtiger Angabe der Stückzahl oder des Gewichts der Sendung zusammen und handelt es sich nicht um Gegenstände der im § 54 Abs. (1) B und Abs. (2) A genannten Art, so beträgt der Frachtzuschlag das Doppelte des Unterschieds zwischen der Fracht für die angegebene Stückzahl oder das angegebene Gewicht und den angegebenen Inhalt einerseits und der Fracht für die ermittelte Stückzahl oder das ermittelte Gewicht und den ermittelten Inhalt andererseits.

Außerdem ist der Frachtunterschied nachzuzahlen und der entstandene Schaden zu ersetzen, auch sind die durch andere gesetzliche oder polizeiliche Bestimmungen vorgesehenen Strafen verwirkt.

(2) Der Tarif muß einheitlich die Grundsätze bestimmen, nach denen etwa von Erhebung der im Abs. (1) festgesetzten Frachtzuschläge aus Billigkeit abgesehen wird oder geringere Zuschläge erhoben werden.

(3) Ein Frachtzuschlag darf nicht erhoben werden:

a) bei unrichtiger Gewichtsangabe oder bei Überlastung, wenn die Eisenbahn zur Verwägung verpflichtet war;

b) bei einer während der Beförderung eingetretenen Gewichtszunahme ohne Überlastung, wenn der Absender nachweist, daß die Gewichtszunahme auf Witterungseinflüsse zurückzuführen ist;

c) bei einer während der Beförderung durch Witterungseinflüsse verursachten Überlastung, wenn der Absender nachweist, daß er bei der Beladung des Wagens das angeschriebene Ladegewicht nicht überschritten hat.

(4) Der Frachtzuschlag ist verwirkt, sobald der Frachtvertrag abgeschlossen ist (§ 61). Zur Zahlung des Zuschlags ist der Absender verpflichtet. Hat der Empfänger den Frachtbrief und das Gut angenommen, so haftet er gemäß § 76 Abs. (4) neben dem Absender als Gesamtschuldner für den Zuschlag.

(5) Der Anspruch auf Zahlung oder Rückzahlung des Frachtzuschlags verjährt in einem Jahre. Die Verjährung beginnt bei Ansprüchen auf Zahlung des Frachtzuschlags mit der Zahlung der Fracht oder wenn eine Fracht nicht zu zahlen war, mit der Auflieferung des Gutes; bei den Ansprüchen auf Rückzahlung beginnt sie mit der Zahlung des Zuschlags. Gehemmt oder unterbrochen wird die Verjährung gemäß den Bestimmungen im § 71 Abs. (2).

## § 61.

### Abschluß des Frachtvertrags.

(1) Der Frachtvertrag ist abgeschlossen, sobald die Abfertigungsstelle das Gut mit dem Frachtbriefe zur Beförderung angenommen hat. Als Zeichen der Annahme ist dem Frachtbriefe der Tagesstempel der Abfertigungsstelle aufzudrücken. Mit diesem Stempel ist auch jedes der nach § 56 Abs. (5) dem Frachtbrief etwa angefügten Blätter zu versehen.

(2) Die Abstempelung hat nach vollständiger Auflieferung des im Frachtbriefe verzeichneten Gutes und nach Entrichtung der vom Absender voraus zu bezahlenden Beträge unverzüglich, auf Verlangen des Absenders in seiner Gegenwart, zu erfolgen.

---

Zu § 61 vgl. HGB. §§ 455, 471, FÜ. Art. 8.

(3) Der abgestempelte Frachtbrief dient als Beweis für den Frachtvertrag.

(4) Bei den vom Absender verladenen Gütern dienen die Angaben des Frachtbriefs über das Gewicht und die Anzahl der Stücke nur dann als Beweis gegen die Eisenbahn, wenn sie die Stücke nachgewogen oder nachgezählt und dies im Frachtbriefe beurkundet hat.

(5) Die Eisenbahn ist verpflichtet, auf Verlangen des Absenders die Annahme des Gutes unter Angabe des Tages, an dem es zur Beförderung angenommen ist, auf einem ihr mit dem Frachtbriefe vorgelegten Frachtbriefduplikate, das als solches zu bezeichnen ist, zu bescheinigen. Die Ausstellung eines Duplikats ist auf dem Frachtbriefe durch Stempelaufdruck zu beurkunden.

(6) Das Duplikat hat nicht die Bedeutung des Frachtbriefs oder eines Ladescheins.

(7) Bei Gütern, die nicht in ganzen Wagenladungen aufgegeben werden, kann mit Zustimmung des Absenders an Stelle des Duplikats ein Aufnahmeschein ausgestellt werden, der dieselbe rechtliche Bedeutung wie das Duplikat hat.

(8) Auf Verlangen des Absenders ist die Annahme des Gutes auch in anderer Form, zum Beispiel durch Unterstempelung eines Eintrags in einem Quittungsbuche oder dergleichen zu bescheinigen. Eine solche Bescheinigung hat nicht die Bedeutung eines Frachtbriefduplikats.

## § 62.

### Verpackung und Bezeichnung.

(1) Das Gut muß, soweit es seine Natur erfordert, gegen Verlust, Minderung oder Beschädigung sicher verpackt sein.

(2) Ist dies nicht der Fall, so kann die Eisenbahn die Annahme des Gutes ablehnen oder verlangen, daß der Absender im Frachtbriefe das Fehlen oder die Mängel der Verpackung anerkennt. Pflegt ein Absender gleichartige der Verpackung bedürftige Güter unverpackt oder mit den gleichen Mängeln der Verpackung auf derselben Station aufzugeben, so kann er ein für allemal eine Erklärung nach dem Muster der Anlage F abgeben. In diesem Falle muß der Frachtbrief einen Hinweis auf die allgemeine Erklärung enthalten.

(3) Inwieweit die Eisenbahn für den Schaden haftet, der infolge eines im Frachtbrief anerkannten oder äußerlich nicht erkennbaren Mangels der Verpackung entsteht, ist in den §§ 86 und 84 bestimmt. Ist ein äußerlich erkennbarer Mangel der Verpackung nicht im Frachtbrief anerkannt, so ist die Eisenbahn von der Haftpflicht nur dann befreit, wenn der Absender arglistig handelt.

(4) Die Verpackung muß ferner so beschaffen sein, daß das Gut bei ordnungsmäßiger Behandlung durch die Eisenbahn keinen Schaden verursachen kann. Anderenfalls ist die Eisenbahn berechtigt, wenn sie das Gut trotzdem zur Beförderung annimmt, ein Anerkenntnis im Frachtbriefe nach Maßgabe des Abs. (2) zu verlangen. Für den Schaden, der aus so bescheinigten oder aus äußerlich nicht erkennbaren Mängeln der Verpackung entsteht, haftet der Absender. Ist ein äußerlich erkennbarer Mangel der Verpackung nicht anerkannt, so haftet der Absender nur, wenn er arglistig handelt.

(5) Die Eisenbahn kann verlangen, daß kleine Stückgüter (Kleineisenzeug oder dergleichen), deren Annahme und Verladung nicht ohne erheblichen Zeitverlust möglich ist, durch Verbindung oder Verpackung zu größeren Einheiten zusammengefaßt werden.

(6) Den Eisenbahnen bleibt überlassen, für Güter, die nicht zu den im § 54 Abs. (2) A aufgeführten gehören, die aber wegen ihrer Eigenschaften Unzuträglichkeiten während der Beförderung herbeiführen können, mit Genehmigung der Landesaufsichtsbehörden nach Zustimmung des Reichs-Eisenbahnamts durch den Tarif einheitliche Vorschriften über die Verpackung und Verladung zu treffen.

(7) Die Stückgüter sind haltbar, deutlich und in einer Verwechselungen ausschließenden Weise zu bezeichnen. Diese Bezeichnungen müssen mit den Angaben im Frachtbrief übereinstimmen. Ältere Bezeichnungen (Eisenbahnbeförderungszeichen, Postbeförderungszeichen oder andere Zeichen, die mit den Eisenbahnbeförderungszeichen verwechselt werden könnten) müssen entfernt sein.

---

Zu § 62 vgl. IÜ. Art. 9, Ausf. Best. § 4.

(8) Die Eisenbahn kann verlangen, daß Stückgüter vom Absender mit dem Namen der Bestimmungsstation dauerhaft bezeichnet werden, wenn es ihre Beschaffenheit ohne besondere Schwierigkeit zuläßt.

§ 63.

Annahme.

(1) Die Eisenbahn ist nur insoweit verpflichtet, Güter zur Beförderung anzunehmen, als die Beförderung sofort erfolgen kann. Wenn es notwendig wird, die Annahme von Sendungen allgemein oder für bestimmte Versandbezirke oder für bestimmte Arten von Gütern einzustellen, weil zwingende Gründe des Eisenbahnbetriebs oder das öffentliche Interesse die sofortige Beförderung nicht gestatten, so bedarf es der Genehmigung der Landesaufsichtsbehörde.

(2) Die Güter müssen während der Dienststunden aufgeliefert werden, die von der Eisenbahn festzusetzen und durch Aushang bekannt zu machen sind.

(3) An Sonn- und Festtagen braucht die Eisenbahn Frachtgut nicht anzunehmen; Eilgut anzunehmen ist sie verpflichtet, wenn seiner zoll- oder steueramtlichen Behandlung kein Hindernis entgegensteht.

(4) Wird die Annahme einer durch die Eisenbahn zu verladenden Sendung vom Absender dadurch verzögert, daß er nicht alle zum Frachtbriefe gehörenden Güter binnen 24 Stunden aufliefert oder daß er den wegen Unrichtigkeit oder Unvollständigkeit beanstandeten Frachtbrief nicht binnen 24 Stunden nach Beginn der Auflieferung berichtigt übergibt oder bei Freivermerk die voraus zu zahlenden Frachtbeträge und Gebühren nicht innerhalb derselben Frist begleicht, so kann die Eisenbahn für das eingelagerte Gut das tarifmäßige Lagergeld erheben.

(5) Die Bereitstellung der Wagen für Güter, die der Absender zu verladen hat, muß unter Angabe des Gutes, des ungefähren Gewichts und der Bestimmungsstation für einen bestimmten Tag nachgesucht werden. Können die Wagen nicht bereit gehalten werden, so ist der Besteller, soweit tunlich, hiervon kostenfrei zu benachrichtigen. Werden schriftlich zugesagte Wagen nicht rechtzeitig gestellt, so hat die Eisenbahn die Kosten der vergeblich versuchten Auflieferung, mindestens aber den Betrag des Wagenstandgeldes für einen Tag zu erstatten. Wird ein Wagen erst nach der Bereitstellung, aber vor Ablauf der Beladefrist (Abs. (6)) wieder abbestellt, so hat der Besteller eine im Tarife festzusetzende Gebühr zu entrichten, die jedoch das Wagenstandgeld für einen Tag nicht übersteigen darf. Geschieht die Abbestellung erst nach Ablauf der Beladefrist, so ist das tarifmäßige Wagenstandgeld zu zahlen. Bei Bestellung eines Wagens kann die Eisenbahn eine Sicherheit in Höhe der bezeichneten Gebühr verlangen.

(6) Die Verladung durch den Absender hat in der Regel während der Dienststunden zu erfolgen; sie muß innerhalb der von der Eisenbahn durch Aushang bekannt zu machenden Frist vollendet sein. Wird die Frist überschritten oder wird der wegen Unrichtigkeit oder Unvollständigkeit beanstandete Frachtbrief nicht innerhalb der Ladefrist berichtigt übergeben oder werden bei Freivermerk die voraus zu zahlenden Frachtbeträge und Gebühren nicht innerhalb derselben Frist beglichen, so hat der Absender das tarifmäßige Wagenstandgeld zu zahlen. Für Sonn- und Festtage ist Wagenstandgeld nur dann zu zahlen, wenn die Ladefrist schon am Tage vorher, Nachmittags 2 Uhr, abgelaufen ist. Folgen mehrere Sonn- und Festtage aufeinander, so ist nur für einen Tag Wagenstandgeld zu erheben. Die Eisenbahn kann, wenn die Ladefrist um mehr als 24 Stunden überschritten wird, auf Kosten und Gefahr des Absenders das Gut ausladen und auf Lager nehmen oder einem Spediteur oder öffentlichen Lagerhaus übergeben.

(7) Der Lauf der Fristen in den Abs. (4) und (6) ruht an Sonn- und Festtagen sowie für die Dauer einer zoll- oder steueramtlichen oder polizeilichen Abfertigung, soweit diese nicht durch den Absender verzögert wird.

(8) Die Eisenbahn kann die Stückgüter innerhalb des Stationsorts oder von benachbarten Orten gegen eine durch Aushang bekannt zu machende Gebühr selbst anfahren oder Rollfuhrunternehmer dafür bestellen. Die hierbei verwendeten Personen gelten als Leute der Eisenbahn im Sinne des § 5. Die Rollfuhrleute haben ihren Gebührentarif bei sich zu tragen und auf Verlangen vorzuzeigen.

---

Zu § 63 vgl. HGB. §§ 453 Abs. (2), 471, JÜ Art. 5 Abs. (2).

(9) Den Absendern steht frei, von dieser Einrichtung Gebrauch zu machen oder die Güter selbst anzufahren oder sie durch andere Unternehmer anfahren zu lassen.

(10) Für die Abfert gung von Gütern kann die Eisenbahn Güternebenstellen einrichten.

(11) Die Eisenbahn kann im Tarife vorschreiben, daß das Überladen von Gütern, die auf der Versandstation von Schiffen unmittelbar auf die Eisenbahn übergehen sollen, gegen Zahlung der im Tarif oder durch Aushang bekannt zu machenden Gebühren von ihr selbst oder durch besondere Unternehmer ausgeführt wird. Die hierbei verwendeten Personen gelten als Leute der Eisenbahn im Sinne des § 5.

## § 64.

### Vorläufige Einlagerung des Gutes.

(1) Güter, die nicht sofort befördert werden können, hat die Eisenbahn, soweit es die Räumlichkeiten gestatten, gegen Empfangsbescheinigung einstweilen in Verwahrung zu nehmen. Dabei kann sie vorbehalten, daß die Annahme zur Beförderung erst erfolgt, wenn die Beförderung möglich ist. Der Absender hat sein Einverständnis auf dem Frachtbriefe zu erklären und auf dem Duplikate zu wiederholen. In diesem Falle haftet die Eisenbahn bis zum Abschlusse des Frachtvertrags (§ 61 Abs. (1)) nach den Grundsätzen für entgeltliche Verwahrung. Die Verwahrung leicht verderblicher Güter und der im § 54 Abs. (2) aufgeführten Gegenstände kann abgelehnt werden.

(2) Wenn die Eisenbahn Wagenladungsgüter, die nicht sofort befördert werden können, gleichwohl zur Beförderung annimmt, so ist sie mit Genehmigung der Landesaufsichtsbehörde berechtigt, mit dem Absender zu vereinbaren, daß die Lieferfrist von dem Tage an läuft, an dem die Absendung erfolgt. Der Absender hat sein Einverständnis auf dem Frachtbriefe zu erklären und auf dem Duplikate zu wiederholen. Die Eisenbahn ist verpflichtet, den Zeitpunkt der Absendung auf dem Frachtbriefe durch einen besonderen Stempel ersichtlich zu machen und diesen Zeitpunkt dem Absender ohne Verzug mitzuteilen.

## § 65.

### Zoll-, Steuer-, Polizei- und statistische Vorschriften.

(1) Der Absender ist verpflichtet, dem Frachtbrief alle Begleitpapiere beizugeben, die zur Erfüllung der Zoll-, Steuer- oder Polizeivorschriften vor der Ablieferung an den Empfänger erforderlich sind; sie sind im Frachtbriefe genau zu bezeichnen. Die Eisenbahn ist nicht verpflichtet, diese Papiere auf ihre Richtigkeit und Vollständigkeit zu prüfen. Der Absender haftet der Eisenbahn, sofern sie nicht ein Verschulden trifft, für alle Folgen, die aus dem Mangel, der Unzulänglichkeit oder der Unrichtigkeit der Papiere entstehen; auch hat er für die Dauer eines hierdurch verursachten Aufenthalts in der Beförderung von mehr als 48 Stunden das tarifmäßige Lager- oder Standgeld zu zahlen.

(2) Die Zoll-, Steuer- und Polizeivorschriften sind, solange das Gut unterwegs ist, gegen die tarifmäßigen Gebühren von der Eisenbahn zu erfüllen. Sie kann diese Aufgabe unter ihrer Verantwortlichkeit auf Kosten des Verfügungsberechtigten einem Spediteur übertragen. In beiden Fällen hat sie die Pflichten eines Spediteurs.

(3) Wenn der Absender eine unzulässige oder unausführbare Art der Abfertigung beantragt hat, so hat die Eisenbahn die Abfertigung zu veranlassen, die sie als die vorteilhafteste für den Absender erachtet. Dieser ist hiervon zu benachrichtigen.

(4) Der Absender kann im Frachtbrief erklären, daß er selbst oder ein namhaft gemachter Bevollmächtigter der Zoll- oder Steuerbehandlung beiwohnen wolle. Auf Antrag und gegen Erstattung der Kosten ist der Absender oder sein Bevollmächtigter von der Ankunft des Gutes auf der Station, wo diese Behandlung stattfindet, zu benachrichtigen. Der Absender oder sein Bevollmächtigter ist berechtigt, die nötigen Aufklärungen über das Gut zu geben. Das Gut in Besitz zu nehmen oder die Zollbehandlung selbst zu betreiben, sind sie nicht befugt.

(5) Auf der Bestimmungsstation kann der Empfänger die zoll- oder steueramtliche Behandlung betreiben, wenn der Absender im Frachtbriefe nichts anderes bestimmt hat. Wird

---

Zu § 64 vgl. HGB. §§ 453, 471, JÜ. Art. 5 Abs. (2).

Zu § 65 vgl. HGB. § 427, JÜ. Art. 10.

diese Behandlung weder durch den Empfänger noch gemäß einer Erklärung im Frachtbriefe durch den Absender oder einen Dritten betrieben, so hat die Eisenbahn sie zu veranlassen; auch kann die Eisenbahn damit unter ihrer Verantwortlichkeit auf Kosten des Verfügungsberechtigten einen Spediteur beauftragen.

(6) Bei den über die Grenzen des deutschen Zollgebiets ein-, aus- oder durchzuführenden Gütern hat der Absender oder der Empfänger die nach den Bestimmungen über die Statistik des Warenverkehrs vorgeschriebenen Anmeldescheine zu beschaffen. Werden sie von der Eisenbahn beschafft, so sind hierfür die tarifmäßigen Gebühren zu entrichten. Anmeldescheine, die nicht den Stempel des Kaiserlichen Statistischen Amtes tragen, hat die Eisenbahn gegen die tarifmäßige Gebühr auf ihre Übereinstimmung mit dem vorgeschriebenen Muster zu prüfen und abzustempeln.

## § 66.

### Verwendung bedeckter oder offener Wagen.

(1) Der Absender ist, wenn nicht Bestimmungen dieser Ordnung oder Zoll-, Steuer- oder Polizeivorschriften oder zwingende Gründe des Betriebs entgegenstehen, berechtigt, im Frachtbriefe zu verlangen:

1. daß Güter in bedeckten Wagen befördert werden, für die der Tarif offene Wagen vorsieht;
2. daß Güter in offenen Wagen befördert werden, für die der Tarif bedeckte Wagen vorsieht.

(2) Im ersteren Falle kann die Eisenbahn eine im Tarife festzusetzende höhere Fracht erheben.

(3) Ob und unter welchen Bedingungen Decken für offene Wagen mietweise überlassen werden, hat der Tarif zu bestimmen.

## § 67.

### Art und Reihenfolge der Beförderung.

(1) Das Gut ist je nach dem gewählten Frachtbriefmuster als Frachtgut oder als Eilgut zu befördern. Im Tarife kann mit Genehmigung der Landesaufsichtsbehörden nach Zustimmung des Reichs-Eisenbahnamts einheitlich bestimmt werden, ob und unter welchen Bedingungen Eilgut zu beschleunigter Beförderung anzunehmen ist (beschleunigtes Eilgut, Schnellzugsgut).

(2) Die Eisenbahn hat die Abfertigung vorzunehmen, die nach den Tarifen den billigsten Frachtsatz und, bei gleichen Frachtsätzen über mehrere Wege, die günstigsten Beförderungsbedingungen bietet. Der Absender kann im Frachtbriefe das Zoll- oder Steueramt für die zoll- oder steueramtliche Abfertigung, bei Eilgütern auch den Beförderungsweg vorschreiben. Solche Vorschriften muß die Eisenbahn beachten, sie kann aber die Fracht für den vorgeschriebenen Weg verlangen. Andere Wegevorschriften sind ungültig.

(3) Die Güter sind in der Reihenfolge zu befördern, in der sie zur Beförderung angenommen wurden, wenn nicht zwingende Gründe des Eisenbahnbetriebs oder das öffentliche Interesse eine Ausnahme rechtfertigen. Eine Zuwiderhandlung gegen diese Vorschriften begründet den Anspruch auf Ersatz des daraus entstehenden Schadens.

## § 68.

### Berechnung der Fracht, Nebengebühren und Auslagen.

(1) Die tarifmäßigen Beträge für Fracht und für die in dieser Ordnung oder im Tarife zugelassenen Nebengebühren sind von der Eisenbahn in den Frachtbrief einzutragen.

(2) Außer diesen Beträgen darf die Eisenbahn nur bare Auslagen in Rechnung stellen, zum Beispiel von ihr bezahlte Aus-, Ein- oder Durchgangsabgaben, Kosten für Überführung, Ausgaben für notwendige Ausbesserungen oder für andere Arbeiten zur Erhaltung des Gutes. Auch diese Beträge sind unter Beifügung der Beweisstücke im Frachtbrief ersichtlich zu machen.

---

Zu § 67 vgl. HGB. §§ 453 Abs. (3), 471, IÜ. Art. 6 u. 5 Abs. (3).

Zu § 68 vgl. IÜ. Art. 11.

(3) Die Eisenbahn darf für bare Auslagen die tarifmäßige Gebühr (Provision) erheben; ausgenommen sind die von der Eisenbahn verauslagten Rollgelder, die Fracht, die Nebengebühren und die Beträge für Porto und Frachturkundenstempel.

## § 69.
## Zahlung der Fracht.

(1) Bei Gütern, die nach dem Ermessen der Versandbahn schnell verderben oder deren Wert die Fracht nicht sicher deckt, kann Vorausbezahlung der Fracht verlangt werden. Die Eisenbahn ist ferner berechtigt, bei Sendungen, die zu ermäßigten Frachtsätzen (Ausnahmetarifen) befördert werden sollen, im Tarife zu bestimmen, ob die Fracht bei Aufgabe des Gutes zu bezahlen oder ob sie auf den Empfänger zu überweisen ist.

(2) In allen anderen Fällen hat der Absender die Wahl, ob er die Fracht bei Aufgabe des Gutes bezahlen oder auf den Empfänger überweisen will. Es ist gestattet, auf die Fracht einen beliebigen Teil anzuzahlen.

(3) Will der Absender die Fracht bezahlen, so hat er dies im Frachtbrief an der vorgeschriebenen Stelle zu erklären (Freivermerk).

(4) Fügt der Absender dem Freivermerke keine Einschränkung bei, so verpflichtet er sich zur Bezahlung der ganzen Fracht einschließlich aller Nebengebühren und Auslagen, die auf der Versandstation bis zur Annahme des Gutes erwachsen (unbeschränkter Freivermerk).

(5) Auf Nebengebühren und Auslagen, die erst nach der Annahme des Gutes zur Beförderung erwachsen, bezieht sich der Freivermerk nicht. Will der Absender die Zahlung auch dieser Kosten übernehmen, so hat er es im Frachtbriefe besonders zu erklären.

(6) Die vom Absender übernommenen Beträge hat die Versandstation außer im Frachtbrief auch im Duplikat oder im Aufnahmeschein einzeln aufzuführen.

(7) Wenn der nach dem Freivermerke des Absenders zu zahlende Betrag bei der Aufgabe des Gutes nicht berechnet werden kann, so ist die Versandstation berechtigt, die Hinterlegung einer diesem Betrage voraussichtlich entsprechenden Sicherheit zu verlangen. Ebenso kann für die vom Absender übernommenen Zollkosten und dergleichen Sicherheit verlangt werden.

## § 70.
## Ansprüche wegen unrichtiger Frachtberechnung.

(1) Ist der Tarif unrichtig angewendet worden oder sind Fehler bei Berechnung der Fracht oder der Nebengebühren vorgekommen, so ist das zu wenig Geforderte nachzuzahlen, das zu viel Erhobene zu erstatten. Der Verpflichtete oder der Berechtigte ist unverzüglich zu benachrichtigen.

(2) Die Nachzahlung hat der Absender zu leisten, wenn der Frachtbrief nicht eingelöst wird. Erfolgt die Einlösung, so haftet er für die Nachzahlung nur nach Maßgabe seines Freivermerkes. Im übrigen ist der Empfänger zur Nachzahlung verpflichtet (§ 76 Abs. (4)).

(3) Zur Empfangnahme erhobener Mehrfracht und zur Geltendmachung von Frachterstattungsansprüchen ist berechtigt, wer die Mehrzahlung an die Eisenbahn geleistet hat.

(4) Für die gerichtliche Geltendmachung der Frachterstattungsansprüche gegen die Eisenbahn bewendet es bei den Vorschriften des § 100.

## § 71.
## Verjährung der Ansprüche wegen unrichtiger Frachtberechnung.

(1) Ansprüche der Eisenbahn auf Nachzahlung zu wenig erhobener Fracht oder zu wenig erhobener Gebühren sowie Ansprüche gegen die Eisenbahn auf Erstattung zu viel erhobener Fracht oder Gebühren verjähren in einem Jahre, sofern der Anspruch auf eine unrichtige Anwendung des Tarifs oder auf Fehler bei der Berechnung gestützt wird. Die Verjährung beginnt mit dem Ablaufe des Tages, an dem die Zahlung erfolgt ist.

---

Zu § 69 vgl. JÜ. Art. 12, Ausf. Best. § 5.
Zu § 70 vgl. JÜ. Art. 12.
Zu § 71 vgl. HGB. § 470, JÜ. Art. 12, 45 Abs. (4).

(2) Die Verjährung des Anspruchs auf Erstattung wird durch die schriftliche Anmeldung des Anspruchs bei der Eisenbahn gehemmt. Ergeht auf die Anmeldung ein abschlägiger Bescheid, so läuft die Verjährungsfrist von dem Tage ab weiter, an dem die Eisenbahn ihre Entscheidung dem Anmeldenden schriftlich bekannt macht und ihm die der Anmeldung etwa angeschlossenen Beweisstücke zurückstellt. Weitere Gesuche, die an die Eisenbahn oder an die vorgesetzten Behörden gerichtet werden, hemmen die Verjährung nicht. Wegen der Unterbrechung der Verjährung bewendet es bei den allgemeinen gesetzlichen Vorschriften.

## § 72.

### Nachnahme nach Eingang. Barvorschuß.

(1) Der Absender kann das Gut bis zur Höhe des Wertes mit Nachnahme nach Eingang belasten.

(2) Als Bescheinigung über die Belastung mit Nachnahme dient der abgestempelte Frachtbrief, das Duplikat oder die sonst zugelassene Bescheinigung über die Auflieferung des Gutes. Auf Verlangen sind außerdem besondere Nachnahmescheine gebührenfrei auszuhändigen.

(3) Die Eisenbahn hat, sobald die Nachnahme bezahlt ist, den Absender zu benachrichtigen und ihm die Nachnahme auszuzahlen. Ist die Auszahlung im Tarife vom Ablauf einer bestimmten Frist abhängig gemacht, so ist keine besondere Benachrichtigung erforderlich.

(4) Ist das Gut ohne Einziehung der Nachnahme ausgeliefert worden, so hat die Eisenbahn dem Absender den Schaden bis zum Betrage der Nachnahme zu ersetzen, vorbehaltlich ihres Anspruchs gegen den Empfänger.

(5) Die Eisenbahn kann einen Barvorschuß gewähren, wenn er nach dem Ermessen der Versandstation durch den Wert des Gutes sicher gedeckt wird.

(6) Der Betrag der Nachnahme und des etwa gewährten Barvorschusses ist vom Absender in den Frachtbrief an der hierfür vorgesehenen Stelle mit Buchstaben einzutragen. Dieser Eintrag ist auch bei einer Abweichung von einem Eintrag in Ziffern maßgebend.

(7) Für die Belastung einer Sendung mit Nachnahme oder mit Barvorschuß darf die Eisenbahn die tarifmäßige Gebühr (Provision) erheben.

## § 73.

### Nachträgliche Verfügungen des Absenders.

(1) Der Absender kann verfügen, daß das Gut auf der Versandstation zurückgegeben, unterwegs angehalten, auf der Bestimmungsstation zurückgehalten oder an einen anderen Empfänger oder an einem anderen Orte ausgeliefert oder nach der Versandstation zurückgesandt werde. Ebenso kann der Absender verfügen, daß eine Nachnahme nach Eingang nachträglich aufgelegt, erhöht, gemindert oder zurückgezogen, sowie daß die Sendung fracht- und gebührenfrei abgeliefert werde. Die Eisenbahn darf die Ausführung solcher Verfügungen nur dann ablehnen oder hinausschieben oder die Verfügung in veränderter Weise ausführen, wenn durch ihre Befolgung der regelmäßige Güterverkehr gestört werden würde. Sie hat in diesem Falle den Absender unverzüglich zu benachrichtigen.

(2) Verfügungen anderer Art können durch den Tarif einheitlich zugelassen werden.

(3) Die Verfügungen müssen sich auf die ganze Sendung beziehen. Sie sind schriftlich unter Verwendung eines von der Eisenbahn durch den Tarif einheitlich festzusetzenden Musters bei der Versandstation einzureichen. Die Unterschrift darf auch durch Druck oder Stempel bewirkt werden. Die Versandstation hat die Verfügung sobald wie möglich, auf Wunsch des Absenders unter den im Tarif einheitlich festzusetzenden Bedingungen auch durch Telegramm oder Fernsprecher, weiter zu geben.

(4) Einem bei der Bestimmungsstation unmittelbar gestellten Antrage, die Sendung zurückzuhalten, kann vorläufig entsprochen werden. Der Absender hat jedoch die vorgeschriebene Verfügung innerhalb einer angemessenen Frist beizubringen. Anderenfalls ist nach § 76 zu verfahren.

---

Zu § 72 vgl. FÜ. Art. 13.

Zu § 73 vgl. HGB. §§ 433, 455 Abs. (2), FÜ. Art. 15, Ausf. Best. § 7.

(5) Im Falle der Ausstellung eines Frachtbriefduplikats oder eines Aufnahmescheins steht dem Absender das Verfügungsrecht nur zu, wenn er diese Urkunden vorlegt und auch darin die Verfügungen einträgt. Befolgt die Eisenbahn die Verfügungen des Absenders, ohne die Vorlegung des Duplikats oder Aufnahmescheins zu verlangen, so ist sie für den daraus entstehenden Schaden dem Empfänger, dem der Absender die Urkunde übergeben hat, haftbar. Ist ein Frachtbriefduplikat oder ein Aufnahmeschein nicht ausgestellt, so kann die Eisenbahn verlangen, daß sich der Absender entsprechend ausweist.

(6) Verweigert der Empfänger die Annahme des Gutes, so steht dem Absender das volle Verfügungsrecht auch dann zu, wenn er das Frachtbriefduplikat oder den Aufnahmeschein nicht vorweisen kann.

(7) Verfügt der Absender, daß die Sendung unterwegs angehalten oder auf der Bestimmungsstation zurückgehalten wird, so ist die Eisenbahn berechtigt, für jede Verzögerung über 6 Stunden das tarifmäßige Stand- oder Lagergeld zu erheben. Beträgt die Verzögerung mehr als 24 Stunden, so kann die Eisenbahn das Gut auf Gefahr und Kosten des Absenders ausladen und auf Lager nehmen oder einem Spediteur oder öffentlichen Lagerhaus übergeben.

(8) Die Eisenbahn kann, wenn die nachträgliche Verfügung nicht durch ihr Verschulden veranlaßt ist, für deren Ausführung neben Erstattung der erwachsenden Frachtkosten, Nebengebühren und Auslagen eine im Tarife festzusetzende Gebühr verlangen. Bei leicht verderblichen Gütern sowie bei Sendungen, deren Wert die entstehenden Frachtkosten, Nebengebühren und Auslagen nicht deckt, kann Vorausbezahlung verlangt werden.

(9) Das Verfügungsrecht des Absenders erlischt, wenn nach der Ankunft des Gutes am Orte der Ablieferung der Frachtbrief dem Empfänger übergeben oder wenn von dem Empfänger gemäß § 76 Abs. (2) Klage gegen die Eisenbahn erhoben wird. Die Eisenbahn hat dann nur die Anweisungen des Empfängers zu beachten; verletzt sie diese Verpflichtung, so ist sie dem Empfänger für das Gut verhaftet.

## § 74.
## Beförderungshindernisse.

(1) Wird die Beförderung eines aufgelieferten Gutes auf dem vom Absender in zulässiger Weise vorgeschriebenen oder auf dem von der Eisenbahn bestimmten Wege verhindert, so hat die Eisenbahn das Gut ohne Erhebung von Mehrfracht auf einem Hilfswege der Bestimmungsstation zuzuführen. Den Bahnen bleibt überlassen, gegeneinander Rückgriff zu nehmen.

(2) Ist kein Hilfsweg vorhanden, so hat die Eisenbahn den Absender um Verfügung zu ersuchen. Der Absender kann in diesem Falle auch vom Vertrage zurücktreten, muß dann aber der Eisenbahn, wenn sie kein Verschulden trifft, außer der Fracht für die etwa zurückgelegte Eisenbahnstrecke die tarifmäßigen Gebühren für die Vorbereitung der Beförderung und für das Wiederausladen entrichten.

(3) Verfügt der Absender auf die Aufforderung der Eisenbahn über das Gut, legt aber das etwa ausgestellte Frachtbriefduplikat oder den Aufnahmeschein nicht vor, so darf er weder die Person des Empfängers noch den Bestimmungsort ändern.

(4) Verfügt der Absender der Aufforderung ungeachtet nicht über das Gut, so ist damit nach den Vorschriften im § 81 zu verfahren.

## § 75.
## Lieferfrist.

(1) Die Lieferfristen dürfen die nachstehenden Höchstfristen nicht überschreiten:

a) für Eilgut:

| | | |
|---|---|---|
| 1. | Abfertigungsfrist . . . . . . . . . . . . . . . . . . . . | 1 Tag, |
| 2. | Beförderungsfrist für angefangene je 300 Tarifkilometer . . . . | 1 Tag; |

b) für Frachtgut:

| | | |
|---|---|---|
| 1. | Abfertigungsfrist . . . . . . . . . . . . . . . . . . . . | 2 Tage, |
| 2. | Beförderungsfrist bei einer Entfernung bis zu 100 Tarifkilometer | 1 Tag, |
| | bei größeren Entfernungen für weitere angefangene je 200 Tarifkilometer | 1 Tag. |

Zu § 74 vgl. HGB. § 428 Abs. (2), FÜ. Art. 18.
Zu § 75 vgl. HGB. § 428 Abs. (1), FÜ. Art. 14, Ausf. Best. § 6.

(2) Die Abfertigungsfrist wird ohne Rücksicht auf die Zahl der beteiligten Eisenbahnverwaltungen nur einmal berechnet. Die Beförderungsfrist wird nach der Gesamtentfernung zwischen der Versand- und der Bestimmungsstation berechnet.

(3) Die Eisenbahn kann mit Genehmigung der Landesaufsichtsbehörde Zuschlagsfristen festsetzen:

1. für die Beförderung von und nach Güternebenstellen,
2. für den Übergang auf Bahnen mit anderer Spurweite,
3. für außergewöhnliche Verkehrsverhältnisse, wobei die Zuschlagsfristen ausnahmsweise vorbehaltlich der Genehmigung der Landesaufsichtsbehörde festgesetzt werden dürfen.

(4) Die Abfertigungs- und Beförderungsfristen (Abs. (1)) sowie die Zuschlagsfristen im Abs. (3) Ziffer 1 und 2 sind durch den Tarif festzusetzen. Die Zuschlagsfristen im Abs. (3) Ziffer 3 sind besonders zu veröffentlichen und treten nicht vor der Veröffentlichung in Kraft. Aus der Veröffentlichung muß zu ersehen sein, ob die Genehmigung erteilt oder vorbehalten ist; wird die nachträgliche Genehmigung von der Landesaufsichtsbehörde versagt oder die Genehmigung nicht innerhalb 8 Tagen nach Veröffentlichung der Zuschlagsfristen bekannt gemacht, so ist die Festsetzung wirkungslos.

(5) Die Lieferfrist beginnt für die im Laufe des Vormittags aufgelieferten Güter um 12 Uhr Mittags, für die Nachmittags aufgelieferten Güter um Mitternacht. Sie ist gewahrt, wenn vor ihrem Ablaufe das Gut dem Empfänger zugeführt ist. Für Güter, die nach den Bestimmungen der Empfangsbahn oder nach einer Verfügung des Empfängers nicht zugeführt werden, ist die Lieferfrist gewahrt, wenn vor ihrem Ablaufe der Empfänger von der Ankunft benachrichtigt (§ 79 (3)) und das Gut zur Auslieferung bereit gestellt ist.

(6) Für bahnlagernd gestellte Güter, für die der Absender die Benachrichtigung des Empfängers nicht im Frachtbriefe vorgeschrieben hat, und für Güter, deren Empfänger auf die Benachrichtigung schriftlich verzichtet hat, ist die Lieferfrist gewahrt, wenn vor ihrem Ablaufe die Güter auf der Bestimmungsstation zur Auslieferung bereit gestellt sind.

(7) Der Lauf der Lieferfristen ruht für die Dauer der zoll- oder steueramtlichen oder polizeilichen Abfertigung, für die Dauer einer durch nachträgliche Verfügung des Absenders verursachten Verzögerung und für die Dauer einer ohne Verschulden der Eisenbahn eingetretenen Betriebsstörung, durch die der Beginn oder die Fortsetzung der Beförderung zeitweilig verhindert wird.

(8) Ist der auf die Auflieferung des Gutes folgende Tag ein Sonntag oder Festtag, so beginnt bei Nachmittags aufgeliefertem Frachtgute die Lieferfrist einen Tag später.

(9) Ist der letzte Tag der Lieferfrist ein Sonntag oder Festtag, so läuft bei Frachtgut die Lieferfrist erst mit der entsprechenden Stunde des nächsten Werktags ab.

## § 76.

### Ablieferung.

(1) Die Eisenbahn ist verpflichtet, am Orte der Ablieferung dem Empfänger gegen Zahlung der durch den Frachtvertrag begründeten Forderungen und gegen Empfangsbescheinigung den Frachtbrief und das Gut zu übergeben. Der Übergabe des Gutes an den Empfänger steht gleich die Übergabe an die Zoll- oder Steuerverwaltung in deren Abfertigungsräumen oder Niederlagen, wenn diese nicht unter Verschluß der Eisenbahn stehen, sowie die nach dieser Ordnung zulässige Hinterlegung bei einem Spediteur oder in einem öffentlichen Lagerhause.

(2) Der Empfänger ist nach Ankunft des Gutes am Orte der Ablieferung berechtigt, die durch den Frachtvertrag begründeten Rechte gegen Erfüllung der sich daraus ergebenden Verpflichtungen im eigenen Namen gegen die Eisenbahn geltend zu machen, ohne Unterschied, ob er hierbei in eigenem oder in fremdem Interesse handelt. Er ist insbesondere berechtigt, von der Eisenbahn die Übergabe des Frachtbriefs und die Auslieferung des Gutes zu verlangen, wenn nicht der Absender der Eisenbahn eine nach § 73 noch zulässige entgegenstehende Verfügung erteilt hat.

(3) Als Ort der Ablieferung im Sinne der Abs. (1) und (2) gilt, vorbehaltlich der

---

Zu § 76 vgl. HGB. §§ 435, 436, 440, JÜ. Art. 16, 17, 20—22.

Festsetzungen im § 78 Abs. (1), die vom Absender bezeichnete Bestimmungsstation oder Güternebenstelle auch dann, wenn im Frachtbrief ein anderer Bestimmungsort angegeben ist.

(4) Durch Annahme des Frachtbriefs und des Gutes wird der Empfänger verpflichtet, der Eisenbahn nach Maßgabe des Frachtbriefs Zahlung zu leisten (vergleiche jedoch § 70 Abs. (2)).

(5) Die Empfangsbahn hat bei der Ablieferung alle durch den Frachtvertrag begründeten Forderungen, wie Fracht, Nebengebühren, Nachnahmen, Zollgelder und andere Auslagen einzuziehen. Auch hat sie erforderlichen Falles das Pfandrecht an dem Gute geltend zu machen.

(6) Ob die Güter durch die Eisenbahn oder durch den Empfänger auszuladen sind, hat der Tarif zu bestimmen, soweit nicht diese Ordnung Vorschriften darüber enthält.

(7) Der Eisenbahn steht frei, Stückgüter, die von ihr auszuladen sind, dem Empfänger auf seine Kosten zuzuführen (§ 78) oder ihn von der Ankunft zu benachrichtigen. Auf den Stationen, wo Stückgüter dem Empfänger zugeführt werden, ist dies durch Aushang an den Abfertigungsstellen bekannt zu machen. Von der Ankunft anderer Güter ist der Empfänger zu benachrichtigen (vergleiche jedoch § 79 Abs. (5)).

(8) Die Eisenbahn kann im Tarife vorschreiben, daß das Überladen von Gütern, die auf der Bestimmungsstation vom Eisenbahnwagen unmittelbar in Schiffe übergehen sollen, gegen Zahlung der im Tarif oder durch Aushang bekannt zu machenden Gebühren von ihr selbst oder durch besondere Unternehmer ausgeführt wird. Die hierbei verwendeten Personen gelten als Leute der Eisenbahn im Sinne des § 5.

(9) Ist am Bestimmungsorte keine Güterabfertigungs- oder Güternebenstelle vorhanden, hat die Eisenbahn auch keine allgemeinen Einrichtungen für die Weiterbeförderung der Güter dorthin getroffen (§ 78 Abs. (1)) und hat weder der Absender noch der Empfänger für die unmittelbare Weiterbeförderung gesorgt, so hat die Eisenbahn wegen der Weiterbeförderung die Pflichten des Spediteurs (§ 85 Abs. (1)).

(10) Bei der Ablieferung dürfen außer der Empfangsbescheinigung weitere Erklärungen, namentlich über tadellose oder rechtzeitige Ablieferung, nicht verlangt werden. Vom Empfänger abzuholende Güter sind ihm, wenn die Eisenbahn sie auszuladen hat, auf den Güterböden, sonst auf den Entladeplätzen zur Verfügung zu stellen. Der Empfänger hat den eingelösten Frachtbrief vorzuzeigen.

## § 77.

### Nachzählung und Nachwägung auf der Bestimmungsstation.

(1) Der Empfänger kann bei der Ablieferung verlangen, daß die Güter in seiner Gegenwart auf dem Bahnhofe nachgezählt und nachgewogen werden; er hat hierfür die tarifmäßige Gebühr zu zahlen (vergleiche auch § 56 Abs. (6)).

(2) Die Eisenbahn ist verpflichtet, bei Wagenladungen die beantragte Nachwägung und Nachzählung vorzunehmen, es sei denn, daß die vorhandenen Wägevorrichtungen nicht ausreichen oder die Beschaffenheit des Gutes oder die Betriebsverhältnisse die Feststellung der Stückzahl nicht gestatten. Wird die Nachwägung abgelehnt, so kann der Empfänger das Gut auf der nächsten geeigneten Wage in Gegenwart eines Bevollmächtigten der Eisenbahn nachwägen. Er hat die hierdurch entstehenden Kosten einschließlich der Entschädigung für den Bevollmächtigten zu zahlen.

(3) Für die Verwägung von Wagenladungsgütern gelten die Vorschriften des § 58 Abs. (5).

(4) Wird bei der Nachzählung oder Nachwägung eine Minderzahl oder ein Mindergewicht festgestellt, die von der Eisenbahn zu vertreten, aber noch nicht anerkannt sind, so darf die Eisenbahn für die Feststellung keine Gebühren erheben und hat dem Empfänger die ihm verursachten Kosten zu ersetzen.

## § 78.

### Zuführung.

(1) Die Eisenbahn kann die Stückgüter innerhalb des Stationsorts oder nach benachbarten Orten gegen eine durch Aushang bekannt zu machende Gebühr selbst zuführen oder

Zu § 78 vgl. ZÜ. Art. 19.

Rollfuhrunternehmer dafür bestellen (§ 76 Abs. (7) und (9)). Die hierbei verwendeten Personen gelten als Leute der Eisenbahn im Sinne des § 5. Die Rollfuhrleute haben ihren Gebührentarif bei sich zu tragen und auf Verlangen vorzuzeigen.

(2) Auch auf den Stationen, wo die Eisenbahn für die Zuführung sorgt, sind die Empfänger berechtigt, ihre Güter selbst abzuholen oder sie durch andere als die von der Eisenbahn bestellten Fuhrunternehmer abholen zu lassen. Wollen sie von diesem Rechte Gebrauch machen, so haben sie es der Abfertigungsstelle vor der Ankunft des Gutes schriftlich anzuzeigen. Die Eisenbahn kann jedoch im allgemeinen Verkehrsinteresse mit Genehmigung der Landesaufsichtsbehörde dieses Recht vorübergehend oder, wenn besondere Verhältnisse es erfordern, auch dauernd beschränken oder aufheben.

(3) Müssen Güter nach Räumen der Zoll- oder Steuerverwaltung gebracht werden, die außerhalb der Bahnhöfe liegen, so kann dies die Eisenbahn gegen Erstattung der Kosten selbst besorgen oder unter ihrer Verantwortung auf Kosten des Verfügungsberechtigten durch einen Spediteur besorgen lassen, auch wenn der Empfänger sich die Selbstabholung vorbehalten hat.

(4) Die Fristen, innerhalb deren die Güter dem Empfänger von der Eisenbahn zugeführt werden, sind durch Aushang an den Abfertigungsstellen bekannt zu machen.

## § 79.

### Benachrichtigung des Empfängers von der Ankunft.

(1) Die Benachrichtigung über die Ankunft des Gutes (§ 76 Abs. (7)) geschieht nach Wahl der Eisenbahn durch die Post, durch Fernsprecher oder schriftlich durch besonderen Boten unter Angabe der Frist, innerhalb deren das Gut abzunehmen ist. Auf schriftlichen Antrag des Empfängers kann die Abfertigungsstelle eine besondere Art der Benachrichtigung mit ihm vereinbaren.

(2) Die Benachrichtigung hat bei Frachtgut nach der Ankunft, spätestens aber sofort nach der Bereitstellung, bei Eilgut binnen 2 Stunden nach der Ankunft zu erfolgen. Bei Eilgut, das an Werktagen nach 6 Uhr Abends, an Sonn- und Festtagen nach 12 Uhr Mittags ankommt, kann die Benachrichtigung erst am folgenden Morgen verlangt werden.

(3) Die Benachrichtigung gilt als bewirkt:

a) bei Zustellung durch die Post 4 Stunden, durch Telegramm 1 Stunde nach der Aufgabe,

b) bei Zustellung durch Fernsprecher mit der Aufgabe,

c) bei anderer Zustellung mit der Aushändigung.

(4) Ausgefertigt wird die Benachrichtigung unentgeltlich, für die Zustellung kann die Eisenbahn den Ersatz ihrer Auslagen verlangen.

(5) Die Benachrichtigung unterbleibt, wenn der Empfänger schriftlich darauf verzichtet und bei bahnlagernd gestellten Gütern, wenn der Absender sie im Frachtbriefe nicht ausdrücklich vorgeschrieben hat.

(6) Ist eine Wagenladung wegen Laufunfähigkeit des Wagens unterwegs umgeladen worden, so muß das dem Empfänger bei der Benachrichtigung mitgeteilt werden.

## § 80.

### Fristen für die Abnahme der nicht zugerollten Güter.

(1) Die von der Eisenbahn auszuladenden Güter sind innerhalb der im Tarife festzusetzenden Frist während der Dienststunden (§ 63 Abs. (2)) abzunehmen. Die Frist beginnt mit der Benachrichtigung von der Ankunft des Gutes und muß mindestens 24 Stunden betragen.

(2) Die Frist, innerhalb deren die vom Empfänger auszuladenden Güter abzunehmen sind, ist durch Aushang an der Abfertigungsstelle oder durch den Tarif bekannt zu machen. Die Frist beginnt mit der Benachrichtigung über die Ankunft des Gutes. Sind die zu entladenden Wagen nicht rechtzeitig bereit gestellt, so beginnt die Entladefrist erst mit dem Zeitpunkte der Bereitstellung. Die Eisenbahn kann verlangen, daß die Güter während der Dienststunden ausgeladen und abgefahren werden.

(3) Sind die Güter bahnlagernd gestellt, und hat der Absender im Frachtbriefe die Benachrichtigung des Empfängers nicht ausdrücklich vorgeschrieben oder hat der Empfänger

auf die Benachrichtigung schriftlich verzichtet oder ist die Benachrichtigung nicht möglich, so beginnt die Abnahmefrist mit der Bereitstellung des Gutes.

(4) An Sonn- und Festtagen ist nur Eilgut auszuliefern, vorausgesetzt, daß seiner zoll- oder steueramtlichen Behandlung kein Hindernis entgegensteht.

(5) Der Lauf der Abnahmefristen ruht während der Sonn- und Festtage, ferner während einer zoll- oder steueramtlichen oder polizeilichen Abfertigung, soweit sie nicht durch den Absender oder den Empfänger verzögert wird.

(6) Wird das Gut nicht innerhalb der festgesetzten Fristen abgenommen, so ist das tarifmäßige Lager- oder Wagenstandgeld verwirkt. Auch kann die Eisenbahn die vom Empfänger nicht rechtzeitig ausgeladenen Güter auf seine Gefahr und Kosten ausladen (vergleiche auch § 81 Abs. (6)). Für Sonn- und Festtage ist Wagenstandgeld nur dann zu erheben, wenn die Entladefrist schon am Tage vorher, Nachmittags 2 Uhr, abgelaufen ist. Folgen mehrere Sonn- und Festtage aufeinander, so ist nur für einen Tag Wagenstandgeld zu erheben.

(7) Meldet sich der benachrichtigte Empfänger zur Abnahme des Gutes und kann es ihm nicht innerhalb 1 Stunde nach seinem Eintreffen bereit gestellt werden, so hat die Eisenbahn ihm die Kosten der vergeblich versuchten Abholung zu ersetzen. Auf Verlangen des Empfängers hat die Eisenbahn die vergeblich versuchte Abholung auf dem Frachtbriefe zu bescheinigen.

(8) Wenn die ordnungsmäßige Abwickelung des Verkehrs durch Güteranhäufungen gefährdet wird, so ist die Eisenbahn berechtigt, nach Maßgabe des Bedarfs die Entladefristen und die lagerzinsfreie Zeit abzukürzen sowie das Wagenstandgeld und das Lagergeld zu erhöhen. Hierfür gelten sinngemäß die Vorschriften im § 75 Abs. (4) über Festsetzung, Genehmigung und Veröffentlichung von Zuschlagsfristen für außergewöhnliche Verkehrsverhältnisse.

## § 81.

### Ablieferungshindernisse. Verzögerung der Abnahme.

(1) Ist der Empfänger des Gutes nicht zu ermitteln, verweigert er die Annahme oder löst er den Frachtbrief nicht innerhalb der von der Eisenbahn im Tarife festzusetzenden Frist ein, oder ergibt sich ein sonstiges Ablieferungshindernis, so hat die Bestimmungsstation unverzüglich den Absender durch die Versandstation von der Ursache des Hindernisses zu benachrichtigen und seine Anweisung einzuholen (vergleiche auch § 73 Abs. (6)). Der Absender kann im Frachtbriefe vorschreiben, daß er auf seine Kosten unmittelbar telegraphisch oder durch die Post benachrichtigt werde; er ist in diesem Falle unter den im Tarife festzusetzenden Bedingungen berechtigt, seine Anweisung gleichfalls unmittelbar an die Bestimmungsstation zu richten. Der Absender kann unter den im Tarife festzusetzenden Bedingungen im Frachtbrief auch vorschreiben, daß ihm das Gut bei Eintritt eines Ablieferungshindernisses ohne vorherige Benachrichtigung zurückgeschickt werde. Sonst darf das Gut nur zurückgeschickt werden, wenn es der Absender infolge der Benachrichtigung verlangt.

(2) Hat der Empfänger die Annahme des Gutes verweigert und ist der Absender von dem Hindernisse benachrichtigt, so darf das Gut nur mit seiner Zustimmung nachträglich abgeliefert werden. In allen übrigen Fällen wird das Gut dem nachträglich zur Annahme bereiten Empfänger abgeliefert, wenn nicht inzwischen eine andere Verfügung des Absenders auf der Bestimmungsstation eingetroffen ist.

(3) Ist die Benachrichtigung des Absenders nicht tunlich oder ist der Absender mit der Erteilung der Anweisung säumig oder ist die Anweisung nicht ausführbar, so hat die Eisenbahn das Gut auf Gefahr und Kosten des Absenders auf Lager zu nehmen; sie hat in diesem Falle für die Sorgfalt eines ordentlichen Kaufmanns einzustehen. Die Eisenbahn ist jedoch auch berechtigt, unanbringliche Güter unter Nachnahme der darauf lastenden Kosten und Auslagen bei einem Spediteur oder in einem öffentlichen Lagerhause für Rechnung und Gefahr des Verfügungsberechtigten zu hinterlegen.

(4) Die Eisenbahn ist ferner berechtigt:

a) Güter, die nicht abgeliefert werden können, wenn sie schnellem Verderben unterliegen oder nach den örtlichen Verhältnissen weder einem Spediteur übergeben noch eingelagert werden können, sofort,

---

Zu § 81 vgl. HGB. § 437, JÜ. Art. 24.

b) Güter, die nicht abgeliefert werden können und die vom Absender nicht zurückgenommen werden, 4 Wochen nach Ablauf der lagerzinsfreien Zeit, wenn aber ihr Wert durch längeres Lagern unverhältnismäßig vermindert würde oder wenn die Lagerkosten in keinem Verhältnisse zum Werte des Gutes stehen würden, schon früher

ohne Förmlichkeit bestmöglich zu verkaufen. Von dem bevorstehenden Verkaufe sind der Absender und der Empfänger zu benachrichtigen, es sei denn, daß dies untunlich ist. Die Eisenbahn kann, wenn sie den Verkauf selbst vornimmt, außer den baren Auslagen eine im Tarife festzusetzende Gebühr erheben.

(5) Von der Hinterlegung und vom erfolgten Verkaufe des Gutes hat die Eisenbahn den Absender und den Empfänger unverzüglich zu benachrichtigen, es sei denn, daß dies untunlich ist; unterläßt sie es, so ist sie zum Schadensersatze verpflichtet. Dem Absender ist der Verkaufserlös nach Abzug der Auslagen und Gebühren zur Verfügung zu stellen.

(6) Wird der Frachtbrief vom Empfänger eingelöst, das Gut aber nicht innerhalb der für die Abnahme festgesetzten Frist abgenommen, so ist der Empfänger nochmals zur Abnahme aufzufordern und zu benachrichtigen, daß das Gut auf seine Gefahr und Kosten lagere. Für die Lagerung solcher Güter, für ihre Überweisung an einen Spediteur oder an ein öffentliches Lagerhaus sowie für ihren Verkauf gelten sinngemäß die Vorschriften der Abs. (3) bis (5). Im Falle des Verkaufs ist der Erlös nach Abzug der Kosten dem Empfänger zur Verfügung zu stellen.

## § 82.

### Feststellung von Minderung, Beschädigung oder Verlust des Gutes durch die Eisenbahn.

(1) Wird eine Minderung oder Beschädigung des Gutes von der Eisenbahn entdeckt oder vermutet oder vom Verfügungsberechtigten behauptet, so hat die Eisenbahn den Zustand des Gutes, den Betrag des Schadens und, soweit dies möglich, die Ursache und den Zeitpunkt der Minderung oder Beschädigung ohne Verzug schriftlich festzustellen. Eine Feststellung hat auch bei Verlust des Gutes stattzufinden.

(2) Das Ergebnis ist den sich ausweisenden am Frachtvertrage Beteiligten auf Verlangen bekannt zu geben.

(3) Zur Feststellung in Minderungs- oder Beschädigungsfällen sind unbeteiligte Zeugen oder Sachverständige und, wenn möglich, auch der Verfügungsberechtigte zuzuziehen.

(4) Ergibt die auf Veranlassen des Verfügungsberechtigten vorgenommene Untersuchung keine oder nur eine von der Eisenbahn schon anerkannte Minderung oder Beschädigung, so hat er die entstandenen Kosten zu tragen.

## § 83.

### Feststellung von Mängeln des Gutes durch Sachverständige oder durch das Gericht.

Unbeschadet des im § 82 vorgesehenen Verfahrens kann jeder Beteiligte die Beschädigung oder Minderung des Gutes durch amtlich ernannte Sachverständige feststellen lassen. Zu dieser Feststellung ist die Eisenbahn einzuladen. Die Vorschriften der Zivilprozeßordnung über die Sicherung des Beweises bleiben unberührt.

## § 84.

### Haftung der Eisenbahn für Verlust, Minderung oder Beschädigung des Gutes im allgemeinen.

Die Eisenbahn haftet für den Schaden, der durch Verlust, Minderung oder Beschädigung des Gutes in der Zeit von der Annahme zur Beförderung bis zur Ablieferung entsteht, es sei denn, daß der Schaden durch ein Verschulden oder eine nicht von der Eisen-

---

Zu §§ 82 u. 83 vgl. HGB. §§ 464 Abs. (1), 438 Abs. (4), 471, IÜ. Art. 25.
Zu § 83 vgl. HGB. §§ 438, 464, 471, IÜ. Art. 25 Abs. (4).
Zu § 84 vgl. HGB. §§ 456 Abs. (1), 471, IÜ. Art. 30 Abs. (1).

bahn verschuldete Anweisung des Verfügungsberechtigten, durch höhere Gewalt, durch äußerlich nicht erkennbare Mängel der Verpackung oder durch die natürliche Beschaffenheit des Gutes, namentlich durch inneren Verderb, Schwinden, gewöhnliche Leckage verursacht ist.

## § 85.

### Beschränkung der Haftung hinsichtlich des Bestimmungsorts.

(1) Ist auf dem Frachtbrief ein Bestimmungsort angegeben, wo sich keine für die Abfertigung des Gutes eingerichtete Güterabfertigungs- oder Nebenstelle befindet, so haftet die Eisenbahn als Frachtführer nur bis zur letzten dafür eingerichteten Eisenbahnstation oder Güternebenstelle. Wegen der Weiterbeförderung hat sie die Pflichten des Spediteurs.

(2) Hat die Eisenbahn Einrichtungen zur Weiterbeförderung des Gutes nach solchen Orten getroffen (§ 78 Abs. (1)), so haftet sie bis zum Bestimmungsort als Frachtführer.

## § 86.

### Beschränkung der Haftung bei besonderen Gefahren.

(1) Die Eisenbahn haftet nicht:

1. bei Gütern, die nach den Vorschriften dieser Ordnung oder des Tarifs oder nach einer in den Frachtbrief aufgenommenen Vereinbarung mit dem Absender in offenen Wagen befördert werden,
   für den Schaden, der aus der mit dieser Beförderungsart verbundenen Gefahr entsteht; hierunter ist auffallender Gewichtsabgang oder der Verlust ganzer Stücke nicht zu verstehen;
2. bei Gütern, die, obgleich ihre Natur eine Verpackung zum Schutze gegen Verlust, Minderung oder Beschädigung während der Beförderung erfordert, nach Erklärung des Absenders im Frachtbrief unverpackt oder mit mangelhafter Verpackung zur Beförderung aufgegeben sind,
   für den Schaden, der aus der mit dem Mangel oder mit der mangelhaften Beschaffenheit der Verpackung verbundenen Gefahr entsteht;
3. bei Gütern, deren Auf- und Abladen nach der Vorschrift dieser Ordnung oder des Tarifs oder nach einer in den Frachtbrief aufgenommenen Vereinbarung mit dem Absender von diesem oder von dem Empfänger besorgt wird,
   für den Schaden, der aus der mit dem Auf- und Abladen oder mit einer mangelhaften Verladung verbundenen Gefahr entsteht;
4. bei Gütern, die vermöge ihrer eigentümlichen natürlichen Beschaffenheit der besonderen Gefahr ausgesetzt sind, Verlust, Minderung oder Beschädigung, namentlich Bruch, Rost, inneren Verderb, außergewöhnliche Leckage, Austrocknung und Verstreuung zu erleiden,
   für den Schaden, der aus dieser Gefahr entsteht;
5. bei lebenden Tieren
   für den Schaden, der aus der für sie mit der Beförderung verbundenen besonderen Gefahr entsteht;
6. bei Gütern, einschließlich der Tiere, denen nach dieser Ordnung, nach dem Tarif oder nach einer in den Frachtbrief aufgenommenen Vereinbarung mit dem Absender ein Begleiter beizugeben ist,
   für den Schaden, der aus der Gefahr entsteht, deren Abwendung durch die Begleitung bezweckt wird.

(2) Konnte ein Schaden den Umständen nach aus einer der im Abs. (1) bezeichneten Gefahren entstehen, so wird vermutet, daß er aus dieser Gefahr entstanden sei.

(3) Eine Befreiung von der Haftung kann auf Grund dieser Vorschriften nicht geltend gemacht werden, wenn der Schaden durch Verschulden der Eisenbahn entstanden ist.

---

Zu § 85 vgl. HGB. §§ 468, 471, JÜ. Art. 30 Abs. (2).
Zu § 86 vgl. HGB. §§ 459, 471, JÜ. Art. 31.

## § 87.

### Beschränkung der Haftung bei Gewichtsverlusten.

(1) Bei Gütern, die nach ihrer natürlichen Beschaffenheit bei der Beförderung regelmäßig einen Gewichtsverlust erleiden, ist die Haftung der Eisenbahn für Gewichtsverluste bis zu nachstehenden Normalsätzen ausgeschlossen:

Bis 2 Prozent bei flüssigen, bei feuchten und bei folgenden trockenen Gütern:

geraspelten und gemahlenen Farbhölzern, Rinden, Wurzeln, Süßholz, geschnittenem Tabak, Fettwaren, Seifen und erhärteten Ölen, frischen Früchten, frischen Tabakblättern, Schafwolle, Häuten, Fellen, Leder, getrocknetem und gebackenem Obste, Tierflechsen, Hörnern und Klauen, Knochen (ganz und gemahlen), getrockneten Fischen, Hopfen, frischen Kitten;

bis 1 Prozent bei allen übrigen trockenen Gütern der eingangs bezeichneten Art.

(2) Der Normalsatz wird, falls mehrere Stücke auf denselben Frachtbrief befördert werden, für jedes Stück besonders berechnet, wenn das Gewicht der einzelnen Stücke im Frachtbriefe verzeichnet ist oder sonst festgestellt werden kann.

(3) Die Beschränkung der Haftung tritt nicht ein, soweit der Verlust den Umständen nach nicht infolge der natürlichen Beschaffenheit des Gutes entstanden ist oder soweit der angenommene Satz dieser Beschaffenheit oder den sonstigen Umständen des Falles nicht entspricht.

(4) Ist das Gut verloren gegangen, so wird für Gewichtsverlust nichts abgezogen.

(5) Die weitergehende Haftbefreiung der Eisenbahn gemäß § 86 Abs. (1) Ziffer 4 wird hierdurch nicht berührt.

## § 88.

### Höhe des Schadensersatzes bei Verlust, Minderung oder Beschädigung des Gutes.

(1) Muß auf Grund des Frachtvertrags von der Eisenbahn für Verlust oder Minderung des Gutes Ersatz geleistet werden, so ist der gemeine Handelswert und in dessen Ermangelung der gemeine Wert zu ersetzen, den Gut derselben Art und Beschaffenheit am Orte der Absendung in dem Zeitpunkte der Annahme zur Beförderung hatte; ferner ist zu ersetzen, was an Zöllen und sonstigen Kosten sowie an Fracht schon bezahlt oder noch zu bezahlen ist.

(2) Bei Beschädigung des Gutes ist für die Verminderung des im Abs. (1) bezeichneten Wertes Ersatz zu leisten.

(3) Wegen der Fälle, in denen voller Ersatz zu leisten ist, vergleiche § 95.

## § 89.

### Beschränkung der Höhe des Schadensersatzes durch den Tarif.

(1) Die Eisenbahn kann in besonderen Bedingungen (Ausnahmetarifen) einen im Falle des Verlustes, der Minderung oder der Beschädigung zu erstattenden Höchstbetrag festsetzen, wenn diese Ausnahmetarife eine Preisermäßigung für die ganze Beförderungsstrecke gegenüber den gewöhnlichen Tarifen enthalten und wenn der gleiche Höchstbetrag auf die ganze Beförderungsstrecke Anwendung findet. Verlangt der Absender die Anwendung eines solchen Ausnahmetarifs, so hat er dies im Frachtbrief unter Bezeichnung des Tarifs zu vermerken.

(2) Die Eisenbahn kann ferner die bei Verlust, Minderung oder Beschädigung von Gegenständen des § 54 Abs. (2) B Ziffer 1 zu leistende Entschädigung im Tarif auf einen Höchstbetrag beschränken.

(3) Wegen der Fälle, in denen voller Ersatz zu leisten ist, vergleiche § 95.

---

Zu § 87 vgl. HGB. §§ 460, 471, JÜ. Art. 32, Ausf. Best. § 8.
Zu § 88 vgl. HGB. §§ 457, 471, JÜ. Art. 34, 37.
Zu § 89 vgl. HGB. §§ 461, 462, 471, JÜ. Art. 35.

§ 90.

## Vermutung für den Verlust des Gutes.

Der zum Empfange Berechtigte kann das Gut ohne weiteren Nachweis als verloren etrachten, wenn es nicht spätestens am dreißigsten Tage nach Ablauf der Lieferfrist abgeliefert verden kann.

§ 91.

## Wiederauffinden des Gutes.

(1) Der Entschädigungsberechtigte kann bei Empfang der Entschädigung für das erlorene Gut in der Quittung verlangen, daß er sofort benachrichtigt werde, wenn das Gut wiedergefunden wird. Hierüber ist ihm eine Bescheinigung zu erteilen.

(2) Innerhalb 30 Tagen nach erhaltener Nachricht kann der Entschädigungsberechtigte eanspruchen, daß ihm das Gut nach seiner Wahl auf der im Frachtbrief angegebenen Ver- and- oder Bestimmungsstation kostenfrei ausgeliefert werde. Die erhaltene Entschädigung at er nach Abzug des gemäß § 94 für die Überschreitung der Lieferfrist zu gewährenden Schadensersatzes zurückzuzahlen.

(3) In allen anderen Fällen kann die Eisenbahn über das wiederaufgefundene Gut rei verfügen.

§ 92.

## Angabe des Interesses an der Lieferung.

(1) Der Absender kann das Interesse an der Lieferung im Frachtbrief angeben. Hierfür t eine im Tarife festzusetzende Gebühr zu zahlen.

(2) Der Betrag, der das Interesse an der Lieferung darstellt, ist in den Frachtbrief n der dafür vorgesehenen Stelle mit Buchstaben einzutragen.

(3) Die Gebühr ist für unteilbare Einheiten von je 10 Mark und 10 Tarifkilometer u berechnen und darf 0,2 Pfennig für die Einheit nicht übersteigen. Überschießende Beträge verden auf 10 Pfennig aufgerundet. Als Mindestbetrag für die Beförderungsstrecke von er Versand- bis zur Bestimmungsstation werden 40 Pfennig erhoben.

(4) Ist die Ersatzpflicht nach § 89 auf einen Höchstbetrag beschränkt, so ist eine Angabe des Interesses an der Lieferung über diesen Betrag hinaus unzulässig.

§ 93.

## Höhe des Schadensersatzes für Verlust, Minderung oder Beschädigung bei Angabe des Interesses an der Lieferung.

Ist das Interesse an der Lieferung angegeben, so kann bei Verlust, Minderung oder Beschädigung des Gutes außer der im § 88 bezeichneten Entschädigung der Ersatz des veiter entstandenen Schadens bis zu dem angegebenen Betrage beansprucht werden.

§ 94.

## Haftung für Überschreitung der Lieferfrist.

(1) Bei Überschreitung der Lieferfrist hat die Eisenbahn den nachgewiesenen Schaden u ersetzen, und zwar:

a) wenn das Interesse an der Lieferung nicht angegeben ist, bis zur Höhe der Fracht,

b) wenn das Interesse an der Lieferung angegeben ist, bis zum angegebenen Betrage. Ist dieser niedriger als die unter a bestimmte Entschädigung, so kann letztere beansprucht werden.

---

Zu § 90 vgl. FÜ. Art. 33.
Zu § 91 vgl. FÜ. Art. 36.
Zu §§ 92 u. 93 vgl. HGB. §§ 463 Abs. (1) u. (2), 471, FÜ. Art. 6, 38, Ausf. Best. § 9.
Zu § 93 vgl. HGB. §§ 463, 471, FÜ. Art. 38, Ausf. Best. § 9.
Zu § 94 vgl. HGB. §§ 466, 471, FÜ. Art. 39, 40.

(2) Ist ein Schaden nicht entstanden oder nicht nachgewiesen, so hat die Eisenbahn zu zahlen:

a) wenn das Interesse an der Lieferung nicht angegeben ist,

| | | |
|---|---|---|
| bei einer Fristüberschreitung bis einschließlich | 1 Tag | 1/10 der Fracht, |
| " " " " " | 2 Tage | 2/10 " " , |
| " " " " " | 3 " | 3/10 " " , |
| " " " " " | 4 " | 4/10 " " , |
| " " " | von längerer Dauer | 5/10 " " ; |

b) wenn das Interesse an der Lieferung angegeben ist,

| | | |
|---|---|---|
| bei einer Fristüberschreitung bis einschließlich | 1 Tag | 2/10 der Fracht, |
| " " " " " | 2 Tage | 4/10 " " , |
| " " " " " | 3 " | 6/10 " " , |
| " " " " " | 4 " | 8/10 " " , |
| " " " | von längerer Dauer | die ganze Fracht, |

jedoch nicht mehr als den angegebenen Betrag. Ist dieser niedriger als die unter a bestimmte Entschädigung, so kann letztere beansprucht werden.

(3) Die aus diesen Bestimmungen sich ergebenden Ansprüche können auch neben etwaigen Ansprüchen wegen Verlustes, Minderung oder Beschädigung des Gutes geltend gemacht werden. Ist das Interesse an der Lieferung angegeben, so kann außer dem nach § 88 zu berechnenden Schadensersatz als Ersatz für den gesamten weiteren Schaden (§ 93), einschließlich des durch die Überschreitung der Lieferfrist entstandenen, höchstens der angegebene Betrag des Interesses gefordert werden. Sinngemäß gilt die Vorschrift des zweiten Satzes im Abs. (1) b.

(4) Die Haftung der Eisenbahn ist ausgeschlossen, wenn die Fristüberschreitung von einem Ereignisse herrührt, das die Eisenbahn weder herbeigeführt hat noch abzuwenden vermochte.

(5) Wegen der Fälle, in denen voller Ersatz zu leisten ist, vergleiche § 95.

### § 95.
### Schadensersatz bei Vorsatz oder grober Fahrlässigkeit der Eisenbahn.

Ist der Schaden durch Vorsatz oder grobe Fahrlässigkeit der Eisenbahn herbeigeführt, so ist in allen Fällen der volle Schaden zu ersetzen.

### § 96.
### Verwirkung der Ersatzansprüche.

Werden Gegenstände, deren Beförderung nach gesetzlicher Vorschrift oder aus Gründen der öffentlichen Ordnung verboten ist oder die von der Beförderung ausgeschlossen oder nur bedingungsweise zur Beförderung zugelassen sind, unter unrichtiger Bezeichnung aufgegeben oder werden die für diese Gegenstände vorgesehenen Sicherheitsmaßregeln vom Absender unterlassen, so ist die Haftung der Eisenbahn auf Grund des Frachtvertrags ausgeschlossen.

### § 97.
### Erlöschen der Ansprüche nach Bezahlung der Fracht und Abnahme des Gutes.

(1) Ist die Fracht nebst den sonst auf dem Gute haftenden Forderungen bezahlt und das Gut abgenommen, so sind alle Ansprüche gegen die Eisenbahn aus dem Frachtvertrag erloschen.

---

Zu § 95 vgl. HGB. §§ 438 Abs. (5), 457 Abs. (3), 461 Abs. (2), 464 Abs. (2), 465 Abs. (2), 466 Abs. (4), 471, JÜ. Art. 41.

Zu § 96 vgl. HGB. §§ 467, 471, JÜ. Art. 43.

Zu § 97 vgl. HGB. §§ 438, 464, 471, JÜ. Art. 44.

(2) Hiervon sind ausgenommen:

1. Entschädigungsansprüche für Schäden, die durch Vorsatz oder grobe Fahrlässigkeit der Eisenbahn herbeigeführt sind;
2. Entschädigungsansprüche wegen Überschreitung der Lieferfrist, wenn sie spätestens am vierzehnten Tage, den Tag der Abnahme nicht mitgerechnet, bei einer der nach § 100 in Anspruch zu nehmenden Eisenbahnen schriftlich angebracht werden;
3. Entschädigungsansprüche wegen solcher Mängel, die nach § 82 oder § 83 vor der Abnahme des Gutes festgestellt worden sind oder deren Feststellung entgegen der Vorschrift im § 82 durch Verschulden der Eisenbahn unterblieben ist;
4. Entschädigungsansprüche wegen solcher Mängel, die bei der Abnahme äußerlich nicht erkennbar waren, wenn der Berechtigte unverzüglich nach der Entdeckung und spätestens binnen einer Woche nach der Abnahme entweder schriftlich bei der Eisenbahn eine nach § 82 vorzunehmende Untersuchung oder bei Gericht die Besichtigung des Gutes durch Sachverständige beantragt und beweist, daß der Mangel in der Zeit zwischen der Annahme und der Ablieferung entstanden ist. Ist der Eisenbahn der Mangel unverzüglich nach der Entdeckung und binnen der bezeichneten Frist angezeigt, so genügt es, wenn die Feststellung unverzüglich nach dem Zeitpunkte beantragt wird, bis zu dem der Eingang einer Antwort der Eisenbahn unter regelmäßigen Umständen erwartet werden darf.
5. Ansprüche wegen zu Unrecht erhobener Frachtzuschläge und unrichtiger Berechnung von Fracht und Gebühren.

(3) Der Empfänger kann die Abnahme des Gutes auch nach Annahme des Frachtbriefs und Bezahlung der Fracht so lange ablehnen, bis seinem Antrag auf Feststellung der behaupteten Mängel stattgegeben ist. Vorbehalte bei der Abnahme des Gutes sind nur wirksam, wenn sie unter Zustimmung der Eisenbahn gemacht sind.

(4) Wenn von mehreren im Frachtbriefe verzeichneten Gegenständen einer Sendung bei der Ablieferung einzelne fehlen, so kann sie der Empfänger in der Empfangsbescheinigung als fehlend aufführen.

## § 98.

### Verjährung der Ansprüche gegen die Eisenbahn wegen Verlustes, Minderung oder Beschädigung des Gutes oder wegen Überschreitung der Lieferfrist.

(1) Die Ansprüche gegen die Eisenbahn wegen Verlustes, Minderung oder Beschädigung des Gutes oder wegen Überschreitung der Lieferfrist verjähren in einem Jahre.

(2) Die Verjährung beginnt bei Beschädigung oder Minderung mit dem Ablaufe des Tages, an dem abgeliefert ist, bei Verlust oder bei Überschreitung der Lieferfrist mit dem Ablaufe der Lieferfrist.

(3) Die Verjährung wird durch die schriftliche Anmeldung des Anspruchs bei der Eisenbahn **gehemmt**. Ergeht auf die Anmeldung ein abschlägiger Bescheid, so läuft die Verjährungsfrist von dem Tage ab weiter, an dem die Eisenbahn ihre Entscheidung dem Anmeldenden schriftlich bekannt macht und ihm die der Anmeldung etwa angeschlossenen Beweisstücke zurückstellt. Weitere Gesuche, die an die Eisenbahn oder an die vorgesetzten Behörden gerichtet werden, hemmen die Verjährung nicht.

(4) Wegen der **Unterbrechung** der Verjährung bewendet es bei den allgemeinen gesetzlichen Vorschriften.

(5) Die im Abs. (1) bezeichneten Ansprüche können nach der Vollendung der Verjährung nur aufgerechnet werden, wenn vorher der Verlust, die Minderung, die Beschädigung oder die Überschreitung der Lieferfrist der Eisenbahn angezeigt oder die Anzeige an sie abgesendet worden ist. Der Anzeige an die Eisenbahn steht es gleich, wenn gerichtliche Beweisaufnahme zur Sicherung des Beweises beantragt oder wenn in einem zwischen dem Absender und dem Empfänger oder einem späteren Erwerber des Gutes wegen des Verlustes, der Minderung, der Beschädigung oder der Fristüberschreitung anhängigen Rechtsstreite der Eisenbahn der Streit verkündet wird.

---

Zu § 98 vgl. HGB. §§ 439, 471 (in Verb. mit 414) u. 470 Abs. (2), JÜ. Art. 45, 46.

(6) Die Vorschriften dieses Paragraphen finden keine Anwendung, wenn die Eisenbahn den Verlust, die Minderung, die Beschädigung oder die Fristüberschreitung vorsätzlich herbeigeführt hat. Sie finden ferner keine Anwendung auf Rückgriffsansprüche der Eisenbahnen untereinander (§ 100).

## § 99.

### Geltendmachung der Rechte aus dem Frachtvertrage.

(1) Zur Geltendmachung der Rechte aus dem Frachtvertrage gegenüber der Eisenbahn ist nur der befugt, dem das Verfügungsrecht über das Gut zusteht (vergleiche aber §§ 60 und 70).

(2) Vermag der Absender, dem an sich das Verfügungsrecht zusteht, das Frachtbriefduplikat, den Aufnahmeschein oder eine Bescheinigung der Versandstation, daß eine solche Urkunde nicht ausgestellt ist, nicht vorzuzeigen, so kann er seinen Anspruch nur mit Zustimmung des Empfängers geltend machen, es sei denn, er wiese nach, daß der Empfänger die Annahme des Gutes verweigert hat.

(3) Außergerichtliche Ansprüche sind schriftlich bei der nach § 100 zuständigen Eisenbahn geltend zu machen. War der Frachtbrief dem Empfänger übergeben, so ist er vorzulegen. Handelt es sich um eine Entschädigung wegen Verlustes, Minderung oder Beschädigung, so ist eine Bescheinigung über den Wert des Gutes beizufügen.

(4) Die Eisenbahn hat die Ansprüche mit tunlichster Beschleunigung zu prüfen und den Antragsteller, wenn keine Verständigung erfolgt, schriftlich zu bescheiden.

## § 100.

### Haftung mehrerer an der Beförderung beteiligter Eisenbahnen.

(1) Die Versandbahn haftet für die Ausführung der Beförderung bis zur Ablieferung des Gutes an den Empfänger, ohne Rücksicht darauf, ob nur eigene oder auch fremde Strecken benutzt werden.

(2) Jede nachfolgende Bahn tritt dadurch, daß sie das Gut mit dem ursprünglichen Frachtbrief annimmt, diesem gemäß in den Frachtvertrag ein und übernimmt die selbständige Verpflichtung, die Beförderung nach dem Inhalte des Frachtbriefs auszuführen.

(3) Die Ansprüche aus dem Frachtvertrage können jedoch — unbeschadet des Rückgriffs der Bahnen untereinander — im Wege der Klage nur gegen die Versandbahn oder gegen die Bahn, die das Gut zuletzt mit dem Frachtbrief übernommen hat, oder gegen die Bahn, auf deren Strecke sich der Schaden ereignet hat, gerichtet werden. Unter diesen Bahnen hat der Kläger die Wahl. Das Wahlrecht erlischt mit Erhebung der Klage.

(4) Durch Widerklage oder Aufrechnung können Ansprüche aus dem Frachtvertrag auch gegen eine andere Bahn geltend gemacht werden, wenn deren Klage sich auf denselben Frachtvertrag gründet.

(5) Hat auf Grund dieser Vorschriften eine der beteiligten Bahnen Schadensersatz geleistet, so steht ihr der Rückgriff gegen die Bahn zu, die den Schaden verschuldet hat. Kann diese nicht ermittelt werden, so haben die beteiligten Bahnen den Schaden nach dem Verhältnis ihrer Streckenlängen, mit denen sie an der Beförderung beteiligt sind, gemeinsam zu tragen, soweit nicht festgestellt wird, daß der Schaden nicht auf ihren Strecken entstanden ist. Die Befugnis der Eisenbahnen, über den Rückgriff im voraus oder im einzelnen Falle andere Vereinbarungen zu treffen, wird hierdurch nicht berührt.

---

Zu § 99 vgl. JÜ. Art. 26.

Zu § 100 vgl. HGB. §§ 432, 469, 471, JÜ. Art. 27, 28, 47 ff.

Anlage A.

## Leichenpaß.

Die nach Vorschrift eingesargte Leiche de ............ am ...ten ............ 19...

in ............ (Ort) ............ an ............ (Todesursache) ............ verstorbenen (Alter) jährigen

............ (Stand, Vor- und Zuname des Verstorbenen, bei Kindern Stand der Eltern) ............ soll mit der Eisenbahn von

............ über ............ nach ............

zur Bestattung befördert werden. Nachdem diese Überführung der Leiche genehmigt worden ist, werden sämtliche Behörden, deren Bezirke durch den Transport berührt werden, ersucht, ihn ungehindert und ohne Aufenthalt weitergehen zu lassen.

............, den ...ten ............ 19...

(Siegel.) (Unterschrift.)

## Leichenpaß*).

Die nach Vorschrift eingesargte Leiche de ............ am ...ten ............ 19...

in ............ (Ort) ............ an ............ (Todesursache) ............ verstorbenen (Alter) jährigen

............ (Stand, Vor- und Zuname des Verstorbenen, bei Kindern Stand der Eltern) ............ soll $\frac{\text{mit der Eisenbahn}}{\text{auf dem Seewege}}$

von ............ über ............ nach ............ und

$\frac{\text{auf dem Seewege}}{\text{mit der Eisenbahn}}$ von ............ über ............ nach ............

zur Bestattung befördert werden. Nachdem diese Überführung der Leiche genehmigt worden ist, werden sämtliche Behörden, deren Bezirke durch den Transport berührt werden, ersucht, ihn ungehindert und ohne Aufenthalt weitergehen zu lassen.

............, den ...ten ............ 19...

(Siegel.) (Unterschrift.)

---

*) Dieser Leichenpaß ist nur zu verwenden, wenn die Leiche mit der Eisenbahn und auf dem Seewege befördert werden soll.

Anlage B.

# Nähere Bestimmungen über die Beförderung von lebenden Tieren.

## I. Verladung.

### § 1.

(1) Soweit die Stationen nach dem Tarif unbeschränkt oder beschränkt für den Viehverkehr bestimmt sind, müssen sie mit Vorrichtungen versehen sein, die, den Abfertigungsbefugnissen entsprechend, ein zweckmäßiges Ein- und Ausladen der Tiere gestatten.

(2) Auf der Oberfläche hölzerner Verladerampen müssen in angemessenen Zwischenräumen schmale Latten mit abgerundeten Kanten angebracht sein, damit die Tiere sicher fußen können.

(3) Die Oberfläche fester Rampen darf höchstens 1 : 8, die der beweglichen Vorrichtungen höchstens 1 : 3 geneigt sein.

(4) Die Ladebrücken müssen hinreichend breit und mit mindestens 20 cm hohen Schutzleisten an beiden Seiten sowie mit Trittlatten (Abs. (2)) versehen sein. Auch müssen Vorkehrungen zum Schutze gegen seitliches Abdrängen der Tiere getroffen sein.

(5) Auf Stationen mit regelmäßigem größerem Viehversand sowie auf den Tränkstationen (§ 6) oder in deren Nähe müssen zur vorübergehenden Unterbringung des Viehes eingefriedigte Räume (Buchten oder Bansen) vorhanden sein, von denen ein angemessener Teil überdeckt sein muß. Diese von der Eisenbahn zu schaffenden Räume müssen Brunnen oder Wasserleitung sowie Vorrichtungen zum Anbinden, Füttern und Tränken der Tiere enthalten. Sie müssen in kleinere Abteilungen geteilt sein, in denen die Tiere verschiedener Gattung und das Großvieh (Pferde, einschließlich Ponys, auch Fohlen, ferner Rindvieh, Maultiere, Esel und dergleichen), vom Kleinvieh (Schweine, Kälber, Schafe, Ziegen, Hunde, Geflügel und dergleichen) getrennt unterzubringen sind; Muttertiere mit saugenden Jungen bleiben zusammen. Der Fußboden muß so beschaffen sein, daß eine ordnungsmäßige Reinigung möglich ist.

(6) Für die vorübergehende Unterbringung der Tiere in überdeckten Räumen kann eine im Tarife festzusetzende Gebühr erhoben werden. Sie dient zugleich als Vergütung für die Benutzung der Einrichtungen zum Füttern und Tränken.

### § 2.

(1) Die Tiere sind in bedeckten oder in hochbordigen offenen Wagen zu befördern. In den Monaten Januar, Februar, März, November und Dezember dürfen offene Wagen nur auf Antrag des Absenders gestellt werden. Geflügel darf nur in bedeckten Wagen befördert werden.

(2) Mehrbödige Wagen dürfen nur verwendet werden, wenn sie an den Seiten Lattenwände haben; diese müssen soweit aus dichten Brettern bestehen oder mit dichten Klappen versehen sein, daß die Tiere gegen Zugluft von unten geschützt sind und das Herausfallen von Kot und Streu verhindert wird. Diese Bestimmung gilt nicht für die mehr als zweibödigen zur Geflügelbeförderung bestimmten Wagen. Doch müssen auch bei diesen Wagen die Seitenwände aus Latten bestehen und mit Schutzleisten versehen sein, die das Herausfallen von Kot und Streu verhindern.

(3) Die Unterkästen der Wagen dürfen nur zur Beförderung einzelner unterwegs erkrankter Tiere benutzt werden.

(4) Die lichte Breite der zur Beförderung von Großvieh dienenden Wagen muß mindestens 2,60 m betragen.

(5) Bei Verwendung bedeckter Wagen zur Viehbeförderung sind solche Wagen auszuwählen, die in der Nähe der Wagendecke an den Längs- oder Stirnseiten je 2 verschließbare Öffnungen von je mindestens 0,40 m Länge und 0,30 m Breite haben und außerdem an den Türen mit Vorrichtungen versehen sind, die ihr Offenhalten in einer Breite von 0,35 m bei Großvieh und von 0,15 m bei Kleinvieh ermöglichen. Bleiben die Türen während der Fahrt ganz geöffnet, so müssen die Türöffnungen durch einen 1,50 m hohen Bretterverschlag oder durch Lattengitter verstellt sein.

(6) Die offenen Wagen müssen bei Verwendung für Großvieh eine Bordhöhe von mindestens 1,50 m und bei Verwendung für Kleinvieh eine Bordhöhe von mindestens 0,75 m über dem Fußboden haben.

(7) Zum Festbinden der Tiere müssen Vorrichtungen, wie eiserne Ringe oder dergleichen, in den Wagen angebracht sein.

(8) Die Ladefläche der zur Beförderung von Tieren dienenden Wagen muß an der Außenseite angegeben sein, und zwar bei mehrbödigen und bei den in mehrere Abteile geteilten Wagen derart, daß die Größe eines jeden Raumes ersichtlich ist.

(9) Bezüglich der vorhandenen alten Wagen können Abweichungen von den Vorschriften in Abs. (4) und (5) von den Landesaufsichtsbehörden nach Zustimmung des Reichs-Eisenbahnamts zugelassen werden.

§ 3.

(1) Die zur Beförderung von Tieren dienenden Käfige, Kisten, Körbe, Säcke oder anderen Behälter müssen geräumig und luftig sein. Die Tiere dürfen nicht geknebelt aufgegeben werden.

(2) Käfige oder ähnliche Behälter müssen einen dichten Boden und soweit hinauf dichte Wände haben, daß eine Verunreinigung des Wagens durch Kot und Streu möglichst ausgeschlossen ist. Diese Vorschrift gilt nicht für Geflügel in Wagenladungen. Der Boden der Behälter muß mit Heu, Stroh, Sand, Torfmull oder Sägespänen bedeckt sein. Bei der Verladung ist darauf zu achten, daß zu den Tieren ausreichend frische Luft treten kann; insbesondere dürfen andere Güter nicht auf die Behälter und diese nur dann übereinander verladen werden, wenn durch Leisten oder dergleichen dafür gesorgt ist, daß zwischen dem Boden des oberen und dem Deckel des unteren Behälters ein Luftraum von mindestens 3 cm Höhe frei bleibt. Behälter, die ganz oder zum Teil aus Latten bestehen, müssen so beschaffen sein, daß die Tiere nicht einzelne Körperteile hindurchzwängen können, auch müssen sie so hoch sein, daß die Tiere zwanglos darin stehen können. Gebrauchte Käfige, Kisten, Körbe, Säcke oder dergleichen dürfen nur nach gründlicher Reinigung wieder benutzt werden. Ferner müssen Käfige oder ähnliche Behälter, wenn die Beförderung voraussichtlich mehr als 36 Stunden dauert, mit zweckmäßigen Vorrichtungen zum Tränken und bei Kleinvieh auch zum Füttern der Tiere versehen sein, sofern nicht der Absender für die Fütterung und Tränkung auf Unterwegsstationen in anderer Weise gesorgt hat.

(3) Bei Festsetzung der größten Zahl der in einen Wagen zu verladenden Tiere ist zu berücksichtigen, daß Großvieh nicht aneinander und gegen die Wandung des Wagens gepreßt stehen darf. Dieser Vorschrift ist genügt, wenn sich ein Mann zwischen den eingeladenen Tieren hindurch bewegen kann. Bei der Querverladung muß außerdem zwischen den Tieren und den Wagenwänden so viel Raum bleiben, daß eine Verletzung der Tiere durch Aufscheuern oder dergleichen am Kopfe oder am Hinterteile vermieden wird. Kleinvieh muß die Möglichkeit haben, sich zu legen. Die Entscheidung darüber, ob diesen Vorschriften entsprochen ist, steht dem Aufsichtsbeamten zu.

(4) Großvieh und Kleinvieh sowie Tiere verschiedener Gattung dürfen in denselben Wagen nur dann verladen werden, wenn jede Gattung durch Schranken, Bretter- oder Lattenverschläge von der anderen getrennt wird. Auch in Käfigen oder ähnlichen Behältern müssen Tiere verschiedener Gattung durch Verschläge oder dergleichen voneinander getrennt werden. Bei der Beförderung von Muttertieren mit saugenden Jungen fallen diese Beschränkungen weg.

(5) Die mit unverpacktem Geflügel beladenen Wagen sind unter Bleiverschluß zu befördern.

(6) Die Fußböden der offenen Wagen und derjenigen bedeckten Wagen, die Lattenwände haben, dürfen nicht mit leicht entzündlichen Stoffen bestreut werden.

## II. Beförderung.

§ 4.

(1) Lebende Tiere werden in Viehzügen und Güterzügen, nach näherer Bestimmung der Eisenbahn auch in Personenzügen befördert.

(2) Viehzüge müssen auf Strecken mit regelmäßigem starkem Viehverkehr an bestimmten von der Eisenbahn bekannt zu machenden Tagen — regelmäßig oder nur nach Bedarf — nach den bei jedem Fahrplanwechsel festzusetzenden Fahrplänen verkehren; sie müssen derart gelegt sein, daß der Aufenthalt für das auf den Anschlußlinien zu- und abgehende Vieh auf das unbedingt nötige Maß beschränkt wird. Bei Aufstellung der Fahrpläne ist für die Tränkstationen (§ 6) ein ausreichender Aufenthalt vorzusehen.

(3) Steht so viel Vieh zur Beförderung, daß zu seiner Verladung mindestens 20 Achsen erforderlich sind, so ist in Ermangelung anderer Beförderungsgelegenheiten ein besonderer Viehzug abzulassen.

§ 5.

(1) Die durchschnittliche Geschwindigkeit der Viehzüge (§ 4 Abs. (2)) darf — vorbehaltlich der Befugnis der Landesaufsichtsbehörde, bei besonderen Verhältnissen nach Genehmigung des Reichs-Eisenbahnamts Abweichungen zu gestatten — nicht weniger als 25 km in der Stunde betragen. Soweit Bestimmungen der Eisenbahn-Bau- und Betriebsordnung dieser Geschwindigkeit entgegenstehen, ist sie zu ermäßigen.

(2) Die für die Tränkstationen vorzusehenden Aufenthalte (§ 4 Abs. (2)) bleiben bei Berechnung der durchschnittlichen Geschwindigkeit außer Betracht.

(3) Für die Viehzüge der Militärverwaltung gilt die Vorschrift im Abs. (1) nicht.

§ 6.

(1) Alle Tiere, deren Beförderung 24 Stunden oder länger in Anspruch nimmt, sollen vor der Verladung vom Absender gefüttert und getränkt werden. Dauert die Beförderung in Viehzügen mehr als 36 Stunden, so sind die Tiere spätestens nach je 36 Stunden zu füttern und zu tränken. Für die Beförderung von Militärpferden in Viehzügen gelten vorstehende Bestimmungen nicht.

(2) Für die unterwegs erforderliche Fütterung und Tränkung sind nach Bedarf besondere Stationen mit Einrichtungen zu versehen. Diese Stationen (sogenannte Tränkstationen) werden vom Reichs-Eisenbahnamte nach Anhörung der beteiligten Bundesregierung bestimmt und sind in den Tarifen bekannt zu machen.

§ 7.

(1) Das Verschieben der mit Tieren beladenen Wagen ist auf das dringendste Bedürfnis zu beschränken und stets mit besonderer Vorsicht vorzunehmen; heftiges Anstoßen ist unbedingt zu vermeiden.

(2) Die Behälter mit Tieren dürfen beim Ein- und Ausladen nicht gestoßen, geworfen oder gestürzt werden.

§ 8.

Bei Beförderung zur Nachtzeit müssen die Begleiter von Viehsendungen gut brennende Laternen mit sich führen, wobei leicht entzündliche Brennstoffe, wie Petroleum oder dergleichen, verboten sind.

## Neuausgabe der Anlage C

unter Berücksichtigung der bis Ende April 1911 im Reichs-Gesetzblatt veröffentlichten Änderungen und Ergänzungen.

Anlage C.

# Vorschriften über bedingungsweise zur Beförderung zugelassene Gegenstände.

(§ 54 Abs. (2) A.)

---

## I. Explosionsgefährliche Gegenstände.

### Ia. Sprengstoffe.

Zur Beförderung sind zugelassen:

### A. Sprengmittel.

**1. Gruppe. Handhabungssichere Sprengstoffe, die in unbeschränkten Mengen als Stückgut befördert werden dürfen.**

a) Ammoniaksalpetersprengstoffe (vorwiegender Bestandteil: Ammoniaksalpeter), und zwar, sofern sie 48 Stunden bei 75° gelagert keine Stickoxyde abspalten, auch vor und nach der Lagerung bei Stoß, Reibung oder Entzündung sich nicht gefährlicher erweisen als Donarit von folgender Zusammensetzung: 80 Prozent Ammoniaksalpeter, 12 Prozent Trinitrotoluol, 4 Prozent Roggenmehl und 4 Prozent Nitroglyzerin:

Ammoncahücit mit oder ohne Beifügung von Ziffern und Buchstaben (Gemenge von mindestens 65 Prozent Ammoniaksalpeter, höchstens 10 Prozent Kali-, Natron- oder Barytsalpeter oder Mischungen davon, höchstens 15 Prozent Trinitrotoluol oder Trinitronaphthalin, die teilweise oder ganz durch Mono- und Dinitrotoluol, Mono- und Dinitrobenzol oder Nitronaphthalin ersetzt werden dürfen, ferner von Mehl oder höchstens zwei Prozent Ruß).

Ammonfördit (Gemenge von Ammoniaksalpeter mit Zusätzen von Diphenylamin, Pflanzenmehlen, Glyzerin, Chlorkalium und höchstens 4 Prozent mit Kollodiumwolle gelatiniertem Nitroglyzerin).

Ammonkarbonit (Gemenge von Ammoniaksalpeter, Pflanzenmehlen, höchstens 10 Prozent Kalisalpeter und höchstens 4 Prozent mit Kollodiumwolle gelatiniertem Nitroglyzerin, auch mit Zusatz von Ruß).

Ammonkarbonit Ia (Gemenge von Ammoniaksalpeter, höchstens 2 Prozent Kalisalpeter, höchstens 4 Prozent mit Kollodiumwolle gelatiniertem Nitroglyzerin, höchstens 6 Prozent Trinitrotoluol, Mehl, Kohle und mindestens 15 Prozent Alkalichloriden).

Ammon-Nobelit (Gemenge von Ammoniaksalpeter, Pflanzenmehlen, Alkalichloriden, Alkalioxalaten und höchstens 4 Prozent mit Kollodiumwolle gelatiniertem Nitroglyzerin).

Ammon-Nobelit I (Gemenge von Ammoniaksalpeter, Magnesit, Alkalichloriden, höchstens 10 Prozent Kalisalpeter, höchstens 12 Prozent Trinitrotoluol und höchstens 0,5 Prozent Kaliumpermanganat).

Ammon-Schlesit oder Kohlen-Schlesit mit den angehängten Zahlen I, II, III usw. (Gemenge von Ammoniaksalpeter, von höchstens 10 Prozent Kali-, Natron- oder Barytsalpeter oder von Gemischen dieser Salpeterarten, von aromatischen Nitroverbindungen [Trinitrotoluol höchstens 8 Prozent], Stärkemehlen, Harzen und neutralen Salzen [wie Alkalichloriden, -karbonaten, -phosphaten, -sulfaten, -oxalaten], höchstens 4 Prozent gelatiniertem Nitroglyzerin und höchstens 2 Prozent Kaliumperchlorat. Enthalten die Gemenge Perchlorat, so darf der Gehalt an gelatiniertem Nitroglyzerin 3 Prozent nicht übersteigen.)

Ammon-Tremonit oder Gesteins-Tremonit mit oder ohne die angehängten Zahlen I, II, III usw. (Gemenge von mindestens 51 Prozent Ammoniaksalpeter, höchstens 5 Prozent gelatiniertem Dinitroglyzerin und höchstens 5 Prozent Kali- oder Natron- oder Barytsalpeter oder einem Gemenge dieser Salpeterarten, ferner von flüssigen oder festen aromatischen Nitrokörpern, nämlich Nitrobenzol, Nitronaphthalin, Nitrotoluol — davon höchstens 20 Prozent Dinitrotoluol oder Mono- und Dinitrotoluol oder höchstens 13 Prozent Trinitrotoluol —, ferner von Mehlen aus Pflanzen oder Pflanzenteilen oder Mineralkohle, sowie von Alkalichloriden, Karbonaten, Phosphaten, Oxalaten und Sulfaten der Alkalien und von höchstens 3 Prozent Alkalichromaten. Enthalten die Gemenge kein Trinitrotoluol, so darf der Gehalt an Kali- oder Natron- oder Barytsalpeter oder einem Gemenge dieser Salpeterarten höher sein, jedoch 15 Prozent der Gesamtmenge nicht übersteigen).

Anagon-Sprengpulver (Gemenge von neutral reagierenden Salpeterarten und Aluminiumpulver mit Holzkohle und Alizarin oder mit verharztem Leinöl).

Neu-Anagon (Gemenge von mindestens 70 Prozent Ammoniaksalpeter, gepulverter Zinkaluminiumlegierung und Holzkohle).

Anilit (Gemenge von mindestens 70 Prozent Ammoniaksalpeter, Kupfersulfatanilin oder Kupferoxalatanilin und höchstens 5 Prozent Zucker).

Astralit I und II (Gemenge von Ammoniaksalpeter, Holzkohle, Pflanzenmehlen, Paraffinöl, höchstens 15 Prozent Trinitrotoluol oder Mononitronaphthalin und höchstens 4 Prozent mit Kollodiumwolle gelatiniertem Nitroglyzerin).

Astralit Ia (Gemenge von Ammoniaksalpeter, Kartoffelmehl, Holzmehl, höchstens 25 Prozent Trinitrotoluol, höchstens 0,1 Prozent Kollodiumwolle und höchstens 3,9 Prozent Nitroglyzerin).

Wetter-Astralit (Astralit, worin ein Teil des Ammoniaksalpeters durch Kochsalz ersetzt ist).

Gelatine-Astralit (einem gelatinierten oder pulverförmigen Gemenge von Ammoniaksalpeter, Kali- oder Natronsalpeter oder einem Gemische von beiden, höchstens 50 Prozent Dinitrochlorhydrin, höchstens 5 Prozent Trinitroglyzerin, höchstens 2 Prozent Kollodiumwolle, Kohlenwasserstoffen, Pflanzenmehlen und Nitroverbindungen der aromatischen Reihe [wie Nitrotoluol, Dinitrotoluol und Nitronaphthalin]).

Gelatine-Wetterastralit (einem gelatinierten oder pulverförmigen Gemenge von Ammoniaksalpeter, Kali- oder Natronsalpeter oder einem Gemische von beiden, höchstens 50 Prozent Dinitrochlorhydrin, höchstens 5 Prozent Trinitroglyzerin, höchstens 2 Prozent Kollodiumwolle, Kohlenwasserstoffen, Pflanzenmehlen, fettem Öle, Nitroverbindungen der aromatischen Reihe [wie Nitrotoluol, Dinitrotoluol und Nitronaphthalin] und neutralen Salzen [wie Chlorkalium, Chlornatrium und Oxalaten]).

Bautzener Sicherheitspulver (Gemenge von mindestens 70 Prozent Ammoniaksalpeter, Barytsalpeter und höchstens 15 Prozent Trinitrotoluol).

Bavarit I und II (Gemenge von 90 Prozent Ammoniaksalpeter und nitriertem Naphthalin, auch mit Zusatz von Holzkohle).

Chromammonit (Gemenge von 50 Prozent Ammoniaksalpeter und anderen Salpeterarten, höchstens 19,5 Prozent Trinitrotoluol, Chromammoniakalaun oder Chromalaun und Vaseline).

Dahmenit (Gemenge von Ammoniaksalpeter, Naphthalin und höchstens 15 Prozent Kalisalpeter).

Dahmenit A (Gemenge von Ammoniaksalpeter, Naphthalin und höchstens 3 Prozent Kaliumbichromat).

Gesteins- auch Neu-Dahmenit (Gemenge von Ammoniaksalpeter, Kohlenwasserstoffen $\frac{\text{oder}}{\text{und}}$ Nitrokohlenwasserstoffen, nämlich Nitronaphthalin, Dinitrobenzol, Nitrotoluolen, davon höchstens 17 Prozent Trinitrotoluol, ferner von Kali- oder Natronsalpeter, höchstens 3 Prozent Alkalichromaten, ferner von Alkalichloriden, Alkalikarbonaten, Alkaliphosphaten, Alkalioxalaten und Alkalisulfaten, ferner von Blutlaugensalz, Melasse oder Leimgelatine [pflanzlichen oder tierischen Ursprungs], auch mit Zusatz von Mehlen aus Pflanzen, Pflanzenteilen oder Mineralkohle).

Dominit XI (Gemenge von Ammoniaksalpeter, Dinitrotoluol, Glyzerin und höchstens 4 Prozent mit Kollodiumwolle gelatiniertem Nitroglyzerin).

Donarit (Gemenge von Ammoniaksalpeter, Pflanzenmehlen, höchstens 12 Prozent Trinitrotoluol und höchstens 4 Prozent mit Kollodiumwolle gelatiniertem Nitroglyzerin).

Donarit I (Gemenge von Ammoniaksalpeter, Pflanzenmehlen, höchstens 25 Prozent Trinitrotoluol und höchstens 4 Prozent mit Kollodiumwolle gelatiniertem Nitroglyzerin).

Gelatine-Donarit (Gemenge von Ammoniaksalpeter, Natronsalpeter, Dinitrotoluol, höchstens 20 Prozent Dinitromonochlorhydrin, höchstens 5 Prozent Nitroglyzerin und höchstens 1 Prozent Kollodiumwolle).

Dorfit (Gemenge von Ammoniaksalpeter, Kochsalz, Mehl, höchstens 17 Prozent Trinitrotoluol und höchstens 5 Prozent Kalisalpeter).

Alldorfit (Gemenge von Ammoniaksalpeter, Mehl und höchstens 17 Prozent Trinitrotoluol).

Faviersche Sprengstoffe (Gemenge von Ammoniaksalpeter und Mono- oder Dinitronaphthalin).

Fulmenit (Gemenge von Ammoniaksalpeter, Pflanzenmehlen, Holzkohle, Paraffinöl, höchstens 6 Prozent Trinitrotoluol und höchstens 4 Prozent Schießwolle).

Fulmenit I (Gemenge von Ammoniaksalpeter, Paraffinöl, höchstens 3 Prozent Kohle, höchstens 15 Prozent Trinitrotoluol und höchstens 0,5 Prozent Schießwolle).

Wetter-Fulmenit (Fulmenit, worin ein Teil des Ammoniaksalpeters durch Kochsalz ersetzt ist).

Wetter-Fulmenit I (Fulmenit I, worin ein Teil des Ammoniaksalpeters durch Alkalichloride ersetzt ist).

Glückauf (Gemenge von Ammoniaksalpeter mit Pflanzenmehlen, auch mit Zucker, Stärke, Harzen, fetten Ölen, auch mit Zusatz von Kalisalpeter — höchstens 15 Prozent —, Natronsalpeter, Dinitrobenzol, ferner Ammoniumoxalat, Kupferoxalat — höchstens

4 Prozent — und Kochsalz oder diesem ähnlichen, neutralen, beständigen, die Gefahr nicht erhöhenden Salzen).

Lignosit I (Gemenge von Ammoniaksalpeter, aromatischen Nitrokörpern wie Nitronaphthalin, Nitrotoluol oder Nitroxylol (wovon höchstens 15 Prozent Trinitrokörper) und Holzmehl, auch mit Zusatz von höchstens 6 Prozent Kalisalpeter, von höchstens 1 Prozent Kollodiumwolle oder Holzkohle, von Alkalichloriden, Alkalioxalaten, Alkalikarbonaten und Bauxit).

Luxit I (Gemenge von Ammoniaksalpeter, höchstens 17 Prozent Trinitrotoluol und höchstens 5 Prozent Holzmehl).

Minolite und Minolite I (Gemenge von Ammoniaksalpeter und Trinitronaphthalin, mit oder ohne Dinitrotoluol).

Monachit I (Gemenge von Ammoniaksalpeter, höchstens 15 Prozent Nitroprodukten der unter dem Namen Solventnaphtha zusammengefaßten Kohlenwasserstoffe (wovon höchstens 60 Prozent Trinitroverbindungen), ferner von höchstens 4 Prozent gelatiniertem Nitroglyzerin und von mindestens 4 Prozent Pflanzenmehlen).

Monachit II (Gemenge von Ammoniaksalpeter, höchstens 18 Prozent Nitroprodukten der unter dem Namen Solventnaphtha zusammengefaßten Kohlenwasserstoffe (wovon höchstens 60 Prozent Trinitroverbindungen), ferner von höchstens 8 Prozent Kalisalpeter, höchstens 1 Prozent Kollodiumwolle, höchstens 1 Prozent Kohle, endlich von Kohlenwasserstoffen, Pflanzenmehlen, Ammoniumoxalat oder anderen die Gefährlichkeit nicht erhöhenden neutralen Salzen).

Pastanil (Gemenge von mindestens 70 Prozent Ammoniaksalpeter, höchstens 25 Prozent Kalisalpeter, höchstens 15 Prozent Nitrokohlenwasserstoffen (wovon höchstens 10 Prozent Trinitroverbindungen) und höchstens 4 Prozent Nitrosemizellulose, von Glyzerin, Anilinmetallsalzverbindungen und Mehl).

Gesteins-Plastammon (Gemenge von mindestens 70 Prozent Ammoniaksalpeter, Glyzerin, höchstens 15 Prozent Nitrotoluolen oder Nitrobenzolen oder Nitroxylolen, davon höchstens 10 Prozent Trinitroverbindungen, und von höchstens 4 Prozent Nitrosemizellulose).

Steinkohlen-Plastammon (Gemenge von mindestens 70 Prozent Ammoniaksalpeter, höchstens 25 Prozent Kalisalpeter, Glyzerin, Mononitrotoluol und höchstens 4 Prozent Nitrosemizellulose).

Pniowit mit den kennzeichnenden Beifügungen A, I, II und III (Gemenge von Ammoniaksalpeter, Trinitrotoluol, Holzmehl und höchstens 4 Prozent Kaliumperchlorat, auch mit Zusatz von Natronsalpeter, Nitronaphthalin und Alkalichlorid).

Roburit (Gemenge von Ammoniaksalpeter, Chlordinitrobenzol und höchstens 17,5 Prozent Chlordinitronaphthalin).

Roburit I (Gemenge von Ammoniaksalpeter, höchstens 7 Prozent Dinitrobenzol und höchstens 0,5 Prozent übermangansaurem Kali, auch mit Zusatz vom Ammonsulfat).

Roburit IA und IC (Gemenge von Ammoniaksalpeter, Ammonsulfat, 18 Prozent Dinitrobenzol, höchstens 10 Prozent Kalisalpeter und höchstens 0,5 Prozent Kaliumpermanganat).

Roburit ID (Gemenge von Ammoniaksalpeter, Dinitrobenzol, Ammonsulfat, Pflanzenmehlen, höchstens 15 Prozent Kalisalpeter und höchstens 0,5 Prozent Kaliumpermanganat).

Roburit IE oder Kronenpulver (Gemenge von Ammoniaksalpeter und höchstens 16 Prozent Trinitronaphthalin oder Gemenge von Ammoniaksalpeter, Ammonsulfat, Pflanzenmehlen, höchstens 15 Prozent Kalisalpeter, höchstens 18 Prozent Trinitronaphthalin und höchstens 0,5 Prozent Kaliumpermanganat).

Roburit IT oder Gesteins-Sicherheitspulver (Gemenge von Ammoniaksalpeter, Natronsalpeter, höchstens 15 Prozent Trinitrotoluol und höchstens 0,5 Prozent Kaliumpermanganat).

Roburit II (Gemenge von Ammoniaksalpeter, Pflanzenmehlen, Chlornatrium, höchstens 12 Prozent Trinitrotoluol, höchstens 15 Prozent Kalisalpeter und höchstens 0,5 Prozent Kaliumpermanganat).

Roburit IIa (Gemenge von Ammoniaksalpeter, höchstens 15 Prozent Trinitrotoluol, Pflanzenmehlen, Ammonsulfat, höchstens 15 Prozent Kalisalpeter und höchstens 0,5 Prozent Kaliumpermanganat).

Wetter-Roburite und Gesteins-Roburite (Gemenge von Ammoniaksalpeter — mindestens jedoch 65 Prozent —, Pflanzenmehlen, Pflanzenpulver, Holzkohle, Magnesit, Kochsalz, Salmiak, Alkalibikarbonat, Alkalioxalat, höchstens 15 Prozent Kalisalpeter, höchstens 15 Prozent Trinitrotoluol und höchstens 0,5 Prozent Kaliumpermanganat, auch mit Zusatz von höchstens 3 Prozent gepulvertem Aluminium).

Wetter-Romperite und Gesteins-Romperite, auch mit den angehängten Buchstaben A, B, C usw. (Gemenge von mindestens 54 Prozent Ammoniaksalpeter, höchstens 10 Prozent Kalisalpeter, höchstens 15 Prozent Trinitrotoluol und höchstens 4 Prozent gelatiniertem Nitroglyzerin, ferner von Pflanzenmehl, Harz, Kochsalz, Magnesit und Salmiak).

Sicherheitssprengpulver der Vereinigten Cöln-Rottweiler Pulverfabriken (Gemenge von Ammoniaksalpeter mit ganz geringem Zusatz oder ohne Zusatz von doppeltkohlensaurem Ammonium oder kohlensaurem Baryum und einem pflanzlichen oder tierischen Öle, das im wesentlichen aus Kohlenstoff, Wasserstoff und Sauerstoff besteht, mit oder ohne Schwefel).

Sicherheitssprengstoff der Güttlerschen Pulverfabriken, bestehend aus Ammoniaksalpeter, überzogen mit Plastomenitlack, der aus Harzen, Nitrotoluolen und höchstens 0,25 Prozent Kollodiumwolle bereitet ist.

Siegenit und Wetter-Siegenite, auch mit den angehängten Zahlen I, II, III (Gemenge von Ammoniaksalpeter, Mehl und höchstens 15 Prozent Dintriotoluol, auch mit Zusatz von Kochsalz).

Gesteins-Siegenit, auch mit den angehängten Zahlen I, II, III usw. (Gemenge von Ammoniaksalpeter, Mehlen und aromatischen Nitrokohlenwasserstoffen (wie Nitronaphthalinen, Nitrotoluolen oder Nitroxylolen) auch mit Zusatz von höchstens 4 Prozent Nitroglyzerin. Enthält das Gemenge Nitroglyzerin, so darf der Gehalt an Trinitroverbindungen der aromatischen Kohlenwasserstoffe 15 Prozent, anderenfalls darf er 20 Prozent der Gesamtmenge nicht übersteigen).

Thornit (Gemenge von Ammoniaksalpeter und Pflanzenmehl, auch mit Zusatz von tierischen oder pflanzlichen Fetten).

Titanit III (Gemenge von Ammoniaksalpeter, höchstens 12 Prozent Curcumakohle und höchstens 8 Prozent Trinitrotoluol).

Titanit IV (Gemenge von Ammoniaksalpeter und höchstens 12 Prozent Curcumakohle).

Walsroder Sicherheits-Sprengstoff A (Gemenge von Ammoniaksalpeter, höchstens 12 Prozent Trinitrotoluol, höchstens 2 Prozent Schießwolle, Mehl und von mindestens 0,5 Prozent Vaseline).

Westfalit und Westfalit A (Gemenge von Salpeter, Harzen, Naphthalin und rohen Teerölen, auch mit Zusatz von Lacken und

Firnissen, von Aluminium und von höchstens 3 Prozent Kaliumbichromat).

*Gelatine-Westfalit* (gelatiniertes oder pulverförmiges Gemenge von Ammoniaksalpeter, höchstens 10 Prozent Kalisalpeter oder Natronsalpeter oder eines Gemisches dieser beiden Salpeterarten, höchstens 50 Prozent Dinitrochlorhydrin, höchstens 5 Prozent Trinitroglyzerin, höchstens 2 Prozent Kollodiumwolle, Kohlenwasserstoffen, Pflanzenmehlen, neutralen Salzen [wie Chlorkalium, Chlornatrium und Oxalaten] und Nitroverbindungen der aromatischen Reihe [wie Nitrotoluol, Dinitrotoluol und Nitronaphthalin]).

*Gesteins-Westfalit* B (Gemenge von Ammoniaksalpeter, Dinitrobenzol und Aluminiumpulver).

*Gesteins-Westfalit* C (Gemenge von Ammoniaksalpeter, Dinitrotoluol und Aluminiumpulver).

*Kohlen-Westfalit, Gesteins-Westfalit oder Salz-Westfalit* mit den angehängten Zahlen I, II, III usw. (Gemenge von Ammoniaksalpeter, auch mit Zusatz anderer Salpeterarten, von höchstens 13 Prozent aromatischen Nitrokohlenwasserstoffen, Pflanzenmehlen, auch mit anderen Kohlenstoffträgern, von neutralen Salzen und höchstens 4 Prozent Nitroglyzerin, auch mit Kollodiumwolle gelatiniert).

*Neuwestfalit*, auch *Gesteins-Westfalit* mit den angehängten Buchstaben D, E, F usw. (Gemenge von Ammoniaksalpeter und Pflanzenmehl, auch mit Zusatz von Kohlenwasserstoffen $\frac{\text{oder}}{\text{und}}$ Nitrokohlenwasserstoffen, wie Nitronaphthalin, Nitrotoluolen, davon höchstens 13 Prozent Trinitrotoluol, auch mit Zusatz von höchstens 10 Prozent Baryt-, Kali- oder Natronsalpeter oder deren Mischungen, auch mit Zusatz von höchstens 1 Prozent Kollodiumwolle $\frac{\text{oder}}{\text{und}}$ 1 Prozent Holzkohle, auch mit Zusatz von neutralen, beständigen inerten Chloriden, Oxalaten, Azetaten und ähnlichen Salzen).

b) *Organische Nitrokörper*, soweit sie bei Stoß, Reibung oder Entzündung nicht gefährlicher als reine Pikrinsäure und 48 Stunden bei 75° gelagert beständig (gewichtsbeständig) sind (vergleiche auch 2. Gruppe unter a)), und zwar:

α) *In Wasser unlöslich*, keine explosiven Salze bildend:

Trinitrotoluol, auch im Gemenge mit Dinitrotoluol, Terpentin und höchstens 0,5 Prozent Kollodiumwolle (Plastrotyl),
Trinitroxylol,
Trinitromesitylen,
Trinitropseudokumol,
Trinitrobenzol,
Trinitrochlorbenzol,
Trinitroanilin,
Trinitronaphthalin,
Tetranitronaphthalin,
Hexanitrodiphenylamin.

β) *In Wasser löslich*:

Pikrinsäure,
Trinitrokresol,
Trinitronaphthol,
Tetranitronaphthol,

alle diese Stoffe (α) und β)) auch im Gemenge miteinander.

c) *Nitrozellulose* (Schießbaumwolle, Kollodiumwolle), sofern sie den Stabilitätsanforderungen genügt, und zwar:

α) Schießbaumwolle in Flockenform und Kollodiumwolle ungepreßt mit mindestens 25 Prozent Wasser- oder Alkoholgehalt (75 Teile Trockenstoff und 25 Teile Flüssigkeit);

β) Schießbaumwolle und Kollodiumwolle, gepreßt, mit mindestens 15 Prozent Wassergehalt (85 Teile Trockenstoff und 15 Teile Wasser) (vergleiche auch 3. Gruppe unter b)).

d) Schwarzpulverähnliche, handhabungssichere Sprengstoffe, soweit sie sich unter dem Einflusse von Stoß, Reibung oder Entzündung nicht gefährlicher erweisen als Sprengsalpeter von folgender Zusammensetzung: 75 Prozent Natronsalpeter, 10 Prozent Schwefel, 15 Prozent Braunkohle, und zwar:

Cahücit (fest gepreßtes Gemenge von höchstens 70 Prozent Kalisalpeter, 8 Prozent Ruß, etwa 12 Prozent Schwefelblumen, mindestens 10 Prozent Zellulose und geringen Mengen Eisensulfat).

Petroklastit (Haloklastit), auch mit den angehängten Zahlen I, II, III usw., (festgepreßtes Gemenge von Natronsalpeter, Schwefel, Steinkohlenpech, Kalisalpeter und höchstens 1 Prozent Kaliumbichromat, auch mit Zusatz von höchstens 10 Prozent Holzkohle).

Praeposit (nicht gekörntes Gemenge von Kalisalpeter, Schwefel, Holzkohle und Hipposin — einem aus vorgetrocknetem Pferdedünger gewonnenen staubfeinen Körper — im Gewichtsverhältnisse dieser Bestandteile von 12 : 3 : 1 : 1).

Sprengsalpeter (Gemenge von Natronsalpeter, Schwefel und Braunkohle).

Castroper Sprengsalpeter oder Löwenpulver (fest gepreßtes Gemenge von Kalisalpeter, Natronsalpeter, Schwefel, Holzmehl, kohlehaltigen Stoffen [wie zum Beispiel Brikettpulver, mineralische Kohle usw.], Sauerstoffsalzen [wie zum Beispiel Braunstein, Bichromat]).

**2. Gruppe. Sprengstoffe, die nur in Mengen bis zu 200 kg als Stückgut befördert werden dürfen, bei Aufgabe in größeren Mengen aber wie die Sprengstoffe der 3. Gruppe zu befördern sind.**

a) Organische Nitrokörper, in Wasser unlösliche, nasse, mit einem Gehalte von mindestens 25 Prozent Wasser (75 Teile Trockenstoff und 25 Teile Wasser), soweit sie in trockenem Zustande bei Stoß, Reibung oder Entzündung nicht gefährlicher als Tetranitromethylanilin und 48 Stunden bei 75 ° gelagert beständig (gewichtsbeständig) sind (vergleiche auch 1. Gruppe unter b)).

b) Chlorat- und Perchloratsprengstoffe (Gemenge von Chloraten oder Perchloraten der Alkalien oder alkalischen Erden mit kohlenstoffreichen Verbindungen, wie Kohle, Kohlenwasserstoffe, Harze, Öle, nitrierte aromatische Kohlenwasserstoffe, Pflanzenmehle, anorganische Salze und ähnliche). Chloratmischungen dürfen keine Ammoniaksalze enthalten. Unter dem Einflusse von Stoß, Reibung und Entzündung dürfen sich die Sprengstoffe nicht gefährlicher erweisen als Cheddit von folgender Zusammensetzung: 79 Prozent Kaliumchlorat, 1 Prozent Nitronaphthalin, 15 Prozent Dinitrotoluol, 5 Prozent Rizinusöl. Diese Sprengstoffe sind:

Alkalsit I (Gemenge von höchstens 27 Prozent Kaliumperchlorat, von Ammoniaksalpeter, höchstens 24 Prozent Natronsalpeter, höchstens 8 Prozent Trinitrotoluol, sowie von Holzmehl, Mehl und Nitronaphthalin).

Alkalsit A (Gemenge von höchstens 55 Prozent Kaliumperchlorat, Ammoniaksalpeter, höchstens 31 Prozent Trinitrotoluol und höchstens 5 Prozent eines flüssigen neutralen Gemisches nitrierter Toluole).

Cheddit (Gemenge von höchstens 80 Prozent Kaliumchlorat oder höchstens 75 Prozent Natriumchlorat mit Nitronaphthalin, Dinitrotoluol und mindestens 5 Prozent Rizinusöl, auch mit Zusatz von Paraffin).

Perilit (Gemenge von höchstens 65 Prozent Kaliumperchlorat, von aromatischen Nitroverbindungen [darunter höchstens 8 Prozent Trinitrotoluol oder andere Trinitroverbindungen], von höchstens 6 Prozent Dinitrochlorhydrin, von neutralen Salpeterarten [darunter höchstens 10 Prozent Kalisalpeter] auch mit Zusatz von Getreide- oder Kartoffelmehl oder ähnlichen Kohlenstoffträgern und von anderen neutralen, die Gefährlichkeit nicht erhöhenden Salzen.)

Gesteins-Permonit, Permonit I (Gemenge von höchstens 32,5 Prozent Kaliumperchlorat, Ammoniaksalpeter, höchstens 7 Prozent Natronsalpeter, höchstens 20 Prozent Trinitrotoluol, ferner von Mehl, Holzmehl und von Melan — Gemisch von 1 Teil Glyzerin und 3,5 Teilen Leim —).

Wetter-Permonit, Permonit II (Gemenge von höchstens 34 Prozent Kaliumperchlorat, von Ammoniaksalpeter, Kochsalz, höchstens 7 Prozent Trinitrotoluol, von Holzmehl, Mehl, Melan — Gemisch von 1 Teil Glyzerin und 3,5 Teilen Leim — sowie von höchstens 6 Prozent Nitroglyzerin).

Permonit A (Gemenge von höchstens 54 Prozent Kaliumperchlorat, von Ammoniaksalpeter, von neutralen nitrierten Kohlenwasserstoffen — darunter höchstens 20 Prozent Trinitrotoluol —, von Holzmehl und von höchstens 4 Prozent gelatiniertem Nitroglyzerin).

Persalit (Gemenge von höchstens 77 Prozent Perchloraten der Alkalien oder alkalischen Erden, von Kohlenstoffträgern wie Kohlenwasserstoffen, Harzen, Ölen, Pflanzenmehlen und nitrierten aromatischen Kohlenwasserstoffen — mit der Beschränkung, daß bei einem Perchloratgehalt über 70 Prozent höchstens 10 Prozent Trinitrotoluol vorhanden sein dürfen, — und von mindestens 4 Prozent Ammoniaksalpeter; ein Zusatz von Natronsalpeter und von solchen anorganischen Salzen, die die Gefahr nicht erhöhen, ist zulässig).

Silesia (Gemenge von höchstens 80 Prozent Kaliumchlorat und von Harz, von dem höchstens 4 Prozent nitriert sein dürfen. Auch Gemenge von höchstens 75 Prozent Kaliumchlorat, mindestens 8 Prozent Harz und mindestens 10 Prozent Kochsalz; letzteres muß durch Paraffinöl (1/4 Prozent seines Gewichts) denaturiert sein; das Harz muß einen Schmelzpunkt von etwa 70 ° haben).

Yonckit I (Gemenge von höchstens 20 Prozent Ammoniumperchlorat, von Ammoniaksalpeter und von höchstens 27 Prozent Natronsalpeter, auch mit Barytsalpeter — höchstens 6 Prozent — und mit höchstens 20 Prozent Trinitrotoluol).

Yonckit II (Gemenge von höchstens 15 Prozent Ammoniumperchlorat, von Ammoniaksalpeter und von höchstens 30 Prozent Natronsalpeter, auch mit Barytsalpeter — höchstens 10 Prozent — und mit höchstens 22,5 Prozent Trinitrotoluol und Kochsalz).

Yonckit III (Gemenge von höchstens 25 Prozent Ammoniumperchlorat, von insgesamt höchstens 45 Prozent Ammoniak-, Natron- und Kalisalpeter — von letzterem aber höchstens 30 Prozent der Gesamtmenge des Sprengstoffs —, ferner von höchstens 10 Prozent Trinitrotoluol und von mindestens 20 Prozent Kochsalz).

c) Nitrierte Chlorhydrine.

d) Triplastit (Gemenge von 50 bis 60 Prozent Trinitrotoluol, 10 bis 14 Prozent flüssigem Dinitrotoluol, 0,4 bis 2 Prozent Schieß- oder Kollodiumwolle und 25 bis 40 Prozent Bleinitrat).

**3. Gruppe. Sprengstoffe, die nur in Wagenladungen befördert werden dürfen.**

a) Organische Nitrokörper und Gemenge von solchen, die den Anforderungen unter 1b) und 2a) nicht entsprechen, aber bei Stoß, Reibung oder Entzündung sich nicht gefährlicher erweisen als Tetranitromethylanilin, auch 48 Stunden bei 75° gelagert beständig (gewichtsbeständig) sind.

b) Nitrozellulose (Schießbaumwolle, Kollodiumwolle), sofern sie den Stabilitätsanforderungen genügt, und zwar:

α) Schießbaumwolle und Kollodiumwolle, ungepreßt, mit mindestens 15 Prozent Wassergehalt (85 Teile Trockenstoff und 15 Teile Wasser) (vergleiche auch 1. Gruppe unter c) α) β)).

β) Gemahlene Schießbaumwolle, auch mit Zusatz von 30 bis 50 Prozent Kali- oder Barytsalpeter in Patronenform gepreßt, mit einem Paraffinüberzug.

c) Chlorat- und Perchloratstoffe, die den Bedingungen unter 2b) nicht entsprechen, aber nicht gefährlicher sind als Silesia I von folgender Zusammensetzung: 85 Prozent Kaliumchlorat und 15 Prozent Kolophonium, und zwar:

Alkalsite (Gemenge von höchstens 80 Prozent Kalium- oder Natriumchlorat oder 80 Prozent Kalium-, Natrium- oder Ammoniumperchlorat mit Nitrokohlenwasserstoffen der aromatischen Reihe und Zellulosenitraten — Gesamtmenge der organischen Nitrobestandteile 19 Prozent —, Kohle, Kohlenwasserstoffen oder Kohlehydraten, in Verbindung mit allen Salpeterarten. Chloratmischungen dürfen keine Ammoniaksalze enthalten).

Cheddit I (Gemenge von höchstens 80 Prozent Kalium- oder Natriumchlorat, Dinitrotoluol, Nitronaphthalin und Rizinusöl, auch mit Zusatz von Paraffin).

Kinetit (ein durch Nitrozellulose gelatiniertes Nitrobenzol, in das ein Gemenge von salpetersaurem und chlorsaurem Kali eingeknetet ist).

Permonite (Gemenge von je höchstens 30 bis 40 Prozent Ammoniaksalpeter und Kaliumperchlorat unter Zusatz von Leimgelatine, Natronsalpeter, Pflanzenmehl und höchstens 20 Prozent Trinitrotoluol).

Silesia I (Gemenge von höchstens 85 Prozent Kaliumchlorat und reinem oder nitriertem Harze, auch mit Zusatz von nitriertem Pflanzenmehle).

d) Schwarzpulver (Gemenge von Kalisalpeter, Schwefel und Kohle) in Mehlform, gekörnt oder gepreßt, ferner schwarzpulverähnliche Gemenge, die den Bedingungen unter 1d) nicht entsprechen, sich aber unter dem Einfluß von Stoß, Reibung oder Entzündung nicht gefährlicher erweisen als staubfein gemahlenes Jagdpulver von folgender Zusammensetzung: 75 Prozent Kalisalpeter, 10 Prozent Schwefel und 15 Prozent Faulbaumkohle.

e) Dynamite und dynamitähnliche Sprengstoffe aus einer zu ihrer Herstellung berechtigten deutschen oder aus einer zum Versand auf deutschen Bahnen besonders ermächtigten ausländischen Fabrik. Sie dürfen nicht gefährlicher sein als Sprenggelatine oder Gurdynamit.

Hierzu gehören insbesondere:

Cosilit (Gemenge von höchstens 30 Prozent Nitroglyzerin, mindestens 40 Prozent Pflanzenmehl, Natron- oder Kalisalpeter und Kochsalz).

Extra-Gummidynamit, Winterdynamit I und II — auch Belgisches Winterdynamit genannt — (Gemenge von höchstens 60 Prozent Nitroglyzerin und höchstens 8 Prozent Nitrobenzol, gelatiniert mit Kollodiumwolle, mit Zusatz von Salpeterarten, denen auch Holzmehl und indifferente, neutrale, beständige, färbende Stoffe beigemischt sein können).

Gelatinedynamit (Gemenge von mit Kollodiumwolle gelatiniertem Nitroglyzerin, von Salpeter und kohlenstoffreichen Verbindungen).

Gurdynamit (Gemenge von Nitroglyzerin mit mindestens 25 Prozent Kieselgur).

Schwergefrierbare Dynamite (Gemenge von mit Kollodiumwolle gelatiniertem Nitroglyzerin, von Salpeter und kohlenstoffreichen Verbindungen, mit gänzlichem oder teilweisem Ersatze des Nitroglyzerins durch nitrierte Chlorhydrine, durch Nitrobenzol oder durch Dinitroglyzerin oder ähnliche Stoffe).

Sicherheits-Gallerte-Dynamite (wasserhaltiges Gemenge von gelatiniertem Nitroglyzerin, kohlenstoffreichen Verbindungen, anorganischen Nitraten und Alkalichloriden).

Wettersichere Gelatinedynamite mit den angefügten Ziffern I, II, III usw. (Gemenge von Nitroglyzerin, Salpetern, Mehlen — auch mit Zusatz von hochmolekularen Kohlenwasserstoffen —, Seifen, aromatischen Nitroverbindungen und stickstoffhaltigen Kohlenstoffträgern oder neutralen Salzen [Chloriden, Oxalaten, Sulfaten, Phosphaten oder dergleichen]).

Fördite, gelatinöse und nicht gelatinöse Kohlenfördite (Gemenge von gelatiniertem oder nichtgelatiniertem Nitroglyzerin, Kohlehydraten, Glyzerin, Nitrokohlenwasserstoffen, anorganischen Nitraten und Alkalichloriden).

Gesilit mit oder ohne die Ziffern I, II und III (Gemenge von höchstens 30 Prozent durch Kollodiumwolle gelatiniertem Nitroglyzerin mit Salpeterarten, Kochsalz und Kohlehydraten, mit oder ohne Zusatz von Dinitrotoluol).

Karbonite (Gemenge von höchstens 30 Prozent Nitroglyzerin mit Salpeter, Mehl und Zusätzen wie Kaliumbichromat, Glyzerin-Gelatine, höchstens 0,7 Prozent Kollodiumwolle und ähnlichen Stoffen).

Nobelit (Gemenge von gelatiniertem Nitroglyzerin, kohlenstoffreichen Verbindungen, anorganischen Nitraten und Alkalichloriden).

Salite und Wittenberger Wetterdynamite (Gemenge von Nitroglyzerin — auch mit Zusatz von Kollodiumwolle —, Salpetern — mit oder ohne aromatische Nitroverbindungen —, Mehlen, stickstoffhaltigen Kohlenstoffträgern [Melassegummi oder dergleichen] und neutralen Salzen [Chloriden, Karbonaten, Oxalaten, Azetaten oder dergleichen]).

Sprenggelatine (ein mit mindestens 7 Prozent Kollodiumwolle gelatiniertes Nitroglyzerin).

Tremonit, auch Tremonit S mit oder ohne die angefügten Ziffern I, II, III (Gemenge von durch Kollodiumwolle gelatiniertem Dinitroglyzerin mit Salpeter [Ammoniaksalpeter, Barytsalpeter, Kalisalpeter, Natronsalpeter] und Pflanzenmehlen, auch mit Zusatz von festen Kohlenwasserstoffen, Alkalioxalaten, Alkalichromaten, Chlorammonium, Chlorkalium, Chlornatrium, Blutlaugensalz).

f) Nicht handhabungssichere (d. h. den Bedingungen der 1. Gruppe a) nicht entsprechende) Ammoniaksalpetersprengstoffe, soweit sie in keiner Beziehung gefährlicher sind als Gelatinedynamit. Sie dürfen keine Chlorate enthalten und müssen aus einer zu ihrer Herstellung berechtigten deutschen oder aus einer zum Versand auf deutschen Bahnen besonders ermächtigten ausländischen Fabrik herstammen.

Hierzu gehört insbesondere:

Lignosit II (Gemenge von Ammoniaksalpeter, von Kalisalpeter, von höchstens 10 Prozent Kollodiumwolle, von Bauxit oder Alkalichloriden oder anderen neutralen, beständigen Alkalisalzen).

g) Proben anderer, neuer Sprengstoffe bis zum Gewichte von 15 kg, bei Aufgabe an amtlich anerkannte Prüfungsstellen zur Untersuchung, soweit sie nicht gefährlicher sind als Sprenggelatine oder Gurdynamit (vergleiche jedoch Seite 55, Eingang der Beförderungsvorschriften).

Die näheren Bestimmungen über das Verfahren bei Prüfung der Sprengstoffe trifft das Reichs-Eisenbahnamt.

## B. Schießmittel.

**1. Gruppe. Schießmittel, die in unbeschränkten Mengen als Stückgut befördert werden dürfen,** und zwar:

**Rauchschwache gelatinierte Nitrozellulosepulver und nitroglyzerinhaltige Nitrozellulosepulver — auch in Form von Kartuschen —, soweit sie nachstehenden Anforderungen entsprechen:**

(1) Die verwendete Nitrozellulose muß von bester Beschaffenheit sein und folgenden Stabilitätsbedingungen*) genügen:

a) Die Abspaltung von Stickoxyd während einer zweistündigen Erhitzung auf 132 ° darf für 1 g Nitrozellulose nicht mehr als 3 ccm betragen;

b) die Verpuffungstemperatur der Nitrozellulose muß über 180 ° liegen.

(2) Das verwendete Nitroglyzerin muß von bester Beschaffenheit, insbesondere völlig säurefrei sein.

(3) Das fertige Pulver muß gelatiniert sein und folgenden Anforderungen entsprechen:

a) Nitrozellulosepulver müssen eine Verpuffungstemperatur von mindestens 170 ° haben und bei der Stabilitätsprüfung mindestens 1 Stunde auf 132 ° erhitzt werden können ohne deutlich erkennbare gelbrote Dämpfe abzuspalten;

b) Nitroglyzerinhaltige Nitrozellulosepulver müssen eine Verpuffungstemperatur von mindestens 160 ° haben und bei der Stabilitätsprüfung mindestens $1^1/_2$ Stunden auf 120 ° erhitzt werden können, ohne deutlich erkennbare gelbrote Dämpfe abzuspalten.

(4) Nitrozellulosepulver und nitroglyzerinhaltige Nitrozellulosepulver dürfen bei der Trauzlschen Bleiblockprobe im Vergleiche mit einem nitroglyzerinhaltigen Nitrozellulose-Würfelpulver von 2 mm Seitenlänge (aus 60 Prozent Nitrozellulose [12 Prozent Stickstoffgehalt] und 40 Prozent Nitroglyzerin bestehend) eine höchstens 10 Prozent stärkere Ausbauchung ergeben als dieses.

(5) Die näheren Bestimmungen über das Verfahren bei Prüfung der Pulver und ihrer Ausgangsstoffe trifft das Reichs-Eisenbahnamt.

---

*) Die Vorschriften unter a) und b) gelten nicht für die vor dem 23. Juni 1906 hergestellten Pulver.

**2. Gruppe. Schießmittel, die nur in Wagenladungen befördert werden dürfen** (vergleiche aber die Beförderungsvorschriften unter B. Abs. (2)), und zwar:

**Rauchschwache gelatinierte Nitrozellulosepulver und nitroglyzerinhaltige Nitrozellulosepulver, die den Anforderungen für die Pulver der 1. Gruppe nicht entsprechen.**

**Rauchschwache nicht gelatinierte Nitrozellulosepulver (sogenannte Mischpulver).**

**Schwarzpulver (gepreßt oder gekörnt) und ähnliche für Schießzwecke geeignete Pulver.**

**Gut durchgelatinierte Pulverfäden und daraus hergestellte Fabrikate.**

## C. Andere explosionsfähige Stoffe.

(1) Explosionsfähige, nicht selbstentzündliche chemische Produkte, die nicht unter A und B aufgeführt sind, müssen in trockenem Zustand einer Prüfung auf Schlagempfindlichkeit und Feuergefährlichkeit unterworfen worden sein, und sich dabei nicht gefährlicher erwiesen haben als die zum Vergleiche herangezogene gepulverte reine Pikrinsäure (Erstarrungspunkt nicht unter 120°).

(2) Die näheren Bestimmungen über das Verfahren bei dieser Prüfung trifft das Reichs-Eisenbahnamt.

(3) Mechanische Gemenge explosiver Natur sind nicht zu diesen Stoffen zu rechnen.

## Beförderungsvorschriften.

Zur Untersuchung durch amtlich anerkannte Prüfungsstellen können als Stückgut befördert werden Proben neuer Sprengstoffe, die nicht gefährlicher sind als der Vergleichs-Donarit (siehe Abt. A. 1. Gruppe a)), in kleinen Mengen (bis zu 5 kg), wenn sie patroniert sind. Die Patronen müssen durch festes Papier zu Paketen bis zum Gewichte von $2^1/_2$ kg vereinigt, und in eine starke, haltbare Holzkiste und diese wieder in eine hölzerne Überkiste verpackt sein. Der Zwischenraum zwischen den Wandungen beider Kisten muß mindestens 5 cm betragen und mit Kieselgur oder Sägemehl ausgefüllt sein. Die Überkiste muß die deutliche haltbare Aufschrift „Sprengstoffproben. 1. Gruppe." tragen. Dem Frachtbriefe muß die Bescheinigung eines von der Eisenbahn anerkannten Chemikers beigefügt werden, daß Art und Verpackung der Sendung diesen Vorschriften entspricht.

Für die Beförderung der unter A, B und C aufgeführten Sprengstoffe gelten folgende Vorschriften:

### A.

### Verpackung.

1. Gruppe der Sprengmittel.

1. Ammoniaksalpetersprengstoffe a).

(1) Die Sprengstoffe müssen patroniert sein. Die Patronen sind in luftdicht verschlossene Blechbüchsen und diese in haltbare Holzbehälter fest zu verpacken.

(2) Mit Paraffin oder Zeresin getränkte Patronen können auch durch eine feste Umhüllung von Papier zu Paketen vereinigt werden. Auch nicht getränkte Patronen bis zum Gesamtgewichte von $2^1/_2$ kg dürfen zu Paketen vereinigt werden, wenn diese durch einen Überzug von Zeresin oder Harz völlig von der Luft abgeschlossen sind. Die Pakete sind in starke, dichte, sicher verschlossene Holzbehälter fest zu verpacken.

(3) Der Inhalt eines Behälters darf höchstens 50 kg betragen.

(4) Die Behälter müssen die deutliche Aufschrift „Ammoniaksalpetersprengstoff (Name). 1. Gruppe." tragen.

2. Organische Nitrokörper und Gemenge aus solchen b).

(1) Die Stoffe müssen in starke, dichte, sicher verschlossene Holzbehälter fest verpackt sein. Statt der Holzbehälter können auch sogenannte amerikanische Pappefässer verwendet werden.

(2) Die Behälter müssen die deutliche Aufschrift „Nitrokörper. 1. Gruppe." tragen. Zur Verpackung von wasserlöslichen Nitrokörpern darf kein Blei verwendet werden.

3. Nitrozellulose (Schießbaumwolle, Kollodiumwolle) c). Nitrozellulose in Flockenform und ungepreßt mit mindestens 25 Prozent Wasser- oder Alkoholgehalt ($\alpha$)) und gepreßte Nitrozellulose mit mindestens 15 Prozent Wassergehalt ($\beta$)) müssen wasser- beziehungsweise alkoholdicht in starke, dichte, sicher verschlossene Holzbehälter fest verpackt sein. Statt der Holzbehälter können auch sogenannte amerikanische Pappefässer verwendet werden. Die Behälter müssen die deutliche Aufschrift „Nasse Nitrozellulose. 1. Gruppe." tragen.

4. Schwarzpulverähnliche, handhabungssichere Sprengstoffe d).

(1) Die Stoffe müssen wie die Ammoniaksalpetersprengstoffe a) verpackt sein. Für Praeposit ist an Stelle der Verpackung in Patronen auch die Verpackung in Büchsen aus Weißblech mit dicht schließendem Deckel zugelassen. Jede Büchse darf höchstens 5 kg Praeposit enthalten und ist in kräftiges Packpapier völlig einzuwickeln. Höchstens 3 Büchsen sind in einen starken, dichten, sicher verschlossenen Holzbehälter so einzusetzen, daß die Deckel der Büchsen durch den Behälter in ihrer Lage durchaus festgehalten werden. Ferner sind bei Praeposit an Stelle der mit Paraffin oder Zeresin getränkten Patronenhüllen (vergleiche Ziffer 1 Abs. (2)) dichte Hüllen aus Pergamentpapier zugelassen.

(2) Die Aufschrift auf den Packgefäßen hat zu lauten: „Schwarzpulverähnliche handhabungssichere Sprengstoffe (Name). 1. Gruppe."

2. Gruppe der Sprengmittel.

1. Nasse organische Nitrokörper a).

(1) Die mit Wasser angefeuchteten Nitrokörper sind in haltbare Holzbehälter mit Zinkblecheinsatz, die zwischen Deckel und oberem Rande eine Gummidichtung besitzen, zu verpacken.

(2) Der Inhalt eines Behälters darf höchstens 25 kg betragen.

(3) Die Behälter müssen die deutliche, gedruckte oder schablonierte Aufschrift „Nasse Nitrokörper. 2. Gruppe." tragen.

2. Chlorat- und Perchloratsprengstoffe b).

(1) Die Stoffe müssen patroniert sein. Die Patronen müssen mit Paraffin oder Zeresin überzogen oder in paraffiniertes oder zeresiniertes Papier eingeschlagen und durch eine feste Umhüllung von Papier zu Paketen bis $2^1/_2$ kg Gewicht vereinigt sein. Die Pakete müssen in starke, dichte, sicher verschlossene Holzbehälter fest verpackt sein. In dem Behälter etwa leer bleibende Räume müssen mit geeigneten Verpackungsstoffen derart ausgefüllt sein, daß sich die Pakete nicht bewegen können. Zum Zusammenfügen der Wände der Behälter verwendete eiserne Nägel müssen verzinkt sein.

(2) Der Inhalt eines Behälters darf höchstens 25 kg betragen.

(3) Die Behälter müssen eine den Inhalt deutlich kennzeichnende Aufschrift „Chloratsprengstoff (Name)." oder „Perchloratsprengstoff (Name)." „2. Gruppe." tragen.

3. Nitrierte Chlorhydrine c) sind in starke, dicht verschlossene Metallgefäße zu verpacken, die nur bis zu $^9/_{10}$ ihres Fassungsraums gefüllt sein und nicht mehr als 25 kg nitrierte Chlorhydrine enthalten dürfen. Jedes Gefäß ist einzeln in einen starken Holzbehälter mit Sägemehl so einzusetzen, daß es überall von einer mindestens 10 cm starken Schicht des Verpackungsstoffs umgeben ist. Die Aufschrift des Holzbehälters hat zu lauten: „Nitriertes Chlorhydrin. 2. Gruppe."

4. Triplastit d) muß in starke, dichte, sicher verschlossene Holzbehälter fest verpackt sein. Statt der Holzbehälter können auch sogenannte amerikanische Pappefässer verwendet werden. Der Inhalt des Behälters darf höchstens 25 kg betragen. Die Behälter müssen die deutliche, haltbare Aufschrift tragen: „Sprengstoff Triplastit. 2. Gruppe."

3. Gruppe der Sprengmittel.

1. Organische Nitrokörper und Gemenge von solchen a).

Verpackung wie bei den organischen Nitrokörpern der 1. Gruppe b). Die Aufschrift auf den Gefäßen hat zu lauten: „Nitrokörper. 3. Gruppe."

2. Schießbaumwolle und Kollodiumwolle b).

(1) Die Stoffe müssen wasserdicht in haltbare Holzbehälter, die keine eisernen Reifen oder Bänder haben, so fest verpackt sein, daß der Inhalt sich nicht reiben kann. Außer den Holzbehältern sind auch sogenannte amerikanische Pappefässer zulässig. Die Behälter dürfen nicht mit eisernen Nägeln verschlossen sein.

(2) Mit Paraffin überzogene Patronen mit oder ohne Zusatz von 30 bis 50 Prozent Kali- oder Barytsalpeter sind vor dem Einlegen in die Behälter durch festes Umschlagpapier zu Paketen zu vereinigen.

(3) Die Behälter müssen die deutliche Aufschrift „Nitrozellulose. 3. Gruppe." tragen.

3. Chlorat- und Perchloratsprengstoffe c).

(1) Die Stoffe müssen patroniert sein. Die Patronen müssen mit Paraffin oder Zeresin überzogen oder in paraffiniertes oder zeresiniertes Papier eingeschlagen und durch eine feste Umhüllung von Papier zu Paketen bis $2^1/_2$ kg Gewicht vereinigt sein. Die Pakete müssen in starke, dichte, sicher verschlossene Holzbehälter fest verpackt sein. In dem Behälter etwa leer bleibende Räume müssen mit geeigneten Verpackungsstoffen derart ausgefüllt sein, daß sich die Pakete nicht bewegen können. Zum Zusammenfügen der Wände der Behälter verwendete eiserne Nägel müssen verzinkt sein.

(2) Der Inhalt eines Behälters darf höchstens 25 kg betragen.

(3) Die Behälter müssen eine den Inhalt deutlich kennzeichnende Aufschrift „Chloratsprengstoffe (Name)." oder „Perchloratsprengstoffe (Name)." „3. Gruppe." tragen.

4. Schwarzpulver und schwarzpulverähnliche Sprengstoffe d).

(1) Die Stoffe müssen in haltbare, dichte, sicher verschlossene Holzbehälter fest verpackt sein, die das Verstreuen oder Verstauben des Inhalts sicher verhindern. Auch sogenannte amerikanische Pappefässer sind zulässig. Die Behälter dürfen keine eisernen Nägel, Schrauben oder sonstigen eisernen Befestigungsmittel (Reifen, Bänder oder dergleichen) haben. Auch metallene Packgefäße (mit Ausnahme von eisernen) sind zulässig, wenn ihr Verschluß zwar völlig dicht ist, jedoch im Falle eines Brandes dem Drucke der sich im Innern entwickelnden Pulvergase nachgeben kann.

(2) Vor der Verpackung in Holzbehälter muß loses Kornpulver in dichte, haltbare Säcke, Mehlpulver in Lederbeutel geschüttet werden.

(3) Das Rohgewicht eines Behälters darf höchstens 90 kg betragen.

(4) Die Behälter müssen die deutliche, gedruckte oder schablonierte Aufschrift „Sprengpulver. 3. Gruppe." tragen.

5. Dynamite und dynamitähnliche Sprengstoffe e), nicht handhabungssichere Ammoniaksalpetersprengstoffe f) und Sprengstoffproben g).

(1) Die Sprengstoffe müssen patroniert sein. Die Patronen, zu deren Hülsen kein gefettetes oder geöltes (wohl aber paraffiniertes) Papier verwendet sein darf, müssen durch festes Umschlagpapier zu Paketen vereinigt sein; in den Paketen müssen sie mit Wellpappe so eingepackt sein, daß sie schichtweise in ihrer Lage festgehalten werden. Die Pakete sind in starke, dichte, sicher verschlossene Holzbehälter, die keine eisernen Reifen oder Bänder haben, so fest einzusetzen, daß sie sich nicht verschieben können.

(2) Die Behälter müssen an zwei gegenüberliegenden Stirnseiten mit zuverlässigen Handgriffen oder Handleisten versehen sein; bei Fässern und Tonnen sind Handgriffe nicht erforderlich, wenn durch tief eingelassene Böden und Deckel eine feste Handhabe gegeben ist.

(3) Auf die zur Ausfuhr in das Ausland bestimmten Sendungen von Stoffen unter e) finden die Vorschriften im Abs. (1) wegen der Benutzung von Wellpappe sowie der Abs. (2) keine Anwendung.

(4) Das Rohgewicht der Behälter mit Stoffen unter e) darf höchstens 35 kg betragen.

(5) Die Behälter müssen die deutliche, gedruckte oder schablonierte Aufschrift „Dynamitpatronen usw. 3. Gruppe." sowie die Bezeichnung des Ursprungsorts (Fabrikmarke) tragen.

Schießmittel.

a) Für die 1. und 2. Gruppe gemeinsam.

Die Schießmittel — auch in Form von Kartuschen — müssen fest in haltbare Holzbehälter verpackt sein, deren Fugen so gedichtet sind, daß kein Ausstreuen stattfinden kann. Auch sogenannte amerikanische Pappefässer sind zulässig. Die Behälter dürfen keine eisernen Nägel, Schrauben oder sonstigen eisernen Befestigungsmittel (Reifen, Bänder oder dergleichen) haben. Metallene Packgefäße (mit Ausnahme von eisernen) sind zuläßig, wenn sie völlig dicht und nachgiebig genug sind, um die Entstehung eines eine Detonation bedingenden Innendrucks zu verhindern.

b) Für die 1. Gruppe.

Die Holzbehälter und metallenen Gefäße müssen die deutliche und haltbare Aufschrift „Rauchschwaches Pulver. 1. Gruppe." tragen.

c) Für die 2. Gruppe.

(1) Loses Kornpulver muß vor der Verpackung in Tonnen oder Kisten in haltbare, dichte Säcke geschüttet sein. Zum Verpacken von prismatischem Pulver in einzelnen Stücken sind starke, dichte, sicher verschlossene Holzbehälter zu verwenden. Die Wände der Behälter müssen gezinkt, Boden und Deckel müssen durch verleimte hölzerne Nägel oder durch Messingschrauben gut befestigt sein. Innerhalb des Behälters müssen sich zur Festlegung der Pulverprismen zwei Platten von Filz oder einem ähnlichen elastischen Stoffe, die eine an einer Kopfwand, die andere unter dem Deckel befinden.

(2) Das Rohgewicht eines Behälters darf höchstens 90 kg betragen.

(3) Die Behälter müssen die deutliche, gedruckte oder schablonierte Aufschrift „Schießpulver. 2. Gruppe." tragen.

d) Ausnahmen von den Vorschriften unter a) und c) für Schießmittel der 2. Gruppe und für gut durchgelatinierte Pulverfäden sowie für daraus hergestellte Fabrikate in Frachtstücken von höchstens 200 kg Gewicht.

(1) Die Stoffe müssen in dichte Beutel gefüllt sein, die das Verstauben und Ausstreuen verhindern. Die Beutel müssen in Metall-

hülsen verpackt sein, deren Verschluß zwar völlig dicht ist, jedoch im Falle eines Brandes dem Drucke der sich im Innern entwickelnden Pulvergase nachgeben kann. Das Schießmittel in jedem Beutel darf höchstens 1 kg, die damit beschickte Hülse höchstens 1,5 kg wiegen. Gut durchgelatinierte Pulverfäden und daraus hergestellte Fabrikate werden ohne Metallhülsen befördert, auch kann der dichte Beutel wegfallen, wenn die zur Verpackung verwendeten Holzbehälter (vergleiche Abs. (2)) einen Zinkblecheinsatz haben.

(2) Die Metallhülsen mit Schießmitteln oder die staubsicheren Beutel mit Pulverfäden oder daraus hergestellten Fabrikaten müssen in haltbare Holzbehälter verpackt sein. Leerer Raum muß mit geeigneten trockenen Verpackungsstoffen so fest ausgefüllt werden, daß jedes Schlottern während der Beförderung ausgeschlossen ist.

(3) In einem Behälter dürfen weder verschiedenartige Schießmittel, noch Schießmittel mit anderen explosionsfähigen Stoffen zusammengepackt sein.

(4) Die Behälter dürfen nur dann durch eiserne Nägel verschlossen sein, wenn diese gut verzinkt sind. Die Behälter müssen eine den Inhalt deutlich kennzeichnende Aufschrift tragen. Außerdem sind sie mit einem Plombenverschluß oder mit einem auf zwei Schraubenköpfen des Deckels angebrachten Siegel (Abdruck der Marke) oder mit einem über Deckel und Wände geklebten, die Schutzmarke enthaltenden Zeichen zu versehen.

Andere explosionsfähige Stoffe.

(1) Zur Verpackung der explosionsfähigen Stoffe in Abt. C sind haltbare, dichte, sicher verschlossene Behälter zu verwenden, die das Verstreuen, Verstauben oder Auslaufen des Inhalts sicher verhindern.

(2) Die Behälter müssen die deutliche, haltbare Aufschrift tragen: „Explosionsfähige, nicht selbstentzündliche chemische Produkte."

## B.

## Aufgabe.

(1) Als Eilgut dürfen nicht aufgegeben werden: Sprengmittel der 2. und der 3. Gruppe sowie Schießmittel der 2. Gruppe.

(2) Die Sprengmittel der 2. Gruppe sowie die nach der Vorschrift unter A. d) verpackten Schießmittel der 2. Gruppe werden nur in Mengen bis zu 200 kg als Stückgut angenommen.

(3) Für die Sprengmittel der 2. Gruppe in Mengen über 200 kg, für die Sprengmittel der 3. Gruppe und für die Schießmittel der 2. Gruppe, die nicht nach der Vorschrift unter A. d) verpackt sind, ist noch folgendes zu beachten:

a) Diese Stoffe dürfen nicht nach Stationen und Bahnstrecken aufgegeben werden, wo ihre Beförderung verboten ist.

b) Die Annahme kann, wenn die Sendung nicht mit Sonderzügen befördert wird, von vornherein auf bestimmte Tage und Züge beschränkt werden. Die Bestimmung der Tage und Züge unterliegt der Genehmigung der Landesaufsichtsbehörde.

c) Die Frachtgebühren sind bei der Aufgabe zu entrichten. Mit Nachnahme belastete Sendungen sind ausgeschlossen. Die Angabe des Interesses an der Lieferung ist unzulässig.

d) Jede Sendung muß — vorbehaltlich besonderer Vereinbarungen mit der Eisenbahn im Einzelfalle — mindestens 1 Tag vor der Aufgabe unter Vorlegung einer genauen und vollständigen Abschrift des Frachtbriefs bei der Abfertigungsstelle angemeldet werden. Die Sendung darf nur zu der von der Abfertigungsstelle schriftlich bestimmten Tageszeit aufgeliefert werden.

e) Sendungen in Sonderzügen sind der Aufgabebahn mindestens 8 Tage vor der Aufgabe unter Bezeichnung der Bestimmungsstation anzumelden.

C.

Bescheinigungen. Frachtbriefe.

(1) Bei den Sprengmitteln der 1. Gruppe und bei den in Mengen bis zu 200 kg aufgelieferten Sprengmitteln der 2. Gruppe muß jede Sendung von einer Bescheinigung eines von der Eisenbahn anerkannten Chemikers begleitet sein, daß der Sprengstoff den Bestimmungen unter Ia. der Anl. C zur Eisenbahn-Verkehrsordnung entsprechend zusammengesetzt ist und die dort vorgeschriebene Prüfung bestanden hat. Außerdem muß auf dem Frachtbriefe vom Absender bescheinigt sein, daß die Verpackung des Sprengstoffs diesen Vorschriften entspricht. Bei nitrierten Chlorhydrinen ist nur die letztere Bescheinigung erforderlich.

(2) Bei den Nitrokörpern der 1. und 3. Sprengmittelgruppe muß im Frachtbrief angegeben sein, ob sie in Wasser löslich sind.

(3) Für die Sprengmittel der 2. Gruppe in Mengen über 200 kg und für die Sprengmittel der 3. Gruppe ist folgendes zu beachten:

a) Die Frachtbriefe dürfen keine anderen Gegenstände umfassen. Die darin enthaltene Bezeichnung des Sprengstoffs ist mit roter Tinte zu unterstreichen. Die Frachtbriefe müssen außer Anzahl, Gattung, Zeichen und Nummer der Behälter auch das Rohgewicht jedes einzelnen Behälters enthalten; für Nitrozellulose sind sie besonders auszufertigen.

b) Auf dem Frachtbriefe muß vom Absender bescheinigt sein, daß Beschaffenheit und Verpackung der Sprengstoffe den Vorschriften unter Ia. der Anlage C zur Eisenbahn-Verkehrsordnung entspricht. Außerdem muß jeder Sendung von Patronen aus Dynamit oder aus den übrigen in der 3. Gruppe unter e), f) und g) aufgeführten Stoffen ein vom Fabrikanten ausgestelltes, amtlich beglaubigtes Ursprungszeugnis und die Bescheinigung eines von der Eisenbahn anerkannten Chemikers über ordnungsmäßige Beschaffenheit und Verpackung beigegeben sein.

(4) Bei den Schießmitteln der 1. Gruppe muß auf dem Frachtbriefe von einem von der Eisenbahn anerkannten Chemiker bescheinigt sein, daß die Pulver den für sie gestellten Anforderungen entsprechen. Bei der Weiterbeförderung von Teilsendungen durch andere Absender als die herstellenden Fabriken kann von der Bescheinigung eines von der Eisenbahn anerkannten Chemikers abgesehen werden, wenn der Absender auf dem Frachtbrief erklärt, daß das Pulver oder die damit gefüllten Kartuschen einer geprüften und bescheinigten Lieferung entstammen. Auf Erfordern ist dies glaubhaft nachzuweisen (vergleiche auch Abs. (6)).

(5) Für die Schießmittel der 2. Gruppe gelten die Vorschriften für die Sprengmittel der 3. Gruppe im Abs. (3) (vergleiche auch Abs. (6)).

(6) Bei Versendung von Schießmitteln der 2. Gruppe in Metallhülsen sowie von Pulverfäden und daraus hergestellten Fabrikaten in Mengen bis zu 200 kg, die nach der Vorschrift unter A. d) verpackt sind, ist folgendes zu beachten:

a) Jedem Behälter muß ein besonderer Frachtbrief beigegeben sein, der keine anderen Gegenstände umfaßt.

b) Der Absender hat im Frachtbrief eine von ihm unterzeichnete Erklärung abzugeben, worin auch das Zeichen der Plombe, des Siegels, der Siegelmarke oder der Schutzmarke angegeben ist. Die Erklärung hat zu lauten:

„Der Unterzeichnete erklärt, daß die zu diesem Frachtbriefe gehörige, mit dem Zeichen ....... verschlossene Sendung in Beschaffenheit und Verpackung den in der Anlage C zur Eisenbahn-Verkehrsordnung unter Ia. getroffenen Bestimmungen entspricht."

(7) Bei den explosionsfähigen Stoffen unter Abt. C muß auf dem Frachtbriefe durch einen von der Eisenbahn anerkannten Chemiker bescheinigt sein, daß die Stoffe nach den Vorschriften unter Ia. der Anlage C zur Eisenbahn-Verkehrsordnung geprüft sind und den gestellten Anforderungen entsprochen haben.

## D.

## Beförderungsmittel.

(1) Zur Beförderung aller Sprengstoffe müssen bedeckte Güterwagen verwendet werden.

(2) Mit Blei ausgekleidete oder mit Blei bedeckte Wagen dürfen zur Beförderung von wasserlöslichen Nitrokörpern (1. und 3. Gruppe der Sprengmittel) nicht verwendet werden (vergleiche C. Abs. (2)).

(3) Für die Sprengmittel der 2. Gruppe in Mengen über 200 kg, für die Sprengmittel der 3. Gruppe und für die Schießmittel der 2. Gruppe, die nicht nach A. d) verpackt sind, gilt folgendes:

a) Nur Wagen mit federnden Stoß- und Zugvorrichtungen, fester sicherer Bedachung, dichter Verschalung und gut schließenden Türen, möglichst ohne Bremsvorrichtung, dürfen verwendet werden.

b) Wagen, in deren Innerm eiserne Nägel, Schrauben, Muttern oder dergleichen hervorstehen, dürfen nicht verwendet werden.

c) Wagentüren und Fenster sind verschlossen zu halten und zu dichten. Papier darf hierzu nicht verwendet werden.

d) Wagen, deren Achslager kürzlich erneuert worden oder die demnächst zur Untersuchung in der Werkstätte bestimmt sind, dürfen nicht verwendet werden.

e) Die Sendungen müssen von der Aufgabe- bis zur Bestimmungsstation in demselben Wagen befördert und dürfen unterwegs nur bei unabweislicher Notwendigkeit umgeladen werden.

f) Die beladenen Wagen müssen oben auf der Vorder- und Hinterwand oder an den beiden Längsseiten deutlich sichtbare viereckige schwarze Flaggen mit einem weißen „**P**" tragen.

## E.

## Verladung.

(1) Spreng- und Schießmittel sowie explosionsfähige Stoffe der Abt. C dürfen nicht mit sprengkräftigen Zündungen (Ib. Ziffer 4) zusammen in denselben Wagen verladen werden. Jedoch ist die Zusammenladung handhabungssicherer Ammoniaksalpeterspreng-

stoffe (I a. A. 1. Gruppe a)) mit Sprengkapseln (Ib. Ziffer 4a)) zulässig, wenn diese nach den Vorschriften unter Ib. zu 4 Abs. (3) α) und Abs. (5) α) verpackt sind.

(2) Mit wasserlöslichen Nitrokörpern der 1. und 3. Gruppe der Sprengmittel darf Blei nicht in denselben Wagen verladen werden (vergleiche C. Abs. (2)).

(3) Chlorat- und Perchloratsprengstoffe dürfen nicht mit Schwefel-, Salz- oder Salpetersäure zusammen in denselben Wagen verladen werden.

(4) Kleinere Sendungen von Sprengmitteln der 2. Gruppe dürfen nur in Mengen bis insgesamt 200 kg in denselben Wagen verladen werden. Die Annahme zur Beförderung kann demgemäß beschränkt werden.

(5) Für das Verladen der Sprengmittel der 2. Gruppe in Mengen über 200 kg und der Sprengmittel der 3. Gruppe ist noch folgendes zu beachten:

a) Die Behälter müssen in den Eisenbahnwagen so fest lagern, daß sie gegen Scheuern, Rütteln, Stoßen, Umkanten und Herabfallen aus oberen Lagen gesichert sind. Insbesondere dürfen Tonnen nicht aufrecht gestellt, sie müssen vielmehr gelegt, gleichlaufend mit den Längsseiten des Wagens verladen und durch Holzunterlagen unter Haardecken gegen jede rollende Bewegung gesichert werden.

b) Die Wagen dürfen nur bis zu zwei Dritteln ihres Ladegewichts beladen werden.

c) Es dürfen nur Mengen bis zu 1000 kg mit anderen Gütern zusammen verladen werden, vorausgesetzt, daß letztere nicht leicht entzündlich sind und nicht früher als die Sprengmittel ausgeladen werden.

d) Die Sprengmittel dürfen nicht von den Güterböden oder Gütersteigen aus, sondern müssen auf möglichst abgelegenen Seitensträngen und tunlichst kurz vor Abgang des Zuges, mit dem sie befördert werden sollen, verladen werden. Das Verladen hat der Absender unter sachverständiger Aufsicht zu besorgen. Die besonderen Ladegeräte und Warnungszeichen (Decken, Flaggen oder dergleichen) sind vom Absender herzugeben und werden dem Empfänger mit dem Gute ausgeliefert.

e) Unberufene sind von dem Verladungsplatze fernzuhalten und dieser ist, wenn ausnahmsweise bei Dunkelheit verladen wird, mit fest- und hochstehenden Laternen zu erleuchten, die aber nicht mit Petroleum gespeist sein dürfen.

f) Beim Verladen, insbesondere von Patronen aus Dynamit, sind Erschütterungen sorgfältig zu vermeiden; insbesondere dürfen die Behälter nicht gerollt oder geworfen werden.

(6) Schießmittel der 2. Gruppe sowie gut durchgelatinierte Pulverfäden und daraus hergestellte Fabrikate, nach der Vorschrift unter A. d) verpackt, dürfen nur in Mengen bis zu 200 kg Rohgewicht in einen Eisenbahnwagen zusammen verladen, andere Sprengstoffe dürfen nicht beigeladen werden. Die Annahme zur Beförderung kann demgemäß beschränkt werden.

(7) Für das Verladen von Schießmitteln der 2. Gruppe, die nicht nach A. d) verpackt sind, gelten die Vorschriften des Abs. (5).

**Für die Sprengmittel der 2. Gruppe in Mengen über 200 kg und für die Sprengmittel der 3. Gruppe sowie für Schießmittel der 2. Gruppe, die nicht nach der Vorschrift unter A. d) verpackt sind, ist noch folgendes zu beachten:**

## F.

## Vorsichtsmaßregeln in den Bahnhöfen und während der Fahrt.

(1) Weder beim Verladen noch während der Beförderung darf in oder an den Wagen geraucht oder Feuer oder offenes Licht gehalten werden.

(2) Vorüberfahrende Lokomotiven haben — tunlichst auch beim Begegnen auf freier Strecke — Feuertür und Aschenklappen geschlossen zu halten, auch darf das Blaserohr nicht verengt sein. Während der Vorüberfahrt muß die Verladung unterbrochen, die Wagentüren müssen verschlossen und der noch unverladene Teil der Sendung muß mit einer Decke feuersicher geschützt sein.

(3) Beladene Wagen müssen von ihrer Lokomotive mindestens durch vier andere, nicht mit feuergefährlichen Stoffen beladene Wagen getrennt sein. Im Sinne dieser und der Bestimmung unter G. Abs. (3) sind Steinkohlen, Braunkohlen, Koks und Holz nicht feuergefährlich.

(4) Wagen mit Sprengstoffen dürfen niemals abgestoßen werden, sind auch zum Verkuppeln mit größter Vorsicht anzuschieben.

(5) Bei längerem Halten auf Unterwegsstationen sind die Wagen in möglichst abgelegene Nebengleise zu fahren. Dauert der Aufenthalt voraussichtlich länger als 1 Stunde, so ist der Ortspolizeibehörde Anzeige zu machen.

## G.

## Bestimmung der Züge und Einstellung der mit Sprengstoffen beladenen Wagen in die Züge.

(1) Sprengstoffe dürfen niemals mit Personenzügen, mit gemischten Zügen nur da befördert werden, wo keine Güterzüge fahren.

(2) Güterzügen und gemischten Zügen dürfen nicht mehr als 8 mit Sprengmitteln der 2. Gruppe in Mengen über 200 kg, mit Sprengmitteln der 3. Gruppe oder mit Schießmitteln der 2. Gruppe beladene Achsen beigegeben werden. Größere Mengen dürfen nur in Sonderzügen befördert werden.

(3) Die Wagen mit solchen Stoffen sind in die Züge möglichst entfernt von der Lokomotive, jedoch so einzureihen, daß ihnen noch drei Wagen folgen, die nicht mit leicht feuerfangenden Stoffen beladen sind. Mindestens vier solcher Wagen müssen den mit Sprengstoffen beladenen Wagen vorangehen. Diese sind unter sich und mit den vorangehenden und nachfolgenden Wagen f e s t zu verkuppeln; die gehörige Verbindung ist auf jeder Zwischenstation, wo der Aufenthalt es gestattet, sorgfältig zu prüfen. Vor und nach Wagen, worin loses Pulver in Mengen von höchstens 15 kg Rohgewicht oder andere Sprengstoffe in Mengen von höchstens 35 kg Rohgewicht verladen sind, ist die Einstellung besonderer Schutzwagen nicht erforderlich.

(4) Weder an den mit Sprengstoffen beladenen, noch, wenn die Beförderung mit den gewöhnlichen Zügen erfolgt, an dem nächsten hinter und vor ihnen laufenden Wagen dürfen die Bremsen besetzt werden. Dagegen muß der am Schlusse des Zuges befindliche Wagen eine bediente Bremse haben.

## H.

## Begleitung der Sprengstoff-Sendungen.

Bei Aufgabe mehrerer Wagenladungen ist der Absender verpflichtet, zur Bewachung der Ladung besondere Begleitung beizugeben. Die Begleiter dürfen während der Fahrt ihren Platz weder in, noch auf den beladenen Wagen nehmen.

### J.

### Benachrichtigung der Unterwegsstationen und der an der Beförderung beteiligten Verwaltungen.

(1) Sämtliche auf der Fahrt zu berührenden Stationen und das Personal der Züge, mit denen unterwegs gekreuzt wird oder die überholt werden, sind von Abgang und Ankunft der Sendungen rechtzeitig zu benachrichtigen, damit jeder unnötige Aufenthalt vermieden und jede Gefahr möglichst ausgeschlossen wird.

(2) Wenn eine Sendung auf eine andere Bahn übergehen soll, so ist deren Verwaltung sobald als möglich von der Zuführung in Kenntnis zu setzen.

### K.

### Ankunft auf der Bestimmungsstation und Auslieferung der Sendungen.

(1) Der Empfänger muß durch die Empfangsstation im voraus, außerdem aber sofort nach Ankunft der Sendung, die Empfangsstation durch eine Vorstation unter Bezeichnung des Zuges von dem Eintreffen benachrichtigt werden. Die Übernahme hat innerhalb 3 Tagesstunden, die Entladung innerhalb weiterer 9 Tagesstunden nach Ankunft und Anmeldung zu erfolgen.

(2) Begleitete Sendungen (vergleiche H.), die der Empfänger nicht innerhalb 3 Tagesstunden übernimmt, sind ohne Verzug von den Begleitern zu übernehmen.

(3) Ist das Gut 12 Tagesstunden nach der Ankunft nicht abgefahren, so ist es ohne Verzug vom Bahnhofe zu entfernen und der Ortspolizeibehörde zu weiterer Verfügung zu übergeben. Die Übergabe von Sprengstoffen aller Art an die Ortspolizeibehörde hat auch dann — und zwar auch auf Unterwegsstationen — zu erfolgen, wenn die Sendung in einen solchen Zustand geraten ist, daß die weitere Aufbewahrung auf der Station oder die Weiterbeförderung bedenklich erscheint.

(4) Bis zur Übernahme ist die Ladung besonders zu bewachen.

(5) Die Sprengstoffe dürfen nicht auf den Gütersteigen oder in den Güterböden entladen und gelagert werden, sondern nur auf möglichst abgelegenen Seitensträngen oder in räumlich von den Güterböden getrennten, nicht gleichzeitig anderen Zwecken dienenden Schuppen unter Beachtung der unter E und F gegebenen Vorschriften.

## Ib. Munition.

Zur Beförderung sind zugelassen:

1. Leucht- und Signalmittel.

   Raketen und geladene Raketenhülsen für Zwecke des Krieges oder des Rettungswesens mit Treibsatz von so stark verdichtetem Kornpulver, daß es beim Abbrennen nicht mehr explodiert (wegen anderer Leucht- und Signalmittel vergleiche Ic. Ziffer 3a) und Ziffer 4; wegen Signalfeuerwerks vergleiche Ziffer 8).

2. Zündschnüre ohne Zünder.

   a) Schwarzpulverzündschnüre (gesponnene Schnüre oder Zündschnüre aus dichtem Schlauche mit Schwarzpulverseele von geringem Querschnitt), (wegen Sicherheitszünder vergleiche Ic, Ziffer 1c)).

b) Schnellzündschnüre (Zündschnüre aus dickem Schlauche mit Schwarzpulverseele von großem Querschnitt oder mit Seele aus nitrierten Baumwollfäden).

c) Momentzündschnüre (dünnwandige Metallröhren von geringem Querschnitt mit einer Seele aus Sprengstoffen von nicht größerer Gefährlichkeit als reine Pikrinsäure oder gesponnene Schnüre von geringem Querschnitt mit einer Seele aus abgestumpftem Knallsatz von nicht größerer Gefährlichkeit als Schwarzpulver).

3. Nichtsprengkräftige Zündungen (Zündungen, die weder durch Sprengkapseln noch infolge sonstiger Einrichtungen eine brisante Wirkung äußern).

a) Zündhütchen für Schußwaffen (Metallhütchen mit festsitzendem Zündsatz);
Zündspiegel (Pappnäpfchen mit festsitzendem Zündsatz), und zwar:

α) Munitionszündspiegel, die höchstens 40 Milligramm Zündsatz enthalten und deren überstehender Papprand mindestens doppelt so hoch ist, als der Durchmesser des eingepreßten Zündsatzes;

β) andere Zündspiegel mit einem höheren (höchstens aber mit 80 Milligramm) Zündsatz oder mit einem niedrigeren Papprand als unter α) angegeben; der Papprand muß über die Zündsatzoberfläche hervorragen.

b) Leere Patronenhülsen mit Zündvorrichtungen für Schußwaffen.

c) Brandeln, Schlagröhren, Zündschrauben, elektrische Zünder ohne sprengkräftige Zündung, Sicherheitszündschnuranzünder (Hebelzünder), Schlagzündschrauben oder ähnliche Zündungen mit kleiner Schwarzpulverladung (zum Beispiel Alzünder), die durch Reibung oder Elektrizität zur Wirkung gebracht werden.

d) Geschoßzünder ohne Sprengkapseln oder Einrichtungen, die eine brisante Wirkung hervorrufen. Zündmittel zu Geschoßzündern und dergleichen.

e) Platz- (Manöver-) Patronen für Handfeuerwaffen.

4. Sprengkräftige Zündungen.

a) Sprengkapseln (Sprengzündhütchen).

b) Minenzündungen, die durch Elektrizität oder Reibung oder durch Sicherheitszünder (vergleiche Ic. Ziffer 1c)) zur Wirkung kommen.

c) Geschoßzünder, in denen eine Sprengkapsel und brisanter Sprengstoff im Gewichte von höchstens 20 g oder Einrichtungen für brisante Zündung enthalten sind, ähnlich wie sie durch Sprengkapsel und Sprengstoff hervorgerufen wird (sogenannte brisante Geschoßzünder ohne Detonatoren).

d) Zündladungen (gepreßte Körper aus brisanten, nicht gefährlicher als reine Pikrinsäure sich verhaltenden Sprengstoffen von höchstens 20 g Gewicht mit eingesetzter Sprengkapsel — Sprengzündhütchen —).

e) Geladene Gefechtspistolen für Torpedos ohne Zünder.

5. Brisante Sprengladungen für Geschosse, Torpedos und Minen, ferner Sprengpatronen, Sprengbüchsen und dergleichen, sämtlich ohne Zünder.

a) Sprengladungen aus reiner Pikrinsäure oder aus Sprengstoffen, die sich bei der Prüfung nach Ia. A. 1. Gruppe b) nicht gefährlicher als reine Pikrinsäure erwiesen haben.

b) Petarden für Knallhaltsignale auf Eisenbahnen.

6. Patronen für Handfeuerwaffen.

a) Fertige Metallpatronen mit ausschließlich aus Metall bestehenden Hülsen. Die Geschosse müssen mit den Hülsen so fest verbunden sein, daß sie sich nicht ablösen können und ein Ausstreuen der Pulverladung verhindert ist.

b) Fertige Patronen, deren Hülsen nur zum Teil aus Metall bestehen. Die ganze Menge des Pulvers muß sich in dem metallenen Patronenunterteil befinden und durch einen Pfropfen oder Spiegel abgeschlossen sein. Die Pappe muß so beschaffen sein, daß ein Brechen bei der Beförderung ausgeschlossen ist.

c) Fertige Patronen in Papierhülsen, die einzeln in gut verschlossene Blechhülsen eingelegt sind.

d) Fertige Zentralfeuerpappepatronen. Die Pappe muß so beschaffen sein, daß ein Brechen bei der Beförderung ausgeschlossen ist.

e) Kugelzündhütchen (Flobertmunition).

f) Schrotzündhütchen (Flobertmunition).

g) Flobertzündhütchen ohne Kugel und Schrot.

7. Geladene Munition für Geschütze bis 15 cm Kaliber aus einer zu ihrer Herstellung berechtigten deutschen oder aus einer zum Versand auf deutschen Bahnen besonders ermächtigten ausländischen Fabrik.

a) Fertige Metallpatronen.

α) Granatpatronen (Schwarzpulver als Geschoßfüllung).

β) Schrapnellpatronen (Schwarzpulver in Form einer Bodenkammerladung im Geschoß, darüber Kugeln im Geschoß, mit Kolophonium oder dergleichen oder mit Schwarzpulver festgelegt).

γ) Panzergranatpatronen (Schwarzpulver als Füllung in dem mit massiver Spitze versehenen Geschoß).

δ) Kartätschpatronen, bei denen die Kugeln in einer Metallbüchse mit einem ungefährlichen, keine explosiven Eigenschaften besitzenden Mittel festgelegt sind.

ε) Schrapnellgranatpatronen (Granate und Schrapnell in sich vereinigende Geschosse oder getrennter Granat- und Schrapnellteil; Zusammensetzung ähnlich wie bei β) unter Verwendung eines brisanten Sprengstoffs, der nicht gefährlicher ist als reine Pikrinsäure).

ζ) Sprenggranatpatronen (brisanter Sprengstoff, nicht gefährlicher als reine Pikrinsäure, außerdem Rauchentwickler).

b) Metallpatronen in getrenntem Zustand.

α) Geschützladungen (rauchschwaches Pulver in Metallkartuschen).
β) Geschosse.
} Zusammensetzung wie bei den Patronen zu a).

8. Signalfeuerwerk, wie Kanonenschläge und dergleichen für Zwecke des Krieges oder des Rettungswesens, bestehend aus einer mit Bindfaden umschnürten und geleimten Papierhülse, die höchstens 200 g Kornpulver mit Zündschnur, aber ohne Detonationszünder enthält (wegen Signalfeuerwerks mit höchstens 75 g Kornpulver vergleiche I c. Ziffer 4).

## Beförderungsvorschriften.

### A.

### Verpackung.

#### Zu 1.

(1) Leucht- und Signalmittel sind in haltbare Holzbehälter aus mindestens 18 mm starken Brettern zu verpacken. Die Wände müssen gezinkt, Boden und Deckel durch Messingschrauben oder verzinnte eiserne Schrauben gut befestigt sein. Die Behälter müssen im Innern mit gutem, zähem Papier vollständig ausgelegt sein.

(2) Höchstes Rohgewicht eines Behälters 100 kg.

(3) Die Anzündestelle muß so verwahrt sein, daß ein Ausstreuen des Satzes ausgeschlossen ist.

(4) Die Leucht- und Signalmittel sind in die Behälter dergestalt einzubetten, daß jede Bewegung bei der Beförderung verhindert ist. Die Behälter müssen die Aufschrift tragen: „Leuchtmittel." oder „Signalmittel." „I b."

#### Zu 2.

(1) Zündschnüre ohne Zünder sind in haltbare, dichte, sicher verschlossene Holzbehälter (Kisten oder Tonnen) fest zu verpacken, die das Verstreuen oder Verstauben sicher verhindern und die nicht mit eisernen Reifen oder Bändern versehen sind. Statt der hölzernen Behälter können auch sogenannte amerikanische Pappefässer verwendet werden. Die Behälter dürfen nicht mit eisernen Nägeln verschlossen sein.

(2) Höchstgewicht der Zündschnüre in einem Behälter 60 kg, höchstes Rohgewicht des Behälters 90 kg. Die Behälter müssen die deutliche und haltbare, auf rotem Papier gedruckte Aufschrift „Zündschnüre. Ib." tragen.

#### Zu 3.

(1) Nichtsprengkräftige Zündungen sind in starke, dichte, sicher verschlossene Holzkisten fest zu verpacken; ferner sind zulässig

| | |
|---|---|
| Holzfässer . . . . . . . . | bei den Zündhütchen unter a); |
| Säcke . . . . . . . . . . | bei den leeren Patronenhülsen unter b); |
| hölzerne Tonnen oder sogenannte amerikanische Pappefässer | bei elektrischen Zündern ohne sprengkräftige Zündung unter c). |

(2) Vor dem Einlegen der Zündungen unter a) in die äußeren Behälter ist folgendes zu beachten:

1. Zündhütchen mit unbedeckter Zündsatzoberfläche sind bis zu 1000 Stück, Zündhütchen mit bedeckter Zündsatzoberfläche bis zu 5000 Stück in Blechbehälter, steife Pappschachteln oder Holzkisten fest zu verpacken.
2. Munitionszündspiegel (α)) sind bis zu 1000 Stück in steife Pappschachteln fest zu verpacken. Die Schachteln müssen einen übergreifenden Deckel haben und sind gut zu verschnüren. Jede Kiste darf höchstens 10 Schachteln enthalten und muß innen mit einem 1 Zentimeter dicken Filz ausgelegt sein.
3. Andere Zündspiegel (β)) sind schichtweise aufrechtstehend in starke Pappschachteln zu verpacken, die einzelnen Schichten sind durch Zwischenlagen zu trennen, sämtliche Hohlräume sind durch Sägemehl oder dergleichen auszufüllen. Jede Schachtel darf höchstens 1000 Spiegel, jede Kiste höchstens 10 Schachteln enthalten.

(3) Die Platz- (Manöver-) Patronen (e)) sind vor dem Einlegen in die äußeren Behälter fest in Schachteln zu verpacken, die höchstens 100 Stück enthalten dürfen.

(4) Höchstes Rohgewicht eines Behälters
mit Zündhütchen unter a) . . 200 kg,
mit Zündungen unter c) und d) 150 „ .

(5) Die Behälter müssen die deutliche Aufschrift „Nichtsprengkräftige Zündungen. I b." tragen.

Zu 4.

a) Sprengkapseln.

(1) α) Höchstens 100 Stück müssen stehend nebeneinander mit der Öffnung nach oben in starken Blechbehältern so verpackt sein, daß eine Bewegung der einzelnen Kapseln (auch bei Erschütterungen) ausgeschlossen ist.

β) Der leere Raum in den einzelnen Kapseln und zwischen ihnen muß mit trockenem Sägemehl oder einem ähnlichen sandfreien Stoffe vollständig ausgefüllt sein, wenn nicht die Einrichtung der Kapseln, zum Beispiel eine den Sprengsatz sicher abschließende innere Schutzkapsel, Gewähr dafür bietet, daß der Sprengsatz bei der Beförderung nicht gelockert wird.

γ) Der Boden und die innere Seite des Deckels des Blechbehälters müssen mit einer Filz- oder Tuchplatte, die inneren Wände der Behälter mit Kartonpapier so bedeckt sein, daß eine unmittelbare Berührung der Sprengkapseln mit dem Bleche ausgeschlossen ist.

(2) α) Die so gefüllten Blechbehälter sind mit je einem haltbaren Papierstreifen so zu umkleben, daß der Deckel fest auf den Inhalt gepreßt und ein Schlottern der Sprengkapseln verhindert wird. Je 5 Blechbehälter sind in einem Umschlag aus starkem Packpapiere zu einem Pakete zu vereinigen oder in eine Pappschachtel fest einzulegen.

β) Die Pakete oder Schachteln sind in eine haltbare Holzkiste von mindestens 22 mm Wandstärke oder in einen starken Blechbehälter so einzuschließen, daß möglichst keine Hohlräume im Innern der Behälter entstehen. In jeder Schicht ist mindestens ein Paket oder eine Schachtel mit einem festen Bande zu umwinden; an diesem Bande muß das Paket oder die Schachtel ohne Schwierigkeit herausgenommen werden können.

γ) Hohlräume in den Behältern sind mit Papier, Stroh, Heu, Werg, Holzwolle oder Hobelspänen — alles völlig trocken — auszustopfen, worauf der Deckel des Behälters, wenn dieser aus Blech besteht, aufgelötet, wenn er von Holz ist, mit Messingschrauben oder verzinnten Holzschrauben befestigt wird. Die Löcher für die Schrauben müssen im Deckel und in den Wänden schon vor dem Füllen der Behälter vorgebohrt sein.

(3) Der Behälter, dessen Deckel den Inhalt so niederzuhalten hat, daß ein Schlottern verhindert wird, ist in eine starke, dichte und mit Messingschrauben oder verzinnten Holzschrauben sicher zu verschließende hölzerne Überkiste von wenigstens 25 mm Wandstärke mit dem Deckel nach aufwärts einzulegen. Zwischen dem inneren Behälter und der Überkiste muß überall ein Zwischenraum vorhanden sein, der betragen muß:

α) mindestens 12 cm, wenn die Sprengkapseln mit Ammoniaksalpetersprengstoffen (I a. A. 1. Gruppe a)) zusammen in denselben Wagen verladen werden sollen. Der Zwischenraum muß mit trockenem Holzmehl oder Sägemehl fest ausgefüllt sein. Durch geeignete Vorrichtungen muß sichergestellt sein, daß sich der Zwischenraum durch Rütteln während der Beförderung nicht ändern kann.

β) mindestens 30 mm bei allen übrigen Sprengkapselsendungen. Der Zwischenraum muß mit Sägespänen, Stroh, Werg, Holzwolle oder Hobelspänen — alles völlig trocken — fest ausgefüllt sein.

(4) Die Überkiste der im Abs. (3) α) behandelten Sprengkapseln muß die Aufschrift tragen „Sprengkapseln Ib., nach Abs. (3) α) verpackt. Nicht stürzen.“ Die Überkiste der nach Abs. (3) β) verpackten Sprengkapseln muß die Aufschrift tragen: „Sprengkapseln. Ib. Nicht stürzen.“ Jede Überkiste ist mit einem Plombenverschluß oder mit einem auf zwei Schraubenköpfen des Deckels angebrachten Siegel (Abdruck oder Marke) oder mit einem über Deckel und Wände geklebten, die Schutzmarke enthaltenden Zeichen zu versehen.

(5) Eine Kiste darf höchstens enthalten:

α) wenn die Sprengkapseln zusammen mit Ammoniaksalpetersprengstoffen befördert werden sollen (vergleiche Abs. (3) α)),
2 kg Knallquecksilber-Sprengsatz oder eine in ihrer Wirkung gleichwertige Menge einer anderen Sprengsatzmischung;

β) wenn sie nach Abs. (3) β) verpackt ist,
20 kg Sprengsatz.

Kisten, deren Gewicht 25 kg übersteigt, müssen mit Handhaben oder Leisten versehen sein.

b) Minenzündungen:

(1) Elektrische Zündungen mit kurzen Drähten oder festem Kopfe sind zu höchstens 100 Stück aufrechtstehend in starke Blechbehälter oder in starke Pappschachteln zu verpacken. Im übrigen gelten die Vorschriften unter a) Abs. (1) und (2).

(2) Elektrische Zündungen an langen Guttaperchadrähten oder -bändern, an Wachsdrähten oder -bändern oder an einem Schafte aus getränkter Pappe sind zu höchstens 100 Stück in Pakete zu vereinigen. In einem Pakete dürfen höchstens 10 Stück zusammengebunden sein. Die Zündungen müssen abwechselnd an das eine oder das andere Ende des Pakets gelegt sein. Je höchstens 10 Pakete sind in starkes Papier einzuwickeln, zu verschnüren und in eine starke Holz- oder Blechkiste zu verpacken, in der sie mittels Heu, Stroh oder ähnlichen Stoffen — alles völlig trocken — gegen Verschiebung gesichert sein müssen.

(3) Elektrische Zündungen an Holzstäben sind zu höchstens 100 Stück in hölzerne Kisten von mindestens 12 mm Deckel-, Boden- und Seitenwandstärke und mindestens 20 mm Stirnwandstärke zu verpacken. Die Kisten müssen mindestens 80 mm länger sein als die Zünder. An jeder Stirnwand muß die Hälfte der Zünder mit Drähten sicher befestigt sein, so daß kein Zünder den anderen oder die Wandungen berühren kann und jedes Schlottern verhindert ist. Höchstens 10 solcher Kisten sind in eine hölzerne Überkiste zu verpacken.

(4) Friktionszünder sind zu je höchstens 50 Stück in ein Bündel zu vereinigen; ihr Reiberdrahtende muß mit einer über die Reiberdrahtöse greifenden Papierverklebung versehen sein. Die Bündel

sind am Zünderkopfende in Holzwolle und dann in Papier einzuschlagen; ihre umgebogenen Reiberdrahtenden sind zuerst in eine aufgebundene, ungefüllte und dann in eine zweite mit Holzwolle gefüllte Papierkappe zu legen. Hierbei muß darauf gesehen werden, daß die Holzwolle nicht in unmittelbare Berührung mit den Reiberdrähten kommen kann, damit der Reiberdraht beim Herausnehmen der Zünder oder beim Abnehmen der Papierkappe nicht hängen bleiben oder herausgerissen werden kann. Höchstens 20 Bündel sind in eine Kiste aus mindestens 22 mm starken gezinkten Brettern von der Länge der Zünder zu verpacken und mit Papier oder Holzwolle — beides völlig trocken — gegen Verschiebung zu sichern.

(5) Zünder mit Sicherheitszündschnüren (I c. Ziffer 1 c)) sind zu höchstens 100 Stück in eine Holzkiste aus mindestens 12 mm starken Brettern zu verpacken, jeder Zünder für sich zusammengerollt und höchstens 10 Zünder zu einem in starkes Papier eingeschlagenen und verschnürten Paket vereinigt. Die Pakete müssen unter sich und von den Kistenwandungen mindestens 20 mm abstehen und durch Hobelspäne, Holzwolle oder Werg — alles völlig trocken — gegen Verschiebung gesichert sein. Höchstens 10 solcher Kisten dürfen zusammengepackt werden.

(6) Die Behälter mit Minenzündungen der Abs. (1) bis (5) sind wie unter a) Abs. (2) für die Behälter von Sprengkapseln vorgeschrieben ist, zu verschließen und nach a) Abs. (3) ($\beta$), (4) und (5) in Überkisten zu verpacken, deren Aufschrift zu lauten hat: „Minenzündungen. I b. Nicht stürzen.“

c) Sprengkräftige Geschoßzünder und

d) Zündladungen sind zu höchstens 25 Stück in Holzkisten aus 22 mm starken Brettern zu verpacken; die Kistenwände müssen gezinkt, Boden und Deckel durch Messing- oder verzinnte eiserne Schrauben verschlossen sein. In den Holzkisten sind die Zünder und Zündladungen mittels Einlagen aus Holz oder Metall derart zu lagern, daß sie unter sich und von den Kistenwänden mindestens 10 mm abstehen und gegen Bewegung gesichert sind. Bei Verwendung von Zinkblecheinsätzen muß die Holzkiste mindestens 17 mm Wandstärke haben. Mehr als 4 Kisten dürfen nicht zusammengepackt werden.

Verschluß der Holzkisten wie zu a) Abs. (2) für Sprengkapseln. Verpackung in Überkisten wie zu a) Abs. (3) bis (5), jedoch lichter Raum zwischen Kisten und Überkiste mindestens 100 mm.

Die Aufschrift der Kisten hat zu lauten: „Sprengkräftige Geschoßzünder. I b.“ oder „Zündladungen. I b.“ „Nicht stürzen.“

e) Geladene Gefechtspistolen für Torpedos ohne Zünder sind zu höchstens 10 Stück in Holzkisten aus 22 mm starken Brettern zu verpacken; die Kistenwände müssen gezinkt, Boden und Deckel durch Messing- oder verzinnte eiserne Schrauben verschlossen sein. Bei Verwendung von Zinkblecheinsätzen muß die Wandstärke der Holzkiste mindestens 17 mm betragen. In den Holzkisten sind die Gefechtspistolen mittels Holzeinlagen derart zu lagern, daß sie unter sich und von den Kistenwänden mindestens 20 mm abstehen und gegen Verschiebung gesichert sind. Mehr als 5 Kisten dürfen nicht zusammengepackt werden.

Verschluß der Kisten wie zu a) Abs. (2) für Sprengkapseln. Verpackung in Überkisten wie zu a) Abs. (3) bis (5), jedoch lichter Raum zwischen Kisten und Überkiste mindestens 100 mm.

Die Aufschrift der Kisten hat zu lauten: „Geladene Gefechtspistolen für Torpedos. I b. Nicht stürzen.“

Zu 5.

(1) Für die Sprengladungen unter a) sind starke, dichte, sicher verschlossene Holzkisten zu verwenden; für die Petarden unter b) Kisten aus mindestens 22 mm starken, gespundeten Brettern, die durch Holzschrauben zusammengehalten, völlig dicht und von einer dichten Überkiste umgeben sind. Letztere darf höchstens 0,06 cbm groß sein.

(2) Die Sprengladungen unter a) sind so zu verpacken, daß sie sich nicht verschieben können. Die Petarden unter b) müssen fest in Papierschnitzel, Sägemehl oder Gips gebettet oder auf andere Weise so fest und getrennt gelegt sein, daß sie weder sich untereinander, noch die Kistenwände berühren können.

(3) Die Aufschrift der Kisten hat zu lauten: „Brisante Sprengladungen. Ib." oder „Petarden für Haltsignale. Ib."

Zu 6.

(1) Die Patronen für Handfeuerwaffen sind in Behälter aus Blech, Holz oder steifer Pappe so fest zu verpacken, daß sie sich nicht verschieben können. Die Behälter sind dicht neben- und übereinander in starke, dichte, sicher verschlossene Überkisten zu verpacken. Zwischenräume sind mit Pappe, Papier, Werg, Holzwolle oder Hobelspänen — alles völlig trocken — so fest auszufüllen, daß jedes Schlottern verhindert ist.

(2) Das Rohgewicht einer Kiste darf 200 kg nicht übersteigen.

(3) Die Kisten müssen die deutliche Aufschrift „Patronen für Handfeuerwaffen. Ib." tragen.

Zu 7.

(1) Die Munition für Geschütze bis zu 15 cm Kaliber darf nicht mit Zündern versehen sein, sondern muß an Stelle der Zünder Zinkverschlußschrauben mit hohlen Zapfen enthalten.

(2) Die Patronenhülsen dürfen Zündschrauben oder Zündhütchen enthalten. In diesem Falle muß das Zündhütchen entweder durch eine wenigstens 1 mm starke Metallplatte bedeckt sein oder um wenigstens 0,5 mm gegen den Boden der Patronenhülse versenkt liegen. Die Zündschrauben oder Zündhütchen müssen durch Metallbügel mit Gummieinlage, die mit drei Armen den Rand der Patronenhülse umgreifen und dadurch in ihrer Lage gesichert sind, gegen Stoßwirkungen geschützt sein. Bei Munition von weniger als 10 cm Kaliber können statt der Metallbügel mit Gummieinlage auch mindestens 3 mm starke Pappscheiben verwendet werden, die in den Packkisten zwischen den Böden der Patronen und den Kistenwänden liegen und an den Stellen für die Zündschrauben oder Zündhütchen entsprechende Auslochungen haben. Haben die Hülsen keine Zündschrauben, so müssen Zinkverschlußschrauben vorhanden sein. In diesem Falle sind Pappscheiben oder Metallbügel nicht erforderlich.

(3) Die Munition ist in haltbare Holzkisten so fest zu verpacken, daß eine Verschiebung verhindert ist.

(4) Zum Schließen der Kisten dürfen nur Schrauben verwendet werden.

(5) Die Kisten müssen, wenn sie nicht mit Zinkblecheinsatz versehen sind, innen und außen einen haltbaren Firnisanstrich haben. Sie sind mit sicheren Handhaben und mit der deutlichen, gedruckten oder schablonierten Aufschrift zu versehen:

„Zusammengesetzte Munition für Geschütze."
oder
„Getrennte Munition für Geschütze."
oder
„Geladene Geschosse für Geschütze."
oder
„Geschützladungen in Metallkartuschen."

Zu 8.

(1) Signalfeuerwerk muß in haltbare Holzbehälter fest verpackt sein, deren Fugen so gedichtet sind, daß kein Ausstreuen stattfinden kann. Auch sogenannte amerikanische Pappefässer sind zulässig. Die Behälter dürfen keine eisernen Nägel, Schrauben oder sonstigen eisernen Befestigungsmittel (Reifen, Bänder oder dergleichen) haben.

(2) Das Rohgewicht eines Behälters darf höchstens 90 kg betragen.

(3) Die Behälter müssen die deutliche Aufschrift „Signalfeuerwerk. Ib." tragen.

B.

Aufgabe.

Geladene Munition für Geschütze (Ziffer 7) und Signalfeuerwerk (Ziffer 8) dürfen nicht als Eilgut aufgegeben werden. Für die Gegenstände der Ziffer 7 und 8 gelten bezüglich der Aufgabe außerdem die Vorschriften unter Ia. B. für die Sprengmittel der 3. Gruppe.

C.

Bescheinigungen. Frachtbriefe.

(1) Bei den Leucht- und Signalmitteln der Ziffer 1 muß auf dem Frachtbriefe vom Absender bescheinigt sein, daß Beschaffenheit und Verpackung der Sendung den unter Ib. Ziffer 1 der Anlage C zur Eisenbahn-Verkehrsordnung getroffenen Vorschriften entsprechen.

(2) Bei den Momentzündschnüren der Ziffer 2c) muß auf dem Frachtbrief durch einen von der Eisenbahn anerkannten Chemiker bescheinigt sein, daß die Beschaffenheit des Sprengstoffs den Bedingungen unter Ib. Ziffer 2c) in Anlage C zur Eisenbahn-Verkehrsordnung entspricht.

(3) Bei den nichtsprengkräftigen Zündungen der Ziffer 3 hat der Absender im Frachtbrief eine von ihm unterzeichnete Erklärung abzugeben, die zu lauten hat:

> „Der Unterzeichnete erklärt, daß die zu diesem Frachtbrief gehörige Sendung in Beschaffenheit und Verpackung den in Anlage C zur Eisenbahn-Verkehrsordnung unter Ib. für nichtsprengkräftige Zündungen getroffenen Vorschriften entspricht."

(4) Bei den sprengkräftigen Zündungen der Ziffer 4 muß der Frachtbrief eine vom Absender und von einem von der Eisenbahn anerkannten Chemiker ausgestellte Bescheinigung über die Beachtung der in Anlage C zur Eisenbahn-Verkehrsordnung unter Ib. für sprengkräftige Zündungen getroffenen Verpackungsvorschriften enthalten. Bei den sprengkräftigen Zündungen unter Ziffer 4c) bis e) muß außerdem durch einen von der Eisenbahn anerkannten Chemiker bescheinigt sein, daß die Beschaffenheit der Sprengstoffe den Bestimmungen für reine Pikrinsäure entspricht.

(5) Bei der Munition der Ziffer 5 hat der Absender im Frachtbriefe zu bescheinigen, daß die Sendung nach der Vorschrift unter Ib. in Anlage C zur Eisenbahn-Verkehrsordnung verpackt ist. Bei den Sprengladungen unter a) muß außerdem durch einen von der Eisenbahn anerkannten Chemiker auf dem Frachtbriefe bescheinigt sein, daß die Beschaffenheit der Sprengstoffe den Bedingungen unter Ib. 5a) entspricht. Bei der Weiterbeförderung von Teilsendungen von Sprengladungen durch andere Absender als die herstellenden Fabriken kann von der Bescheinigung eines von der Eisenbahn anerkannten Chemikers abgesehen werden, wenn der Absender auf dem Frachtbrief erklärt, daß die Sprengladungen einer geprüften und bescheinigten Lieferung entstammen. Auf Erfordern ist dies glaubhaft nachzuweisen.

(6) Bei den Patronen für Handfeuerwaffen der Ziffer 6 hat der Absender im Frachtbrief eine Erklärung zu unterzeichnen, die zu lauten hat:

> „Der Unterzeichnete erklärt, daß die zu diesem Frachtbrief gehörige Sendung in Beschaffenheit und Verpackung den in Anlage C zur Eisenbahn-Verkehrsordnung unter Ib. für Patronen für Handfeuerwaffen getroffenen Vorschriften entspricht."

(7) Bei geladener Geschützmunition der Ziffer 7 hat der Absender auf dem Frachtbriefe zu bescheinigen, daß die in der Munition befindlichen Spreng- oder Schießmittel in der unter Ia. der Anlage C zur Eisenbahn-Verkehrsordnung hierfür vorgeschriebenen Weise auf ihre gute Beschaffenheit und Lagerbeständigkeit mit Erfolg geprüft, daß sie in den Geschossen und Hülsen sicher festgelegt sind, und daß die Verpackung der Munition den in der Anlage C unter Ib. zu 7 Abs. (2) bis (5) getroffenen Vorschriften entspricht. Außerdem muß ein vom Fabrikanten ausgestelltes, amtlich beglaubigtes Ursprungszeugnis beigefügt werden.

(8) Bei Signalfeuerwerk der Ziffer 8 muß auf dem Frachtbriefe vom Absender bescheinigt sein, daß Art und Verpackung der Sendung den Vorschriften in Anlage C zur Eisenbahn-Verkehrsordnung unter Ib. entspricht.

## D.

## Beförderungsmittel.

(1) Zur Beförderung aller Munitionsgegenstände müssen bedeckte Güterwagen verwendet werden.

(2) Für Geschützmunition (Ziffer 7) und Signalfeuerwerk (Ziffer 8) gelten die Vorschriften unter Ia. D für die Sprengmittel der 3. Gruppe.

## E.

## Verladung.

(1) Die Zündungen der Ziffer 4 dürfen nicht mit Sprengstoffen unter Ia. und nicht mit Geschützmunition oder mit Signalfeuerwerk (Ib. Ziffer 7 und 8) in denselben Wagen verladen werden. Jedoch ist die Zusammenladung von Sprengkapseln (Ziffer 4a) mit Ammoniaksalpetersprengstoffen (Ia. A. 1. Gruppe a)) zulässig, wenn die Sprengkapseln nach der Vorschrift zu 4. Abs. (3) $\alpha$) und Abs. (5) $\alpha$) verpackt sind.

(2) Für die Verladung geladener Geschützmunition (Ziffer 7) und von Signalfeuerwerk (Ziffer 8) gelten die Vorschriften unter Ia. E für die Sprengmittel der 3. Gruppe.

F.

Sonstige Vorschriften.

Bei der Beförderung von geladener Geschützmunition (Ziffer 7) und von Signalfeuerwerk (Ziffer 8) sind die Vorsichtsmaßregeln unter I a. F bis K zu beachten.

## I c. Zündwaren und Feuerwerkskörper.

Zur Beförderung sind zugelassen:

1. Zündkörper, Zündschnüre.
   a) Gewöhnliche Zündhölzer und andere Reib- und Streichzünder.
   b) Pyrotechnische Zündstäbchen wie bengalische Zündhölzer, Goldregenhölzer, Blumenregenhölzer, Wunderkerzen und dergleichen.
   c) Sicherheitszünder (Zündschnüre aus dünnem, dichtem Schlauche mit Schwarzpulverseele von geringem Querschnitte) (wegen anderer Zündschnüre vergleiche I b. Ziffer 2).

2. Pyrotechnische Scherzartikel, Zündbänder.
   a) Knallbonbons, Blumenkarten, Blättchen von Kollodiumpapier und ähnliche Sachen, die ganz geringe Mengen von Kollodiumpapier oder kleine Knallsilberpünktchen enthalten.
   b) Knallerbsen, Knallgranaten und ähnliche Artikel mit Knallsilber; 1000 Stück dürfen nicht über 1 g Knallsilber enthalten.
   c) Konfettibomben, Boskozylinder, Kotillonfrüchte und ähnliche Artikel, die eine kleine Ladung von Kollodiumwolle zum Ausstoßen einer ungefährlichen Füllung wie Wattekugeln, Konfetti und dergleichen enthalten.
   d) Zündblättchen (Amorces), Zündbänder, Paraffinzündbänder, Knallkorke, Knallkapseln, enthaltend einen Knallsatz aus Kaliumchlorat oder Salpeter, aus geringen Mengen von Phosphor, ferner aus Schwefelantimon, Schwefel, Milchzucker, Ultramarin, Klebemitteln (Dextrin, Gummi) oder dergleichen. In 1000 Zündpillen dürfen im ganzen höchstens 7,5 g Knallsatz verwendet sein. Der Zündsatz eines Knallkorkes darf höchstens 0,08 g wiegen. Die Oberfläche des Zündsatzes muß von dem oberen Rande der Bohrung im Korke mindestens 5 mm entfernt sein. Die Korke müssen, wenn der Zündsatz nicht zwischen Papierblättchen festgelegt oder in einem dichten festen Näpfchen aus Papiermasse eingebettet ist, derart dicht und frei von Poren sein, daß ein Durchsickern der flüssigen Zündmasse ausgeschlossen ist. Der Zündsatz muß durch eine Schicht Korkmehl und etwas darüber gegossenes Paraffin abgedeckt sein. Bei Einschluß des Satzes zwischen Papierblättchen genügt auch ein eingepreßter Kartonring, der den Satz festhält. Bei Verwendung von Näpfchen genügt Verschluß der Korköffnung durch ein aufgepreßtes und festgeklebtes Papierblättchen.

   Bei den Knallkapseln ist der Zündsatz, höchstens 0,08 g, in ein Näpfchen einzubetten, das den mittleren Teil des Bodens einer aus Pappe gezogenen Kapsel bildet, und gegenüber dem äußeren Kapselrande vertieft liegt. Die Zündmasse muß mit einem dichten, nicht abspringenden Überzug bedeckt sein, der auch den Näpfchenrand überziehen muß.

e) Sogenanntes spanisches Feuerwerk, wie Radauplätzchen, Krawallstangen, Gewitterhagel.

Der einzelne Körper darf höchstens 2,5 g wiegen und neben Gummi und Farben höchstens 6 Prozent gelben Phosphor, höchstens 23 Prozent amorphen Phosphor und höchstens 21 Prozent Kaliumchlorat enthalten.

3. Feuerwerkskörper.

a) Kunstfeuerwerkskörper, wie Raketen, römische Lichter, Fontänen, Feuerräder, Sonnen und dergleichen.

b) Klein- und Salonfeuerwerk, wie Frösche, Fire crackers, Schwärmer, Silber- und Goldregen und ähnliche in der Hand abzubrennende Feuerwerkskörper.

c) Bengalische Feuer, bengalische Fackeln, Signal blue-lights und dergleichen.

Für die Zusammensetzung der Feuerwerkskörper gilt folgendes:

(1) Sie dürfen keine erhebliche Sprengwirkung hervorrufen können, auch keine Mischungen enthalten, die sich von selbst oder durch Reibung, Druck oder Schlag leicht entzünden.

Es sind gestattet:

a) in Nitratsätzen und bei bengalischen Magnesiumfackeln ein Zusatz von höchstens 3 Prozent Magnesiumpulver;

b) in besonderen kleinen Leuchtkörpern, die im Feuerwerkskörper eingebettet sind, Chloratmischungen mit einem Gehalte von höchstens 40 Prozent Kaliumchlorat;

c) in Papierhülsen eingefüllte Pfeifensätze, die pikrinsaure Magnesia und chlorsaures Salz enthalten. Die fertigen Pfeifensätze dürfen aber durch Stoß, Schlag oder Zündung nicht zur Detonation gebracht werden können.

Andere gelben Phosphor, Zinkstaub, Magnesiumpulver oder Chlorate enthaltende Mischungen sind nicht zulässig.

(2) Die Körper unter a) und b) müssen hauptsächlich aus Mehlpulver bestehen, gemischt mit Kohle, Metallpulver (Gußeisen-, Gußstahlpulver), Aluminiumflitter, Bleiglätte und anderen Mineralpulvern in gepreßtem Zustande. Von gekörntem Schwarzpulver darf der einzelne Körper höchstens 30 g enthalten.

4. Signalfeuerwerk, wie Kanonenschläge und dergleichen, bestehend aus einer mit Bindfaden umschnürten und geleimten Papierhülse, die höchstens 75 g Kornpulver mit Zündschnur, aber ohne Detonationszünder enthält (wegen anderen Signalfeuerwerks vergleiche Ib. Zif. 8).

## Beförderungsvorschriften.

### A.

### Verpackung.

(1) Zur Verpackung sind starke, dichte, sicher verschlossene Holzkisten zu verwenden. Bei den Gegenständen der Ziffer 1a) sind auch feste Blechgefäße zulässig. Bei den Gegenständen der Ziffern 2b) bis e), 3 und 4 müssen die Kisten aus gefügten Brettern bestehen; ihre Seitenteile müssen durch Zinken oder Kopfleisten miteinander verbunden sein (sogenannte französische Kisten). Bei den Gegenständen der Ziffern 1c), 2b) bis e), 3 und 4 müssen die Kisten eine Brettstärke

von mindestens 18 mm haben; im Innern sind sie mit gutem, zähem Papier vollständig auszulegen; an Stelle des Papiers sind dünne Zinkeinsätze zulässig.

(2) Vor dem Einlegen in die Kisten sind fest zu verpacken die Gegenstände:

a) der Ziffern 1a), 2a) und 2c)
in starke Papierumschläge oder Schachteln;

b) der Ziffer 1b)
in Schachteln und je 10 bis 12 Schachteln in einen Papierumschlag;

c) der Ziffer 2b)
in Holzkistchen oder in starke mit Papier umwickelte Pappschachteln, wobei jeder Behälter höchstens 1000 Stück enthalten darf; zur Festlegung ist Sägemehl zu verwenden;

d) der Ziffer 2d)

α) Zündblättchen in starke Pappschachteln, von denen jede höchstens 100 Zündpillen enthalten darf. Je 12 Schachteln mit Zündblättchen sind zu einer Rolle und je 12 Rollen wieder zu einem festen Pakete mit Papierumschlag zu verbinden.

β) Zündbänder und Paraffinzündbänder entweder wie unter α) oder in zylindrische Blechbüchsen mit oben und unten dicht aufgeschobenen Deckeln. Jede Büchse darf höchstens 12 gerollte Bandstreifen mit je 50 Zündpillen enthalten. Höchstens je 30 Büchsen sind durch Papierumschlag zu einem festen Pakete zu vereinigen;

γ) Knallkorke in starke Pappschachteln, von denen jede höchstens 50 Stück enthalten darf. Die Korke sind am Boden der Schachtel festzukleben; die Zwischenräume sind mit trockenem Holzmehl oder Korkmehl dicht aufzufüllen. Auf das Mehl ist eine passende Watteschicht zu legen und die Schachtel mit einem übergreifenden Deckel zu schließen. Jede Schachtel für sich oder je 2 Schachteln zusammen sind zu verschnüren und je 10 Schachteln wieder mit Papierumschlag zu einem festen Pakete zu vereinigen. Eine Kiste darf höchstens 20 Pakete enthalten;

δ) Je 50 Knallkapseln sind in eine starke Pappschachtel mit trockenem, feinem Sägemehl fest einzupacken; jede Schachtel ist mit übergreifendem Deckel zu verschließen und der Verschluß durch Umschnürung oder Streifband zu sichern. Je 10 Schachteln sind durch Papierumschlag zu einem festen Pakete zu vereinigen. Eine Kiste darf höchstens 20 Pakete enthalten.

e) der Ziffer 2e)
in Holzkistchen, von denen jedes nicht mehr als 144 Feuerwerkskörper, gut in Sägemehl verpackt, enthalten darf;

f) der Ziffer 3
in starke Pappschachteln oder Holzkistchen; für die Gegenstände unter c) dieser Ziffer sind auch Papierbeutel zulässig; größere Kunstfeuerwerkskörper sind in Papierumschläge zu verpacken, wenn nicht ihre Anzündestelle mit einer Papierkappe bekleidet ist — in beiden Fällen muß ein Ausstreuen des Satzgemenges verhindert sein —;

g) der Ziffer 4

in starke Schachteln, in die das Signalfeuerwerk fest eingebettet werden muß, die einzelnen Körper durch eine starke Schicht Sägemehl oder einen ähnlichen geeigneten Stoff voneinander getrennt.

(3) Ein Bewegen der Pakete in den Kisten muß ausgeschlossen sein. Bei den Gegenständen der Ziffern 2b) bis e), 3 und 4 müssen die Zwischenräume in den äußeren Behältern mit geeigneten trockenen Verpackungsstoffen (Holzwolle, Papier oder dergleichen — bei Knallkorken und Knallkapseln mit Holzmehl oder Sägespänen —) fest ausgestopft sein. Feuchtes Heu, Putzwolle oder ähnliche zur Selbstentzündung neigende Stoffe dürfen nicht verwendet werden. Bei größeren Feuerbildern (Transparenten) genügt sicheres Befestigen in der Kiste.

(4) Auf den äußeren Behältern muß bei den Artikeln der Ziffern 1, 2b) bis e), 3 und 4 ihr Inhalt und bei den Artikeln der Ziffern 2b) bis e), 3 und 4 außerdem die genaue Adresse des Absenders deutlich und dauerhaft angegeben sein.

(5) Das Rohgewicht einer Kiste mit Artikeln der Ziffern 2b) bis e), 3 und 4 darf 100 kg, ihr Gesamtgewicht an Feuersatz 20 kg, das darin enthaltene Feuerwerkskornpulver 2,5 kg nicht übersteigen.

B.

Sonstige Vorschriften.

(1) Zündhölzer der Ziffer 1a) in Mengen bis zu 5 kg, die gemäß Abschnitt A verpackt sind, dürfen mit anderen Gegenständen (ausgenommen die Stoffe unter Ia. bis c., II und III dieser Anlage) in ein Frachtstück vereinigt werden.

(2) Die Beförderung hat in bedeckten Wagen zu geschehen.

(3) In den Frachtbriefen muß bei den Gegenständen der Ziffern 2b) bis e), 3 und 4 vom Absender bescheinigt sein, daß Art und Verpackung der Sendung den Vorschriften unter Ic) der Anlage C zur Eisenbahn-Verkehrsordnung entsprechen.

## Id. Verdichtete und verflüssigte Gase.

Zur Beförderung sind zugelassen:

### Verdichtete Gase:

1. Kohlensäure.
2. Azetylen, in Azeton gelöstes und in porösen Massen aufgesaugtes.
3. Leucht- und Fettgas, letzteres auch mit einem Zusatze von höchstens 30 Prozent Azetylen (Mischgas), sowie Wassergas.
4. Sauerstoff, Wasserstoff, Grubengas, Stickstoff und Preßluft.

### Verflüssigte Gase:

5. Kohlensäure, Stickoxydul, Ammoniak, Chlor, schweflige Säure, Chlorkohlenoxyd (Phosgen), Stickstofftetroxyd.
6. Chlormethyl und Chloräthyl, letzteres auch parfümiert (Lance-Parfüm).
7. Flüssige Luft.

## Beförderungsvorschriften.

### A.

### Art der Packgefäße.

a) Bei den Stoffen der Ziffern 1 bis 6:
dicht verschlossene Gefäße aus Schweißeisen, Flußeisen oder Gußstahl, die bei Azetylenlösungen (Ziffer 2), bei Leuchtgas (Ziffer 3) von mehr als 10 Atmosphären Überdruck bei Grubengas (Ziffer 4) von mehr als 20 Atmosphären Überdruck sowie bei allen anderen Stoffen der Ziffern 4 nahtlos sein müssen. Bei Chlorkohlenoxyd (Phosgen), Chlormethyl und Chloräthyl auch kupferne Gefäße. Als Schutzumhüllung für die Gefäße dürfen Kisten verwendet werden.

b) Bei flüssiger Luft (Ziffer 7):

α) Glasgefäße mit luftleeren Doppelwänden.

Sie müssen mit Filz umkleidet und mit einem Filzpfropfen so verschlossen sein, daß die verdampfenden Gase entweichen können, ohne im Innern einen erheblichen Überdruck zu erzeugen, daß aber ein Ausfließen des Inhalts verhindert wird. Der Filzpfropfen muß so befestigt sein, daß er sich beim Kippen oder Umkehren der Flasche nicht lockert. Jede Flasche oder mehrere Flaschen gemeinschaftlich müssen durch einen sicher stehenden Drahtkorb oder durch ein ähnliches Gefäß gegen Stöße geschützt sein. Die Drahtkörbe oder anderen Gefäße sind in Metallkästen oder in Holzkisten mit Blecheinsatz einzustellen, die oben offen oder nur durch ein Drahtnetz, einen mit Löchern versehenen Deckel oder eine ähnliche Vorrichtung geschlossen sind. Die Metallkästen oder Holzkisten müssen an dem unteren Teile bis zu einer solchen Höhe dicht sein, daß im Falle eines Bruches der Flaschen die Flüssigkeit nicht auslaufen kann. In den Kisten dürfen sich keine leicht brennbaren Verpackungsstoffe wie Sägespäne, Torf, Stroh, Heu befinden dagegen ist Holzwolle zulässig.

β) Gefäße aus anderem Stoffe.

Sie dürfen nur dann verwendet werden, wenn sie gegen Wärmedurchgang so geschützt sind, daß sie nicht beschlagen oder bereifen. Eine weitere Verpackung dieser Gefäße ist nicht erforderlich. Die Vorschriften für den Verschluß der Glasflaschen unter α) gelten sinngemäß auch für solche Gefäße.

c) Bei Azetylenlösungen (Ziffer 2) muß das Gefäß mit feinporiger, gleichmäßig verteilter Masse ganz ausgefüllt sein. Es darf nur so viel von dem Lösungsmittel (Azeton) eingefüllt werden, daß sich die durch Aufnahme des Azetylens eintretende Volumvergrößerung unbehindert vollziehen kann und daß bei einer Steigerung der Außentemperatur auf 45° ein genügender Gasraum verbleibt.

### B.

### Beschaffenheit des Materials und Herstellung der Gefäße.

(1) Die Wandstärken neuer Gefäße aus Schweißeisen, Flußeisen, Gußstahl oder Kupfer sind so zu bemessen, daß ihre schwächste Stelle durch den höchsten auftretenden inneren Druck nicht über ein Fünftel ihrer Bruchfestigkeit, bei den Gefäßen für Stoffe der Ziffer 2 durch

den Probedruck nicht über 8 kg (auf das Quadratmillimeter gerechnet) beansprucht wird.

(2) Bei Flaschen (Gefäßen von höchstens 21 cm innerem Durchmesser und von höchstens 2 m Länge) aus Schweißeisen, Flußeisen oder Gußstahl, mit Ausnahme der Gefäße für Stoffe der Ziffer 2, sind höhere Beanspruchungen zugelassen, jedoch müssen die Wandstärken neuer Flaschen mindestens so bemessen sein, daß ihre schwächste Stelle bei der Druckprobe (C) nicht über 30 kg auf das Quadratmillimeter beansprucht wird. Dabei muß die aus der schwächsten Stelle der Wandung und dem Probedrucke zu berechnende Materialbeanspruchung mindestens um ein Drittel unter der Streckgrenze liegen, die aus Probestreifen der fertigen Flaschen durch Zerreißversuche festgestellt wird. Unzulässig ist Material, dessen Streckgrenze höher als 45 kg (auf das Quadratmillimeter gerechnet) liegt oder dessen Dehnung bei 100 mm Zerreißlänge weniger als 12 mm beträgt. Als Streckgrenze gilt im Zweifelsfall eine bleibende Längenveränderung des Probestabs über 0,002 der ursprünglichen Länge. Die Wandstärke der Flaschen darf nicht weniger als 3 mm betragen.

(3) Wagen, die für die Beförderung flüssiger Kohlensäure (Ziffer 5) besonders eingerichtet sind (Kesselwagen), dürfen Flaschen von mehr als 2 m Länge enthalten. Im übrigen müssen die Gefäße den Vorschriften des Abs. (2) entsprechen und in die Wagen fest und sicher eingebaut sein; sie dürfen nicht aus den Wagen herausgenommen werden.

## C.

### Amtliche Prüfung der Gefäße.

(1) Neue Gefäße aus Schweißeisen, Flußeisen, Gußstahl oder Kupfer müssen vor ihrer Verwendung von einem durch die zuständige Behörde ermächtigten Sachverständigen auf Beschaffenheit des Materials und Herstellungsart geprüft (B.) sowie einer Wasserdruckprobe unterzogen werden. Gefäße für Azetylenlösungen sind vor der Verwendung auch auf die Beschaffenheit der porösen Masse und die zulässige Füllung mit dem Lösungsmittel (siehe A. c)) zu prüfen. Die Wasserdruckproben müssen an jedem Gefäße, die anderen Prüfungen mindestens an einem von je 200 Gefäßen und bei den mehr als 5 m langen Flaschen (B. Abs. (3)) mindestens an einem von je 100 Gefäßen vorgenommen werden. Flaschen (sogenannte Bomben) sind vor der Prüfung sorgfältig auszuglühen.

(2) Der bei der Wasserdruckprobe anzuwendende innere Druck muß:

a) bei dem in Azeton gelösten und in porösen Massen aufgesaugten Azetylen (Ziffer 2) mindestens 40 Atmosphären betragen, bei den übrigen verdichteten Gasen um 50 Prozent höher sein als der Füllungsdruck, diesen aber mindestens um 5 Atmosphären übersteigen;

b) bei den verflüssigten Gasen der Ziffern 5 und 6 betragen:

| | | |
|---|---|---|
| bei Kohlensäure . . . . . . | 190 | Atmosphären, |
| „ Stickoxydul . . . . . . | 180 | „ , |
| „ Ammoniak . . . . . . . | 30 | „ , |
| „ Chlor und Stickstofftetroxyd | 22 | „ , |
| „ schwefliger Säure . . . . | 12 | „ , |
| „ Chlorkohlenoxyd . . . . | 30 | „ , |
| „ Chlormethyl . . . . . . | 16 | „ , |
| „ Chloräthyl . . . . . . | 12 | „ . |

(3) Die Druckprobe ist zu wiederholen:

a) alle 2 Jahre bei den Gefäßen für Chlor und Stickstofftetroxyd, schweflige Säure, Chlorkohlenoxyd, Chlormethyl und Chloräthyl;

b) alle 5 Jahre bei den Gefäßen für die übrigen Gase.

Bei der wiederholten Prüfung ist es nicht erforderlich, die Gefäße auszuglühen.

Einer Wiederholung der Prüfung bedarf es nicht bei Gefäßen für Stoffe der Ziffer 2. Bei diesen Gefäßen sind nach 5 jähriger Benutzung herausgreifende Prüfungen anzustellen, wobei $1/2$ Prozent der jährlich beschafften Gefäße, mindestens jedoch 1 Gefäß, bereit zu stellen ist. Von diesen Gefäßen muß der Sachverständige eine ihm angemessen scheinende Anzahl auf Festigkeit und Abnutzung sowie auf Beschaffenheit der porösen Masse prüfen.

(4) Bei den Druckproben müssen Einrichtungen vorhanden sein, die ermöglichen, den Druck stoßfrei zu steigern. Die Gefäße müssen den Probedruck aushalten, ohne die Form dauernd zu ändern oder undicht zu werden.

## D.

## Ausstattung der Gefäße (Ventile, Vermerke).

(1) Die Gefäße für Stoffe der Ziffern 1 bis 6 müssen mit mindestens einem Ventile zum Füllen und Entleeren versehen sein. Bei Azetylenlösungen (Ziffer 2) dürfen die mit dem Gase in Berührung kommenden Teile der Ventile nicht aus Kupfer hergestellt sein. Bei Chlorkohlenoxyd, Fett- und Mischgas sind statt der Ventile eingeschraubte Stopfen zulässig; diese müssen so dicht schließen, daß sich der Inhalt des Gefäßes nicht durch Geruch bemerkbar macht.

(2) Die Kohlensäuregefäße unter Abschnitt B. Abs. (8) dürfen nicht je für sich ein Ventil zum Füllen und Entleeren haben, sondern es müssen die Gefäße jeder wagerechten Schicht an ein Sammelrohr angeschlossen sein, das an seinen Enden Absperrventile trägt, die innerhalb des verschließbaren Wagenkastens liegen.

(3) Auf den Gefäßen müssen in dauerhafter und leicht sichtbarer Weise vermerkt sein:

a) bei den verdichteten Gasen:
   - α) die Höhe des zulässigen Druckes,
   - β) der Tag der letzten Prüfung und der Stempel des Sachverständigen, der die Prüfung vorgenommen hat;

b) bei den verflüssigten Gasen:
   - α) das Gewicht des leeren Behälters, einschließlich der Ausrüstungsteile (Ventil, Schutzkappe, Stopfen und dergleichen),
   - β) das zulässige Höchstgewicht der Füllung,
   - γ) der Tag der letzten Prüfung und der Stempel des Sachverständigen, der die Prüfung vorgenommen hat.

## E.

## Füllung der Gefäße.

(1) Der zulässige höchste Füllungsdruck der Gefäße für verdichtete Gase beträgt bei 17,5°:

| | | |
|---|---|---|
| für gasförmige Kohlensäure . . . . . . . | 20 | Atmosphären Überdruck. |
| „ in Azeton gelöstes und in porösen Massen aufgesaugtes Azetylen . . . . . . . . | 15 | |
| „ Fettgas, Mischgas und Wassergas . . . | 10 | |
| „ Sauerstoff, Wasserstoff, Grubengas, Leuchtgas, Stickstoff und Preßluft . . . . . | 200 | |

(2) Die zulässige höchste Füllung der Gefäße für verflüssigte Gase der Ziffern 5 und 6 beträgt:

| | | | |
|---|---|---|---|
| für Kohlensäure | 1 kg Flüssigkeit für je 1,34 Liter | | Fassungsraum des Gefäßes. |
| „ Stickoxydul | 1 „ „ „ „ 1,34 „ | | |
| „ Ammoniak | 1 „ „ „ „ 1,86 „ | | |
| „ Chlor u. Stickstofftetroxyd | 1 „ „ „ „ 0,8 „ | | |
| „ schweflige Säure | 1 „ „ „ „ 0,8 „ | | |
| „ Chlorkohlenoxyd | 1 „ „ „ „ 0,8 „ | | |
| „ Chlormethyl | 1 „ „ „ „ 1,25 „ | | |
| „ Chloräthyl | 1 „ „ „ „ 1,25 „ | | |

## F.

## Sonstige Vorschriften.

(1) Werden Gefäße mit Gasen der Ziffer 5 (ausgenommen Chlor und Stickstofftetroxyd) und der Ziffer 6 in Kisten verpackt, so ist das Beipacken anderer Gegenstände gestattet.

(2) Nicht in Kisten verpackte Gefäße mit verdichteten Gasen und mit verflüssigten Gasen der Ziffern 5 und 6 müssen mit Vorrichtungen versehen sein, die ein Rollen verhindern. Ihre Ventile müssen Schutzkappen aus Schmiedeeisen, Stahl oder schmiedbarem Gusse tragen; bei Gefäßen aus Kupfer sind kupferne Schutzkappen zulässig. Keiner Kappe bedürfen Ventile, die im Innern des Flaschenhalses angebracht und durch einen aufgeschraubten gut sitzenden Metallstöpsel geschützt sind. Die Ventile der Kohlensäuregefäße unter Abschnitt B. Abs. (3) bedürfen keiner Schutzkappen, die Gefäße auch keiner das Rollen verhindernden Vorrichtungen.

(3) Auf Kisten, worin Gefäße mit verdichteten Gasen und mit verflüssigten Gasen der Ziffern 5 und 6 verpackt sind, muß der Inhalt deutlich angegeben sein. Holzkisten und Metallkästen mit flüssiger Luft (Ziffer 7) müssen die deutlichen Aufschriften „Flüssige Luft.", „Oben.", „Unten.", „Sehr zerbrechlich." tragen.

(4) Bei jeder Sendung von verdichteten Gasen (Ziffern 1 bis 4) hat der Absender auf Verlangen den in den Behältern vorhandenen Druck durch ein richtig zeigendes Manometer nachzuweisen. Die Prüfung hat der Annahmebeamte im Frachtbriefe zu bescheinigen.

Für Fett- und Mischgas in Seebojen oder ähnlichen Gefäßen gilt diese Vorschrift nicht.

(5) Die Versandstücke dürfen nicht geworfen, auch nicht den Sonnenstrahlen oder der Ofenwärme ausgesetzt werden.

(6) Zur Beförderung sind zu verwenden;

a) offene Wagen

1. für die verdichteten Gase bei Auflieferung in Fahrzeugen, die besonders für Landwege eingerichtet und mit Planen ganz bedeckt sind;
2. für Chlormethyl und Chloräthyl; die Wagen müssen aber in den Monaten April bis Oktober einschließlich mit Decken ganz eingedeckt sein, wenn die Gefäße nicht in Holzkisten verpackt sind;
3. Kesselwagen für die verflüssigten Gase der Ziffer 5 müssen mit hölzernen Überkästen versehen sein.

b) bedeckte Wagen

1. für die verdichteten Gase (vergleiche jedoch a) Ziffer 1 und c) Ziffer 1);

2. für die **verflüssigten Gase der Ziffer 5** während der Monate April bis Oktober einschließlich;
3. für flüssige Luft.

c) offene oder bedeckte Wagen

1. für **Fettgas, Mischgas** und **Wassergas**; die offenen Wagen müssen aber in den Monaten April bis Oktober einschließlich mit Decken ganz eingedeckt sein, wenn die Gefäße nicht in Holzkisten verpackt sind;
2. für die verflüssigten Gase der Ziffer 5 während der Monate November bis März einschließlich.

(7) Die Behälter mit verdichteten oder **verflüssigten Gasen** sind im Eisenbahnwagen so zu lagern, daß sie nicht umfallen oder herabfallen können. Die Behälter mit **flüssiger Luft** müssen aufrecht stehen und gegen Beschädigungen durch andere Frachtstücke geschützt sein. Auch sind sie nicht in unmittelbarer Nähe von leicht brennbaren kleinstückigen oder leicht brennbaren flüssigen Stoffen zu verladen.

## G.

### Ausnahmen von den Vorschriften unter A bis F.

(1) Die **verflüssigten Gase der Ziffer 5** dürfen in **kleinen Mengen**, und zwar Kohlensäure und Stickoxydul bis 3 g, Ammoniak, Chlor und Stickstofftetroxyd bis 20 g, wasserfreie schweflige Säure und Chlorkohlenoxyd (Phosgen) bis 100 g auch in starken zugeschmolzenen Glasröhren unter folgenden Bedingungen befördert werden: Die Glasröhren dürfen für Kohlensäure und Stickoxydul nur bis zur Hälfte, für Ammoniak, Chlor und Stickstofftetroxyd nur bis zu zwei Dritteln, für schweflige Säure und Chlorkohlenoxyd (Phosgen) nur bis zu drei Vierteln gefüllt sein. Jede Glasröhre muß in einer zugelöteten mit Kieselgur gefüllten Blechkapsel und diese in einer starken Holzkiste verpackt sein. Es ist zulässig, mehrere Blechkapseln in eine Kiste einzulegen, doch dürfen Röhren mit Ammoniak nicht mit Chlor enthaltenden Röhren in dieselbe Kiste gelegt werden. Den Blechkapseln mit verflüssigten Gasen (ausgenommen Chlor) dürfen auch andere Gegenstände beigepackt werden.

(2) **Chlormethyl** und **Chloräthyl** bis zu 100 g in Glasröhren bei einer Gesamtmenge von höchstens 5 kg dürfen allein oder mit anderen Gegenständen zusammen in starke Kisten verpackt werden, wenn die Glasröhren darin fest eingebettet sind. Die Kisten müssen auf rotem Grunde die gedruckte Aufschrift „Feuergefährlich." tragen. Enthalten die Kisten nicht mehr als 100 g Chlormethyl oder Chloräthyl, so dürfen sie in bedeckten Wagen befördert werden.

(3) **Metallene Kohlensäurekapseln (Sodor, Sparklet)**, die höchstens 25 g flüssige Kohlensäure und höchstens 1 g Flüssigkeit auf 1,34 ccm Fassungsraum enthalten, werden ohne Beschränkung befördert, wenn die Kohlensäure nicht mehr als $^1/_2$ Prozent Luft enthält.

(4) Zur Beförderung von **verdichtetem Sauerstoff** und **verdichtetem Wasserstoff** dürfen statt der nach Abschnitt C geprüften auch solche Behälter benutzt werden, die laut angebrachtem Stempel nach den besonderen Vorschriften der Militärverwaltung amtlich geprüft und innerhalb der letzten 3 Jahre nachgeprüft sind. In diesem Falle dürfen die Gase auf 170 Atmosphären verdichtet sein. Bei Behältern, die nach der amtlichen Prüfung mit einem Betriebsdruck von höchstens 150 Atmosphären in Anspruch genommen werden dürfen, ist die Verdichtung der Gase nur bis zu dieser Grenze zulässig. Im übrigen gelten die Vorschriften der Abschnitte A, B, D bis F.

## Ie. Stoffe, die in Berührung mit Wasser entzündliche oder die Verbrennung unterstützende Gase entwickeln.

Zur Beförderung sind zugelassen:

1. Die Metalle der Alkalien und der alkalischen Erden, wie Natrium, Kalium, Kalzium und dergleichen sowie Legierungen dieser Metalle miteinander.
2. Kalziumkarbid, auch imprägniert, Kalziumhydrür (Hydrolith).
3. Natriumsuperoxyd, auch in Mischungen, die nicht gefährlicher sind als Natriumsuperoxyd.
4. Natriumazid.

### Beförderungsvorschriften.

A.

Verpackung.

(1) Zur Verpackung sind starke, dichte, sicher verschlossene Gefäße aus Eisen (auch Eisenblech) zu verwenden. Stoffe der Ziffer 1 bis zu 5 kg dürfen auch in starken, sicher und dicht verschlossenen Glasgefäßen befördert werden. Die Gefäße müssen völlig trocken, bei den Stoffen der Ziffern 1, 2 und 4 dürfen sie auch mit Petroleum beschickt sein.

(2) Die Packgefäße der in den Ziffern 1 und 3 aufgeführten Stoffe müssen in Schutzumhüllungen eingesetzt sein, und zwar:

a) die Gefäße aus Eisen oder Eisenblech mit Stoffen der Ziffer 1 in Holzkisten oder in eiserne Schutzkörbe,

b) Glasgefäße mit Stoffen der Ziffer 1 oder Gefäße mit Stoffen der Ziffer 3 in Holzkisten mit einem gegen Eindringen von Wasser gedichteten Blecheinsatz. Die in solche Kisten eingesetzten Glasgefäße sind mit trockener Kieselgur oder mit ähnlichen nicht brennbaren Stoffen fest einzubetten. Bei Glasgefäßen mit Mengen bis zu 250 g dürfen statt der Holzkisten sicher und dicht verschlossene Blechgefäße verwendet werden.

(3) Auf den Versandstücken muß ihr Inhalt fest und dauerhaft angegeben sein, auch müssen sie die Aufschrift tragen: „Vor Nässe zu schützen."

B.

Sonstige Vorschriften.

(1) Mengen bis zu 5 kg, die gemäß Abschnitt A verpackt sind, dürfen anderen Gegenständen beigepackt werden.

(2) Die Versandstücke sind besonders sorgfältig zu behandeln. Sie dürfen nicht geworfen und müssen im Wagen so fest gelagert werden, daß sie gegen Scheuern, Rütteln, Stoßen, Umkanten und Herabfallen aus den oberen Lagen gesichert sind.

(3) Zur Beförderung sind bedeckte Wagen zu verwenden.

## II. Selbstentzündliche Stoffe.

Zur Beförderung sind zugelassen:

1. Gewöhnlicher (weißer oder gelber) Phosphor.
2. Amorpher (roter) Phosphor, Phosphorkalzium, Phosphorstrontium, Phosphoreisen und ähnliche Verbindungen von Phosphor mit Metallen.

3. Mischungen von amorphem Phosphor mit Harzen oder Fetten, deren Schmelzpunkt über 35° liegt.
4. Zinkäthyl, auch in ätherischer Lösung.
5. Frisch geglühter Ruß.
6. Frisch geglühte Holzkohle, gemahlen oder körnig.
7. Hochbeschwerte Seide (Cordonnet-, Souple-, Bourre de Soie- und Chappe-Seide) in Strängen.
8. Folgende Stoffe, gefettet oder gefirnißt: Wolle, Haare, Kunstwolle, Baumwolle, Seide, Flachs, Hanf, Jute — in rohem Zustand, als Abfälle vom Verspinnen und Verweben, als Lumpen oder Lappen —; ferner Seilerwaren, Treibriemen aus Baumwolle und Hanf, Weber-, Harnisch- und Geschirrlitzen.
9. Gefettete Eisen- und Stahlspäne (Dreh-, Bohr-Späne und dergleichen).
10. Mit Fett oder Öl getränktes Papier und daraus gefertigte Hülsen.
11. Pyrophorische Metalle.
12. Gebrauchte Hefebeutel, ungereinigt.

## Beförderungsvorschriften.

### A.

### Verpackung.

(1) Die Stoffe der Ziffern 1 und 2 müssen in starke, dichte, gut verlötete Blechgefäße verpackt und diese in starke, sicher verschlossene Holzbehälter fest eingesetzt sein. Bei den Stoffen der Ziffer 2 in Mengen bis zu 2 kg dürfen statt der Blechgefäße auch Glasgefäße, Kruken oder Kisten verwendet werden. Gewöhnlicher Phosphor muß mit Wasser umgeben sein. Auf den Kisten muß ihr Inhalt deutlich und dauerhaft angegeben sein, bei gewöhnlichem Phosphor ist die Bezeichnung „Oben." beizufügen.

(2) Die Stoffe der Ziffer 3 sind entweder in Kisten zu verpacken, die kein Ausstreuen gestatten, oder sie müssen in ungeladene Geschosse eingegossen sein.

(3) Zinkäthyl (Ziffer 4), auch in ätherischer Lösung, ist in starke, dichte, gut verschlossene Gefäße aus Glas, Ton (Steinzeug oder dergleichen) oder Metall zu verpacken.

Gefäße aus Glas oder Ton sind einzeln oder zu mehreren unter Verwendung von Asche oder trockener Kieselgur in starke Blechgefäße einzusetzen, die dicht zu verlöten sind. Gefäße aus Metall sind einzeln oder zu mehreren unter Verwendung geeigneter Verpackungsstoffe in starke Übergefäße (Weiden- oder Metallkörbe, Kübel oder Kisten) fest einzusetzen. Offene Übergefäße müssen eine Schutzdecke haben, die, wenn sie aus Stroh, Rohr, Schilf oder ähnlichen leicht brennbaren Stoffen besteht, mit Lehm- oder Kalkmilch oder dergleichen unter Zusatz von Wasserglas getränkt sein muß.

Jedes Versandstück muß auf rotem Grunde die deutliche, gedruckte Aufschrift tragen: „Feuergefährlich." Übergefäße mit Glasballons müssen ferner mit der deutlichen Aufschrift versehen sein: „Vorsichtig tragen." Sie dürfen nicht auf Karren gefahren, auch nicht auf der Schulter oder dem Rücken getragen werden.

(4) Die Stoffe der Ziffern 5 und 6 sind in dichte, gut verschlossene Behälter zu verpacken. Holzbehälter müssen im Innern mit

dichten Stoffen ausgekleidet sein; sie sind in haltbare Übergefäße (Körbe, Kübel, Kisten) einzusetzen.

(5) Die Stoffe der Ziffer 7 müssen in starke Kisten verpackt sein. Sind die Kisten höher als 12 cm, so müssen zwischen den einzelnen Lagen der Seide durch Holzroste ausreichende Hohlräume geschaffen sein, die mit Öffnungen in den Kistenwänden in Verbindung stehen, so daß Luft durchziehen kann. An den äußeren Kistenwänden sind Leisten anzubringen, die das Zustellen der Luftlöcher verhindern.

(6) Von den Stoffen der Ziffer 8 sind gebrauchte Putzwolle und nicht trockene Putzlappen (Putztücher) in starke, dichte, sicher verschlossene Behälter zu verpacken.

(7) Die Stoffe der Ziffer 9 sind in starke, dichte, sicher verschlossene Metallgefäße zu verpacken. Verpackung ist nicht erforderlich, wenn eiserne Deckelwagen oder offene eiserne Wagen mit Decken verwendet werden.

(8) Die Stoffe der Ziffer 11 müssen in Glasröhren eingeschmolzen und diese in verlötete Blechgefäße verpackt sein, die mit Kieselgur oder mit anderen geeigneten trockenerdigen Stoffen ausgefüllt sind.

(9) Gebrauchte, ungereinigte Hefebeutel (Ziffer 12) sind in dicht schließende Behälter zu verpacken.

## B.

## Sonstige Vorschriften.

(1) Mit anderen Gegenständen dürfen bei Beachtung der im Abschnitt A gegebenen Vorschriften über die Behälter in einen starken, dichten, sicher verschlossenen Holzbehälter zusammengepackt werden:

a) die Stoffe der Ziffer 2 in Mengen bis zu 5 kg;
b) Zinkäthyl (Ziffer 4) in Mengen bis zu 2 kg, wobei die Gefäße in den Behälter fest eingebettet sein müssen; jedoch ist das Zusammenpacken mit anderen selbstentzündlichen Stoffen, sowie mit Sprengstoffen (Ia.), Munition (Ib.), Zündwaren und Feuerwerkskörpern (Ic.) und mit den unter III aufgeführten brennbaren Flüssigkeiten nicht gestattet;
c) die Stoffe der Ziffern 10 und 11 ohne Beschränkung.

(2) Ist in den Frachtbriefen bescheinigt, daß

a) Ruß (Ziffer 5) und gemahlene oder körnige Holzkohle (Ziffer 6) nicht frisch geglüht sind (das heißt mindestens 48 Stunden gelagert haben),
b) Seide in Strängen (Ziffer 7) nicht hoch beschwert ist,
c) Stoffe der in den Ziffern 8 und 9 bezeichneten Art nicht gefettet oder gefirnißt sind,
d) gebrauchte Hefebeutel (Ziffer 12) gereinigt sind,

so werden diese Stoffe ohne Beschränkung befördert.

(3) Die Stoffe der Ziffer 8 — ausgenommen gebrauchte Putzwolle und nach Abschnitt A. Abs. (6) verpackte Putzlappen (Putztücher) — müssen trocken sein.

(4) Papierhülsen der Ziffer 10 dürfen nur befördert werden, wenn im Frachtbriefe bescheinigt ist, daß sie nach der Tränkung mit Fett oder Öl erhitzt und dann in Wasser völlig abgekühlt sind.

(5) Zur Beförderung sind zu verwenden:

a) für Zinkäthyl (Ziffer 4) offene Wagen; kleinere Mengen bis zu 10 kg dürfen allein oder nach Abs. (1) b) mit anderen Gegenständen zusammengepackt auch in bedeckte Wagen verladen werden;

b) für die Stoffe der Ziffern 7, 8 und 10 sind nur bedeckte Wagen oder offene Wagen mit Deckenverschluß zu verwenden. Putzwolle und nach Abschnitt A. Abs. (6) verpackte Putzlappen (Putztücher) dürfen auch in offenen Wagen befördert werden.

(6) Für Zinkäthyl sind weiter die Vorschriften unter III B. Abs. (5) zu beachten.

## III. Brennbare Flüssigkeiten.

1. Kohlenwasserstoffe, und zwar

a) Petroleum, rohes und gereinigtes, wenn es bei 17,5 ° ein spezifisches Gewicht von mindestens 0,780 hat, oder bei einem Barometerstande von 760 mm (auf die Meereshöhe reduziert) im Abelschen Apparate nicht unter 21 ° entzündliche Dämpfe gibt (Testpetroleum).

Aus Braunkohlenteer bereitete Öle, Torf- und Schieferöle, Asphaltnaphtha und Destillate aus solchen, wenn diese Stoffe mindestens das vorbezeichnete spezifische Gewicht haben (Solaröl, Photogen und dergleichen).

Steinkohlenteeröle, die bei 17,5 ° ein geringeres spezifisches Gewicht als 0,950 haben (Benzol, Toluol, Xylol, Kumol und dergleichen).

Kohlenwasserstoffe anderen Ursprungs, die bei 17,5 ° ein spezifisches Gewicht von mindestens 0,830 haben, mit Ausnahme von Schmierölen, die im Pensky-Martensschen Apparat erst bei einer Wärme von mindestens 100 ° entzündliche Dämpfe geben;

b) Petroleum, rohes und gereinigtes, Braunkohlenteeröle, Torf- und Schieferöle, Asphaltnaphtha sowie Destillate aus solchen, wenn diese Stoffe bei 17,5° ein spezifisches Gewicht von weniger als 0,780 und mehr als 0,680 haben.

Petroleumnaphtha und Destillate aus Petroleum und Petroleumnaphtha (Benzin, Ligroin, Putzöl und dergleichen), wenn diese Stoffe bei 17,5° ein spezifisches Gewicht von mehr als 0,680 haben;

c) Petroleumäther (Gasolin, Gasäther, Neolin und dergleichen) und ähnliche aus Petroleumnaphtha oder Braunkohlenteer bereitete, leicht entzündliche Stoffe, wenn sie bei 17,5 ° ein spezifisches Gewicht von höchstens 0,680 haben.

2. Flüssigkeiten, die bereitet sind einerseits aus Petroleumnaphtha oder ähnlichen leicht entzündlichen Flüssigkeiten, andererseits aus Harz, Kautschuk, Guttapercha, Seife, Asphalt, Teer oder dergleichen.
Ester (Äther) aller Art, zum Beispiel Amylazetat (für Petroleumäther vergleiche Ziffer 1c), für Schwefeläther vergleiche Ziffer 3).

3. Schwefeläther, auch mit anderen Flüssigkeiten gemengt (zum Beispiel Hoffmannstropfen), Lösungen von Nitrozellulose in Schwefeläther (Kollodium), in Amylalkohol, in

Äthylalkohol, in Methylalkohol, in Essigäther, in Amylazetat, in Azeton, in Nitrobenzol oder in Gemengen dieser Flüssigkeiten (zum Beispiel Zaponlacke), höchstens einprozentige Lösungen von Nitroglyzerin in Alkohol.

4. Lösungen von Nitrozellulose in Essigsäure.
5. Holzgeist, roh und rektifiziert, Azeton, Azetaldehyd (auch in alkoholischer Lösung).
6. Das allgemeine Denaturierungsmittel für Spiritus (mit Pyridin versetzter Holzgeist).
7. Gemische von Holzgeist und Benzol (mit oder ohne Erdwachs, zum Beispiel Pansol).
8. Schwefelkohlenstoff.
9. Fette Öle, Firnisse, mit Firnis versetzte Farben, Terpentinöl (Kienöl) und andere ätherische Öle, absoluter Alkohol, Weingeist (Spiritus), sowie daraus bereitete Flüssigkeiten (Spirituslacke, Sikkative, flüssige Seifen und dergleichen) in Mengen über 40 kg.

## Beförderungsvorschriften.

### A.

### Verpackung.

(1) Zur Verpackung sind starke, dichte, sicher verschlossene Gefäße aus Glas, Ton (Steinzeug oder dergleichen) oder Metall zu verwenden. Lösungen von Nitrozellulose in Essigsäure dürfen nicht in Metallgefäßen versandt werden.

Für die Flüssigkeiten der Ziffern 1 a) und b), 2, 4, 5, 6, 7 und 9 sind auch starke, dichte, sicher verschlossene Holzbehälter (Fässer) zulässig.

(2) Gefäße aus Glas oder Ton mit den Flüssigkeiten der Ziffern 1 bis 9 sowie Blechgefäße mit Flüssigkeiten der Ziffern 3 und 8 sind einzeln oder zu mehreren unter Verwendung geeigneter Verpackungsstoffe in starke Übergefäße (Weiden- oder Metallkörbe, Kübel oder Kisten) fest einzusetzen; Übergefäße (ausgenommen Kisten) müssen mit guten Handhaben versehen sein. Offene Übergefäße müssen eine Schutzdecke haben, die, wenn sie aus Stroh, Rohr, Schilf oder ähnlichen leicht brennbaren Stoffen besteht, mit Lehm- oder Kalkmilch oder dergleichen unter Zusatz von Wasserglas getränkt ist.

(3) Blech- oder andere Metallgefäße dürfen mit Flüssigkeiten der Ziffern 3 und 8 nur bis zu $^{9}/_{10}$ (bei 15°) gefüllt werden.

(4) Jedes Versandstück mit Flüssigkeiten der Ziffern 1 b) und c), 3, 4 und 8 muß auf rotem Grunde die deutliche, gedruckte Aufschrift: „Feuergefährlich." tragen. Körbe und Kübel mit Glasballons müssen ferner mit der deutlichen Aufschrift: „Vorsichtig tragen." versehen sein. Sie dürfen nicht auf Karren gefahren, auch nicht auf der Schulter oder dem Rücken getragen werden.

### B.

### Sonstige Vorschriften.

(1) Die Flüssigkeiten der Ziffer 9 in Mengen bis zu 40 kg werden ohne Beschränkung befördert.

(2) Mit anderen Gegenständen dürfen bei Beachtung der im Abschnitt A gegebenen Vorschriften über die Behälter in starke, dichte, sicher verschlossene Holzbehälter zusammengepackt werden:

a) die Flüssigkeiten der Ziffer 9 ohne Beschränkung;
b) die Flüssigkeiten der Ziffern 1 bis 7 in Mengen bis zu 10 kg;
c) Schwefelkohlenstoff (Ziffer 8) in Mengen bis zu 2 kg.

Die Gefäße mit den Flüssigkeiten der Ziffern 1 bis 8 müssen in den Behälter fest eingebettet sein.

(3) Bei den Kohlenwasserstoffen der Ziffer 1 a) und b) ist im Frachtbrief anzugeben, daß ihr spezifisches Gewicht sich innerhalb der in Ziffer 1 a) und b) vorgesehenen Grenzen bewegt; bei Petroleum a) genügt die Angabe, daß es der Vorschrift über den Entflammungspunkt entspricht. Fehlt eine solche Angabe, so sind diese Stoffe wie Petroleumäther (Ziffer 1 c)) zu behandeln.

(4) Zur Beförderung sind zu verwenden:

offene Wagen

für die Flüssigkeiten der Ziffern 1 bis 8; kleinere Mengen der in den Ziffern 1 bis 7 aufgeführten Stoffe bis zu 10 kg und von Schwefelkohlenstoff (Ziffer 8) bis zu 2 kg dürfen, allein oder nach Abs. (2) b) und c) mit anderen Gegenständen zusammengepackt, auch in bedeckte Wagen verladen werden.

(5) Für die Flüssigkeiten der Ziffern 1 bis 8 ist weiter zu beachten:

a) die Wagen sind vor Beginn der Verladung auf beiden Seiten mit roten Zetteln zu versehen, die deutlich die Aufschrift: „Feuergefährlich." und „Vorsichtig verschieben." tragen;
b) die Versandstücke müssen im Wagen sicher gelagert werden. Offene Körbe und Kübel sind am Wagen zu befestigen, auch dürfen sie nicht aufeinander gestellt werden;
c) während der Beförderung schadhaft gewordene Behälter sind sofort auszuladen und können, wenn ihre Wiederherstellung nicht alsbald möglich ist, mit dem vorhandenen Inhalt ohne weiteres für Rechnung des Absenders verkauft werden;
d) dicht verschlossene leere Blechbehälter, worin solche Stoffe enthalten waren, dürfen in bedeckten Wagen, andere Gefäße müssen in offenen Wagen befördert werden; auf die frühere Verwendung der Behälter ist im Frachtbriefe hinzuweisen.

## IV. Giftige Stoffe.

1. Nicht flüssige Arsenikalien, namentlich arsenige Säure (Hüttenrauch), gelbes Arsenik (Rauschgelb, Auripigment), rotes Arsenik (Realgar), Scherbenkobalt (Fliegenstein) und dergleichen.
2. Ferrosilizium, auf elektrischem Wege gewonnen.
3. Zyankalium und Zyannatrium in fester Form.
4. Flüssige Arsenikalien, insbesondere Arsensäure.
5. Zyankaliumlauge und Zyannatriumlauge.
6. Giftige Metallpräparate:

a) Sublimat, weißes und rotes Präzipitat:
Kupferfarben, insbesondere Grünspan, grüne und blaue Kupferpigmente;
Bleizucker.

b) Andere Bleipräparate, insbesondere Bleiglätte (Glätte, Massikot), Mennige, Bleiweiß und andere Bleifarben; Bleirückstände und sonstige bleihaltige Abfälle.

7. Kupfervitriol (Blaustein) und Mischungen von Kupfervitriol mit Kalk, Soda oder dergleichen (Pulver zur Herstellung von Bordelaiser Brühe oder dergleichen).

8. Chlorsaure Salze.

## Beförderungsvorschriften.

### A.

### Verpackung.

(1) Die zur Verpackung benutzten Behälter müssen haltbar, dicht und so verschlossen sein, daß kein Verstreuen, Verstauben oder Auslaufen des Inhalts möglich ist.

(2) Die Stoffe der Ziffern 1 und 3 sind zu verpacken:

a) in starke eiserne Fässer mit aufgeschraubtem Deckel und Rollreifen

oder

b) in doppelte Fässer aus festem, trockenem Holze mit Einlagereifen oder in ebensolche doppelte Kisten mit Umfassungsbändern, wobei die inneren Gefäße mit dichtem Stoffe ausgekleidet sein müssen. Statt der inneren Holzbehälter können auch verlötete Blechgefäße oder Gefäße aus Glas oder Ton verwendet werden. Die Glas- oder Tongefäße müssen in den Übergefäßen (Körben, Kübeln, Kisten) mit geeigneten Verpackungsstoffen fest verpackt sein. Unter diesen Bedingungen können auch mehrere solche Behälter zu einem Versandstücke vereinigt werden.

c) Die Stoffe der Ziffer 1 dürfen auch in Säcke von geteerter Leinwand verpackt sein, die in einfache Fässer von starkem, trockenem Holze einzuschließen sind.

(3) Ferrosilizium (Ziffer 2) ist zu verpacken:
in starke wasserdichte Behälter aus Holz oder Metall.

(4) Die Stoffe der Ziffer 4 sind zu verpacken:

a) in Metall-, Holz- oder Gummigefäße mit guten Verschlüssen,

oder

b) in Glas- oder Tongefäße, die unter Verwendung geeigneter Verpackungsstoffe in starke Übergefäße (Weiden- oder Metallkörbe, Kübel oder Kisten) fest eingesetzt sind; Übergefäße (ausgenommen Kisten) müssen mit guten Handhaben versehen sein.

(5) Die Stoffe der Ziffer 5 sind zu verpacken:

a) in gut verschlossene eiserne Gefäße, die in feste Holz- oder Metallbehälter mit Kieselgur, Sägemehl oder anderen aufsaugenden Stoffen fest eingebettet sind

oder

b) in Kesselwagen. Die Kessel dürfen keine Nietnähte haben oder müssen doppelwandig sein. Sie dürfen an den unteren Teilen keine Öffnungen (Hähne, Ventile oder dergleichen) haben. Die Öffnungen müssen abgedichtet und durch fest aufgeschraubte Metallkappen geschützt sein.

(6) Die Stoffe der Ziffer 6 sind zu verpacken:

a) in eiserne Fässer oder in dichte Fässer aus festem, trockenem Holze mit Einlagereifen oder in Kisten mit Umfassungsbändern

oder

b) in eiserne Gefäße (sogenannte Hobbocks)

oder

c) in Glas- oder Tongefäße oder — bei Mengen bis zu 10 kg — in doppelte, starke Papierumhüllungen (Beutel); die Behälter und Beutel sind in starke, dichte, sicher verschlossene Holzbehälter mit geeigneten Verpackungsstoffen fest einzubetten;

d) bei allen Bleifarben sind auch Gefäße aus Weiß- oder anderem Eisenblech zugelassen;

e) bei allen Blei- und Kupferverbindungen in wasserhaltiger Lösung sind auch dichte Kessel und Kesselwagen aus Stoffen zulässig, die von den Verbindungen nicht angegriffen werden.

(7) Die Stoffe der Ziffer 7 sind zu verpacken:
in starke, dichte, sicher verschlossene Holzbehälter (Fässer oder Kisten) oder in starke, dichte, gut verschlossene Säcke.

(8) Die Stoffe der Ziffer 8 sind zu verpacken:
in starke, dichte, mit Papier ausgelegte und sicher verschlossene Holzbehälter (Fässer oder Kisten).

(9) Auf den Versandstücken und auf den Kesselwagen mit Stoffen der Ziffern 1 bis 8 muß ihr Inhalt deutlich und dauerhaft angegeben sein. Sammelbezeichnungen, wie Arsenikalien, Bleipräparate, Giftfarben sind zulässig. Außerdem ist bei den Stoffen der Ziffern 1, 3 bis 5 sowie 6a) die Bezeichnung „Gift.", bei Ferrosilizium (Ziffer 2) die Aufschrift „Vor Nässe zu bewahren. Nicht stürzen." hinzuzufügen.

## B.

## Sonstige Vorschriften.

(1) Mit anderen Gegenständen dürfen bei Beachtung der im Abschnitt A gegebenen Vorschriften über die Behälter in einen starken, dichten, sicher verschlossenen Holzbehälter zusammengepackt werden:

a) bis zu 5 kg die Stoffe der Ziffern 1, 3 und 8; doch ist die Beipackung von Zyankalium, Zyannatrium und chlorsauren Salzen zu Säuren oder sauren Salzen verboten;

b) bis zu 10 kg die Stoffe der Ziffer 6a);

c) in beliebiger Menge die Stoffe der Ziffern 2, 6b) und 7.

Der Behälter muß, wenn er Stoffe der Ziffern 1, 3, 4, 5 oder 6a) enthält, die Bezeichnung „Giftige Stoffe." tragen.

(2) Die Stoffe der Ziffern 1, 3, 4, 5 und 6a) dürfen nicht mit Nahrungs- oder Genußmitteln zusammen verladen werden.

(3) Die Stoffe der Ziffern 3, 5 und 8 dürfen nicht mit Säuren, diejenigen der Ziffer 5 auch nicht mit sauren Salzen zusammen verladen werden. Kesselwagen mit Stoffen der Ziffer 5 sind in die Züge so einzustellen, daß sie von Wagen mit flüssigen Säuren mindestens durch einen Wageu getrennt sind.

(4) Die Stoffe der Ziffer 5 dürfen nur in Kesselwagen oder in offenen Wagen befördert werden.

(5) Ferrosilizium ist völlig trocken und in völlig trockenen Behältern aufzuliefern; wenn es in offenen Wagen befördert wird, müssen diese mit wasserdichten Decken eingedeckt sein.

(6) Leere Behälter, Säcke und Kesselwagen, worin giftige Stoffe der Ziffern 1, 3, 4, 5 oder 6a) enthalten gewesen sind, müssen vollkommen dicht geschlossen sein. Ihr früherer Inhalt muß auf ihnen und im Frachtbrief angegeben sein. Die Vorschrift im Abs. (2) ist ebenfalls zu beachten.

## V. Ätzende Stoffe.

1. Schwefelsäure (Vitriolöl), Salzsäure, Salpetersäure (Scheidewasser), Flußsäure.
2. Chlorschwefel sowie salpetersaures und schwefelsaures Eisenoxyd (Ferrinitrat oder Ferrisulfat, Eisenbeize).
3. Ätzlauge (Natronlauge, Sodalauge, Kalilauge, Pottaschenlauge und dergleichen), Ölsatz (Rückstände von der Ölraffinerie).
4. Brom.
5. Wasserfreie Schwefelsäure (Anhydrid, sogenanntes festes Oleum).
6. Phosphortrichlorid, Phosphorpentachlorid (Phosphorsuperchlorid), Phosphoroxychlorid und Azetylchlorid.

### Beförderungsvorschriften.

A.

Verpackung.

(1) Zur Verpackung der Stoffe der Ziffern 1 bis 4 sind starke, dichte, sicher verschlossene Gefäße zu verwenden, die durch den Inhalt nicht angegriffen werden. Der Verschluß muß so beschaffen sein, daß er weder durch Erschütterungen noch durch den Inhalt beschädigt werden kann. Bei Verwendung von Gefäßen aus Glas oder Ton ist nachstehendes zu beachten:

a) Bei den Stoffen der Ziffern 1 bis 3 sind die Gefäße unter Verwendung geeigneter Verpackungsstoffe in starke Übergefäße (Weiden- oder Metallkörbe, Kübel oder Kisten) fest einzusetzen; Übergefäße (ausgenommen Kisten) müssen mit guten Handhaben versehen sein.

b) Bei konzentrierter Salpetersäure mit einem spezifischen Gewichte von mindestens 1,48 bei 15° (46,8° Baumé) und bei roter rauchender Salpetersäure sind die Glas- oder Tongefäße in den Übergefäßen mit einer ihrem Inhalte mindestens gleichkommenden Menge Kieselgur oder anderer geeigneter trockenerdiger Stoffe einzubetten.

c) Verpackungsstoff a) und b) ist nicht erforderlich, wenn die Glasgefäße in eiserne Mantelkörbe eingesetzt sind und durch gut federnde, mit Asbest belegte Schließen so gehalten werden, daß sie sich in den Körben nicht bewegen können.

d) Bei Brom (Ziffer 4) sind die Glas- oder Tongefäße in starke Holz- oder Metallbehälter bis zum Halse in Asche, Sand oder Kieselgur oder in ähnliche nicht brennbare Stoffe einzubetten.

e) Die Vorschriften unter a) bis d) gelten nicht für Topfwagen.

(2) Feuerlöschvorrichtungen, die Säuren der Ziffer 1 enthalten, müssen so gebaut sein, daß keine Säure ausfließen kann.

(3) Mit Schwefelsäure (Ziffer 1) gefüllte elektrische Sammler (Akkumulatoren) sind in einem Batteriekasten so zu befestigen, daß die einzelnen Zellen sich nicht bewegen können. Der Batteriekasten ist mit aufsaugenden Verpackungsstoffen in eine Kiste fest zu verpacken. Die Kisten müssen auf den Deckeln die deutlichen Aufschriften „Elektrische

Sammler (Akkumulatoren)." und „Oben." tragen. Sind die Sammler geladen, so müssen die Pole gegen Kurzschluß gesichert sein.

(4) Für schwefelsäurehaltigen Bleischlamm aus Akkumulatoren und aus Bleikammern dürfen Holzgefäße nur verwendet werden, wenn ein Austropfen der Säure verhindert ist.

(5) Wasserfreie Schwefelsäure (Ziffer 5) ist zu verpacken:

a) in starke, verzinnte und verlötete Eisenblechgefäße,
oder

b) in starke Eisen- oder Kupferflaschen, deren Öffnungen sicher und luftdicht verschlossen sind.

Die Gefäße und Flaschen müssen mit Kieselgur oder ähnlichen, nicht brennbaren Stoffen in starke Holzkisten fest verpackt sein.

(6) Die Chloride (Ziffer 6) sind zu verpacken:

a) in vollkommen dichte und mit guten Verschlüssen versehene Gefäße aus Schweißeisen, Flußeisen, Gußstahl, Blei oder Kupfer
oder

b) in Glasgefäße. Für diesen Fall gelten folgende Vorschriften:

α) Die Glasgefäße müssen starkwandig und mit gut eingeschliffenen, gedichteten und gegen Herausfallen gesicherten Glasstöpseln verschlossen sein.

β) Wenn die Glasgefäße mehr als 5 kg enthalten, sind sie in metallene Gefäße einzusetzen. Flaschen mit geringerem Inhalte dürfen in starke Holzbehälter verpackt werden, die durch Zwischenwände in so viele Abteilungen geteilt sind, als Flaschen versandt werden. Ein Behälter darf nicht mehr als vier Abteilungen enthalten.

γ) Die Glasgefäße sind in die Behälter so einzusetzen, daß sie mindestens 30 mm von den Wänden abstehen. Die Zwischenräume sind mit Kieselgur oder ähnlichen nicht brennbaren Stoffen fest auszustopfen; bei Azetylchlorid dürfen auch Sägespäne verwendet werden.

δ) Auf dem Deckel der äußeren Behälter ist der Inhalt anzugeben und das Glaszeichen anzubringen.

## B.

## Sonstige Vorschriften.

(1) Mit anderen Gegenständen dürfen bei Beachtung der im Abschnitt A gegebenen Vorschriften über die Behälter in einen starken, dichten, sicher verschlossenen Holzbehälter zusammengepackt werden:

a) bis zu 500 g Brom (Ziffer 4);

b) bis zu 5 kg Chloride (Ziffer 6);

c) bis zu 10 kg die Stoffe der Ziffern 1, 2 und 3.

Dabei müssen diese Stoffe in den Behälter fest eingebettet sein.

(2) In den Frachtbriefen muß

a) bei Salpetersäure (Ziffer 1) in Glasgefäßen das spezifische Gewicht bei 15° vermerkt sein; fehlt eine solche Angabe, so ist die Säure als konzentriert (A. Abs. (1) b) und c)) zu behandeln;

b) bei schwefelsäurehaltigem Bleischwamm aus Akkumulatoren und aus Bleikammern bescheinigt sein, daß ein Austropfen der Schwefelsäure verhindert ist;

c) bei Abfallschwefelsäure aus Nitroglyzerinfabriken bescheinigt sein, daß sie vollständig denitriert ist; anderenfalls ist die Säure von der Beförderung ausgeschlossen.

Bei Abfallsäure aus Nitrozellulosefabriken bedarf es einer solchen Bescheinigung nicht; ein geringer Gehalt an Nitrozellulose bleibt außer Betracht.

(3) Die Stoffe der Ziffern 1 bis 5 sind in offenen Wagen zu befördern. Doch dürfen auch bedeckte Wagen verwendet werden

a) für Stoffe der Ziffer 3, wenn sie in starke, dichte Eisenfässer, die höchstens bis $^{9}/_{10}$ ihres Fassungsraums gefüllt sein dürfen, verpackt sind;

b) für Brom (Ziffer 4) bis zu 500 g und für die Stoffe der Ziffern 1, 2 und 3 bis zu 10 kg, allein oder mit anderen Gegenständen zusammengepackt, wenn die Gefäße in starke Holzbehälter fest eingebettet sind.

(4) Leere Gefäße, worin Stoffe der Ziffern 1 bis 5 enthalten gewesen sind, müssen bei Aufgabe als Stückgut dicht verschlossen oder vollständig gereinigt sein. Ihr früherer Inhalt muß im Frachtbrief angegeben sein.

(5) Die Vorschriften der Abs. (3) und (4) gelten nicht für Feuerlöschvorrichtungen und elektrische Sammler (A. Abs. (2) und (3)).

## VI. Fäulnisfähige Stoffe.

1. Frische Flechsen, nicht gekalktes frisches Leimleder und Abfälle von beiden, frische Hörner und Klauen und frische Knochen, sowie andere nicht zum menschlichen Genusse geeignete oder nicht zur Verarbeitung zu menschlichen Genußmitteln bestimmte fäulnisfähige oder übelriechende tierische Stoffe, soweit sie nicht in den folgenden Absätzen genannt sind.
2. Ungesalzene frische Häute.
3. Gereinigte trockene Knochen, trockene Hörner und Klauen.
4. Frische, von allen Speiseresten gereinigte Kälbermagen.
5. Ausgepreßte Kesselrückstände von der Leimlederfabrikation (Leimkalk, Leimkäse oder Leimdünger).
6. Nicht ausgepreßte Rückstände der in Ziffer 5 bezeichneten Art.
7. Mit Streu durchsetzter Stalldünger.
8. Andere Fäkalien und Latrinenstoffe.
9. Hausmüll.
10. Zu unschädlicher Beseitigung bestimmte tierische Stoffe (ganze Körper, Körperteile und Abfälle).

Für die Beförderung gilt folgendes:

### A.

### Verpackung.

(1) Bei Aufgabe als Stückgut müssen verpackt sein

a) die Stoffe der Ziffern 1, 5 und 6
in starke, dichte, sicher verschlossene Holzbehälter (Fässer, Kübel, Kisten); der Inhalt darf sich nicht in belästigender Weise durch Geruch bemerkbar machen;

b) die Stoffe der Ziffer 2
in starke, dichte, sicher verschlossene Holzbehälter (Fässer, Kübel, Kisten)
oder
in starke, dichte, gut verschlossene Säcke, die mit geeigneten Desinfektionsmitteln, wie Karbolsäure, Lysol, so angefeuchtet

sind, daß der üble Geruch des Inhalts nicht wahrnehmbar ist; die Verwendung solcher Säcke ist jedoch auf die Monate November, Dezember, Januar und Februar beschränkt;

c) die Stoffe der Ziffer 3
in dichte Behälter (Fässer oder Kübel) oder in starke Säcke;

d) Kälbermagen (Ziffer 4)
in starke, dichte, sicher verschlossene Holzbehälter (Fässer oder Kübel); während der Monate April bis einschließlich September müssen die Kälbermagen so gesalzen sein, daß für jeden Magen 15 bis 20 g Kochsalz verwendet sind, auch muß eine mindestens 1 cm hohe Salzschicht auf den Boden des Behälters und auf die oberste Magenschicht gestreut sein; im Frachtbrief ist die Beachtung dieser Vorschrift zu bescheinigen;

e) Hundekot (Ziffer 8)
in starke, dichte, sicher verschlossene Metall- oder Holzbehälter;

f) Taubendünger (Ziffer 8)
in starke, dichte, sicher verschlossene Holzbehälter (Fässer oder Kübel);
trockener Taubendünger darf auch in starke, dichte Säcke verpackt sein.

Den Packgefäßen dürfen außen keine Spuren des Inhalts anhaften.

(2) Für Wagenladungen gelten folgende Vorschriften:

a) Stoffe der Ziffern 1 und 2:

1) Bei Verwendung besonders eingerichteter bedeckter Wagen, die mit wirksamen Durchlüftungsvorrichtungen versehen sind, ist Verpackung nicht erforderlich. Die Stoffe sind mit mindestens fünfprozentiger Karbolsäure oder anderen geeigneten Desinfektionsmitteln derart anzufeuchten, daß ein fauliger Geruch nicht wahrnehmbar ist.

2) Bei Verwendung gewöhnlicher offener Güterwagen:

α) Vom 1. März bis zum 31. Oktober müssen die Stoffe in starke, dichte Säcke verpackt sein; diese sind mit den unter 1) genannten Desinfektionsmitteln derart anzufeuchten, daß der faulige Geruch des Inhalts nicht wahrnehmbar ist. Jede Sendung muß mit einer aus starkem Gewebe (sogenanntem Hopfentuch) hergestellten, mit den vorbezeichneten Desinfektionsmitteln getränkten Decke und diese wieder mit einem großen, wasserdichten, ungeteerten Wagenplane völlig bedeckt sein.

β) Vom November bis Ende Februar sind Säcke nicht erforderlich. Die Sendung muß jedoch ebenfalls mit einer Decke aus Hopfentuch und diese wieder mit einem großen, wasserdichten, ungeteerten Wagenplane völlig bedeckt sein. Die untere Decke ist nötigenfalls mit den unter 1) genannten Desinfektionsmitteln so anzufeuchten, daß kein fauliger Geruch wahrnehmbar ist.

γ) Sendungen, bei denen der faulige Geruch durch Desinfektionsmittel nicht beseitigt werden kann, müssen in starke, dichte, gut verschlossene Fässer oder Kübel so verpackt sein, daß sich der Inhalt des Gefäßes nicht durch Geruch bemerkbar macht.

b) Stoffe der Ziffern 3, 7 und 9 bedürfen keiner besonderen Verpackung; die Stoffe der Ziffern 3 und 9 müssen aber, wenn unverpackt, mit dichten Wagendecken völlig eingedeckt sein; Hausmüll (Ziffer 9) in besonders eingerichteten, das Zerstäuben verhütenden Wagen bedarf keiner Decken.

c) Kälbermagen (Ziffer 4) sind, wie Abs. (1) d) angibt, zu verpacken.
d) Stoffe der Ziffer 5 müssen mit zwei übereinander liegenden großen, wasserdichten, ungeteerten Wagenplanen völlig bedeckt sein. Die untere Decke ist mit geeigneten Desinfektionsmitteln (Karbolsäure, Formaldehyd, Lysol oder dergleichen) so zu tränken, daß kein fauliger Geruch wahrnehmbar ist. Zwischen den beiden Decken muß sich eine Schicht von trockenem, gelöschtem Kalke, von Torfmull oder von gebrauchter Lohe befinden.
e) Stoffe der Ziffer 6 müssen nach Abs. (1) a) verpackt sein.
f) Stoffe der Ziffer 8 sind in starke, dichte, sicher verschlossene Behälter zu verpacken. Trockener Taubendünger darf auch in starke, dichte Säcke verpackt sein.
g) Stoffe der Ziffer 10 dürfen nur in besonders eingerichteten Wagen befördert werden (vergleiche B. Abs. (9)).

## B.

## Sonstige Vorschriften.

(1) Die Eisenbahn kann die Beförderung auf bestimmte Züge beschränken, auch besondere Vorschriften über Zeit und Frist des Auf- und Abladens sowie der An- und Abfuhr treffen.

(2) Die Stoffe der Ziffern 7, 8 (mit Ausnahme von Hundekot und Taubendünger), 9 und 10 werden nicht als Stückgut angenommen.

(3) Behälter mit Hundekot dürfen nicht gerollt werden, sie sind aufrechtstehend zu befördern.

(4) Ladungen von Stoffen der Ziffern 1 und 2 dürfen nur auf möglichst abgelegenen Seitensträngen oder auf Anschlußgleisen ein- und ausgeladen werden.

(5) Bei Wagenladungen kann die Eisenbahn von den Absendern oder Empfängern die Reinigung der Ladestellen verlangen. Für die Verladung und Entladung von Hausmüll sind Einrichtungen zu treffen, die das Verstäuben tunlichst ausschließen. Die Eisenbahn kann die Herstellung dieser Einrichtungen von den Absendern und Empfängern verlangen.

(6) Die Eisenbahn muß Eisenbahnwagen, worin Ladungen von Stoffen der Ziffern 1, 2, 3 und 7 in losem Zustande oder Ladungen von Stoffen der Ziffer 8 befördert worden sind, nach jedesmaligem Gebrauche dem Reinigungs- (Desinfektions-) Verfahren unterwerfen, das für die Beseitigung von Ansteckungsstoffen bei der Beförderung von Vieh auf Eisenbahnen vorgeschrieben ist. Durch die Desinfektion müssen die den Wagen etwa anhaftenden Ansteckungsstoffe völlig beseitigt werden. Ausgenommen hiervon sind nur solche Wagen, die bestimmungsgemäß ausschließlich zur Beförderung dieser Stoffe benutzt werden. Die Kosten der Desinfektion hat der Absender oder der Empfänger zu ersetzen.

(7) Macht sich ein lästiger Geruch während der Beförderung bemerkbar, so kann die Eisenbahn die Stoffe jederzeit auf Kosten des Absenders oder des Empfängers mit geeigneten Mitteln zur Beseitigung des Geruchs behandeln lassen.

(8) Die Stoffe der Ziffern 3 und 4 dürfen in bedeckten Wagen befördert werden. Ihr Zusammenladen mit Nahrungs- und Genußmitteln ist verboten. Zur Beförderung von Hausmüll sind besonders eingerichtete, das Verstäuben verhütende Wagen oder dichte, offene, mit gut schließenden Decken versehene Wagen zu verwenden. Die Stoffe der Ziffern 1, 2, 5, 6, 7 und 8 müssen in offenen Wagen befördert werden (vgl. aber A. (2) a) 1.).

(9) Leere Behälter und zurückgehende Wagendecken müssen völlig gereinigt und mit geeigneten Desinfektionsmitteln behandelt sein, so daß sie keinen fauligen Geruch verbreiten. Im Frachtbrief ist auf ihre frühere Verwendung hinzuweisen. Sie müssen in offenen Wagen befördert werden.

(10) Die Stoffe der Ziffer 10 müssen in luft- und wasserdichten eisernen Wagen befördert werden. Diese müssen mit Ventilen versehen sein, die bei zu hohem Drucke der sich entwickelnden Gase dem Aufreißen der Wagenwände vorbeugen. Die Wagen sind nach den Vorschriften des Abs. (5) zu desinfizieren, und zwar sofort nach der Entladung, wenn ihr Inhalt von Tieren herstammte, die mit Rinderpest, Milzbrand, Tollwut, Rotz oder Maul- und Klauenseuche behaftet waren, anderenfalls alle 4 Wochen.

## Schlußbestimmung.

Ergänzungen und Änderungen der Anlage C verfügt das Reichs-Eisenbahnamt. Die Verfügungen müssen im Reichs-Gesetzblatte veröffentlicht, auch sollen sie im Reichsanzeiger bekannt gemacht werden.

Additional material from *Eisenbahn-Verkehrsordnung (EVO. ) gütig vom 1. April 1909 ab.*, ISBN 978-3-662-33622-9, is available at http://extras.springer.com

**Anlage F.**

# Allgemeine Erklärung
## über die Verpackung des Gutes.

Ich erkenne an, daß die von mir bei der Güterabfertigungsstelle der ..................................................

Eisenbahn in .................................. aufgelieferten Güter, und zwar: ..................................................

unverpackt / in nachbeschriebener mangelhafter Verpackung*) ..................................................

.................................. aufgegeben sind,

wenn im Frachtbrief auf diese Erklärung Bezug genommen ist.

.................., den ......ten .................. 19......

(Unterschrift.)

*) Je nach der Beschaffenheit der Sendungen sind entweder das Wort „unverpackt“ oder die Worte „in nachbeschriebener mangelhafter Verpackung“ zu streichen.

## Besondere Vorschriften für die Beförderung von bedingungsweise zugelassenen Gegenständen der Anlage C auf elektrisch betriebenen Eisenbahnen mit oberer Stromzuführung, bei denen ein Bruch der Oberleitung nicht durch besondere Vorrichtungen unschädlich gemacht ist.

(1) Werden die brennbaren Flüssigkeiten unter III in Kessel-(Bassin-)Wagen befördert, so ist über dem Wagen eine starke Schutzdecke aus Holz oder einem anderen isolierenden Stoffe anzubringen, die es verhindert, daß ein herabgefallener Leitungsdraht den Strom auf die metallenen Teile des Wagens überträgt.

(2) Bei der Beförderung von Leuchtgas, Fett- und Mischgas sowie von Wassergas (I d. 3), *von verflüssigten Gasen unter I d. 5,* von Chlormethyl und Chloräthyl (I d. 6), Zinkäthyl (II. 4), von brennbaren Flüssigkeiten (III. Ziffern 1 bis 8), von Terpentinöl sowie von absolutem Alkohol und Weingeist (III. Ziffer 9) sind über den offenen Wagen starke Schutzdecken aus Holz oder einem anderen isolierenden Stoffe anzubringen, die es verhüten, daß ein herabgefallener Leitungsdraht eine Zündung herbeiführt. Die Schutzdecken dürfen den freien Zutritt der Luft zum Gute nicht verhindern.

(3) Die brennbaren Flüssigkeiten (III) dürfen nicht in Wagen oder Wagenabteilen befördert werden, worin sich dem Betriebe dienende elektrische Apparate, wie stromführende Elektromotoren oder Generatoren, Transformatoren, Blitzplatten, Widerstände, Sicherungen, elektromagnetische Bremsen, Heizapparate befinden. Zugelassen sind Glühlampen, die in besonders starke Glasschutzglocken eingeschlossen sind, und deren Ausschalter und Sicherungen sich außerhalb der Wagen oder Wagenabteile befinden; ferner sind isolierte Drahtleitungen gestattet, die gegen mechanische Beschädigungen gut geschützt sind.

(4) Die explosionsgefährlichen Gegenstände unter Ia. und Ib. Ziffern 4, 5, 7 und 8 dürfen nicht in Wagen befördert werden, die stromführende oder unter Spannung stehende elektrische Leitungen oder Apparate enthalten, also auch nicht in Wagen, die elektrisch beleuchtet sind.

(5) Die Vorschrift unter Ia. F. Abs. (2) gilt nicht für elektrische Lokomotiven ohne Feuerherd.

# Verzeichnis

## der zur Ausstellung von Leichenpässen zuständigen Behörden.

---

### I. Für im Inlande aufgegebene Leichen.

#### 1. Königreich Preußen.

1. Die Regierungspräsidenten (für die Provinz Posen die Regierungen in Bromberg und Posen).
2. Die Polizeipräsidenten in Berlin, Breslau, Charlottenburg, Frankfurt a. M., Kiel und Königsberg i. Ostpr.; die Polizeidirektionen in Aachen, Cassel, Coblenz, Danzig, Hanau, Hannover, Magdeburg, Posen, Potsdam, Rixdorf, Schöneberg b. Berlin, Stettin und Wiesbaden; die Landräte (im Reg.-Bez. Sigmaringen die Oberamtmänner) sowie die Königlichen Hilfsbeamten in Elbingerode, Neuenhaus, Norderney, Wilhelmshaven und der Hilfsbeamte des Landrats des Landkreises Emden in Borkum. Die städtischen bezw. ländlichen Polizeiverwaltungen in folgenden Orten:

   Aken, Alfeld, Alsleben a. S., Altdamm, Altona, Andernach, Aplerbeck, Arendsee, Arneburg, Aschersleben, Aurich, Barby, Barten, Bartenstein, Bartschin, Baruth, Belgern, Bendorf, Benneckenstein, Beuthen, Bibra, Bielefeld, Bingerbrück, Bismark, Bleicherode, Bocholt, Bodenwerder, Bonn, Boppard, Brandenburg a. H., Braunfels, Bredstedt, Brehna, Bremervörde, Brieg, Bromberg, Brüssow, Buckow, Bünde, Burg a. F. (Reg.-Bez. Schleswig), Burg b. M. (Reg.-Bez. Magdeburg), Burg (Reg.-Bez. Düsseldorf), Burscheid, Buxtehude, Calbe a. M., Callies, Camen, Carlshafen, Celle, Cleve, Clötze, Cochstedt, Cöln, Cönnern, Conz, Cottbus, Cranenburg, Crone a. d. Brahe, Cronenberg, Croppenstedt, Cüstrin, Dahme, Dardesheim, Derenburg, Dingelstädt, Dinslaken, Dommitzsch, Domnau, Drengfurt, Duderstadt, Düben, Dülken, Eberswalde, Egeln, Ehringshausen, Eilenburg, Einbeck, Elbing, Eldagsen, Ellrich, Elten, Emden, Emmerich, Ems, Erfurt, Esens, Exin, Eydtkuhnen (Grenzstation), Finsterwalde, Flensburg, Forst i. L., Frankfurt a. O., Friedland (Reg.-Bez. Königsberg), Friedrichstadt, Fürstenwalde (Spree), Gartz a. O., Gebesee, Gefell, Gembitz, Gerbstedt, Gerresheim, Gilgenburg, Gleiwitz, Glückstadt, Goch, Görlitz, Göttingen, Gollantsch, Gollnow, Gommern, Gonsawa, Goslar, Gräfenhainichen, Graudenz, Gröningen, Groß-Salze, Guben, Guttentag, Guttstadt, Hadmersleben, Halberstadt, Hameln, Harburg, Havelberg, Heiligenhafen, Heilsberg, Helmarshausen, Hilden, Hildesheim, Hitdorf, Hohenmölsen, Hohenstein (Reg.-Bez. Königsberg), Hornburg, Ibbenbüren, Insterburg, Janowitz, Jerichow, Joachimsthal, Kaiserswerth, Kaldenkirchen, Kappeln, Kattowitz, Keitum (für die Insel Sylt), Kemberg, Kettwig, Kiel, Kindelbrück, Kirn, Königshütte O.-S., Konstadt, Kruschwitz, Küppersteg, Labischin, Landeck, Landsberg a. W. (Reg.-Bez. Frankfurt a. O.), Landsberg (Reg.-Bez. Merseburg), Langenberg, Langenfeld, Langensalza, Lebus, Leer, Lengerich, Lenzen, Leschnitz, Lichtenau, Liebstadt, Liegnitz,

Lingen, Loburg, Löbau, Löbejün, Lontzen, Loslau, Lüdenscheid, Lüneburg, Lütjenburg, Lüttringhausen, Lychen, Melle, Mettmann, Moringen, Mühlhausen (Reg.-Bez. Erfurt), Mühlhausen (Reg.-Bez. Königsberg), Mülheim a. Rh., Müllrose, Müncheberg, Münden, Münder, Münster, Myslowitz, Neudamm, Neumünster, Neunkirchen, Neustadt a. R. (Reg.-Bez. Hannover), Neustadt (Reg.-Bez. Schleswig), Niedermarsberg, Nieder-Thalheim, Nienburg, Nikolai, Norden, Nordhausen a. H., Northeim, Oberhausen, Oberlahnstein, Odenkirchen, Öbisfelde, Övenum (für die Insel Föhr), Öynhausen, Ohligs, Oldenburg, Oldesloe, Opladen, Oppeln, Orsoy, Ortrand, Osnabrück, Osterfeld, Osterode a. H., Osterwieck, Ottensen, Ottmachau, Pakosch, Papenburg, Pasewalk, Passenheim, Patschkau, Pattensen, Peine, Pellworm, Pitschen, Plaue, Pollnow, Polzin, Prettin, Pretzsch, Pritzwalk, Quakenbrück, Ratibor, Rattingen, Recklinghausen, Reinerz, Rheinberg, Rheine, Rogowo, Rügenwalde, Saalfeld, Sachsa, Sandau, Schildau, Schippenbeil, Schkölen, Schmiedeberg (Reg.-Bez. Merseburg), Schneidemühl, Schocken, Schönebeck, Schönlanke, Schraplau, Schwanebeck, Schweidnitz, Schwelm, Schwiebus, Seehausen i. A. (Kreis Osterburg), Seehausen (Kreis Wanzleben), Sobernheim, Bad Soden, Sömmerda, Sohrau O.-S., Soldau, Sommerfeld, Sonnenburg, Spandau, Stade, Stargard i. Pomm., Staßfurt, Steele, Stößen, Stolberg, Stolp i. Pomm., Storkow, Strälen, Stralsund, Strasburg (Reg.-Bez. Potsdam), Strausberg, Stromberg, Süchteln, Suhl, Sulzbach, Tangermünde, Tapiau, Telgte, Tennstedt, Teuchern, Thorn, Tilsit, Trarbach, Treffurt, Tremessen, Treptow a. d. Rega, Treptow a. d. Tollense, Treuenbrietzen, Trier, Tscherbeney, Ülzen, Unna, Velbert, Verden, Versmold, Viersen, Vlotho, Völklingen, Wandsbek, Warburg, Wattenscheid, Wegeleben, Weißenfels, Wendisch-Buchholz, Werben, Werden, Werder, Werl, Westerland auf Sylt, Wettin, Willenberg, Witten, Wittstock, Wollin i. Pomm., Wülfrath, Wunstorf, Xanten, Zahna, Zahnow, Zehdenick, Zeitz, Ziegenhals, Ziegenrück, Ziesar, Zörbig. — Der Gutsvorsteher in Uchtspringe, Kreis Gardelegen, und der dirigierende Arzt des Johanniterkrankenhauses in Polzin, Kreis Belgard.

## 2. Königreich Bayern.

Die Bezirksämter,
die unmittelbaren Stadtmagistrate,
die Polizeidirektion in München,
die exponierten Bezirksamts-Assessoren sowie
für die im § 47(2) der Eisenbahn-Verkehrsordnung erwähnten Leichensendungen die Verwaltungen der Strafanstalten und Arbeitshäuser.

## 3. Königreich Sachsen.

Die Amtshauptmannschaften,
die Stadträte,
die Direktoren der Landes-, Heil- und Pflegeanstalten (Hubertusburg, Sonnenstein, Untergöltzsch, Zschadraß, Großschweidnitz, Colditz, Hochweitzschen, Großhennersdorf, Kreiskrankenstift Zwickau).

## 4. Königreich Württemberg.

Die Stadtdirektion Stuttgart,
die Oberämter.

## 5. Großherzogtum Baden.

Die Bezirksämter.

## 6. Großherzogtum Hessen.

Die Kreisämter.

### 7. Großherzogtum Mecklenburg-Schwerin.

Die Ortsbehörden, nämlich
im Domanium: die Ämter,
auf den ritterschaftlichen Gütern: die Gutsobrigkeiten,
im Gebiete der Städte: die Magistrate und die städtischen Polizeibehörden sowie
im Gebiete der drei Landesklöster: die Klosterämter.

### 8. Großherzogtum Sachsen.

Die Bezirksdirektoren,
die Gemeindevorstände von Jena und Ilmenau,
der Gemeindevorstand in Blankenhain für Personen, die in dem Carl Friedrich-Hospitale daselbst verstorben sind und auswärts beerdigt werden sollen.

### 9. Großherzogtum Mecklenburg-Strelitz.

a) Im Herzogtume Strelitz:

Die Ämter,
die Gutsobrigkeiten,
die Magistrate.

b) Im Fürstentume Ratzeburg:

Die Landvoigtei,
die Gutsherrschaften.

### 10. Großherzogtum Oldenburg.

a) Im Herzogtum Oldenburg und im Fürstentume Lübeck:

Die Gemeindevorstände,
die Stadtmagistrate.

b) Im Fürstentume Birkenfeld:

Die Bürgermeister.

### 11. Herzogtum Braunschweig.

Die Kreisdirektionen,
die Polizeidirektion in Braunschweig,
die Stadt-Polizeibehörden in Blankenburg a. Harz, Eschershausen, Gandersheim, Bad Harzburg, Hasselfelde, Helmstedt, Holzminden, Königslutter, Schöningen, Schöppenstedt, Seesen, Stadtoldendorf, Wolfenbüttel.

### 12. Herzogtum Sachsen-Meiningen.

Die Landräte sowie
für die im § 47 (2) der Eisenbahn-Verkehrsordnung erwähnten Leichensendungen die Direktion des Zuchthauses in Maßfeld.

### 13. Herzogtum Sachsen-Altenburg.

Die Landratsämter,
die Stadträte.

### 14. Herzogtum Sachsen-Coburg und Gotha.

a) Im Herzogtume Coburg:

Das Landratsamt in Coburg,
die Magistrate in Coburg, Neustadt und Rodach,
der Stadtrat in Königsberg in Franken.

b) Im Herzogtume Gotha:

Die Landratsämter,
die Stadträte in Gotha, Ohrdruf und Waltershausen.

## 15. Herzogtum Anhalt.

Die Regierung, Abteilung des Innern,
die Kreisdirektionen,
die Polizeiverwaltungen zu Dessau, Cöthen, Zerbst und Bernburg sowie
für die im § 47 (2) der Eisenbahn-Verkehrsordnung erwähnten Leichensendungen die Direktion der Strafanstalt in Coswig,
die Herzogliche Salzwerks-Direktion zu Leopoldshall bei tödlich verlaufenen Unglücksfällen auf den Herzoglichen Salzwerken Leopoldshall und Friedrichshall.

## 16. Fürstentum Schwarzburg-Sondershausen.

Die Landräte.

## 17. Fürstentum Schwarzburg-Rudolstadt.

a) Bei Sendungen innerhalb des Fürstentums:

Die Ortspolizeibehörden.

b) Bei Sendungen über die Grenzen des Fürstentums hinaus:

Die Landratsämter.

## 18. Fürstentum Waldeck und Pyrmont.

Die Kreisamtmänner.

## 19. Fürstentum Reuß älterer Linie.

Das Landratsamt in Greiz,
der Amtsrichter in Burgk.

## 20. Fürstentum Reuß jüngerer Linie.

Die Landratsämter in Gera und Schleiz.

## 21. Fürstentum Schaumburg-Lippe.

Die Landratsämter,
die städtische Polizeiverwaltung in Bückeburg,
der Magistrat in Stadthagen.

## 22. Fürstentum Lippe.

Die Magistrate der Städte Barntrup, Blomberg, Detmold, Horn, Lage, Lemgo, Salzuflen, Schwalenberg,
die Verwaltungsämter in Blomberg, Brake, Detmold, Lipperode-Cappel, Schötmar.

## 23. Freie und Hansestadt Lübeck.

Das Polizeiamt in Lübeck.

## 24. Freie Hansestadt Bremen.

Die Polizeidirektion in Bremen,
der Landherr in Bremen,
die Ämter in Bremerhaven und Vegesack.

### 25. Freie und Hansestadt Hamburg.

Die städtische Polizeibehörde in Hamburg,
der Amtsverwalter in Ritzebüttel,
der Bürgermeister in Bergedorf.

### 26. Elsaß-Lothringen.

Die Kreisdirektoren,
die Polizeidirektoren in Metz und Straßburg.

## II. Für vom Auslande kommende Leichen.

### 1. Deutsche Behörden.

**Abessinien.**

Gesandtschaft in Adis Abeba.

**Argentinien.**

Generalkonsulat in Buenos Aires.

**Belgien.**

Gesandtschaft in Brüssel.
Generalkonsulat in Antwerpen.
Konsulat in Boma.
Konsulat in Brüssel.
Konsulat in Lüttich.

**Brasilien.**

Konsulat Am Amazonenstrom.
Konsulat in Bahia.
Konsulat in Curitiba.
Konsulat in Desterro.
Konsulat in Porto Alegre.
Konsulat in Rio Grande do Sul.
Generalkonsulat in Rio de Janeiro.
Konsulat in São Paulo.

**Bulgarien.**

Diplomatische Agentur in Sofia.
Konsulat in Sofia.
Konsulat in Varna.

**Chile.**

Generalkonsulat in Valparaiso.

**China.**

Konsulat in Amoy.
Konsulat in Canton.
Konsulat in Charbin.
Konsulat in Hankau.
Konsulat in Jtschang.
Konsulat in Mugden.
Konsulat in Nanking.
Konsulat in Pakhoi-Hoihau.
Generalkonsulat in Schanghai.
Konsulat in Swatau.
Konsulat in Tientsin.
Konsulat in Tschengtu-Tschungking.
Konsulat in Tschifu.
Konsulat in Tsinanfu.

**Columbien.**

Gesandtschaft in Bogotá.

**Costarica.**

Konsulat in San José de Costarica.

**Cuba.**

Ministerresidentur in Havana.

**Dänemark.**

Gesandtschaft in Kopenhagen.
Generalkonsulat in Kopenhagen.

**Ecuador.**

Konsulat in Quito.

**Frankreich.**

Botschaft in Paris.
Konsulat in Algier.
Konsulat in Bordeaux.
Vizekonsulat in Boulogne-sur-Mer.
Vizekonsulat in Calais.
Vizekonsulat in Dünkirchen.
Konsulat in Hâvre.
Gouvernement in Lome (für die französische Kolonie Dahome).
Konsulat in Lyon.
Konsulat in Marseille.
Vizekonsulat in Mazamet.
Vizekonsulat in Nantes.
Vizekonsulat in St. Nazaire.
Konsulat in Nizza.
Konsulat in Paris.
Vizekonsulat in La Rochelle.
Vizekonsulat in Rouen.
Konsulat in Saigon.
Vizekonsulat in Roubaix.

**Griechenland.**

Generalkonsulat in Athen.

### Großbritannien.

Konsulat in Bombay.
Generalkonsulat in Calkutta.
Generalkonsulat in Capstadt.
Konsulat in Colombo.
Konsulat in Durban.
Konsulat in Hongkong.
Konsulat in Johannesburg.
Gouvernement in Lome (für die britischen Kolonien an der Gold- und Nigerküste).
Generalkonsulat in London.
Konsulat in Montreal.
Konsulat in Pretoria.
Generalkonsulat in Singapore.
Generalkonsulat in Sydney.

### Haiti.

Gesandtschaft in Port au Prince.

### Italien.

Botschaft in Rom.
Konsulat in Ancona.
Konsulat in Bari.
Konsulat in Bologna.
Konsulat in Brindisi.
Konsulat in Cagliari.
Vizekonsulat in Catania.
Konsulat in Civita Vecchia.
Konsulat in Florenz.
Vizekonsulat in Gallipoli.
Generalkonsulat in Genua.
Vizekonsulat in Girgenti.
Vizekonsulat in Lecce.
Vizekonsulat in Licata.
Konsulat in Livorno.
Konsulat in Mailand.
Konsulat in Messina.
Vizekonsulat in Milazzo.
Generalkonsulat in Neapel.
Konsulat in Palermo.
Vizekonsulat in Pizzo.
Vizekonsulat in Rapallo.
Vizekonsulat in Reggio.
Konsulat in Rom.
Konsulat in San Remo.
Konsulat in Savona.
Vizekonsulat in Spezia.
Vizekonsulat in Syrakus.
Vizekonsulat in Terranova.
Vizekonsulat in Trapani.
Konsulat in Turin.
Konsulat in Venedig.

### Japan.

Konsulat in Kobe.
Konsulat in Nagasaki.
Konsulat in Schimonoseki.
Generalkonsulat in Söul.
Generalkonsulat in Yokohama.

### Liberia.

Konsulat in Monrovia.

### Marokko.

Gesandtschaft in Tanger.
Konsulat in Casablanca.
Konsulat in Fez.

### Mexiko.

Konsulat in Mexiko.

### Montenegro.

Ministerresidentur in Cettinje.

### Nicaragua.

Konsulat in Managua.

### Niederlande.

Gesandtschaft im Haag.
Generalkonsulat in Amsterdam.
Generalkonsulat in Batavia.
Konsulat in Rotterdam.

### Norwegen.

Generalkonsulat in Christiania.

### Österreich-Ungarn.

Botschaft in Wien.
Konsulat in Brünn.
Generalkonsulat in Budapest.
Konsulat in Fiume.
Konsulat in Innsbruck.
Konsulat in Lemberg.
Konsulat in Prag.
Konsulat in Sarajewo.
Vizekonsulat in Spalato.
Konsulat in Triest.
Konsulat in Wien.
Vizekonsulat in Czernowitz.

### Paraguay.

Konsulat in Asuncion.

### Persien.

Gesandtschaft in Teheran.
Vizekonsulat in Buschär.

### Portugal.

Konsulat in Lourenço Marques.
Konsulat in Lissabon.
Konsulat in Funchal.
Konsulat in Porto.

### Rumänien.

Konsulat in Bukarest.
Konsulat in Galatz.
Konsulat in Jassy.

### Rußland.

Botschaft in St. Petersburg.
Konsulat in Åbo.
Konsulat in Archangel.
Vizekonsulat in Arensburg.
Konsulat in Baku.
Vizekonsulat in Batum.
Konsulat in Björneborg.
Konsulat in Charkow.
Vizekonsulat in Cronstadt.
Vizekonsulat in Hangö.
Konsulat in Helsingfors.
Vizekonsulat in Jacobstad.
Vizekonsulat in Jekaterinoslaw.
Vizekonsulat in Kemi.
Konsulat in Kiew.
Vizekonsulat in Kischinew.
Vizekonsulat in Kotka.
Konsulat in Kowno.
Konsulat in Libau.
Vizekonsulat in Mariupol.
Konsulat in Moskau.
Konsulat in Narva.
Vizekonsulat in Nicolajew.
Konsulat in Nikolaistad.
Vizekonsulat in Noworossysk.
Generalkonsulat in Odessa.
Konsulat in Pernau.
Generalkonsulat in St. Petersburg.
Konsulat in Reval.
Konsulat in Riga.
Konsulat in Rostoff am Don.
Konsulat in Saratow.
Vizekonsulat in Tammerfors.
Konsulat in Tiflis.
Konsulat in Uleåborg.
Generalkonsulat in Warschau.
Konsulat in Wiborg.
Konsulat in Windau.
Konsulat in Wladiwostok.

### Schiffer- (Samoa-) und Tonga- (Freundschafts-) Inseln.

Gouvernement in Apia.

Mit der Wahrnehmung konsularischer Befugnisse beauftragt für die nicht zu einem deutschen Schutzgebiet gehörenden Inseln der Südsee, sofern sie nicht dem Amtsbezirk eines andern Konsulats zugeteilt sind.

### Schweden.

Generalkonsulat in Stockholm.
Konsulat in Malmö.

### Schweiz.

Gesandtschaft in Bern.
Konsulat in Basel.
Konsulat in Bern.
Konsulat in Davos.
Konsulat in Genf.
Konsulat in Lausanne.
Vizekonsulat in Lugano.
Generalkonsulat in Zürich.

### Serbien.

Konsulat in Belgrad.

### Siam.

Gesandtschaft in Bangkok.

### Spanien.

Generalkonsulat in Barcelona.
Konsulat in Madrid.
Konsulat in Santa Cruz de Tenerife.
Konsulat in Vigo.

### Türkei.

Botschaft in Constantinopel.
Diplomatische Agentur in Cairo.
Konsulat in Aleppo.
Konsulat in Alexandrien.
Konsulat in Bagdad.
Konsulat in Beirut.
Konsulat in Cairo.
Vizekonsulat in Canea.
Generalkonsulat in Constantinopel.
Vizekonsulat in Haiffa.
Vizekonsulat in Jaffa.
Konsulat in Jerusalem.
Vizekonsulat in Konia.
Vizekonsulat in Mossul.
Konsulat in Salonik.
Konsulat in Smyrna.

### Tunis.

Konsulat in Tunis.

### Uruguay.

Ministerresidentur in Montevideo.

### Vereinigte Staaten von Amerika.

Konsulat in Atlanta.
Konsulat in Chicago.

Konsulat in Cincinnati.
Konsulat in Denver.
Konsulat in Manila.
Konsulat in New Orleans.
Generalkonsulat in New York.
Konsulat in Philadelphia.
Konsulat in San Francisco.
Konsulat in Seattle.
Konsulat in St. Louis.
Konsulat in St. Paul.

**Zanzibar.**

Vizekonsulat in Mombassa.
Konsulat in Zanzibar.

Die Küstenbezirksämter von Deutsch-Ostafrika, das Distriktsamt Lüderitzbucht, das Bezirksamt Swakopmund, die Küstenbezirksleiter von Kamerun, die Gouverneure von Togo und Samoa sowie die Bezirksämter und Stationen von Deutsch-Neuguinea.

## 2. Ausländische Behörden.

### a) Österreich.

1. Sämtliche K. K. Bezirkshauptmannschaften.
2. Die Magistrate folgender Städte:

Bielitz, Bozen, Brünn, Cilli, Czernowitz, Friedek, Görz, Graz, Hradisch (Ungarisch-Hradisch), Iglau, Innsbruck, Klagenfurt, Krakau, Kremsier, Laibach, Lemberg, Linz, Marburg (in Steiermark), Olmütz, Pettau, Prag, Reichenberg (in Böhmen), Roveredo, Rovigno, Salzburg, Steyr, Trient, Triest, Troppau, Waidhofen a. d. Ybbs, Wien, Wiener Neustadt, Znaim.

### b) Ungarn.

Die Vizegespane der Komitate Abauj-Torna, Alsó-Fehér, Arad, Arva, Bács-Bodrog, Baranya, Bars, Békés, Bereg, Beszterce-Naszód, Bihar, Borsod, Brassó, Csanád, Csik, Csongrád, Esztergom, Fejér, Fogara, Gömör-Kishont, Györ, Hajdu, Háromszék, Heves, Hont, Hunyad, Jász-Nagykun-Szolnok, Kis-Küküllö, Koloß, Komárom, Krassó-Szörény, Liptó, Máramaros, Maros-Torda, Moson, Nagy-Küküllö, Nográd, Nyitra, Pest-Pilis-Solt-Kiskun, Pozsony, Sáros, Somogy, Sopron, Szabolcs, Szatmár, Szeben, Szepes, Szilágy, Szolnok-Doboka, Temes, Tolna, Torda-Aranyos, Torontál, Trencsén, Turócz, Udvarhely, Ugocsa, Ungarisch-Vas, Veßprém, Zala, Zemplén und Zólyom.

Die Bürgermeister der mit Jurisdiktionsrecht bekleideten Städte Arad, Baja, Budapest, Debreczen, Györ, Hódmezö-Vásárhely, Kassa, Kecskemét, Kolozsvár, Komárom, Maros-Vásárhely, Nagy-Várad, Pancsova, Pécs, Pozsony, Selmecz- und Bélabánya, Sopron, Szabadka, Szatmár-Németi, Szeged, Székesfehérvár, Temesvár, Ujvidék, Versecz und Zombor und in Fiume der Gouverneur.

In Kroatien die Komitatsbehörden in Gospič, Ogulin, Zágráb (Agram), Varasd (Warasdin), Belovár, Pozsega, Eszék (Essег) und Vukovár und die Magistrate der Städte Zágráb, Varasd, Eszék und Zimony (Semlin).

### c) Schweiz.

1. Zürich, Polizeidirektion.
2. Bern, Regierungsstatthalterämter.
3. Luzern, Statthalterämter.
4. Uri, Standeskanzlei.
5. Schwyz, Kantonskanzlei.
6. Obwalden, Polizeidirektion.
7. Nidwalden, Polizeidirektion.
8. Glarus, Militär- und Polizeidirektion.
9. Zug, Kantonspolizeidirektion.
10. Freiburg, Polizeidirektion und Oberamtmänner.
11. Solothurn, Polizeidirektion.
12. Baselstadt, Sanitätsdepartement.

13. Basellandschaft, Polizeidirektion.
14. Schaffhausen, Polizeidirektion.
15. Appenzell A.-Rh., Kantonskanzlei.
16. Appenzell J.-Rh., Polizeidirektion und Bezirkshauptmannamt in Oberegg.
17. St. Gallen, Bezirksämter.
18. Graubünden, Kantonales Polizeibureau.
19. Aargau, Bezirksämter.
20. Thurgau, Polizeidepartement.
21. Tessin, Staatskanzlei.
22. Waadt, Departement des Innern und Oberamtmänner.
23. Wallis, Justiz- und Polizeidepartement.
24. Neuenburg, Departement des Innern.
25. Genf, Justiz- und Polizeidepartement.

---

Bemerkung:

Nach den Bekanntmachungen des Reichskanzlers vom 21. Dezember 1909 und vom 2. April 1890 (Zentralblatt für das Deutsche Reich 1909, S. 1500 und 1890, S. 78) sind zwischen Deutschland und der Schweiz sowie zwischen Deutschland und Österreich-Ungarn Vereinbarungen getroffen, wonach Leichenpässe, die von einer zuständigen Behörde eines der Vertragsstaaten ausgestellt sind, im wechselseitigen Verkehr dieser Staaten anerkannt werden. Für den Verkehr mit der Schweiz gelten die für den inneren deutschen Verkehr vorgesehenen Leichenpaßmuster (S. 40); für den Verkehr mit Österreich-Ungarn gilt vorläufig noch das nachstehend abgedruckte Muster.

# Leichen-Paß.

Die nach Vorschrift eingesargte Leiche de am ....ten .................................... 19....

zu .................(Ort)................. an .................(Todesursache)................. verstorbenen (Alter) jährigen

.........(Stand, Vor- und Zuname des Verstorbenen, bei Kindern Stand der Eltern)......... soll mittelst Eisenbahn von

........................................ über ........................................ nach ........................................

zur Bestattung gebracht werden. Nachdem zu dieser Überführung dem Begleiter der Leiche

..........(Stand und Name).......... die Genehmigung erteilt worden ist, werden sämmtliche Behörden, deren Bezirke durch diesen Leichentransport berührt werden, ersucht, denselben ungehindert und ohne Aufenthalt weitergehen zu lassen.

........................................, den ....ten ........................................ 19....

(Siegel.) (Unterschrift.)

# Alphabetisches Verzeichnis

der

# in der Anlage C zur Eisenbahn-Verkehrsordnung

aufgeführten Gegenstände.

---

**Vorbemerkungen.**

1. Die auf den elektrisch betriebenen Eisenbahnen mit oberer Stromzuführung noch besonders zu beachtenden Vorschriften bei Auswahl der Wagen (Anhang zur EVO.) sind in der Spalte 5 unter der Überschrift **„Elektrische Bahnen“** aufgeführt.
2. Bei den Gegenständen, deren Brand nicht mit Wasser, sondern mit Erde, Sand, Kies, Asche oder dergleichen gelöscht werden muß, ist in Spalte 7 vermerkt:

**„Nicht mit Wasser zu löschen.“**

| Gegenstand | Nr. der Anlage C | Verpackung |
|---|---|---|
| 1 | 2 | 3 |
| **Abfälle, bleihaltige,**<br>s. Metallpräparate, giftige. | | |
| **Abfälle, tierische,**<br>s. Flechsen,<br>Knochen, gereinigte,<br>Tierische Stoffe,<br>Stalldünger,<br>Fäkalien. | | |
| **Abfälle vom Verspinnen und Verweben, gefettete oder gefirnißte,**<br>s. Spinn- und Webstoffe. | | |
| **Abfallsäure** aus Nitroglyzerin- oder Nitrozellulosefabriken<br>s. Schwefelsäure (Sp. 7). | | |
| **Äther**<br>s. Ester,<br>wegen Petroleumäther s. Kohlenwasserstoffe,<br>wegen Schwefeläther s. diesen. | | |
| **Ätherische Öle**<br>s. Öle, fette. | | |
| **Ätzlauge** (Natronlauge, Sodalauge, Kalilauge, Pottaschenlauge u. dgl.),<br>**Ölsatz** (Rückstände von der Ölraffinerie). | V. Zif. 3. | Starke, dichte, sicher verschlossene Gefäße, die durch den Inhalt nicht angegriffen werden. Der Verschluß muß so beschaffen sein, daß er weder durch Erschütterungen noch durch den Inhalt beschädigt werden kann.<br>Bei Verwendung von Gefäßen aus **Glas** oder **Ton** ist nachstehendes zu beachten:<br>a) die Gefäße sind unter Verwendung geeigneter Verpackungsstoffe in starke Übergefäße (Weiden- oder Metallkörbe, Kübel oder Kisten) fest einzusetzen; Übergefäße (ausgenommen Kisten) müssen mit guten Handhaben versehen sein,<br>b) Verpackungsstoff (a) ist nicht erforderlich, wenn die Glasgefäße in eiserne Mantelkörbe eingesetzt sind und durch gut federnde, mit Asbest belegte Schließen so gehalten werden, daß sie sich in den Körben nicht bewegen können,<br>c) die Vorschriften unter a) und b) gelten nicht für **Topfwagen.** |
| **Akkumulatoren**<br>s. Schwefelsäure. | | |
| **Alkalimetalle** und **Metalle der alkalischen Erden,** wie Natrium, Kalium, Kalzium und dgl. sowie **Legierungen** dieser Metalle miteinander. | Ie. Zif. 1. | innere:<br>a) Starke, dichte, sicher verschlossene Gefäße aus Eisen (auch Eisenblech),<br>b) bei Mengen bis 5 **kg** auch starke, sicher und dicht verschlossene Glasgefäße.<br>Diese Gefäße müssen völlig trocken oder mit Petroleum beschickt sein.<br><br>äußere:<br>a) Die Glasgefäße müssen in Holzkisten mit einem gegen Eindringen von Wasser gedichteten Blecheinsatz mit trockener Kieselgur oder mit ähnlichen nicht brennbaren Stoffen fest eingebettet sein. Bei Glasgefäßen mit Mengen bis zu 250 g dürfen statt der Holzkisten sicher und dicht verschlossene Blechgefäße verwendet werden.<br>b) die Gefäße aus Eisen oder Eisenblech müssen in Holzkisten oder in eiserne Schutzkörbe eingesetzt sein.<br><br>Auf den Versandstücken muß ihr Inhalt fest und dauerhaft angegeben sein, auch müssen sie die **Aufschrift** tragen: „Vor Nässe zu schützen“. |

| Ist Zusammenpackung mit anderen Gegenständen zulässig? | Zu verwendender Wagen | Ist Beiladung zulässig? | Bemerkungen |
|---|---|---|---|
| 4 | 5 | 6 | 7 |
| Ja, in Mengen bis 10 kg. Die Gefäße mit diesen Stoffen müssen dann mit den anderen Gegenständen in einen starken, dichten, sicher verschlossenen Holzbehälter zusammengepackt und fest eingebettet sein. | Offener, nur Mengen bis 10 kg (allein oder mit anderen Gegenständen zusammengepackt — s. Sp. 4 —) dürfen in bedeckten Wagen befördert werden. | Ja. | Leere Gefäße, worin solche Stoffe enthalten gewesen sind, müssen bei Aufgabe als Stückgut dicht verschlossen oder vollständig gereinigt sein. Ihr früherer Inhalt muß im Frachtbrief angegeben sein. |
| Ja, in Mengen bis 5 kg nach Spalte 3 verpackt. | Bedeckter. | Ja. | Die Versandstücke sind besonders sorgfältig zu behandeln. Sie dürfen nicht geworfen und müssen im Wagen so fest gelagert werden, daß sie gegen Scheuern, Rütteln, Stoßen, Umkanten und Herabfallen aus den oberen Lagen gesichert sind. **Nicht mit Wasser zu löschen!** |

| Gegenstand | Nr. der Anlage C | Verpackung |
|---|---|---|
| 1 | 2 | 3 |
| **Alkalsit I** und **Alkalsit A** s. Chlorat- und Perchloratsprengstoffe a) und b). | | |
| **Alkohol, absoluter** s. Öle, fette. | | |
| **Alldorfit** s. Ammoniaksalpetersprengstoffe a). | | |
| **Alzünder** s. Zündungen, nichtsprengkräftige b). | | |
| **Ammoncahücit**, **Ammonsördit** s. Ammoniaksalpetersprengstoffe a). | | |
| **Ammoniak, Chlor, Kohlensäure, schweflige Säure, Stickoxydul, Stickstofftetroxyd** (verflüssigte Gase). | 1 d. Ziff. 5. | Dicht verschlossene Gefäße aus Schweißeisen, Flußeisen oder Gußstahl*), die mit mindestens einem Ventil zum Füllen und Entleeren versehen sein müssen. Bei den Kesselwagen für Kohlensäure dürfen die Gefäße nicht je für sich ein Ventil zum Füllen und Entleeren haben, sondern es müssen die Gefäße jeder wagerechten Schicht an ein Sammelrohr angeschlossen sein, das an seinen Enden Absperrventile trägt, die innerhalb des verschließbaren Wagenkastens liegen.<br>Auf den Gefäßen muß vermerkt sein:<br>a) Das Gewicht des leeren Behälters einschließlich der Ausrüstungsteile (Ventil, Schutzkappe, Stopfen usw.),<br>b) das zulässige Höchstgewicht der Füllung,<br>c) der Prüfungsstempel und der Tag der letzten Prüfung, der bei:<br>Ammoniak, Kohlensäure und Stickoxydul nicht mehr als 5 Jahre,<br>Chlor, schweflige Säure und Stickstofftetroxyd nicht mehr als 2 Jahre<br>zurückliegen darf.<br>Sind die Gefäße in Kisten verpackt, so ist auf diesen der Inhalt anzugeben; sind die Gefäße unverpackt, müssen sie mit Vorrichtungen versehen sein, die ein Rollen verhindern, auch müssen sie zum Schutz der Ventile Kappen aus Schmiedeeisen, Stahl oder schmiedbarem Guß tragen. Keiner Kappe bedürfen Ventile, die im Innern des Flaschenhalses angebracht und durch einen aufgeschraubten, gut sitzenden Metallstöpsel geschützt sind. Die Ventile der Kohlensäuregefäße bei Kesselwagen bedürfen keiner Schutzkappen, die Gefäße auch keiner das Rollen verhindernden Vorrichtungen. |
| **Ammoniaksalpetersprengstoffe, patronierte,**<br>a) 1. **Gruppe der Sprengmittel, handhabungssichere Sprengstoffe,** und zwar:<br>Ammoncahücit mit oder ohne Beifügung von Buchstaben und Ziffern, Ammonsördit, Ammonkarbonit, Ammonkarbonit Ia, Ammon-Nobelit und Ammon-Nobelit I, Ammon-Tremonit, oder Gesteins-Tremonit, Anagon-Sprengpulver, Neu-Anagon, Anilit, Astralit I, Ia und II, Wetter-Astralit, Gelatine-Astralit, Gelatine-Wetter-Astralit, Bautzener Sicherheitspulver, Bavarit I und II, Chromammonit, Dahmenit, Dahmenit A, Gesteins-Dahmenit, Neu-Dahmenit, Dominit XI, Donarit, Donarit I, Gelatine-Donarit, | Ia. A. 1. Gruppe a). | innere:<br>Luftdicht verschlossene Blechbüchsen. Mit Paraffin oder Zeresin getränkte Patronen können auch durch eine feste Umhüllung von Papier zu Paketen vereinigt werden. Auch nicht getränkte Patronen bis zum Gesamtgewicht von 2½ kg dürfen zu Paketen vereinigt werden, wenn diese durch einen Überzug von Zeresin oder Harz völlig von der Luft abgeschlossen sind.<br><br>äußere:<br>Starke, dichte, sicher verschlossene Holzbehälter, worin die Blechbüchsen oder die Pakete fest verpackt sein müssen.<br>Deutliche, haltbare Aufschrift: „Ammoniaksalpetersprengstoff (Name) 1. Gruppe".<br>Höchstes Gewicht des Inhalts eines Behälters: **50 kg.** |

*) 1. Kleinere Mengen, und zwar Kohlensäure und Stickoxydul bis 3 g, Ammoniak, Chlor und Stickstofftetroxyd bis 20 g, wasserfreie schweflige Säure bis 100 g, dürfen auch in starken zugeschmolzenen Glasröhren unter folgenden Bedingungen befördert werden: Die Glasröhren dürfen für Kohlensäure und Stickoxydul nur bis zur Hälfte für Ammoniak, Chlor und Stickstofftetroxyd nur bis zu zwei Dritteln, für schweflige Säure nur bis zu drei Vierteln gefüllt sein. Jede Glasröhre muß in einer zugelöteten mit Kieselgur gefüllten Blechkapsel und diese in einer starken Holzkiste verpackt sein. Es ist zulässig, mehrere Blechkapseln in eine Kiste einzulegen, doch dürfen Röhren mit Ammoniak nicht mit Chlor enthaltenden Röhren in dieselbe Kiste gelegt werden. Den Blechkapseln mit verflüssigten Gasen (ausgenommen Chlor) dürfen auch andere Gegenstände beigepackt werden.

2. Metallene Kohlensäurekapseln (Sodor, Sparklet), die höchstens 25 g Kohlensäure und höchstens 1 g Flüssigkeit auf 1,34 ccm Fassungsraum enthalten, werden bedingungslos befördert, wenn die Kohlensäure nicht mehr als ½% Luft enthält.

| Ist Zusammenpackung mit anderen Gegenständen zulässig? | Zu verwendender Wagen | Ist Beiladung zulässig? | Bemerkungen |
|---|---|---|---|
| 4 | 5 | 6 | 7 |
| Ja, bei Ammoniak, Kohlensäure, schwefliger Säure und Stickoxydul, wenn die Gefäße in Kisten verpackt sind. S. auch die Fußnote in Spalte 3. | Bedeckter in den Monaten April bis Oktober einschl. Offener oder bedeckter in den Monaten November bis März einschl. | Ja. | 1. Die Gefäße dürfen nicht geworfen und nicht den Sonnenstrahlen oder der Ofenwärme ausgesetzt werden.<br>2. Die Gefäße sind im Eisenbahnwagen so zu lagern, daß sie nicht umfallen oder herabfallen können.<br>3. Über die Beschaffenheit des Materials und Herstellung der Gefäße, über die amtliche Prüfung und die Füllung der Gefäße sind besondere Vorschriften unter I d. B, C und E getroffen. |
| | Kesselwagen müssen mit einem hölzernen Überkasten versehen sein.<br>**Elektrische Bahnen.**<br>Über den offenen Wagen sind starke Schutzdecken aus Holz oder einem anderen isolierenden Stoffe anzubringen, die es verhüten, daß ein herabgefallener Leitungsdraht eine Zündung herbeiführt. Die Schutzdecken dürfen den freien Zutritt der Luft zum Gute nicht verhindern. | | |
| Nein. | Bedeckter.<br>**Elektrische Bahnen.**<br>Diese Stoffe dürfen nicht in Wagen befördert werden, die stromführende oder unter Spannung stehende elektrische Leitungen oder Apparate enthalten, also auch nicht in Wagen, die elektrisch beleuchtet sind. | Ja, ausgenommen sind die unter dem Stichwort „Schießmittel“ unter III aufgeführten Schießmittel der 2. Gruppe sowie sprengkräftige Zündungen (1 b Ziff. 4). **Sprengkapseln** dürfen aber beigeladen werden, wenn sie in der für diesen Fall besonders vorgesehenen Weise — s. sprengkräftige Zündungen Sp. 7 Ziff. 2 — verpackt sind. | 1. Jede Sendung muß von einer Bescheinigung eines von der Eisenbahn anerkannten Chemikers begleitet sein, daß der Sprengstoff den Bestimmungen unter I a. der Anlage C zur EVO. entsprechend zusammengesetzt ist und die dort vorgeschriebene Prüfung bestanden hat.<br>2. Auf dem Frachtbriefe muß vom Absender bescheinigt sein, daß die Verpackung den Vorschriften unter I a. der Anlage C zur EVO. entspricht. |

| Gegenstand | Nr. der Anlage C | Verpackung |
|---|---|---|
| 1 | 2 | 3 |
| Noch **Ammoniaksalpetersprengstoffe a)** usw. Dorsit, Alldorsit, Faviersche Sprengstoffe, Fulmenit, Fulmenit I, Wetter-Fulmenit und Wetter-Fulmenit I, Glückauf, Lignosit I, Luxit I, Minolite und Minolite I, Monachit I und II, Pastanil, Gesteins-Plastammon, Steinkohlen-Plastammon, Pniowit A, I, II, III, Roburit, Roburit I, I A, I C, I D, I E oder Kronenpulver, Roburit I T oder Gesteins-Sicherheitspulver, Roburit II und II a, Wetter-Roburit und Gesteins-Roburit, Wetter-Komperite und Gesteins-Komperite, Sicherheitssprengpulver der Vereinigten Cöln-Rottweiler Pulverfabriken, Sicherheitssprengstoff der Güttlerschen Pulverfabriken, Siegenit und Wetter-Siegenite, Thorzit, Titanit III und IV, Westfalit und Westfalit A, Gelatine-Westfalit, Neuwestfalit, auch Gesteinswestfalit D—F usw., Gesteinswestfalit B und C, Kohlen-Westfalit, Gesteinswestfalit, Salzwestfalit I—IV usw., | | |
| **b) 3. Gruppe der Sprengmittel, nicht handhabungssichere Sprengstoffe.** Sie müssen aus einer zu ihrer Herstellung berechtigten **deutschen** oder aus einer zum Versand auf deutschen Bahnen besonders **ermächtigten ausländischen Fabrik** stammen<br>Hierzu gehört.<br>Lignosit II | I a. A. 3. Gruppe f). | innere: Die Patronen, zu deren Hülsen kein gefettetes oder geöltes (wohl aber paraffiniertes) Papier verwendet sein darf, müssen durch festes Umschlagpapier zu Paketen vereinigt sein; in den Paketen müssen sie mit Wellpappe*) so eingepackt sein, daß sie schichtweise in ihrer Lage festgehalten werden. Die Pakete sind in die äußeren Holzbehälter so fest einzusetzen, daß sie sich nicht verschieben können.<br>äußere: Starke, dichte, sicher verschlossene Holzbehälter, die keine eiserne Reifen oder Bänder haben. Die Behälter müssen an zwei gegenüberliegenden Stirnseiten mit zuverlässigen Handgriffen oder Handleisten*) versehen sein; bei Fässern und Tonnen sind Handgriffe nicht erforderlich, wenn durch tief eingelassene Böden und Deckel eine feste Handhabe gegeben ist. — Das Rohgewicht der Behälter darf höchstens 35 kg betragen. — Deutliche, gedruckte oder schablonierte Aufschrift: „Nicht handhabungssicherer Ammoniaksalpetersprengstoff (Name) 3. Gruppe." sowie die Bezeichnung des Ursprungsorts (Fabrikmarke). |
| **Ammonkarbonit** u. **Ammonkarbonit I a** siehe Ammoniaksalpetersprengstoffe a). | | |
| **Ammon-Nobelit** und **Ammon-Nobelit I** s. Ammoniaksalpetersprengstoffe a). | | |
| **Ammon-Tremonit** s. Ammoniaksalpetersprengstoffe a). | | |
| **Amorces** s. Scherzartikel, pyrotechnische d). | | |
| **Amylazetat** s. Ester. | | |
| **Anagon-Sprengpulver** s. Ammoniaksalpetersprengstoffe a). | | |
| **Anhydrid, sogenanntes festes Oleum (wasserfreie Schwefelsäure).** | V. Ziff. 5. | a) Starke, verzinnte und verlötete Eisenblechgefäße<br>oder<br>b) starke Eisen- oder Kupferflaschen, deren Öffnungen sicher und luftdicht verschlossen sind.<br>Die Gefäße und Flaschen müssen mit Kieselgur oder ähnlichen nicht brennbaren Stoffen in starken Holzkisten fest verpackt sein. |
| **Anilit** s. Ammoniaksalpetersprengstoffe a). | | |
| **Arsenige Säure** sowie **Arsenik, gelbes** oder **rotes,** s. Arsenikalien, nichtflüssige. | | |

*) Auf die zur Ausfuhr ins Ausland bestimmten Sendungen finden die Vorschriften wegen Verwendung von Wellpappe sowie wegen Anbringung von Handgriffen oder Handleisten keine Anwendung.

| Ist Zusammenpackung mit anderen Gegenständen zulässig? | Zu verwendender Wagen | Ist Beiladung zulässig? | Bemerkungen |
|---|---|---|---|
| 4 | 5 | 6 | 7 |
| Nein. | Bedeckter. **Elektrische Bahnen.** Diese Stoffe dürfen nicht in Wagen befördert werden, die stromführende oder unter Spannung stehende elektrische Leitungen oder Apparate enthalten, also auch nicht in Wagen, die elektrisch beleuchtet sind. | Ja, ausgenommen sind sprengkräftige Zündungen (Ib. Ziff. 4) und die unter dem Stichwort „Schießmittel“ unter III aufgeführten Schießmittel der 2. Gruppe. Nur Mengen bis 1000 kg dürfen mit anderen Gütern zusammenverladen werden, vorausgesetzt, daß diese nicht leicht entzündlich sind und nicht früher als die Sprengmittel ausgeladen werden. | 1. Die Frachtbriefe dürfen keine anderen Gegenstände umfassen. Die darin enthaltene Bezeichnung des Sprengstoffs ist mit roter Tinte zu unterstreichen. Die Frachtbriefe müssen außer Anzahl, Gattung, Zeichen und Nummer der Behälter auch das Rohgewicht jedes einzelnen Behälters enthalten.<br>2. Auf dem Frachtbriefe muß vom Absender bescheinigt sein, daß Beschaffenheit und Verpackung der Sprengstoffe den Vorschriften unter Ia. der Anlage C zur EVO. entspricht. Außerdem muß jeder Sendung ein vom Fabrikanten ausgestelltes, amtlich beglaubigtes Ursprungszeugnis und die Bescheinigung eines von der Eisenbahn anerkannten Chemikers über ordnungsmäßige Beschaffenheit und Verpackung beigegeben sein.<br>3. Aufgabe als Eilgut ist unzulässig.<br>4. Weiter sind die Beförderungsvorschriften unter Ia. B. Abs. (3), D. Abs. (3), E. Abs. (5), F, G, H, J und K zu beachten. Die Vorschrift unter Ia. F. Abs. (2) gilt nicht für elektrische Lokomotiven ohne Feuerherd. |
| Nein. | Offener. | Ja. | Leere Gefäße, worin Anhydrid enthalten gewesen ist, müssen bei Aufgabe als Stückgut dicht verschlossen oder vollständig gereinigt sein. Ihr früherer Inhalt muß im Frachtbrief angegeben sein.<br>**Nicht mit Wasser zu löschen!** |

| Gegenstand | Nr. der Anlage C | Verpackung |
|---|---|---|
| 1 | 2 | 3 |
| **Arsenikalien:** | | |
| a) **Nicht flüssige,** namentlich arsenige Säure (Hüttenrauch), gelbes Arsenik (Rauschgelb, Auripigment), rotes Arsenik (Realgar), Scherbenkobalt (Fliegenstein) u. dgl. | IV. Ziff. 1. | Haltbare, dichte Behälter, die so verschlossen sein müssen, daß kein Verstreuen, Verstauben oder Auslaufen des Inhalts möglich ist, und zwar:<br>a) starke eiserne Fässer mit aufgeschraubtem Deckel und Rollreifen<br>oder<br>b) doppelte Fässer aus festem, trockenem Holze mit Einlagereifen oder ebensolche doppelte Kisten mit Umfassungsbändern, wobei die inneren Gefäße mit dichtem Stoff ausgekleidet sein müssen. Statt der inneren Holzbehälter können auch verlötete Blechgefäße oder Gefäße aus Glas oder Ton verwendet werden. Die Glas- und Tongefäße müssen in den Übergefäßen (Körben, Kübeln, Kisten) mit geeigneten Verpackungsstoffen fest verpackt sein. Unter diesen Bedingungen können auch mehrere solcher Behälter zu einem Versandstücke vereinigt werden<br>oder<br>c) Säcke von geteerter Leinwand, die in einfache Fässer von starkem, trockenem Holze einzuschließen sind.<br>Auf den Versandstücken muß ihr Inhalt deutlich und dauerhaft angegeben sein. Sammelbezeichnungen, wie Arsenikalien, sind zulässig. Außerdem ist die Bezeichnung „Gift.“ hinzuzufügen. |
| b) **Flüssige,** insbesondere Arsensäure. | IV. Ziff. 4. | Haltbare, dichte Behälter, die so verschlossen sein müssen, daß kein Auslaufen des Inhalts möglich ist, und zwar:<br>a) Metall-, Holz- oder Gummigefäße mit guten Verschlüssen<br>oder<br>b) Glas- oder Tongefäße, die unter Verwendung geeigneter Verpackungsstoffe in starke Übergefäße (Weiden- oder Metallkörbe, Kübel oder Kisten) fest eingesetzt sind; Übergefäße (ausgenommen Kisten) müssen mit guten Handhaben versehen sein.<br>Auf den Versandstücken muß ihr Inhalt deutlich und dauerhaft angegeben sein. Die Sammelbezeichnung „Arsenikalien.“ ist zulässig. Außerdem ist die Bezeichnung „Gift.“ hinzuzufügen. |
| **Asphaltnaphtha** s. Kohlenwasserstoffe. | | |
| **Astralit I, Ia** und **II, Wetter-Astralit** s. Ammoniaksalpetersprengstoffe a). | | |
| **Auripigment** s. Arsenikalien a). | | |
| **Azetaldehyd** s. Azeton. | | |
| **Azeton, Azetaldehyd** (auch in alkoholischer Lösung), **Holzgeist, roh** und **rektifiziert.** | III. Ziff. 5. | Starke, dichte, sicher verschlossene Gefäße aus Holz (Fässer), Glas, Ton (Steinzeug oder dergleichen) oder Metall.<br>Gefäße aus Glas oder Ton sind einzeln oder zu mehreren unter Verwendung geeigneter Verpackungsstoffe in starke Übergefäße (Weiden- oder Metallkörbe, Kübel oder Kisten) fest einzusetzen; Übergefäße (ausgenommen Kisten) müssen mit guten Handhaben versehen sein. Offene Übergefäße müssen eine Schutzdecke haben, die, wenn sie aus Stroh, Rohr, Schilf oder ähnlichen leicht brennbaren Stoffen besteht, mit Lehm- und Kalkmilch oder dergleichen unter Zusatz von Wasserglas getränkt ist. |

| Ist Zusammenpackung mit anderen Gegenständen zulässig? | Zu verwendender Wagen | Ist Beiladung zulässig? | Bemerkungen |
|---|---|---|---|
| 4 | 5 | 6 | 7 |
| Ja, in Mengen bis 5 kg. Die Behälter mit den Arsenikalien müssen dann mit den anderen Gegenständen in einen starken, dichten, sicher verschlossenen Holzbehälter zusammengepackt sein. Dieser Holzbehälter muß die Bezeichnung „Giftige Stoffe“ tragen. | Bedeckter oder offener. | Ja, nur die Zusammenladung mit Nahrungs- und Genußmitteln ist verboten. | Leere Behälter und Säcke, worin diese Stoffe enthalten gewesen sind, müssen vollkommen dicht geschlossen sein. Ihr früherer Inhalt muß auf ihnen und im Frachtbrief angegeben sein. Ihr Zusammenladen mit Nahrungs- und Genußmitteln ist verboten. |
| Nein. | Bedeckter oder offener. | Ja, nur die Zusammenladung mit Nahrungs- und Genußmitteln ist verboten. | Leere Behälter, worin diese Stoffe enthalten gewesen sind, müssen vollkommen dicht geschlossen sein. Ihr früherer Inhalt muß auf ihnen und im Frachtbrief angegeben sein. Ihr Zusammenladen mit Nahrungs- und Genußmitteln ist verboten. |
| Ja, in Mengen bis 10 kg. Die Gefäße müssen dann mit den übrigen Gegenständen in starke, dichte, sicher verschlossene Holzbehälter zusammenverpackt sein. Die Gefäße | Offener, nur Mengen bis 10 kg (allein oder mit anderen Gegenständen zusammengepackt — s. Sp. 4 —) dürfen in bedeckten Wagen befördert werden. | Ja. | 1. Die Wagen sind vor Beginn der Verladung auf beiden Seiten mit roten Zetteln zu versehen, die deutlich die Aufschrift: „Feuergefährlich.“ und „Vorsichtig verschieben.“ tragen.<br>2. Die Versandstücke müssen im Wagen sicher gelagert werden. Offene Körbe und Kübel sind am Wagen zu befestigen, auch dürfen sie nicht aufeinander gestellt werden.<br>3. Während der Beförderung schadhaft gewordene Behälter sind sofort auszuladen und können, wenn ihre Wiederherstellung nicht alsbald möglich ist, mit dem vorhandenen Inhalt ohne weiteres für Rechnung des Absenders verkauft werden.<br>4. Dicht verschlossene leere Blechbehälter, worin solche Stoffe enthalten waren, dürfen in bedeckten Wagen, |

| Gegenstand | Nr. der Anlage C | Verpackung |
|---|---|---|
| 1 | 2 | 3 |
| Noch **Azeton** usw. | | |
| **Azetylchlorid** s. Phosphortrichlorid. | | |
| **Azetylen, in Azeton gelöstes und in porösen Massen aufgesaugtes.** | Id. Ziff. 2. | Dicht verschlossene, nahtlose Gefäße aus Schweißeisen, Flußeisen oder Gußstahl, die mindestens mit einem Ventil zum Füllen und Entleeren versehen sein müssen. Das Gefäß muß mit feinporiger, gleichmäßig verteilter Masse ganz ausgefüllt sein. Es darf nur so viel von dem Lösungsmittel (Azeton) eingefüllt werden, daß sich die durch Aufnahme des Azetylens eintretende Volumvergrößerung unbehindert vollziehen kann und daß bei einer Steigerung der Außentemperatur auf 45° ein genügender Gasraum verbleibt. Die mit dem Gas in Berührung kommenden Teile der Ventile dürfen nicht aus Kupfer hergestellt sein.<br>Auf den Gefäßen muß vermerkt sein:<br>a) die Höhe des zulässigen Füllungsdrucks, der bei 17,5° höchstens 15 Atmosphären betragen darf,<br>b) der Prüfungsstempel und der Tag der letzten Prüfung, der nicht mehr als 5 Jahre zurückliegen darf.<br>Sind die Gefäße in Kisten verpackt, so ist auf diesen der Inhalt anzugeben; sind die Gefäße unverpackt, müssen sie mit Vorrichtungen versehen sein, die ein Rollen verhindern, auch müssen sie zum Schutz der Ventile Kappen aus Schmiedeeisen, Stahl oder schmiedbarem Guß tragen. Keiner Kappe bedürfen Ventile, die im Innern des Flaschenhalses angebracht und durch einen aufgeschraubten Metallstöpsel geschützt sind. |
| **Baumwolle, gefettet** oder **gefirnißt,** s. Spinn- und Webstoffe. | | |
| **Bautzener Sicherheitspulver** s. Ammoniaksalpetersprengstoffe a). | | |
| **Bavarit** I und II s. Ammoniaksalpetersprengstoffe a). | | |
| **Belgisches Winterdynamit** s. Dynamit und dynamitähnliche Sprengstoffe. | | |

| Ist Zusammenpackung mit anderen Gegenständen zulässig? | Zu verwendender Wagen | Ist Beiladung zulässig? | Bemerkungen |
|---|---|---|---|
| 4 | 5 | 6 | 7 |
| mit Azeton usw. müssen in den Behälter fest eingebettet sein. | **Elektrische Bahnen.**<br>1. Wagen oder Wagenabteilungen dürfen nicht verwendet werden, worin sich dem Betriebe dienende elektrische Apparate, wie stromführende Elektromotoren oder Generatoren, Transformatoren, Blitzplatten, Widerstände, Sicherungen, elektromagnetische Bremsen, Heizapparate befinden. Zugelassen sind Glühlampen, die in besonders starke Glasschutzglocken eingeschlossen sind, und deren Ausschalter und Sicherungen sich außerhalb der Wagen oder Wagenabteile befinden; ferner sind isolierte Drahtleitungen gestattet, die gegen mechanische Beschädigungen gut geschützt sind.<br>2. Über den offenen Wagen sind starke Schutzdecken aus Holz oder einem anderen isolierenden Stoffe anzubringen, die es verhüten, daß ein herabgefallener Leitungsdraht eine Zündung herbeiführt. Die Schutzdecken dürfen den freien Zutritt der Luft zum Gute nicht verhindern.<br>3. Bei Verwendung von Kessel-(Bassin-)Wagen ist über dem Wagen eine starke Schutzdecke aus Holz oder einem anderen isolierenden Stoffe anzubringen, die es verhindert, daß ein herabgefallener Leitungsdraht den Strom auf die metallenen Teile des Wagens überträgt. | | andere Gefäße müssen in offenen Wagen befördert werden; auf die frühere Verwendung der Behälter ist im Frachtbriefe hinzuweisen. |
| Nein. | Bedeckter. Offene sind nur zulässig, wenn die Gefäße in Fuhrwerken aufgegeben werden, die mit Planen bedeckt sind. | Ja. | 1. Es kann verlangt werden, daß der Absender durch ein Manometer den in den Behältern vorhandenen Druck nachweist. Diese Prüfung hat der Annahmebeamte im Frachtbriefe zu bescheinigen.<br>2. Die Gefäße dürfen nicht geworfen und nicht den Sonnenstrahlen oder der Ofenwärme ausgesetzt werden.<br>3. Die Gefäße sind im Eisenbahnwagen so zu lagern, daß sie nicht umfallen oder herabfallen können.<br>4. Über Beschaffenheit des Materials und Herstellung der Gefäße sowie über die amtliche Prüfung der Gefäße sind besondere Vorschriften unter Id. B und C getroffen. |

| Gegenstand | Nr. der Anlage C | Verpackung |
|---|---|---|
| 1 | 2 | 3 |
| **Bengalische Fackeln** } siehe Feuerwerkskörper. | | |
| **" Feuer** } siehe Feuerwerkskörper. | | |
| **" Magnesiumfackeln** } siehe Feuerwerkskörper. | | |
| **Bengalische Zündhölzer** s. Zündhölzer, pyrotechnische b). | | |
| **Benzin** s. Kohlenwasserstoffe. | | |
| **Benzol** s. Kohlenwasserstoffe. | | |
| **Blaue Kupferpigmente** s. Metallpräparate, giftige. | | |
| **Blaustein** s. Kupfervitriol. | | |
| **Bleifarben** } siehe Metallpräparate, giftige. | | |
| **Bleiglätte** } siehe Metallpräparate, giftige. | | |
| **Bleihaltige Abfälle** } siehe Metallpräparate, giftige. | | |
| **Bleipräparate** } siehe Metallpräparate, giftige. | | |
| **Bleirückstände** } siehe Metallpräparate, giftige. | | |
| **Bleischlamm, schwefelsäurehaltig** s. Schwefelsäure. | | |
| **Bleiweiß** } s. Metallpräparate, giftige. | | |
| **Bleizucker** } s. Metallpräparate, giftige. | | |
| **Blumenkarten** s. Scherzartikel, pyrotechnische a). | | |
| **Blumenregenhölzer** s. Zündhölzer, pyrotechnische b). | | |
| **Bohrspäne** s. Eisen- und Stahlspäne. | | |
| **Bordelaiser Brühe,** Pulver zu ihrer Herstellung, s. Kupfervitriol. | | |
| **Boskozylinder** s. Scherzartikel, pyrotechnische c). | | |
| **Bourre de Soie-Seide** s. Seide, hochbeschwerte. | | |
| **Brandeln** s. Zündungen, nichtsprengkräftige. | | |
| **Braunkohlenteeröle** s. Kohlenwasserstoffe. | | |
| **Brisante Sprengladungen für Geschosse** usw. s. Sprengladungen. | | |
| **Brom.** | V. Zif. 4. | Starke, dichte, sicher verschlossene Gefäße, die durch den Inhalt nicht angegriffen werden. Der Verschluß muß so beschaffen sein, daß er weder durch Erschütterungen, noch durch den Inhalt beschädigt werden kann. Gefäße aus Glas oder Ton sind in starke Holz- oder Metallbehälter bis zum Halse in Asche, Sand oder Kieselgur oder in ähnliche nicht brennbare Stoffe einzubetten. Auf Topfwagen findet diese Vorschrift keine Anwendung. |

| Ist Zusammenpackung mit anderen Gegenständen zulässig? | Zu verwendender Wagen | Ist Beiladung zulässig? | Bemerkungen |
|---|---|---|---|
| 4 | 5 | 6 | 7 |
| Ja, in Mengen bis 500 g. Die Bromgefäße müssen dann mit den übrigen Gegenständen in einen starken, dichten, sicher verschlossenen Holzbehälter zusammengepackt und fest eingebettet sein. | Offener, nur Mengen bis 500 g (allein oder mit anderen Gegenständen zusammen gepackt — s. Sp. 4 —) dürfen in bedeckten Wagen befördert werden. | Ja. | Leere Gefäße, worin Brom enthalten gewesen ist, müssen bei Aufgabe als Stückgut dicht verschlossen oder vollständig gereinigt sein. Ihr früherer Inhalt muß im Frachtbrief angegeben sein. |

| Gegenstand | Nr. der Anlage C | Verpackung |
|---|---|---|
| 1 | 2 | 3 |
| **Cahücit** s. Schwarzpulver und schwarzpulverähnliche Gemenge a). | | |
| **Castroper Sprengsalpeter** s. Schwarzpulver und schwarzpulverähnliche Gemenge I. | | |
| **Chappe-Seide** s. Seide, hochbeschwerte. | | |
| **Cheddit** und **Cheddit I** s. Chlorat- und Perchloratsprengstoffe. | | |
| **Chemische Produkte, explosionsfähige,** s. Explosionsfähige, nicht selbstentzündliche chemische Produkte. | | |
| **Chlor (verflüssigtes Gas)** s. Ammoniak. | | |
| **Chloräthyl** und **Chlormethyl**, ersteres auch parfümiert (Lance-Parfüm) | Id. Ziff. 6. | Dicht verschlossene Gefäße aus Schweißeisen, Flußeisen, Gußstahl oder Kupfer*), die mindestens mit einem Ventil zum Füllen und Entleeren versehen sein müssen.<br>Auf den Gefäßen muß vermerkt sein:<br>a) das Gewicht des leeren Behälters einschließlich der Ausrüstungsteile (Ventil, Schutzkappe, Stopfen usw.),<br>b) das zulässige Höchstgewicht der Füllung,<br>c) der Prüfungsstempel und der Tag der letzten Prüfung, der nicht mehr als 2 Jahre zurückliegen darf.<br>Sind die Gefäße in Kisten verpackt, so ist auf diesen der Inhalt anzugeben; sind die Gefäße unverpackt, müssen sie mit Vorrichtungen versehen sein, die ein Rollen verhindern, auch müssen sie zum Schutz der Ventile Kappen aus Schmiedeeisen, Stahl oder schmiedbarem Guß tragen. Bei Gefäßen aus Kupfer sind kupferne Kappen zulässig. Keiner Kappe bedürfen Ventile, die im Innern des Flaschenhalses angebracht und durch einen aufgeschraubten gut sitzenden Metallstöpsel geschützt sind. |
| **Chlorat- und Perchloratsprengstoffe, patroniert:**<br>a) 2. **Gruppe der Sprengmittel. Höchstgewicht einer Stückgutsendung 200 kg.**<br>**Chlorat- u. Perchloratsprengstoffe** (Gemenge von Chloraten oder Perchloraten der Alkalien oder alkalischen Erden mit kohlenstoffreichen Verbindungen wie Kohle, „Kohlenwasserstoffe, Harze, Öle, nitrierte aromatische Kohlenwasserstoffe, Pflanzenmehle, anorganische Salze und ähnliche). Chloratmischungen dürfen keine Ammoniaksalze enthalten. Unter dem Einflusse von Stoß, Reibung und Entzündung dürfen sich die Sprengstoffe nicht gefährlicher erweisen als Cheddit von folgender Zusammensetzung: 79 Prozent Kaliumchlorat, 1 Prozent Nitronaphthalin, 15 Prozent Dinitrotoluol, 5 Prozent Rizinusöl. Dies sind **Alkalsit I, Alkalsit A, Cheddit, Gesteins-Permonit, Permonit I, Wetter-Permonit, Permonit II, Permonit A, Persalit, Silesia, Yonckit I, II und III;** | Ia. A. 2. Gruppe b). | **innere:** Die Patronen müssen mit Paraffin oder Zeresin überzogen oder in paraffiniertes oder zerefiniertes Papier eingeschlagen und durch eine feste Umhüllung von Papier zu Paketen bis $2^1/_2$ kg Gewicht vereinigt sein.<br>**äußere:** Die Pakete müssen in starke, dichte, sicher verschlossene Holzbehälter fest verpackt sein. In dem Behälter etwa leerbleibende Räume müssen mit geeigneten Verpackungsstoffen derart ausgefüllt sein, daß sich die Pakete nicht bewegen können. Zum Zusammenfügen der Wände der Behälter verwendete eiserne Nägel müssen verzinkt sein.<br>Höchstes Gewicht des Inhalts eines Behälters 25 kg.<br>Deutliche, haltbare, den Inhalt kennzeichnende Aufschrift: „Chloratsprengstoff (Name)." oder „Perchloratsprengstoff (Name)." „2. Gruppe". |

*) Chloräthyl und Chlormethyl bis zu 100 g in Glasröhren, bei einer Gesamtmenge von höchstens 5 kg, dürfen allein oder mit anderen Gegenständen zusammen in starke Kisten verpackt werden, wenn die Glasröhren darin fest eingebettet sind. Die Kisten müssen auf rotem Grunde die gedruckte Aufschrift: „Feuergefährlich" tragen. Enthalten die Kisten nicht mehr als 100 g Chloräthyl oder Chlormethyl, so dürfen sie in bedeckten Wagen befördert werden.

| Ist Zusammenpackung mit anderen Gegenständen zulässig? | Zu verwendender Wagen | Ist Beiladung zulässig? | Bemerkungen |
|---|---|---|---|
| 4 | 5 | 6 | 7 |
| Ja, wenn die eisernen usw. Gefäße in Kisten verpackt sind. | Offener, die Wagen müssen aber in den Monaten April bis Oktober einschließlich mit Decken eingedeckt sein, wenn die Gefäße nicht in Holzkisten verpackt sind. | Ja. | 1. Die Gefäße dürfen nicht geworfen, auch nicht den Sonnenstrahlen oder der Ofenwärme ausgesetzt werden.<br>2. Die Gefäße sind im Eisenbahnwagen so zu lagern, daß sie nicht umfallen oder herabfallen können.<br>3. Über Beschaffenheit des Materials und Herstellung der Gefäße sowie über die amtliche Prüfung der Gefäße sind besondere Vorschriften unter Id. B und C getroffen. |
| | **Elektrische Bahnen.**<br>Über den Wagen sind starke Schutzdecken aus Holz oder einem anderen isolierendeu Stoffe anzubringen, die es verhüten, daß ein herabgefallener Leitungsdraht eine Zündung herbeiführt. Die Schutzdecken dürfen den freien Zutritt der Luft zum Gute nicht verhindern. | | |
| Nein. | Bedeckter.<br>**Elektrische Bahnen.**<br>Chlorat- und Perchloratsprengstoffe dürfen nicht in Wagen befördert werden, die stromführende oder unter Spannung stehende elektrische Leitungen oder Apparate enthalten, also auch nicht in Wagen, die elektrisch beleuchtet sind. | Ja, ausgenommen sind sprengkräftige Zündungen (Ib. Ziff. 4), die unter dem Stichwort „Schießmittel" unter III aufgeführten Schießmittel der 2. Gruppe, ferner Schwefel-, Salz- und Salpetersäure. | 1. Jede Sendung muß von einer Bescheinigung eines von der Eisenbahn anerkannten Chemikers begleitet sein, daß der Sprengstoff den Bestimmungen unter Ia. der Anlage C zur EVO. entsprechend zusammengesetzt ist und die dort vorgeschriebene Prüfung bestanden hat.<br>2. Aufgabe als Eilgut ist unzulässig.<br>3. Auf dem Frachtbriefe muß vom Absender bescheinigt sein, daß die Verpackung des Sprengstoffs den Vorschriften unter Ia. der Anlage C zur EVO. entspricht.<br>Von diesen Chlorat- oder Perchloratsprengstoffen, von organischen Nitrokörpern der 2. Gruppe, von nitrierten Chlorhydrinen oder von Triplastit dürfen nur insgesamt 200 kg in denselben Wagen verladen werden. Die Annahme zur Beförderung kann demgemäß beschränkt werden. |

| Gegenstand | Nr. der Anlage C | Verpackung | |
|---|---|---|---|
| 1 | 2 | 3 | |
| b) 3. **Gruppe der Sprengmittel** (nur in Wagenladungen zu befördern). | Ia. A. 3. Gruppe c). | Wie vor unter a). | Wie vor unter a). Die **Aufschrift** hat zu lauten: „Chloratsprengstoff (Name).“ oder „Perchloratsprengstoff (Name).“ „3. Gruppe.“ |
| **Chlorat- und Perchloratsprengstoffe,** die α) den Bedingungen der 2. Gruppe genügen, aber in Sendungen mit einem höheren Gewicht als 200 kg aufgeliefert werden, β) den Bedingungen der 2. Gruppe nicht entsprechen, aber nicht gefährlicher sind als Silesia I von folgender Zusammensetzung: 85 Prozent Kaliumchlorat und 15 Prozent Kolophonium, und zwar: **Alkalsite, Cheddit I, Kinetit, Permonit, Silesia I.** | | | |
| **Chlorhydrine, nitrierte:** | | innere: | äußere: |
| a) 2. **Gruppe der Sprengmittel. Höchstgewicht einer Stückgutsendung 200 kg.** | Ia. A. 2. Gruppe c). | Starke, dicht verschlossene Metallgefäße, die nur bis zu $^{9}/_{10}$ ihres Fassungsraums gefüllt sein und nicht mehr als 25 kg nitrierte Chlorhydrine enthalten dürfen. | **Jedes** Gefäß ist einzeln in einen starken Holzbehälter mit Sägemehl so einzusetzen, daß es überall von einer mindestens 10 cm starken Schicht des Verpackungsstoffs umgeben ist. Die **deutliche, haltbare Aufschrift** des Holzbehälters hat zu lauten: „Nitrierte Chlorhydrine. 2. Gruppe.“ |
| b) 3. **Gruppe der Sprengmittel. Sendungen mit einem höheren Gewicht als 200 kg.** | Ia. A. 3. Gruppe. | Wie vor unter a). | Wie vor unter a). Die **deutliche, haltbare Aufschrift** des Holzbehälters hat zu lauten: „Nitrierte Chlorhydrine. 3. Gruppe.“ |

| Ist Zusammenpackung mit anderen Gegenständen zulässig? | Zu verwendender Wagen | Ist Beiladung zulässig? | Bemerkungen |
|---|---|---|---|
| 4 | 5 | 6 | 7 |
| Nein. | Bedeckter.<br>**Elektrische Bahnen.**<br>Chlorat- und Perchloratsprengstoffe dürfen nicht in Wagen befördert werden, die stromführende oder unter Spannung stehende elektrische Leitungen oder Apparate enthalten, also auch nicht in Wagen, die elektrisch beleuchtet sind. | Ja, ausgenommen sind sprengkräftige Zündungen (I b Ziff. 4), die unter dem Stichwort „Schießmittel" unter III aufgeführten Schießmittel der 2. Gruppe, ferner Schwefel-, Salz- und Salpetersäure. Höchstens 1000 kg Chlorat- und Perchloratsprengstoffe dürfen mit anderen Gütern zusammenverladen werden, vorausgesetzt, daß diese nicht leicht entzündlich sind und nicht früher als die Sprengmittel ausgeladen werden. | 1. Die Frachtbriefe dürfen keine anderen Gegenstände umfassen. Die darin enthaltene Bezeichnung des Sprengstoffs ist mit roter Tinte zu unterstreichen. Die Frachtbriefe müssen außer Anzahl, Gattung, Zeichen und Nummer der Behälter auch das Rohgewicht jedes einzelnen Behälters enthalten.<br>2. Auf dem Frachtbriefe muß vom Absender bescheinigt sein, daß Beschaffenheit und Verpackung der Sprengstoffe den Vorschriften unter Ia. der Anlage C zur EVO. entspricht.<br>3. Aufgabe als Eilgut ist unzulässig.<br>4. Weiter sind die Beförderungsvorschriften unter Ia. B Abs. (3), D Abs. (3), E Abs. (5), F, G, H, J und K zu beachten. Die Vorschrift unter Ia. F Abs. (2) gilt nicht für elektrische Lokomotiven ohne Feuerherd. |
| Nein. | Bedeckter.<br>**Elektrische Bahnen.**<br>Chlorhydrine dürfen nicht in Wagen befördert werden, die stromführende oder unter Spannung stehende elektrische Leitungen oder Apparate enthalten, also auch nicht in Wagen, die elektrisch beleuchtet sind. | Ja, ausgenommen sind sprengkräftige Zündungen (I b. Ziff. 4) und die unter dem Stichwort „Schießmittel" unter III aufgeführten Schießmittel der 2. Gruppe. Von Chlorhydrinen, Chlorat- und Perchloratsprengstoffen (2. Gruppe), von Nitrokörpern (2. Gruppe) oder von Triplastit dürfen nur insgesamt 200 kg in denselben Wagen verladen werden. Die Annahme zur Beförderung kann demgemäß beschränkt werden. | 1. Im Frachtbriefe muß der Absender bescheinigen, daß die Verpackung des Sprengstoffs den Vorschriften unter Ia der Anlage C zur EVO. entspricht.<br>2. Aufgabe als Eilgut ist unzulässig. |
| Nein. | Wie vor unter a). | Ja, ausgenommen sind sprengkräftige Zündungen (I b Ziff. 4) und die unter dem Stichwort „Schießmittel" unter III aufgeführten Schießmittel der 2. Gruppe. Höchstens 1000 kg Chlorhydrine dürfen mit anderen Gütern zusammenverladen werden, vorausgesetzt, daß diese nicht leicht entzündlich sind und nicht früher als die Chlorhydrine ausgeladen werden. | 1. Die Frachtbriefe dürfen keine anderen Gegenstände umfassen. Die darin enthaltene Bezeichnung des Sprengstoffs ist mit roter Tinte zu unterstreichen. Die Frachtbriefe müssen außer Anzahl, Gattung, Zeichen und Nummer der Behälter auch das Rohgewicht jedes einzelnen Behälters enthalten.<br>2. Auf dem Frachtbriefe muß vom Absender bescheinigt sein, daß die Verpackung der Sprengstoffe den Vorschriften unter Ia. der Anlage C zur EVO. entspricht.<br>3. Aufgabe als Eilgut ist unzulässig.<br>4. Weiter sind die Beförderungsvorschriften unter Ia. B Abs. (3), D Abs. (3), E Abs. (5), F, G, H, J und K zu beachten. Die Vorschrift unter Ia. F Abs. (2) gilt nicht für elektrische Lokomotiven ohne Feuerherd. |

| Gegenstand | Nr. der Anlage C | Verpackung |
|---|---|---|
| 1 | 2 | 3 |
| **Chlorkohlenoxyd** (Phosgen). | I d. Ziff. 5. | Dicht verschlossene Gefäße aus Schweißeisen, Flußeisen, Gußstahl oder Kupfer*), die mit mindestens einem Ventil zum Füllen und Entleeren versehen sein müssen. Statt der Ventile sind auch eingeschraubte Stopfen zulässig, die so dicht schließen müssen, daß sich der Inhalt des Gefäßes nicht durch Geruch bemerkbar macht.<br>Auf den Gefäßen muß vermerkt sein:<br>a) das Gewicht des leeren Behälters einschließlich der Ausrüstungsteile (Ventil, Schutzkappe, Stopfen usw.),<br>b) das zulässige Höchstgewicht der Füllung,<br>c) der Prüfungsstempel und der Tag der letzten Prüfung, der nicht mehr als 2 Jahre zurückliegen darf.<br>Sind die Gefäße in Kisten verpackt, so ist auf diesen der Inhalt anzugeben; sind die Gefäße unverpackt, müssen sie mit Vorrichtungen versehen sein, die ein Rollen verhindern, auch müssen sie zum Schutz der Ventile Kappen a. Schmiedeeisen, Stahl oder schmiedbarem Guß tragen. Bei Gefäßen aus Kupfer sind kupferne Kappen zulässig. Schutzkappen sind bei eingeschraubten Stopfen u. bei Ventilen, die im Innern des Flaschenhalses angebracht u. durch einen aufgeschraubten gut sitzenden Metallstöpsel geschützt sind, nicht erforderlich. |
| **Chlormethyl**<br>s. Chloräthyl. | | |
| **Chlorsaures Kali** und andere **chlorsaure Salze.** | IV. Ziff. 8. | Starke, dichte, mit Papier ausgelegte und sicher verschlossene Holzbehälter (Fässer oder Kisten), die kein Verstreuen oder Verstauben des Inhalts zulassen.<br>Auf den Versandstücken muß ihr Inhalt deutlich und dauerhaft angegeben sein. |
| **Chlorschwefel**, sowie **salpetersaures und schwefelsaures Eisenoxyd** (Ferrinitrat oder Ferrisulfat, Eisenbeize). | V. Ziff. 2. | Starke, dichte, sicher verschlossene Gefäße, die durch den Inhalt nicht angegriffen werden. Der Verschluß muß so beschaffen sein, daß er weder durch Erschütterungen noch durch den Inhalt beschädigt werden kann.<br>Bei Verwendung von Gefäßen aus Glas oder Ton ist nachstehendes zu beachten:<br>a) die Gefäße sind unter Verwendung geeigneter Verpackungsstoffe in starke Übergefäße (Weiden- oder Metallkörbe, Kübel oder Kisten) fest einzusetzen; Übergefäße (ausgenommen Kisten) müssen mit guten Handhaben versehen sein,<br>b) Verpackungsstoff a) ist nicht erforderlich, wenn die Glasgefäße in eiserne Mantelkörbe eingesetzt sind und durch gut federnde, mit Asbest belegte Schließen so gehalten werden, daß sie sich in den Körben nicht bewegen können,<br>c) die Vorschriften unter a) und b) gelten nicht für Topfwagen. |
| **Chromammonit**<br>s. Ammoniaksalpetersprengstoffe a). | | |
| **Cordonnet-Seide**<br>s. Seide, hochbeschwerte. | | |
| **Cofilit**<br>s. Dynamite und dynamitähnliche Sprengstoffe. | | |
| **Cumol**<br>s. Kohlenwasserstoffe. | | |

*) Kleinere Mengen (bis 100 g) können auch in starken, zugeschmolzenen Glasröhren befördert werden, die nur bis zu 3/4 gefüllt sein dürfen. Jede Glasröhre muß in einer zugelöteten, mit Kieselgur gefüllten Blechkapsel und diese in einer starken Holzkiste verpackt sein. Es ist zulässig, mehrere Blechkapseln in eine Kiste einzulegen. Zu den Blechkapseln dürfen auch andere Gegenstände beigepackt werden.

| Ist Zusammenpackung mit anderen Gegenständen zulässig? | Zu verwendender Wagen | Ist Beiladung zulässig? | Bemerkungen |
|---|---|---|---|
| 4 | 5 | 6 | 7 |
| Ja, wenn die Gefäße in Kisten verpackt sind. | Bedeckter in den Monaten April bis Oktober einschl. Offener oder bedeckter in den Monaten November bis März einschl. Kesselwagen müssen mit einem hölzernen Überkasten versehen sein. | Ja. | 1. Die Gefäße dürfen nicht geworfen und nicht den Sonnenstrahlen oder der Ofenwärme ausgesetzt werden.<br>2. Die Gefäße sind im Eisenbahnwagen so zu lagern, daß sie nicht umfallen oder herabfallen können.<br>3. Über die Beschaffenheit des Materials und die Herstellung der Gefäße, sowie über die amtliche Prüfung der Gefäße sind besondere Vorschriften unter Id. B und C getroffen.<br>**Elektrische Bahnen.**<br>Über den offenen Wagen sind starke Schutzdecken aus Holz oder einem anderen isolierenden Stoffe anzubringen, die es verhüten, daß ein herabgefallener Leitungsdraht eine Zündung herbeiführt. Die Schutzdecken dürfen den freien Zutritt der Luft zum Gute nicht verhindern. |
| Ja, in Mengen bis 5 kg, doch ist die Zusammenpackung mit Säuren oder sauren Salzen verboten. Die Behälter mit den chlorsauren Salzen müssen mit den anderen Gegenständen in einen starken, dichten, sicher verschlossenen Holzbehälter zusammengepackt sein. | Bedeckter oder offener. | Ja, nur die Zusammenladung mit Säuren ist verboten. | |
| Ja, in Mengen bis 10 kg. Die Gefäße mit solchen Stoffen müssen dann mit den übrigen Gegenständen in einem starken, dichten, sicher verschlossenen Holzbehälter fest eingebettet sein. | Offener, nur Mengen bis 10 kg (allein oder mit anderen Gegenständen zusammengepackt — s. Sp. 4 —) dürfen in bedeckten Wagen befördert werden. | Ja. | Leere Gefäße, worin solche Stoffe enthalten gewesen sind, müssen bei Aufgabe als Stückgut dicht verschlossen oder vollständig gereinigt sein. Ihr früherer Inhalt muß im Frachtbrief angegeben sein. |

| Gegenstand | Nr. der Anlage C | Verpackung |
|---|---|---|
| 1 | 2 | 3 |
| **Dahmenit, Dahmenit A, Gesteins-Dahmenit** s. Ammoniaksalpetersprengstoffe a). | | |
| **Denaturierungsmittel,** allgemeines, für Spiritus (mit Pyridin versetzter Holzgeist). | III. Ziff. 6. | Starke, dichte, sicher verschlossene Gefäße aus Holz (Fässer), Glas, Ton (Steinzeug oder dgl.) oder Metall. Gefäße aus Glas oder Ton sind einzeln oder zu mehreren unter Verwendung geeigneter Verpackungsstoffe in starke Übergefäße (Weiden- oder Metallkörbe, Kübel oder Kisten) fest einzusetzen; Übergefäße (ausgenommen Kisten) müssen mit guten Handhaben versehen sein. Offene Übergefäße müssen eine Schutzdecke haben, die wenn sie aus Stroh, Rohr, Schilf oder ähnlichen leicht brennbaren Stoffen besteht, mit Lehm- oder Kalkmilch oder dgl. unter Zusatz von Wasserglas getränkt ist. |
| **Destillate** aus **Braunkohlenteer-, Torf-** und **Schieferölen** sowie aus **Asphaltnaphtha** u. dgl. s. Kohlenwasserstoffe. | | |
| **Dominit XI** s. Ammoniaksalpetersprengstoffe a). | | |
| **Donarit und Donarit I** s. Ammoniaksalpetersprengstoffe a). | | |
| **Dorfit** s. Ammoniaksalpetersprengstoffe a). | | |
| **Drehspäne** s. Eisenspäne. | | |

| Ist Zusammenpackung mit anderen Gegenständen zulässig? | Zu verwendender Wagen | Ist Beiladung zulässig? | Bemerkungen |
|---|---|---|---|
| 4 | 5 | 6 | 7 |
| Ja, in Mengen bis 10 kg. Die Gefäße müssen dann mit den übrigen Gegenständen in starke, dichte, sicher verschlossene Holzbehälter zusammengepackt sein. Die Gefäße mit dem Denaturierungsmittel müssen in den Behältern fest eingebettet sein. | Offener, nur kleine Mengen bis 10 kg (allein oder mit anderen Gegenständen zusammengepackt — s. Sp. 4 —) dürfen in bedeckten Wagen befördert werden.<br>**Elektrische Bahnen.**<br>1. Wagen oder Wagenabteilungen dürfen nicht verwendet werden, worin sich dem Betriebe dienende **elektrische Apparate**, wie stromführende Elektromotoren oder Generatoren, Transformatoren, Blitzplatten, Widerstände, Sicherungen, elektromagnetische Bremsen, Heizapparate befinden. Zugelassen sind Glühlampen, die in besonders starke Glasschutzglocken eingeschlossen sind, und deren Ausschalter und Sicherungen sich außerhalb der Wagen oder Wagenabteile befinden; ferner sind isolierte Drahtleitungen gestattet, die gegen mechanische Beschädigungen gut geschützt sind.<br>2. Über den offenen Wagen sind starke Schutzdecken aus Holz oder einem anderen isolierenden Stoffe anzubringen, die es verhüten, daß ein herabgefallener Leitungsdraht eine Zündung herbeiführt. Die Schutzdecken dürfen den freien Zutritt der Luft zum Gute nicht verhindern.<br>3. Bei Verwendung von Kessel- (Bassin-) Wagen ist über dem Wagen eine starke Schutzdecke aus Holz oder einem anderen isolierenden Stoffe anzubringen, die es verhindert, daß ein herabgefallener Leitungsdraht den Strom auf die metallenen Teile des Wagens überträgt. | Ja. | 1. Die Wagen sind vor Beginn der Verladung auf beiden Seiten mit roten Zetteln zu versehen, die deutlich die Aufschrift: „Feuergefährlich." und „Vorsichtig verschieben." tragen.<br>2. Die Versandstücke sind im Eisenbahnwagen sicher zu lagern. Offene Körbe und Kübel sind am Wagen zu befestigen, auch dürfen sie nicht aufeinander gestellt werden.<br>3. Während der Beförderung schadhaft gewordene Behälter sind sofort auszuladen und können, wenn ihre Wiederherstellung nicht alsbald möglich ist, mit dem vorhandenen Inhalt ohne weiteres für Rechnung des Absenders verkauft werden.<br>4. Dicht verschlossene leere Blechbehälter, worin das Denaturierungsmittel enthalten gewesen ist, dürfen in bedeckten Wagen, andere Gefäße müssen in offenen Wagen befördert werden; auf die frühere Verwendung der Behälter ist im Frachtbrief hinzuweisen. |

| Gegenstand | Nr. der Anlage C | Verpackung innere: | Verpackung äußere: |
|---|---|---|---|
| 1 | 2 | 3 | |
| **Dynamite** und **dynamitähnliche Sprengstoffe, patronierte,** aus einer zu ihrer Herstellung berechtigten **deutschen** oder aus einer zum Versand auf deutschen Bahnen **besonders ermächtigten ausländischen Fabrik.** Sie dürfen nicht gefährlicher sein als Sprenggelatine oder Gurdynamit.<br>**3. Gruppe der Sprengmittel** (nur in Wagenladungen zu befördern).<br>Hierzu gehören insbesondere: **Cosilit, Extra-Gummidynamit, Winterdynamit I** und **II** — auch **Belgisches Winterdynamit** genannt —, **Gelatinedynamit, Gurdynamit, schwergefrierbare Dynamite, Sicherheits-Gallerte-Dynamite, Wettersichere Gelatinedynamite I, II, III** usw., **Fördite, Gesilit** mit oder ohne die Ziffern **I**, II und III, **Karbonite, Nobelit, Salite** und **Wittenberger Wetterdynamite, Sprenggelatine, Tremonit,** auch Tremonit S mit oder ohne die angefügten Ziffern I, II, III. | Ia. A. 3. Gruppe e). | Die Patronen, zu deren Hülsen kein gefettetes oder geöltes (wohl aber paraffiniertes) Papier verwendet sein darf, müssen durch festes Umschlagpapier zu Paketen vereinigt sein; in den Paketen müssen sie mit Wellpappe*) so eingepackt sein, daß sie schichtweise in ihrer Lage festgehalten werden. Die Pakete sind in die äußeren Holzbehälter so fest einzusetzen, daß sie sich nicht verschieben können. | Starke, dichte, sicher verschlossene Holzbehälter, die keine eisernen Reifen oder Bänder haben.<br>Die Behälter müssen an zwei gegenüberliegenden Stirnseiten mit zuverlässigen Handgriffen oder Handleisten*) versehen sein; bei Fässern und Tonnen sind Handgriffe nicht erforderlich, wenn durch tief eingelassene Böden und Deckel eine feste Handhabe gegeben ist.<br>Das Rohgewicht der Behälter darf höchstens 35 kg betragen.<br>Deutliche, gedruckte oder schablonierte Aufschrift: „Dynamitpatronen usw. 3. Gruppe." sowie die Bezeichnung des Ursprungsorts (Fabrikmarke). |
| **Eisenbeize** s. Chlorschwefel. | | | |
| **Eisenoxyd, salpetersaures** und **schwefelsaures** s. Chlorschwefel. | | | |
| **Eisen-** und **Stahlspäne** (Dreh-, Bohrspäne u. dgl.), **gefettete.** | II. Ziff. 9. | Starke, dichte, sicherverschlossene Metallgefäße. Verpackung ist nicht erforderlich, wenn eiserne Deckelwagen oder offene eiserne Wagen mit Decken verwendet werden. | |
| **Elektrische Zünder** s. Zündungen, sprengkräftige und nichtsprengkräftige. | | | |
| **Entzündliche Flüssigkeiten** s. Flüssigkeiten. | | | |

*) Auf die zur Ausfuhr in das Ausland bestimmten Sendungen finden die Vorschriften wegen der Benutzung von Wellpappe sowie wegen Anbringen von Handgriffen oder Handleisten keine Anwendung.

| Ist Zusammenpackung mit anderen Gegenständen zulässig? | Zu verwendender Wagen | Ist Beiladung zulässig? | Bemerkungen |
|---|---|---|---|
| 4 | 5 | 6 | 7 |
| Nein. | Bedeckter.<br>**Elektrische Bahnen.**<br>Diese Stoffe dürfen nicht in Wagen befördert werden, die stromführende oder unter Spannung stehende elektrische Leitungen oder Apparate enthalten, also auch nicht in Wagen, die elektrisch beleuchtet sind. | Ja, ausgenommen sind sprengkräftige Zündungen (Ib. Ziff. 4) und die unter dem Stichwort „Schießmittel" unter IIaufgeführten Schießmittel der 2. Gruppe. Nur Mengen bis 1000 kg dürfen mit anderen Gütern zusammenverladen werden, vorausgesetzt, daß diese nicht leicht entzündlich sind und nicht früher als die Sprengmittel ausgeladen werden. | 1. Die Frachtbriefe dürfen keine anderen Gegenstände umfassen. Die darin enthaltene Bezeichnung des Sprengstoffs ist mit roter Tinte zu unterstreichen. Die Frachtbriefe müssen außer Anzahl, Gattung, Zeichen und Nummer der Behälter auch das Rohgewicht jedes einzelnen Behälters enthalten.<br>2. Auf dem Frachtbriefe muß vom Absender bescheinigt sein, daß Beschaffenheit und Verpackung der Sprengstoffe den Vorschriften unter Ia. der Anlage C zur EVO. entspricht. Außerdem muß jeder Sendung ein vom Fabrikanten ausgestelltes, amtlich beglaubigtes Ursprungszeugnis und die Bescheinigung eines von der Eisenbahn anerkannten Chemikers über ordnungsmäßige Beschaffenheit und Verpackung beigegeben sein.<br>3. Aufgabe als Eilgut ist unzulässig.<br>4. Weiter sind die Beförderungsvorschriften unter Ia. B Abs. (8), D Abs. (3), E Abs. (5), F, G, H, J und K zu beachten. Die Vorschrift unter Ia. F Abs. (2) gilt nicht für elektrische Lokomotiven ohne Feuerherd. |
| Nein. | Bedeckter oder offener, wenn verpackt. Bei fehlender Verpackung eiserne Deckel- oder offene eiserne Wagen mit Decken. | Ja. | Ist im Frachtbriefe bescheinigt, daß die Eisen- oder Stahlspäne nicht gefettet sind, werden sie ohne Beschränkung befördert. |

| Gegenstand | Nr. der Anlage C | Verpackung |
|---|---|---|
| 1 | 2 | 3 |
| **Ester (Äther) aller Art,** z. B. **Amylazetat.** Wegen Petroleumäther s. Kohlenwasserstoffe. Wegen Schwefeläther s. diesen. | III. Ziff. 2. | Starke, dichte, sicherverschlossene Gefäße aus Holz (Fässer), Glas, Ton (Steinzeug oder dergleichen) oder Metall. Gefäße aus Glas oder Ton sind einzeln oder zu mehreren unter Verwendung geeigneter Verpackungsstoffe in starke Übergefäße (Weiden- oder Metallkörbe, Kübel oder Kisten) fest einzusetzen; Übergefäße (ausgenommen Kisten) müssen mit guten Handhaben versehen sein. Offene Übergefäße müssen eine Schutzdecke haben, die, wenn sie aus Stroh, Rohr, Schilf oder ähnlichen leicht brennbaren Stoffen besteht, mit Lehm- oder Kalkmilch oder dergleichen unter Zusatz von Wasserglas getränkt ist. |
| **Explosionsfähige, nicht selbstentzündliche chemische Produkte, die nicht unter den Sprengmitteln und Schießmitteln** (I a. A u. B) **aufgeführt sind,** müssen in trockenem Zustand einer Prüfung*) auf Schlagempfindlichkeit und Feuergefährlichkeit unterworfen worden sein und sich dabei nicht gefährlicher erwiesen haben als die zum Vergleiche herangezogene gepulverte **reine Pikrinsäure** (Erstarrungspunkt nicht unter 120 °). **Mechanische Gemenge** explosiver Natur sind nicht zu diesen Stoffen zu rechnen. | I a. C. | Haltbare, dichte, sicher verschlossene Behälter, die das Verstreuen, Verstauben oder Auslaufen des Inhalts sicher verhindern. Deutliche, haltbare Aufschrift: „Explosionsfähige, nicht selbst entzündliche chemische Produkte.“ |
| **Extra-Gummidynamit** s. Dynamite und dynamitähnliche Sprengstoffe. | | |
| **Fackeln, bengalische,** s. Feuerwerkskörper. | | |

*) Die näheren Bestimmungen über das Verfahren bei dieser Prüfung trifft das Reichs-Eisenbahnamt.

| Ist Zusammenpackung mit anderen Gegenständen zulässig? | Zu verwendender Wagen | Ist Beiladung zulässig? | Bemerkungen |
|---|---|---|---|
| 4 | 5 | 6 | 7 |
| Ja, in Mengen bis 10 kg. Die Gefäße müssen dann mit den anderen Gegenständen in starke, dichte, sicher verschlossene Holzbehälter zusammengepackt sein. Die Gefäße mit den Flüssigkeiten müssen in den Behältern fest eingebettet sein. | Offener, nur Mengen bis 10 kg (allein oder mit anderen Gegenständen zusammengepackt — s. Sp. 4 —) dürfen in bedeckte Wagen verladen werden.<br>**Elektrische Bahnen.**<br>1. Wagen oder Wagenabteilungen dürfen nicht verwendet werden, worin sich dem Betriebe dienende elektrische Apparate, wie stromführende Elektromotoren oder Generatoren, Transformatoren, Blitzplatten, Widerstände, Sicherungen, elektromagnetische Bremsen, Heizapparate befinden. Zugelassen sind Glühlampen, die in besonders starke Glasschutzglocken eingeschlossen sind, und deren Ausschalter und Sicherungen sich außerhalb der Wagen oder Wagenabteile befinden; ferner sind isolierte Drahtleitungen gestattet, die gegen mechanische Beschädigungen gut geschützt sind.<br>2. Über den offenen Wagen sind starke Schutzdecken aus Holz oder einem anderen isolierenden Stoffe anzubringen, die es verhüten, daß ein herabgefallener Leitungsdraht eine Zündung herbeiführt. Die Schutzdecken dürfen den freien Zutritt der Luft zum Gute nicht verhindern.<br>3. Bei Verwendung von Kessel- (Bassin-) Wagen ist über dem Wagen eine starke Schutzdecke aus Holz oder einem anderen isolierenden Stoffe anzubringen, die es verhindert, daß ein herabgefallener Leitungsdraht den Strom auf die metallenen Teile des Wagens überträgt. | Ja. | 1. Die Wagen sind vor Beginn der Verladung auf beiden Seiten mit roten Zetteln zu versehen, die deutlich die Aufschrift: „Feuergefährlich." und „Vorsichtig verschieben." tragen.<br>2. Die Versandstücke müssen im Wagen sicher gelagert werden. Offene Körbe und Kübel sind am Wagen zu befestigen, auch dürfen sie nicht aufeinander gestellt werden.<br>3. Während der Beförderung schadhaft gewordene Behälter sind sofort auszuladen und können, wenn ihre Wiederherstellung nicht alsbald möglich ist, mit dem vorhandenen Inhalt ohne weiteres für Rechnung des Absenders verkauft werden.<br>4. Dicht verschlossene leere Blechbehälter, worin solche Stoffe enthalten waren, dürfen in bedeckten Wagen, andere Gefäße müssen in offenen Wagen befördert werden; auf die frühere Verwendung der Behälter ist im Frachtbriefe hinzuweisen.<br>**Nicht mit Wasser zu löschen!** |
| **Nein.** | Bedeckter.<br>**Elektrische Bahnen.**<br>Solche Produkte dürfen nicht in Wagen befördert werden, die stromführende oder unter Spannung stehende elektrische Leitungen oder Apparate enthalten, also auch nicht in Wagen, die elektrisch beleuchtet sind. | Ja, ausgenommen sind sprengkräftige Zündungen (I b. Ziff. 4) und die unter dem Stichwort „Schießmittel" unter III aufgeführten Schießmittel der 2. Gruppe. | Auf dem Frachtbriefe, der keine anderen Gegenstände umfassen darf, muß von einem durch die Eisenbahn anerkannten Chemiker bescheinigt sein, daß die Stoffe nach den Vorschriften unter I a. der Anlage C zur EVO. geprüft sind und den gestellten Anforderungen entsprechen. |

| Gegenstand | Nr. der Anlage C | Verpackung |
|---|---|---|
| 1 | 2 | 3 |
| **Fäkalien** (ausgenommen Stalldünger, mit Streu durchsetzt, s. diesen) und **Latrinenstoffe.** | VI. Zif. 8. | a) **Bei Aufgabe als Stückgut:**<br>1. Hundekot<br>in starken, dichten, sicher verschlossenen Metall- oder Holzbehältern;<br>2. Taubendünger<br>in starken, dichten, sicher verschlossenen Holzbehältern (Fässern oder Kübeln); trockener Taubendünger auch in starken, dichten Säcken.<br>Den Packgefäßen dürfen keine Spuren des Inhalts anhaften.*)<br>b) **Bei Aufgabe als Wagenladung:**<br>Starke, dichte, sicher verschlossene Behälter, trockener Taubendünger darf auch in starke, dichte Säcke verpackt sein. |
| **Farben, mit Firnis versetzt,** s. Öle, fette. | | |
| **Fäulnisfähige, tierische Stoffe** s. Flechsen, frische. | | |
| **Favierische Sprengstoffe** s. Ammoniaksalpetersprengstoffe a). | | |
| **Ferrinitrat, Ferrisulfat** (Eisenbeize) s. Chlorschwefel. | | |
| **Ferrosilizium,** auf elektrischem Wege gewonnen. | IV. Zif. 2. | Starke, wasserdichte Behälter aus Holz oder Metall, die so verschlossen sein müssen, daß kein Verstreuen oder Verstauben des Inhalts möglich ist. Jedes Versandstück muß deutlich und dauerhaft die Aufschrift tragen: „Ferrosilizium. Vor Nässe zu bewahren. Nicht stürzen." |
| **Fertige Patronen für Handfeuerwaffen** s. Patronen für Handfeuerwaffen. | | |
| **Fertige Metallpatronen für Geschütze** s. Geschützmunition. | | |

*) Die übrigen Fäkalien und die Latrinenstoffe werden nur als Wagenladungen angenommen.

| Ist Zusammenpackung mit anderen Gegenständen zulässig? | Zu verwendender Wagen | Ist Beiladung zulässig? | Bemerkungen |
|---|---|---|---|
| 4 | 5 | 6 | 7 |
| Nein. | Offener. | Ja. | 1. Die Eisenbahn kann die Beförderung auf bestimmte Züge beschränken, auch besondere Vorschriften über Zeit und Frist des Auf- und Abladens sowie der An- und Abfuhr treffen.<br>2. Gefäße mit Hundekot dürfen nicht gerollt werden, sie sind aufrecht stehend zu befördern.<br>3. Bei Wagenladungen kann die Eisenbahn von den Absendern oder Empfängern die Reinigung der Ladestellen verlangen.<br>4. Die Eisenbahn muß Eisenbahnwagen, worin solche Ladungen befördert worden sind, nach jedesmaligem Gebrauch dem Reinigungs- (Desinfektions-) Verfahren unterwerfen, das für die Beseitigung von Ansteckungsstoffen bei der Beförderung von Vieh auf Eisenbahnen vorgeschrieben ist. Durch die Desinfektion müssen die den Wagen etwa anhaftenden Ansteckungsstoffe völlig beseitigt werden. Ausgenommen hiervon sind nur solche Wagen, die bestimmungsgemäß ausschließlich zur Beförderung dieser Stoffe benutzt werden. Die Kosten der Desinfektion hat der Absender oder der Empfänger zu ersetzen.<br>5. Macht sich ein lästiger Geruch während der Beförderung bemerkbar, so kann die Eisenbahn die Stoffe jederzeit auf Kosten des Absenders oder des Empfängers mit geeigneten Mitteln zur Beseitigung des Geruchs behandeln lassen.<br>6. Leere Behälter müssen völlig gereinigt und mit geeigneten Desinfektionsmitteln behandelt sein, so daß sie keinen fauligen Geruch verbreiten. Im Frachtbrief ist auf ihre frühere Verwendung hinzuweisen. Sie müssen in offenen Wagen befördert werden. |
| Ja, die Behälter mit Ferrosilizium müssen dann mit den anderen Gegenständen in starke, dichte, sicher verschlossene Holzbehälter zusammengepackt werden. | Bedeckter oder offener, letzterer muß aber mit einer wasserdichten Decke eingedeckt sein. | Ja. | Ferrosilizium muß völlig trocken und in völlig trockenen Behältern aufgeliefert werden. |

| Gegenstand | Nr. der Anlage C | Verpackung | |
|---|---|---|---|
| 1 | 2 | 3 | |
| **Fettgas, verdichtetes,**<br>s. Leuchtgas. | | | |
| **Feuer, bengalische,**<br>s. Feuerwerkskörper. | | | |
| **Feuerräder**<br>s. Feuerwerkskörper. | | | |
| **Feuerwerkskörper:**<br>a) **Kunstfeuerwerkskörper**, wie Raketen, römische Lichter, Fontänen, Feuerräder, Sonnen u. dgl.;<br>b) Klein- und Salonfeuerwerk, wie Frösche, Fire crackers, Schwärmer, Silber- und Goldregen und ähnliche in der Hand abzubrennende Feuerwerkskörper;<br>c) Bengalische Feuer, bengalische Fackeln, Signal-blue-lights u. dgl.;<br>Für die Zusammensetzung der Feuerwerkskörper gilt folgendes:<br>(1) Sie dürfen keine erhebliche Sprengwirkung hervorrufen können, auch keine Mischungen enthalten, die sich selbst oder durch Reibung, Druck oder Schlag leicht entzünden.<br>Es sind gestattet:<br>a) in Nitratsätzen und bei bengalischen Magnesiumfackeln ein Zusatz von höchstens 3 % Magnesiumpulver;<br>b) in besonderen kleinen Leuchtkörpern, die im Feuerwerkskörper eingebettet sind, Chloratmischungen mit einem Gehalt von höchstens 40 % Kaliumchlorat;<br>c) in Papierhülsen eingefüllte Pfeifensätze, die pikrinsaure Magnesia und chlorsaures Salz enthalten. Die fertigen Pfeifensätze dürfen aber durch Stoß, Schlag oder Zündung nicht zur Detonation gebracht werden können.<br>(2) Die Körper unter a) und b) müssen hauptsächlich aus Mehlpulver, gemischt mit Kohle, Metallpulver (Gußeisen-, Gußstahlpulver), Aluminiumflitter, Bleiglätte und anderen Mineralpulvern in gepreßtem Zustande bestehen. Von gekörntem Schwarzpulver darf der einzelne Körper höchstens 30 g enthalten.<br>S. auch Signalfeuerwerk sowie Leucht- und Signalmittel. | Ic. Ziff. 3. | innere:<br>a) Bei kleinerem Feuerwerk starke Pappschachteln oder Holzkistchen, bei den Gegenständen unter c) auch Papierbeutel,<br>b) bei größerem Feuerwerk Papierumschläge oder eine Papierkappe über der Anzündestelle; ein Ausstreuen des Satzgemenges muß in beiden Fällen verhindert sein. | äußere:<br>Starke, dichte, sicher verschlossene Holzkisten. Die Bretter müssen gefügt, die Seitenteile durch Zinken oder Kopfleisten miteinander verbunden sein (sog. französische Kisten).<br>Brettstärke mindestens 18 mm. Die Kisten sind im Innern mit gutem, zähem Papier vollständig auszulegen, statt dessen sind dünne Zinkeinsätze zulässig.<br>Leer bleibende Hohlräume in den Kisten sind mit geeigneten trockenen Verpackungsstoffen (Holzwolle, Papier oder dgl.) fest auszustopfen. Feuchtes Heu, Putzwolle oder ähnliche zur Selbstentzündung neigende Stoffe dürfen nicht verwendet werden. Bei größeren Feuerbildern (Transparenten) genügt sicheres Befestigen in der Kiste.<br>Auf der Kiste müssen der Inhalt und die genaue Adresse des Absenders deutlich und dauerhaft angegeben sein.<br>Höchstes Rohgewicht einer Kiste 100 kg. Das Gesamtgewicht an Feuersatz darf 20 kg, das darin enthaltene Feuerwerkskornpulver 2,5 kg nicht übersteigen. |
| **Feuerwerk, spanisches,**<br>s. Scherzartikel, pyrotechnische e). | | | |
| **Fire crackers**<br>s. Feuerwerkskörper. | | | |
| **Firnisse**<br>s. Öle, fette. | | | |
| **Flachs, gefettet** oder **gefirnißt,**<br>s. Spinn- und Webstoffe. | | | |

| Ist Zusammenpackung mit anderen Gegenständen zulässig? | Zu verwendender Wagen | Ist Beiladung zulässig? | Bemerkungen |
|---|---|---|---|
| 4 | 5 | 6 | 7 |
| Nein. | Bedeckter. | Ja. | In den Frachtbriefen muß vom Absender bescheinigt sein, daß Art und Verpackung der Sendung den Vorschriften unter I c. der Anlage C zur EVO. entspricht. |

| Gegenstand | Nr. der Anlage C | Verpackung |
|---|---|---|
| 1 | 2 | 3 |
| **Flechsen, frische, nicht gekalktes frisches Leimleder und Abfälle von beiden, frische Hörner und Klauen, frische Knochen sowie andere nicht zum menschlichen Genuß geeignete od. nicht zur Verarbeitung zu menschlichen Genußmitteln bestimmte fäulnisfähige oder übelriechende tierische Stoffe.**<br>Wegen ungesalzener, frischer Häute s. Häute,<br>wegen gereinigter, trockener Knochen, trockener Hörner und Klauen,<br>s. Knochen, gereinigte, trockene,<br>wegen zu unschädlicher Beseitigung bestimmter tierischer Stoffe,<br>s. tierische Stoffe,<br>s. auch Kälbermagen. | VI. Ziff. 1. | a) Bei Aufgabe als Stückgut:<br>Starke, dichte, sicher verschlossene Holzbehälter (Fässer, Kübel, Kisten). Der Inhalt darf sich nicht in belästigender Weise durch Geruch bemerkbar machen, auch dürfen den Gefäßen außen keine Spuren des Inhalts anhaften.<br>b) Bei Aufgabe als Wagenladung:<br>1. Bei Verwendung besonders eingerichteter bedeckter Wagen, die mit wirksamen Durchlüftungsvorrichtungen versehen sind, ist Verpackung nicht erforderlich. Die Stoffe sind mit mindestens fünfprozentiger Karbolsäure oder anderen geeigneten Desinfektionsmitteln derart anzufeuchten, daß ein fauliger Geruch nicht wahrnehmbar ist.<br>2. Bei Verwendung gewöhnlicher offener Güterwagen:<br>α) Vom 1. März bis zum 31 Oktober müssen die Stoffe in starke, dichte Säcke verpackt sein; diese sind mit den unter 1. genannten Desinfektionsmitteln derart anzufeuchten, daß der faulige Geruch des Inhalts nicht wahrnehmbar ist. Jede Sendung muß mit einer aus starkem Gewebe (sogen. Hopfentuch) hergestellten, mit den vorbezeichneten Desinfektionsmitteln getränkten Decke und diese wieder mit einer großen, wasserdichten, ungeteerten Wagenplane völlig bedeckt sein.<br>β) Vom November bis Ende Februar sind Säcke nicht erforderlich. Die Sendung muß jedoch ebenfalls mit einer Decke aus Hopfentuch und diese wieder mit einer großen, wasserdichten, ungeteerten Wagenplane völlig bedeckt sein. Die untere Decke ist nötigenfalls mit den unter 1. genannten Desinfektionsmitteln so anzufeuchten, daß kein fauliger Geruch wahrnehmbar ist.<br>γ) Sendungen, bei denen der faulige Geruch durch Desinfektionsmittel nicht beseitigt werden kann, müssen in starke, dichte, gut verschlossene Fässer oder Kübel so verpackt sein, daß sich der Inhalt des Gefäßes nicht durch Geruch bemerkbar macht. |
| **Fliegenstein**<br>s. Arsenikalien a). | | |
| **Flobertmunition, Flobertzündhütchen**<br>s. Patronen für Handfeuerwaffen. | | |
| **Flüssige Luft.** | Id. Ziff. 7. | a) Glasgefäße mit luftleeren Doppelwänden.<br>Sie müssen mit Filz umkleidet und mit einem Filzpfropfen so verschlossen sein, daß die verdampfenden Gase entweichen können, ohne im Innern einen erheblichen Überdruck zu erzeugen, daß aber ein Ausfließen des Inhalts verhindert wird. Der Filzpfropfen muß so befestigt sein, daß er sich beim Kippen oder Umkehren der Flasche nicht lockert. Jede Flasche oder mehrere Flaschen gemeinschaftlich müssen durch einen sicher stehenden Drahtkorb oder durch ein ähnliches Gefäß gegen Stöße geschützt sein. Die Drahtkörbe oder anderen Gefäße sind in Metallkästen oder Holzkisten mit Blecheinsatz einzustellen, die oben offen oder nur durch ein Drahtnetz, einen mit Löchern versehenen Deckel oder eine ähnliche Vorrichtung geschlossen sind. Die Metallkästen oder Holzkisten müssen an dem unteren Teile bis zu einer solchen Höhe dicht sein, daß im Falle eines Bruches der Flaschen die Flüssigkeit nicht auslaufen kann. In den Kisten dürfen sich keine leicht brennbaren Verpackungsstoffe, wie Sägespäne, Torf, Stroh, Heu, befinden; dagegen ist Holzwolle zulässig.<br>b) Gefäße aus anderem Stoffe.<br>Sie dürfen nur dann verwendet werden, wenn sie gegen Wärmedurchgang so geschützt sind, daß sie nicht beschlagen oder bereifen. Eine weitere Verpackung dieser Gefäße ist nicht erforderlich. Die Vorschriften für den Verschluß der Glasflaschen unter a) gelten sinngemäß auch für solche Gefäße.<br>Die Holzkisten und Metallkästen müssen die deutlichen Aufschriften: „Flüssige Luft.“, „Oben.“, „Unten.“, „Sehr zerbrechlich.“ tragen. |

| Ist Zusammenpackung mit anderen Gegenständen zulässig? | Zu verwendender Wagen | Ist Beiladung zulässig? | Bemerkungen |
|---|---|---|---|
| 4 | 5 | 6 | 7 |
| Nein. | Offener, s. aber Sp. 3 b) Ziff. 1). | Ja. | 1. Die Eisenbahn kann die Beförderung auf bestimmte Züge beschränken, auch besondere Vorschriften über Zeit und Frist des Auf- und Abladens sowie der An- und Abfuhr treffen.<br>2. Wagenladungen dürfen nur auf möglichst abgelegenen Seitensträngen oder auf Anschlußgleisen ein- und ausgeladen werden.<br>3. Bei Wagenladungen kann die Eisenbahn von den Absendern oder Empfängern die Reinigung der Ladestellen verlangen.<br>4. Die Eisenbahn muß Eisenbahnwagen, worin Ladungen dieser Stoffe in losem Zustande befördert worden sind, nach jedesmaligem Gebrauch dem Reinigungs- (Desinfektions-) Verfahren unterwerfen, das für die Beseitigung von Ansteckungsstoffen bei der Beförderung von Vieh auf Eisenbahnen vorgeschrieben ist. Durch die Desinfektion müssen die den Wagen etwa anhaftenden Ansteckungsstoffe völlig beseitigt werden. Ausgenommen hiervon sind nur solche Wagen, die bestimmungsgemäß ausschließlich zur Beförderung dieser Stoffe benutzt werden. Die Kosten der Desinfektion hat der Absender oder der Empfänger zu ersetzen.<br>5. Macht sich ein lästiger Geruch während der Beförderung bemerkbar, so kann die Eisenbahn die Stoffe jederzeit auf Kosten des Absenders oder des Empfängers mit geeigneten Mitteln zur Beseitigung des Geruchs behandeln lassen.<br>6 Leere Behälter und zurückgehende Wagendecken müssen völlig gereinigt und mit geeigneten Desinfektionsmitteln behandelt sein, so daß sie keinen fauligen Geruch verbreiten. Im Frachtbrief ist auf ihre frühere Verwendung hinzuweisen. Sie müssen in offenen Wagen befördert werden. |
| Nein. | Bedeckter. | Ja, jedoch dürfen leicht brennbare Kleinstückige oder leicht brennbare flüssige Stoffe nicht in unmittelbarer Nähe von flüssiger Luft verladen werden. | Die Versandstücke dürfen nicht geworfen, auch nicht den Sonnenstrahlen oder der Ofenwärme ausgesetzt werden. Sie müssen aufrecht stehen, und gegen Beschädigungen durch andere Frachtstücke geschützt sein. |

| Gegenstand | Nr. der Anlage C | Verpackung |
|---|---|---|
| 1 | 2 | 3 |
| **Flüssigkeiten, die bereitet sind einerseits aus Petroleumnaphtha oder ähnlichen leicht entzündlichen Flüssigkeiten, andererseits aus Harz, Kautschuk, Guttapercha oder Seife.** | III. Ziff. 2. | Starke, dichte, sicher verschlossene Gefäße aus Holz (Fässer), Glas, Ton (Steinzeug oder dergleichen) oder Metall.<br>Gefäße aus Glas oder Ton sind einzeln oder zu mehreren unter Verwendung geeigneter Verpackungsstoffe in starke Übergefäße (Weiden- oder Metallkörbe, Kübel oder Kisten) fest einzusetzen; Übergefäße (ausgenommen Kisten) müssen mit guten Handhaben versehen sein. Offene Übergefäße müssen eine Schutzdecke haben, die, wenn sie aus Stroh, Rohr, Schilf oder ähnlichen leicht brennbaren Stoffen besteht, mit Lehm- oder Kalkmilch oder dergleichen unter Zusatz von Wasserglas getränkt ist. |
| **Flußsäure**<br>s. Schwefelsäure. | | |
| **Fontänen (Feuer-)**<br>s. Feuerwerkskörper. | | |
| **Förbite**<br>s. Dynamite und dynamitähnliche Sprengstoffe. | | |
| **Frösche (Feuer-)**<br>s. Feuerwerkskörper. | | |
| **Fulmenit** und **Fulmenit I, Wetter-Fulmenit** und **Wetter-Fulmenit I**<br>s. Ammoniaksalpetersprengstoffe a). | | |
| **Gasäther**<br>s. Kohlenwasserstoffe. | | |
| **Gase, verdichtete** und **verflüssigte.**<br>Die einzelnen Gase sind im Verzeichnis besonders aufgeführt. | | |

| Ist Zusammenpackung mit anderen Gegenständen zulässig? | Zu verwendender Wagen | Ist Beiladung zulässig? | Bemerkungen |
|---|---|---|---|
| 4 | 5 | 6 | 7 |
| Ja, in Mengen bis 10 kg. Die Gefäße müssen dann mit den anderen Gegenständen in starke, dichte, sicher verschlossene Holzbehälter zusammengepackt sein. Die Gefäße mit den Flüssigkeiten müssen in den Behältern fest eingebettet sein. | Offener, nur Mengen bis 10 kg (allein oder mit anderen Gegenständen zusammengepackt — s. Sp. 4 —) dürfen in bedeckten Wagen verladen werden. | Ja. | 1. Die Wagen sind vor Beginn der Verladung auf beiden Seiten mit roten Zetteln zu versehen, die deutlich die Aufschrift: „Feuergefährlich." und „Vorsichtig verschieben." tragen.<br>2. Die Versandstücke müssen im Wagen sicher gelagert werden. Offene Körbe und Kübel sind am Wagen zu befestigen, auch dürfen sie nicht aufeinander gestellt werden.<br>3. Während der Beförderung schadhaft gewordene Behälter sind sofort auszuladen und können, wenn ihre Wiederherstellung nicht alsbald möglich ist, mit dem vorhandenen Inhalt ohne weiteres für Rechnung des Absenders verkauft werden.<br>4. Dicht verschlossene leere Blechbehälter, worin solche Stoffe enthalten waren, dürfen in bedeckten Wagen, andere Gefäße müssen in offenen Wagen befördert werden; auf die frühere Verwendung der Behälter ist im Frachtbriefe hinzuweisen. |
| | **Elektrische Bahnen.**<br>1. Wagen oder Wagenabteilungen dürfen nicht verwendet werden, worin sich dem Betriebe dienende elektrische Apparate, wie stromführende Elektromotoren oder Generatoren, Transformatoren, Blitzplatten, Widerstände, Sicherungen, elektromagnetische Bremsen, Heizapparate befinden. Zugelassen sind Glühlampen, die in besonders starke Glasschutzglocken eingeschlossen sind, und deren Ausschalter und Sicherungen sich außerhalb der Wagen oder Wagenabteile befinden; ferner sind isolierte Drahtleitungen gestattet, die gegen mechanische Beschädigungen gut geschützt sind.<br>2. Über den offenen Wagen sind starke Schutzdecken aus Holz oder einem anderen isolierenden Stoffe anzubringen, die es verhüten, daß ein herabgefallener Leitungsdraht eine Zündung herbeiführt. Die Schutzdecken dürfen den freien Zutritt der Luft zum Gute nicht verhindern.<br>3. Bei Verwendung von Kessel- (Bassin-) Wagen ist über dem Wagen eine starke Schutzdecke aus Holz oder einem anderen isolierenden Stoffe anzubringen, die es verhindert, daß ein herabgefallener Leitungsdraht den Strom auf die metallenen Teile des Wagens überträgt. | | |

| Gegenstand | Nr. der Anlage C | Verpackung | |
|---|---|---|---|
| 1 | 2 | 3 | |
| **Gasolin** s. Kohlenwasserstoffe. | | | |
| **Gefettete** oder **gefirnißte Textilrohstoffe** und **-Erzeugnisse** s. Spinn- und Webstoffe. | | | |
| **Geladene Gefechtspistolen für Torpedos** s. Zündungen, sprengkräftige. | | | |
| **Geladene Munition für Geschütze** s. Geschützmunition. | | | |
| **Gelatine-Astralit** s. Ammoniaksalpetersprengstoffe a). | | | |
| **Gelatine-Donarit** s. Ammoniaksalpetersprengstoffe a). | | | |
| **Gelatinedynamit,** auch **wettersicheres,** s. Dynamite und dynamitähnliche Sprengstoffe. | | | |
| **Gelatine-Westfalit** s. Ammoniaksalpetersprengstoffe a). | | | |
| **Gemische von Holzgeist** und **Benzol** s. Nitrobenzol. | | | |
| **Gelatine-Wetterastralit** s. Ammoniaksalpetersprengstoffe a). | | | |
| **Geschirrlitzen, gefettete** oder **gefirnißte,** s. Spinn- und Webstoffe. | | | |
| **Geschoßzünder** s. Zündungen, nichtsprengkräftige und sprengkräftige. | | | |
| **Geschosse für Geschütze** und **Geschützladungen** s. Geschützmunition. | | | |
| **Geschützmunition.** **Geladene Munition für Geschütze bis 15 cm Kaliber aus einer zu ihrer Herstellung berechtigten deutschen oder aus einer zum Versand auf deutschen Bahnen besonders ermächtigten ausländischen Fabrik.** | Ib. Ziff. 7. | innere: Die Munition darf nicht mit Zündern versehen sein, sondern muß an Stelle der Zünder Zinkverschlußschrauben mit hohlen Zapfen enthalten. Die Patronenhülsen dürfen Zündschrauben oder Zündhütchen enthalten. In diesem Falle muß das Zündhütchen entweder durch eine wenigstens 1 mm starke Metallplatte bedeckt sein oder um wenigstens 0,5 mm gegen den Boden der Patronenhülse versenkt liegen. Die Zündschrauben oder Zündhütchen müssen durch Metallbügel mit Gummieinlage, die mit drei Armen den Rand der Patronenhülse umgreifen und dadurch in ihrer Lage gesichert sind, | äußere: Haltbare Holzkisten, worin die Munition so fest zu verpacken ist, daß eine Verschiebung verhindert wird. Zum Schließen der Kisten dürfen nur Schrauben verwendet werden. Die Kisten müssen, wenn sie nicht mit Zinkblecheinsatz versehen sind, innen und außen einen haltbaren Firnisanstrich haben. Sie sind mit sicheren Handhaben und mit der deutlichen, gedruckten oder schablonierten Aufschrift zu versehen: „Zusammengesetzte Munition für Geschütze.“ oder „Getrennte Munition für Geschütze.“ |
| a) **Fertige Metallpatronen:** α) Granatpatronen (Schwarzpulver als Geschoßfüllung). β) Schrapnellpatronen (Schwarzpulver in Form einer Bodenkammerladung im Geschoß, darüber Kugeln im Geschoß, mit Kolophonium oder dergleichen oder mit Schwarzpulver festgelegt). γ) Panzergranatpatronen (Schwarzpulver als Füllung in dem mit massiver Spitze versehenen Geschoß). δ) Kartätschpatronen, bei denen die Kugeln in einer Metallhülse mit | | | |

| Ist Zusammenpackung mit anderen Gegenständen zulässig? | Zu verwendender Wagen | Ist Beiladung zulässig? | Bemerkungen |
|---|---|---|---|
| 4 | 5 | 6 | 7 |
| Nein. | Bedeckter. **Elektrische Bahnen.** Geschützmunition darf nicht in Wagen befördert werden, die stromführende oder unter Spannung stehende elektrische Leitungen oder Apparate enthalten, also auch nicht in Wagen, die elektrisch beleuchtet sind. | Ja, ausgenommen sind sprengkräftige Zündungen (Ib. Zif. 4). Nur Mengen bis zu 1000 kg dürfen mit anderen Gütern zusammenverladen werden, vorausgesetzt, daß diese nicht leicht entzündlich sind und nicht früher als die Munition ausgeladen werden. | 1. Auf dem Frachtbriefe hat der Absender zu bescheinigen, daß die in der Munition befindlichen Spreng- oder Schießmittel in der unter Ia der Anlage C zur EVO. hierfür vorgeschriebenen Weise auf ihre gute Beschaffenheit und Lagerbeständigkeit mit Erfolg geprüft, daß sie in den Geschossen und Hülsen sicher festgelegt sind, und daß die Verpackung der Munition den in der Anlage C unter Ib zu 7 Abs. (2) bis (5) getroffenen Vorschriften entspricht. Außerdem muß ein vom Fabrikanten ausgestelltes, amtlich beglaubigtes Ursprungszeugnis beigefügt werden.<br>2. Aufgabe als Eilgut ist unzulässig.<br>3. Weiter sind die Beförderungsvorschriften für Sprengmittel der 3. Gruppe unter Ia. B Abs. (3), D Abs. (3), E Abs. (5), F, G, H, J und K zu beachten. Die Vorschrift unter Ia. F Abs. (2) gilt nicht für elektrische Lokomotiven ohne Feuerherd. |

| Gegenstand | Nr. der Anlage C | Verpackung | |
|---|---|---|---|
| 1 | 2 | 3 | |
| Noch **Geschützmunition** usw.<br>einem ungefährlichen, keine explosiven Eigenschaften besitzenden Mittel festgelegt sind.<br>ε) Schrapnellgranatpatronen (Granate und Schrapnell in sich vereinigende Geschosse oder getrennter Granat- und Schrapnellteil; Zusammensetzung ähnlich wie bei β) unter Verwendung eines brisanten Sprengstoffs, der nicht gefährlicher ist als reine Pikrinsäure).<br>ζ) Sprenggranatpatronen (brisanter Sprengstoff, nicht gefährlicher als reine Pikrinsäure, außer dem Rauchentwickler).<br>b) **Metallpatronen in getrenntem Zustande:**<br>α) Geschützladungen (rauchschwaches Pulver in Metallkartuschen).<br>β) Geschosse.<br>} Zusammensetzung wie bei den Patronen zu a). | | gegen Stoßwirkungen geschützt sein. Bei Munition von weniger als 10 cm Kaliber können statt der Metallbügel mit Gummieinlage auch mindestens 3 mm starke Pappscheiben verwendet werden, die in den Packkisten zwischen den Böden der Patronen und den Kistenwänden liegen und an den Stellen für die Zündschrauben oder Zündhütchen entsprechende Auslochungen haben. Haben die Hülsen keine Zündschrauben, so müssen Zinkverschlußschrauben vorhanden sein. In diesem Falle sind Pappscheiben oder Metallbügel nicht erforderlich. | oder<br>„Geladene Geschosse für Geschütze."<br>oder<br>„Geschützladungen in Metallkartuschen." |
| **Gesilit**<br>s. Dynamite und dynamitähnliche Sprengstoffe. | | | |
| **Gesteins-Dahmenit** auch **Neu-Dahmenit**<br>s. Ammoniaksalpetersprengstoffe a). | | | |
| **Gesteins-Permonit**<br>s. Chlorat- und Perchloratsprengstoffe. | | | |
| **Gesteins-Plastammon**<br>**Gesteins-Roburite**<br>**Gesteins-Romperite**<br>**Gesteins-Sicherheitspulver** oder **Roburit I T**<br>**Gesteins-Tremonit**<br>**Gesteins-Westfalit I, II, III** usw.<br>**Gesteins-Westfalit B bis F** usw.<br>} s. Ammoniaksalpetersprengstoffe a). | | | |
| **Gewitterhagel**<br>s. Scherzartikel, pyrotechnische e). | | | |
| **Giftige Metallpräparate**<br>s. Metallpräparate. | | | |
| **Glätte**<br>s. Metallpräparate, giftige. | | | |
| **Glückauf**<br>s. Ammoniaksalpetersprengstoffe a). | | | |
| **Goldregen**<br>s. Feuerwerkskörper. | | | |
| **Goldregenhölzer**<br>s. Zündhölzer, pyrotechnische b). | | | |
| **Granatpatronen**<br>s. Geschützmunition. | | | |

| Ist Zusammenpackung mit anderen Gegenständen zulässig? | Zu verwendender Wagen | Ist Beiladung zulässig? | Bemerkungen |
|---|---|---|---|
| 4 | 5 | 6 | 7 |
| | | | |

| Gegenstand | Nr. der Anlage C | Verpackung |
|---|---|---|
| 1 | 2 | 3 |
| **Grubengas** und **Kohlensäure, verdichtet.** | Id. Ziff. 1. | Dicht verschlossene Gefäße aus Schweißeisen, Flußeisen oder Gußstahl, die mit mindestens einem Ventil zum Füllen und Entleeren versehen sein müssen.<br>Auf den Gefäßen muß vermerkt sein:<br>a) die Höhe des zulässigen Füllungsdrucks, der nicht mehr als 20 Atmosphären bei 17,5° betragen darf,<br>b) der Prüfungsstempel und der Tag der letzten Prüfung, der nicht mehr als 5 Jahre zurückliegen darf.<br>Sind die Gefäße in Kisten verpackt, so ist auf diesen der Inhalt anzugeben; sind die Gefäße unverpackt, müssen sie mit Vorrichtungen versehen sein, die ein Rollen verhindern, auch müssen sie zum Schutz der Ventile Kappen aus Schmiedeeisen, Stahl oder schmiedbarem Guß tragen. Keiner Kappen bedürfen Ventile, die im Innern des Flaschenhalses angebracht und durch einen gut sitzenden Metallstöpsel geschützt sind. |
| **Grünspan**<br>s. Metallpräparate, giftige. | | |
| **Grüne Kupferpigmente**<br>s. Metallpräparate. | | |
| **Gurdynamit**<br>s. Dynamite und dynamitähnliche Sprengstoffe. | | |
| **Haare, gefettet** oder **gefirnißt,**<br>s. Spinn- und Webstoffe. | | |
| **Haloklastit**<br>s. Schwarzpulver und schwarzpulverähnliche Gemenge a). | | |
| **Häute, ungesalzene, frische.** | VI Ziff. 2. | a) Bei Aufgabe als Stückgut:<br>Starke, dichte, sicher verschlossene Holzbehälter (Fässer, Kübel, Kisten) oder<br>starke, dichte, gut verschlossene Säcke, die mit geeigneten Desinfektionsmitteln, wie Karbolsäure, Formaldehyd, Lysol, so angefeuchtet sind, daß der üble Geruch des Inhalts nicht wahrnehmbar ist; die Verwendung solcher Säcke ist jedoch auf die Monate November, Dezember, Januar und Februar beschränkt. Den Packgefäßen dürfen außen keine Spuren des Inhalts anhaften.<br>b) Bei Aufgabe als Wagenladung:<br>1. Bei Verwendung besonders eingerichteter bedeckter Wagen, die mit wirksamen Durchlüftungsvorrichtungen versehen sind, ist Verpackung nicht erforderlich. Die Stoffe sind mit mindestens fünfprozentiger Karbolsäure oder anderen geeigneten Desinfektionsmitteln derart anzufeuchten, daß ein fauliger Geruch nicht wahrnehmbar ist.<br>2. Bei Verwendung gewöhnlicher offener Güterwagen:<br>α) Vom 1. März bis 31. Oktober müssen die Häute in starke, dichte Säcke verpackt sein; diese sind mit den unter 1) genannten Desinfektionsmitteln derart anzufeuchten, daß der faulige Geruch des Inhalts nicht wahrnehmbar ist. Jede Sendung muß mit einer aus starkem Gewebe (sogenanntem Hopfentuch) hergestellten mit den vorbezeichneten Desinfektionsmitteln getränkten Decke und diese wieder mit einer großen, wasserdichten, ungeteerten Wagenplane völlig bedeckt sein.<br>β) Vom November bis Ende Februar sind Säcke nicht erforderlich. Die Sendung muß jedoch ebenfalls mit einer Decke aus Hopfentuch und diese wieder mit einer großen, wasserdichten, ungeteerten Wagenplane völlig bedeckt sein. Die untere Decke ist nötigenfalls mit den unter 1) genannten Desinfektionsmitteln so anzufeuchten, daß kein fauliger Geruch wahrnehmbar ist.<br>γ) Sendungen, bei denen der faulige Geruch durch Desinfektionsmittel nicht beseitigt werden kann, müssen in starke, dichte, gut verschlossene Fässer oder Kübel so verpackt sein, daß sich der Inhalt des Gefäßes nicht durch Geruch bemerkbar macht. |

| Ist Zusammenpackung mit anderen Gegenständen zulässig? | Zu verwendender Wagen | Ist Beiladung zulässig? | Bemerkungen |
|---|---|---|---|
| 4 | 5 | 6 | 7 |
| Nein. | Bedeckter. Offene Wagen sind nur zulässig, wenn die Gefäße in Fuhrwerken aufgegeben werden, die mit Planen bedeckt sind. | Ja. | 1. Es kann verlangt werden, daß der Absender durch ein Manometer den in den Behältern vorhandenen Druck nachweist. Die Prüfung hat der Annahmebeamte im Frachtbriefe zu bescheinigen.<br>2 Die Gefäße dürfen nicht geworfen und nicht den Sonnenstrahlen oder der Ofenwärme ausgesetzt werden.<br>3. Die Gefäße sind im Eisenbahnwagen so zu lagern, daß sie nicht umfallen oder herabfallen können.<br>4. Über die Beschaffenheit des Materials und Herstellung der Gefäße und über die amtliche Prüfung der Gefäße sind besondere Vorschriften unter Id. B und C getroffen. |
| Nein. | Offener, s. aber Sp. 3b) Zif. 1). | Ja. | 1. Die Eisenbahn kann die Beförderung auf bestimmte Züge beschränken, auch besondere Vorschriften über Zeit und Frist des Auf- und Abladens sowie der An- und Abfuhr treffen.<br>2. Wagenladungen dürfen nur auf möglichst abgelegenen Seitensträngen oder auf Anschlußgleisen ein- und ausgeladen werden.<br>3. Bei Wagenladungen kann die Eisenbahn von den Absendern oder Empfängern die Reinigung der Ladestellen verlangen.<br>4. Die Eisenbahn muß Eisenbahnwagen, worin solche Ladungen in losem Zustande befördert worden sind, nach jedesmaligem Gebrauch dem Reinigungs- (Desinfektions-) Verfahren unterwerfen, das für die Beseitigung von Ansteckungsstoffen bei der Beförderung von Vieh auf Eisenbahnen vorgeschrieben ist. Durch die Desinfektion müssen die den Wagen etwa anhaftenden Ansteckungsstoffe völlig beseitigt werden. Ausgenommen hiervon sind nur solche Wagen, die bestimmungsgemäß ausschließlich zur Beförderung der Häute benutzt werden. Die Kosten der Desinfektion hat der Absender oder der Empfänger zu ersetzen.<br>5. Macht sich ein lästiger Geruch während der Beförderung bemerkbar, so kann die Eisenbahn die Häute jederzeit auf Kosten des Absenders oder des Empfängers mit geeigneten Mitteln zur Beseitigung des Geruchs behandeln lassen.<br>6. Leere Behälter und zurückgehende Wagendecken müssen völlig gereinigt und mit geeigneten Desinfektionsmitteln behandelt sein, so daß sie keinen fauligen Geruch verbreiten. Im Frachtbrief ist auf ihre frühere Verwendung hinzuweisen. Sie müssen in offenen Wagen befördert werden. |

| Gegenstand | Nr. der Anlage C | Verpackung |
|---|---|---|
| 1 | 2 | 3 |
| **Hanf, gefettet** oder **gefirnißt,** s. Spinn- und Webstoffe. | | |
| **Harnischlitzen, gefettet** oder **gefirnißt,** s. Spinn- und Webstoffe. | | |
| **Hausmüll.** | VI. Ziff. 9. | Nur als Wagenladung. Lose Beförderung ist zulässig, wenn die Ladung mit dichten Wagendecken vollständig eingedeckt ist. Werden besonders eingerichtete, das Zerstäuben verhütende Wagen verwendet, bedarf es keiner Decken. Die Wagen müssen dicht sein. |
| **Hebelzünder** s. Zündungen, nichtsprengkräftige. | | |
| **Hexanitrodiphenylamin** s. Nitrokörper, organische, 1. Gruppe *a*). | | |
| **Hörner** und **Klauen:** a) **frische,** s. Flechsen, frische; b) **trockene,** s. Knochen, gereinigte, trockene | | |
| **Hoffmannstropfen** s. Schwefeläther. | | |
| **Holzgeist, roh** und **rektifiziert,** s. Azeton. | | |
| **Holzgeistgemische mit Benzol** s. Nitrobenzol. | | |
| **Holzkohle, frisch geglühte,** gemahlen oder körnig. | II. Ziff. 6 | Dichte, gut verschlossene Behälter. Holzbehälter müssen im Innern mit dichten Stoffen ausgekleidet sein; sie sind in haltbare Übergefäße (Körbe, Kübel, Kisten) einzusetzen. |
| **Hülsen aus mit Fett oder Öl getränktem Papier** s. Papier. | | |
| **Hüttenrauch** s. Arsenikalien a). | | |
| **Jute, gefettet** oder **gefirnißt,** s. Spinn- und Webstoffe. | | |

| Ist Zusammenpackung mit anderen Gegenständen zulässig? | Zu verwendender Wagen | Ist Beiladung zulässig? | Bemerkungen |
|---|---|---|---|
| 4 | 5 | 6 | 7 |
| Nein. | Offener, mit Decke oder besonders eingerichteter Wagen s. Sp. 3. | Nein. | 1. Die Eisenbahn kann die Beförderung auf bestimmte Züge beschränken, auch besondere Vorschriften über Zeit und Frist des Auf- und Abladens sowie der An- und Abfuhr treffen.<br>2. Die Eisenbahn kann von den Absendern oder Empfängern die Reinigung der Ladestellen verlangen. Für die Verladung und Entladung von Hausmüll sind Einrichtungen zu treffen, die das Verstäuben tunlichst ausschließen. Die Eisenbahn kann die Herstellung dieser Einrichtungen von den Absendern und Empfängern verlangen.<br>3. Macht sich ein lästiger Geruch während der Beförderung bemerkbar, so kann die Eisenbahn die Stoffe jederzeit auf Kosten des Absenders oder des Empfängers mit geeigneten Mitteln zur Beseitigung des Geruchs behandeln lassen.<br>4. Leere Behälter und zurückgehende Wagendecken müssen völlig gereinigt und mit geeigneten Desinfektionsmitteln behandelt sein, so daß sie keinen fauligen Geruch verbreiten. Im Frachtbrief ist auf ihre frühere Verwendung hinzuweisen. Sie müssen in offenen Wagen befördert werden. |
| Nein. | Bedeckter oder offener. | Ja. | Ist im Frachtbriefe bescheinigt, daß die Holzkohle nicht frisch geglüht ist (d. h. mindestens 48 Stunden gelagert hat), wird sie ohne Beschränkung befördert. |

| Gegenstand | Nr. der Anlage C | Verpackung |
|---|---|---|
| 1 | 2 | 3 |
| **Kälbermagen, frische,** von allen Speiseresten gereinigte. | VI. Ziff. 4. | Starke, dichte, sicher verschlossene Holzbehälter (Fässer oder Kübel). Während der Monate April bis einschließlich September müssen die Kälbermagen so gesalzen sein, daß für jeden Magen 15 bis 20 g Kochsalz verwendet sind, auch muß eine mindestens 1 cm hohe Salzschicht auf den Boden des Behälters und auf die oberste Magenschicht gestreut sein. Im Frachtbrief ist die Beachtung dieser Vorschrift zu bescheinigen.<br>Den Packgefäßen dürfen außen keine Spuren des Inhalts anhaften. |
| **Kali, chlorsaures,** s. Chlorsaures Kali. | | |
| **Kalilauge** s. Ätzlauge. | | |
| **Kalium** s. Alkalimetalle. | | |
| **Kalomel** s. Metallpräparate, giftige. | | |
| **Kalzium** s. Alkalimetalle. | | |
| **Kalziumhydrür** (Hydrolith), **Kalziumkarbid,** auch imprägniert. | I e. Ziff. 2 | Starke, dichte, sicher verschlossene Gefäße aus Eisen (auch Eisenblech). Die Gefäße müssen völlig trocken oder mit Petroleum beschickt sein.<br>Auf den Versandstücken muß ihr Inhalt fest und dauerhaft angegeben sein, auch müssen sie die Aufschrift tragen: „Vor Nässe zu schützen." |
| **Kanonenschläge** s. Signalfeuerwerk I und II. | | |
| **Karbonit** s. Dynamite und dynamitähnliche Sprengstoffe. | | |
| **Kartätschpatronen** s. Geschützmunition. | | |
| **Kesselrückstände** von der **Lederleimfabrikation** (Leimkalk, Leimkäse oder Leimdünger): | | |
| a) ausgepreßte; | VI. Ziff. 5. | 1. Bei Aufgabe als Stückgut:<br>Starke, dichte, sicher verschlossene Holzbehälter (Fässer, Kübel, Kisten). Der Inhalt darf sich nicht in belästigender Weise durch Geruch bemerkbar machen. Den Packgefäßen dürfen außen keine Spuren des Inhalts anhaften.<br>2. Bei Aufgabe als Wagenladung:<br>Verpackung nicht erforderlich. Die Ladung muß mit zwei übereinander liegenden großen, wasserdichten, ungeteerten Wagenplanen völlig bedeckt sein. Die untere Decke ist mit geeigneten Desinfektionsmitteln (Karbolsäure, Formaldehyd, Lysol oder dgl.) so zu tränken, daß kein fauliger Geruch wahrnehmbar ist. Zwischen den beiden Decken muß sich eine Schicht von trockenem, gelöschtem Kalk, von Torfmull oder von gebrauchter Lohe befinden. |
| b) nicht ausgepreßte. | VI. Ziff. 6. | Starke, dichte, sicher verschlossene Holzbehälter (Fässer, Kübel, Kisten). Der Inhalt darf sich nicht durch Geruch in belästigender Weise bemerkbar machen. Den Packgefäßen dürfen außen keine Spuren des Inhalts anhaften. |

| Ist Zusammenpackung mit anderen Gegenständen zulässig? | Zu verwendender Wagen | Ist Beiladung zulässig? | Bemerkungen |
|---|---|---|---|
| 4 | 5 | 6 | 7 |
| Nein. | Bedeckter oder offener. | Ja, mit Ausnahme von Nahrungs- und Genußmitteln. | 1. Die Eisenbahn kann die Beförderung auf bestimmte Züge beschränken, auch besondere Vorschriften über Zeit und Frist des Auf- und Abladens sowie der An- und Abfuhr treffen.<br>2. Bei Wagenladungen kann die Eisenbahn von den Absendern oder Empfängern die Reinigung der Ladestellen verlangen.<br>3. Macht sich ein lästiger Geruch während der Beförderung bemerkbar, so kann die Eisenbahn die Stoffe jederzeit auf Kosten des Absenders oder des Empfängers mit geeigneten Mitteln zur Beseitigung des Geruchs behandeln lassen.<br>4. Leere Behälter müssen völlig gereinigt und mit geeigneten Desinfektionsmitteln behandelt sein, so daß sie keinen fauligen Geruch verbreiten. Im Frachtbrief ist auf ihre frühere Verwendung hinzuweisen. Sie sind in offenen Wagen zu befördern. |
| Ja, bei Mengen bis 5 kg, nach Spalte 3 verpackt. | Bedeckter. | Ja. | Die Versandstücke sind besonders sorgfältig zu behandeln. Sie dürfen nicht geworfen und müssen im Wagen so fest gelagert werden, daß sie gegen Scheuern, Rütteln, Stoßen, Umkanten und Herabfallen aus den oberen Lagen gesichert sind.<br>**Nicht mit Wasser zu löschen!** |
| Nein. | Offener. | Ja. | Zu a) und b).<br>1. Die Eisenbahn kann die Beförderung auf bestimmte Züge beschränken, auch besondere Vorschriften über Zeit und Frist des Auf- und Abladens sowie der An- und Abfuhr treffen.<br>2. Bei Wagenladungen kann die Eisenbahn von den Absendern oder Empfängern die Reinigung der Ladestellen verlangen.<br>3. Macht sich ein lästiger Geruch während der Beförderung bemerkbar, so kann die Eisenbahn die Stoffe jederzeit auf Kosten des Absenders oder des Empfängers mit geeigneten Mitteln zur Beseitigung des Geruchs behandeln lassen.<br>4. Leere Behälter und zurückgehende Wagendecken müssen völlig gereinigt und mit geeigneten Desinfektionsmitteln behandelt sein, so daß sie keinen fauligen Geruch verbreiten. Im Frachtbrief ist auf ihre frühere Verwendung hinzuweisen. Sie müssen in offenen Wagen befördert werden. |
| Nein. | Offener. | Ja. | |

| Gegenstand | Nr. der Anlage C | Verpackung |
|---|---|---|
| 1 | 2 | 3 |
| **Kienöl** s. Öle, fette. | | |
| **Kinetit** s. Chlorat- und Perchloratsprengstoffe. | | |
| **Klauen:** a) **frische,** s. Flechsen, frische; b) **trockene,** s. Knochen gereinigte, trockene. | | |
| **Kleinfeuerwerk** s. Feuerwerkskörper. | | |
| **Knallbonbons** s. Scherzartikel, pyrotechnische a). | | |
| **Knallerbsen, Knallgranaten, Knallsilber enthaltende Artikel** s. Scherzartikel, pyrotechnische b). | | |
| **Knallkapseln, Knallkorke** s. Scherzartikel, pyrotechnische. | | |
| **Knochen:** a) **frische,** s. Flechsen, frische; b) **gereinigte, trockene, ferner trockene Hörner u. Klauen.** | VI Ziff. 3. | a) Bei Aufgabe als Stückgut: Dichte Behälter (Fässer oder Kübel) oder starke Säcke. Den Packgefäßen dürfen außen keine Spuren des Inhalts anhaften. b) Bei Aufgabe als Wagenladung: Verpackung nicht erforderlich, die Ladung muß aber, wenn die Stoffe unverpackt sind, mit dichten Wagendecken völlig eingedeckt sein. |
| **Kohlensäure, verdichtete,** s. Grubengas. | | |
| **Kohlensäure, verflüssigte,** s. Ammoniak. | | |
| **Kohlensäurekapseln, metallene,** s. Ammoniak Anm.*). | | |

| Ist Zusammenpackung mit anderen Gegenständen zulässig? | Zu verwendender Wagen | Ist Beiladung zulässig? | Bemerkungen |
|---|---|---|---|
| 4 | 5 | 6 | 7 |
| Nein. | Wenn verpackt bedeckter oder offener Wagen, wenn unverpackt offener Wagen mit Decke (s. Sp. 3). | Ja, mit Ausnahme von Nahrungs- und Genußmitteln. | 1. Die Eisenbahn kann die Beförderung auf bestimmte Züge beschränken, auch besondere Vorschriften über Zeit und Frist des Auf- und Abladens sowie der An- und Abfuhr treffen.<br>2. Bei Wagenladungen kann die Eisenbahn von den Absendern oder Empfängern die Reinigung der Ladestellen verlangen.<br>3. Die Eisenbahn muß Eisenbahnwagen, worin Ladungen dieser Stoffe in losem Zustande befördert worden sind, nach jedesmaligem Gebrauch dem Reinigungs- (Desinfektions-) Verfahren unterwerfen, das für die Beseitigung von Ansteckungsstoffen bei der Beförderung von Vieh auf Eisenbahnen vorgeschrieben ist. Durch die Desinfektion müssen die den Wagen etwa anhaftenden Ansteckungsstoffe völlig beseitigt werden. Ausgenommen hiervon sind nur solche Wagen, die bestimmungsgemäß ausschließlich zur Beförderung dieser Stoffe benutzt werden. Die Kosten der Desinfektion hat der Absender oder der Empfänger zu ersetzen.<br>4. Macht sich ein lästiger Geruch während der Beförderung bemerkbar, so kann die Eisenbahn die Stoffe jederzeit auf Kosten des Absenders oder des Empfängers mit geeigneten Mitteln zur Beseitigung des Geruchs behandeln lassen.<br>5. Leere Behälter und zurückgehende Wagendecken müssen völlig gereinigt und mit geeigneten Desinfektionsmitteln behandelt sein, so daß sie keinen fauligen Geruch verbreiten. Im Frachtbrief ist auf ihre frühere Verwendung hinzuweisen. Sie müssen in offenen Wagen befördert werden. |

| Gegenstand | Nr. der Anlage C | Verpackung |
|---|---|---|
| 1 | 2 | 3 |
| **Kohlenwasserstoffe,** und zwar:<br>a) **Petroleum, rohes und gereinigtes, wenn es bei 17,5° ein spezifisches Gewicht von mindestens 0,780 hat, oder bei einem Barometerstande von 760 mm (auf die Meereshöhe reduziert) im Abelschen Apparate nicht unter 21° entzündliche Dämpfe gibt** (Testpetroleum).<br>**Aus Braunkohlenteer bereitete Öle, Torf- und Schieferöle, Asphaltnaphtha und Destillate aus solchen, wenn diese Stoffe mindestens das vorgenannte spezifische Gewicht haben** (Solaröl, Photogen und dgl.).<br>**Steinkohlenteeröle, die bei 17,5° ein geringeres spezifisches Gewicht als 0,950 haben** (Benzol, Toluol, Xylol, Kumol und dgl.).<br>**Kohlenwasserstoffe anderen Ursprungs, die bei 17,5° ein spezifisches Gewicht von mindestens 0,830 haben,** mit Ausnahme von Schmierölen, die im Pensky-Martensschen Apparat erst bei einer Wärme von mindestens 100° C entzündliche Dämpfe geben; | III. Ziff. 1a. | **Starke, dichte,** sicher verschlossene Gefäße aus Holz (Fässer), Glas, Ton (Steinzeug und dgl.) oder Metall.<br>Gefäße aus Glas oder Ton sind einzeln oder zu mehreren unter Verwendung geeigneter Verpackungsstoffe in starke Übergefäße (Weiden- oder Metallkörbe, Kübel oder Kisten) fest einzusetzen. Übergefäße (ausgenommen Kisten) müssen mit guten Handhaben versehen sein. Offene Übergefäße müssen eine Schutzdecke haben, die, wenn sie aus Stroh, Rohr, Schilf oder ähnlichen leicht brennbaren Stoffen besteht, mit Lehm- oder Kalkmilch oder dgl. unter Zusatz von Wasserglas getränkt ist. |
| b) **Petroleum, rohes und gereinigtes, Braunkohlenteeröle, Torf- und Schieferöle, Asphaltnaphtha sowie Destillate aus solchen, wenn diese Stoffe bei 17,5° ein spezifisches Gewicht von weniger als 0,780 und mehr als 0,680 haben.**<br>**Petroleumnaphtha und Destillate aus Petroleum und Petroleumnaphtha** (Benzin, Ligroin, Putzöl und dgl.), **wenn diese Stoffe bei 17,5° ein spezifisches Gewicht von mehr als 0,680 haben;** | III. Ziff. 1b. | **Wie vor bei den Kohlenwasserstoffen unter a).**<br>**Jedes Frachtstück muß außerdem auf rotem Grund** die deutliche, gedruckte **Aufschrift: „Feuergefährlich.“** tragen. Körbe und Kübel mit Glasballons müssen ferner mit der deutlichen Aufschrift versehen sein: **„Vorsichtig tragen.“** |
| c) **Petroleumäther** (Gasolin, Gasäther, Neolin und dgl.) **und ähnliche aus Petroleumnaphtha oder Braunkohlenteer bereitete, leicht entzündliche Stoffe, wenn sie bei 17,5° ein spezifisches Gewicht von höchstens 0,680 haben.** | III. Ziff. 1c. | Hölzerne **Fässer sind ausgeschlossen;** sonst dieselben **Vorschriften wie unter b).** |

| Ist Zusammenpackung mit anderen Gegenständen zulässig? | Zu verwendender Wagen | Ist Beiladung zulässig? | Bemerkungen |
|---|---|---|---|
| 4 | 5 | 6 | 7 |
| Ja, in Mengen bis 10 kg. Die Gefäße müssen dann mit den übrigen Gegenständen in starke, dichte, sicher verschlossene Holzbehälter zusammengepackt sein. Die Gefäße mit den Kohlenwasserstoffen müssen in den Behältern fest eingebettet sein. | Offener, nur kleine Mengen bis 10 kg (für sich allein oder mit anderen Gegenständen zusammengepackt — s. Sp. 4 —) dürfen in bedeckten Wagen befördert werden.<br>**Elektrische Bahnen.**<br>1. Wagen oder Wagenabteilungen dürfen nicht verwendet werden, worin sich dem Betriebe dienende elektrische Apparate, wie stromführende Elektromotoren oder Generatoren, Transformatoren, Blitzplatten, Widerstände, Sicherungen, elektromagnetische Bremsen, Heizapparate befinden. Zugelassen sind Glühlampen, die in besonders starke Glasschutzglocken eingeschlossen sind, und deren Ausschalter und Sicherungen sich außerhalb der Wagen oder Wagenabteile befinden; ferner sind isolierte Drahtleitungen gestattet, die gegen mechanische Beschädigungen gut geschützt sind.<br>2. Über den offenen Wagen sind starke Schutzdecken aus Holz oder einem anderen isolierenden Stoffe anzubringen, die es verhüten, daß ein herabgefallener Leitungsdraht eine Zündung herbeiführt. Die Schutzdecken dürfen den freien Zutritt der Luft zum Gute nicht verhindern.<br>3. Bei Verwendung von Kessel- (Bassin-) Wagen ist über dem Wagen eine starke Schutzdecke aus Holz oder einem anderen isolierenden Stoffe anzubringen, die es verhindert, daß ein herabgefallener Leitungsdraht den Strom auf die metallenen Teile des Wagens überträgt. | Ja. | 1. Bei den Kohlenwasserstoffen unter a) und b) ist im Frachtbrief anzugeben, daß ihr spezifisches Gewicht sich innerhalb der vorgesehenen Grenzen bewegt; bei Petroleum unter a) genügt die Angabe, daß es der Vorschrift über den Entflammungspunkt entspricht. Fehlt eine solche Angabe, so sind diese Stoffe wie Petroleumäther unter c) zu behandeln.<br>2. Die Wagen sind vor Beginn der Verladung auf beiden Seiten mit roten Zetteln zu versehen, die deutlich die Aufschrift: „Feuergefährlich." und „Vorsichtig verschieben." tragen.<br>3. Die Versandstücke müssen im Wagen sicher gelagert werden. Offene Körbe und Kübel sind am Wagen zu befestigen, auch dürfen sie nicht aufeinander gestellt werden.<br>4. Während der Beförderung schadhaft gewordene Behälter sind sofort auszuladen und können, wenn ihre Wiederherstellung nicht alsbald möglich ist, mit dem vorhandenen Inhalt ohne weiteres für Rechnung des Absenders verkauft werden.<br>5. Dicht verschlossene leere Blechbehälter, worin solche Stoffe enthalten waren, dürfen in bedeckten Wagen, andere Gefäße müssen in offenen Wagen befördert werden; auf die frühere Verwendung der Behälter ist im Frachtbrief hinzuweisen.<br>**Nicht mit Wasser zu löschen!** |
| Wie vor bei den Kohlenwasserstoffen unter a). | Wie vor bei den Kohlenwasserstoffen unter a). | Ja. | Wie vor bei den Kohlenwasserstoffen unter a) Ziff. 1 bis 5,<br>außerdem<br>6. Die Versandstücke dürfen nicht auf Karren gefahren, auch nicht auf der Schulter oder dem Rücken getragen werden.<br>**Nicht mit Wasser zu löschen!** |
| Wie unter a). | Wie unter a). | Ja. | Wie unter b).<br>**Nicht mit Wasser zu löschen!** |

| Gegenstand | Nr. der Anlage C | Verpackung |
|---|---|---|
| 1 | 2 | 3 |
| **Kohlen-Westfalit** auch **Gesteins-Westfalit I—IV** usw. s. Ammoniaksalpetersprengstoffe a). | | |
| **Kollodium** s. Schwefeläther. | | |
| **Kollodiumpapier-Blättchen** und geringe Mengen von **Kollodiumpapier** enthaltende Artikel s. Scherzartikel, pyrotechnische a). | | |
| **Kollodiumwolle** s. Nitrozellulose. | | |
| **Konfettibomben** s. Scherzartikel, pyrotechnische c). | | |
| **Kotillonfrüchte** s. Scherzartikel, pyrotechnische c). | | |
| **Krawallstangen** s. Scherzartikel, pyrotechnische e). | | |
| **Kronenpulver** oder **Roburit I E** s. Ammoniaksalpetersprengstoffe a). | | |
| **Kugelzündhütchen** s. Patronen für Handfeuerwaffen. | | |
| **Kumol** s. Kohlenwasserstoffe. | | |
| **Kunstfeuerwerkskörper** s. Feuerwerkskörper. | | |
| **Kunstwolle, gefettet** oder **gefirnißt,** s. Spinn- und Webstoffe. | | |
| **Kupferfarben**, **Kupferpigmente** s. Metallpräparate, giftige. | | |
| **Kupfervitriol** (Blaustein) und Mischungen von **Kupfervitriol** mit Kalk, Soda oder dgl. (Pulver zur Herstellung von Bordelaiser Brühe oder dgl.). | IV. Ziff. 7. | Starke, dichte, sicher verschlossene Holzbehälter (Fässer oder Kisten) oder starke, dichte Säcke, die kein Verstreuen oder Verstauben des Inhalts zulassen. Auf den Versandstücken muß ihr Inhalt deutlich und dauerhaft angegeben sein. |
| **Lance-Parfüm** s. Chloräthyl. | | |
| **Lappen, gefettet** oder **gefirnißt,** s. Spinn- und Webstoffe. | | |
| **Latrinenstoffe** s. Fäkalien. | | |
| **Leimdünger, Leimkalk, Leimkäse, Leimleder-Rückstände** s. Kesselrückstände. | | |
| **Leimleder, nicht gekalktes, frisches,** s. Flechsen, frische. | | |

| Ist Zusammenpackung mit anderen Gegenständen zulässig? | Zu verwendender Wagen | Ist Beiladung zulässig? | Bemerkungen |
|---|---|---|---|
| 4 | 5 | 6 | 7 |
| Ja. Die Behälter mit Kupfervitriol oder dgl. müssen mit den anderen Gegenständen in einen starken, dichten, sicher verschlossenen Holzbehälter zusammengepackt sein. | Bedeckter oder offener. | Ja. | |

| Gegenstand | Nr. der Anlage C | Verpackung |
|---|---|---|
| 1 | 2 | 3 |
| **Leucht- und Fettgas:** a) **Fettgas**, auch mit einem Zusatz von höchstens 30% Azetylen (**Mischgas**), bis auf 10 Atmosphären Überdruck **verdichtet**; | Id. Ziff. 3. | Dicht verschlossene Gefäße aus Schweißeisen, Flußeisen oder Gußstahl, die mit mindestens einem Ventil oder einem eingeschraubten Stopfen zum Füllen und Entleeren versehen sein müssen. Der Stopfen muß so dicht schließen, daß sich der Inhalt des Gefäßes nicht durch Geruch bemerkbar macht.<br>Auf den Gefäßen muß vermerkt sein:<br>a) die Höhe des zulässigen Füllungsdrucks, der bei 17,5° höchstens 10 Atmosphären betragen darf.<br>b) der Prüfungsstempel und der Tag der letzten Prüfung, der nicht mehr als 5 Jahre zurückliegen darf.<br>Sind die Gefäße in Kisten verpackt, so ist auf diesen der Inhalt anzugeben; sind die Gefäße unverpackt, müssen sie mit Vorrichtungen versehen sein, die ein Rollen verhindern, auch müssen sie zum Schutz der Ventile Kappen aus Schmiedeeisen, Stahl oder schmiedbarem Guß tragen. Keiner Kappen bedürfen eingeschraubte Stopfen und Ventile, die im Innern des Flaschenhalses angebracht und durch einen gut sitzenden Metallstöpsel geschützt sind. |
| b) **Leuchtgas.** | Id. Ziff. 3. | Dicht verschlossene, — bei einem Füllungsüberdruck von mehr als 10 Atmosphären — nahtlose Gefäße aus Schweißeisen, Flußeisen oder Gußstahl, die mit mindestens einem Ventil zum Füllen und Entleeren versehen sein müssen.<br>Im übrigen gelten dieselben Vorschriften wie für Fettgas unter a) mit der Erweiterung, daß der zulässige Füllungsdruck bei 17,5° höchstens 200 Atmosphären betragen darf. |
| **Leucht- und Signalmittel. Raketen und geladene Raketenhülsen für Zwecke des Krieges oder des Rettungswesens** mit Treibsatz von so stark verdichtetem Kornpulver, daß es beim Abbrennen nicht mehr explodiert;<br>(wegen anderer Leucht- und Signalmittel s. auch Feuerwerkskörper a) und Signalfeuerwerk). | Ib. Ziff. 1. | Haltbare Holzbehälter aus mindestens 18 mm starken Brettern. Die Wände müssen gezinkt, Boden und Deckel durch Messingschrauben oder verzinnte eiserne Schrauben gut befestigt sein. Die Behälter müssen im Innern mit gutem, zähem Papier vollständig ausgelegt sein.<br>Die Anzündestelle muß so verwahrt sein, daß ein Ausstreuen des Satzes ausgeschlossen ist.<br>Die Leucht- und Signalmittel sind in die Behälter dergestalt einzubetten, daß jede Bewegung bei der Beförderung verhindert ist. Die Behälter müssen die Aufschrift tragen: „Leuchtmittel." oder „Signalmittel." „Ib."<br>Höchstes Rohgewicht eines Behälters 100 kg. |
| **Lichter, römische,** s. Feuerwerkskörper. | | |
| **Lignosit I** s. Ammoniaksalpetersprengstoffe a) 1. Gruppe. | | |
| **Lignosit II** s. Ammoniaksalpetersprengstoffe b) 3. Gruppe. | | |
| **Ligroin** s. Kohlenwasserstoffe. | | |
| **Lösungen von Nitroglyzerin** — höchstens einprozentige — in Alkohol s. Schwefeläther. | | |
| **Lösungen von Nitrozellulose** s. Nitrozelluloselösungen. | | |
| **Löwenpulver** s. Schwarzpulver u. schwarzpulverähnl. Gemenge I | | |
| **Luft, flüssige,** s. Flüssige Luft. | | |
| **Lumpen, gefettet** oder **gefirnißt,** s. Spinn- und Webstoffe. | | |
| **Luxit I** s. Ammoniaksalpetersprengstoffe a). | | |

| Ist Zusammenpackung mit anderen Gegenständen zulässig? | Zu verwendender Wagen | Ist Beiladung zulässig? | Bemerkungen |
|---|---|---|---|
| 4 | 5 | 6 | 7 |
| Nein. | Bedeckter oder offener. Die offenen Wagen müssen aber in den Monaten April bis Oktober einschl. mit Decken ganz eingedeckt sein, wenn die Gefäße nicht in Holzkisten verpackt sind. Offene Wagen dürfen auch verwendet werden, wenn die Aufgabe in besonders für Landwege eingerichteten Wagen erfolgt, die mit Plänen bedeckt sind. **Elektrische Bahnen.** Über den offenen Wagen sind starke Schutzdecken aus Holz oder einem anderen isolierenden Stoffe anzubringen, die es verhüten, daß ein herabgefallener Leitungsdraht eine Zündung herbeiführt. Die Schutzdecken dürfen den freien Zutritt der Luft zum Gute nicht verhindern. | Ja. | 1. Es kann verlangt werden, daß der Absender durch ein Manometer den in den Behältern vorhandenen Druck nachweist. Diese Prüfung hat dann der Annahmebeamte im Frachtbriefe zu bescheinigen. Für Fett- und Mischgas in Seebojen oder ähnlichen Gefäßen gilt diese Vorschrift nicht. 2. Die Gefäße dürfen nicht geworfen und nicht den Sonnenstrahlen oder der Ofenwärme ausgesetzt werden. 3. Die Gefäße sind im Eisenbahnwagen so zu lagern, daß sie nicht umfallen oder herabfallen können. 4. Über die Beschaffenheit des Materials und Herstellung der Gefäße und über die amtliche Prüfung der Gefäße sind besondere Vorschriften unter Id. B und C getroffen. |
| Nein. | Bedeckter. Offene Wagen sind nur zulässig, wenn die Gefäße in Fuhrwerken aufgegeben werden, die mit Plänen bedeckt sind. **Elektrische Bahnen.** Über den offenen Wagen sind starke Schutzdecken aus Holz oder einem anderen isolierenden Stoffe anzubringen, die es verhüten, daß ein herabgefallener Leitungsdraht eine Zündung herbeiführt. Die Schutzdecken dürfen den freien Zutritt der Luft zum Gute nicht verhindern. | Ja. | Wie bei Fettgas unter a). |
| Nein. | Bedeckter. | Ja. | Auf dem Frachtbriefe muß von dem Absender bescheinigt sein, daß Beschaffenheit und Verpackung der Sendung den unter Ib. Ziffer 1 der Anlage C zur EVO. getroffenen Vorschriften entsprechen. |

| Gegenstand | Nr. der Anlage C | Verpackung |
|---|---|---|
| 1 | 2 | 3 |
| **Manöverpatronen** s. Zündungen, nicht sprengkräftige. | | |
| **Massikot** s. Metallpräparate, giftige. | | |
| **Mennige** s. Metallpräparate, giftige. | | |
| **Metalle, Alkali- und Metalle der alkalischen Erden** s. Alkalimetalle. | | |
| **Metalle, pyrophorische.** | II. Ziff. 11. | Sie müssen in Glasröhren eingeschmolzen und diese in verlötete Blechgefäße verpackt sein, die mit Kieselgur oder mit anderen geeigneten, trockenerdigen Stoffen ausgefüllt sind. |
| **Metallene Kohlensäurekapseln** s. Ammoniak, Anm.*). | | |
| **Metallpatronen:** a) für Geschütze, s. Geschützmunition; b) für Handfeuerwaffen, s. Patronen. | | |
| **Metallpräparate, giftige:** a) **Sublimat, weißes und rotes Präzipitat;** **Kupferfarben,** insbesondere Grünspan, grüne und blaue Kupferpigmente; Bleizucker. b) Andere **Bleipräparate,** insbesondere Bleiglätte (Glätte, Massikot), **Mennige, Bleiweiß** und **andere Bleifarben;** **Bleirückstände und sonstige bleihaltige Abfälle.** | IV. Ziff. 6 a) u. b). | Zu a) und b). Haltbare, dichte Behälter, die so verschlossen sein müssen, daß kein Verstreuen, Verstauben oder Auslaufen des Inhalts möglich ist, und zwar: a) eiserne Fässer oder dichte Fässer aus festem, trockenem Holze mit Einlagereifen oder Kisten mit Umfassungsbändern oder b) eiserne Gefäße (sogenannte Hobbocks) oder c) Glas- oder Tongefäße oder — bei Mengen bis 10 kg — doppelte, starke Papierumhüllungen (Beutel); die Behälter und Beutel sind in starke, dichte, sicher verschlossene Holzbehälter mit geeigneten Verpackungsstoffen fest einzubetten; d) bei allen Bleifarben sind auch Gefäße aus Weiß- oder anderem Eisenblech zugelassen; e) bei allen Blei- und Kupferverbindungen in wasserhaltiger Lösung sind auch dichte Kessel und Kesselwagen zulässig, deren Baustoff von den Verbindungen nicht angegriffen wird. Auf den Versandstücken muß ihr Inhalt deutlich und dauerhaft angegeben sein. Sammelbezeichnungen, wie Bleipräparate, Giftfarben sind zulässig. Außerdem ist bei den Stoffen unter a) die Bezeichnung „Gift.“ hinzuzufügen. |

| Ist Zusammenpackung mit anderen Gegenständen zulässig? | Zu verwendender Wagen | Ist Beiladung zulässig? | Bemerkungen |
|---|---|---|---|
| 4 | 5 | 6 | 7 |
| Ja. Die Gefäße mit den pyrophorischen Metallen müssen dann mit den anderen Gegenständen in einen starken, dichten, sicher verschlossenen Holzbehälter zusammengepackt sein. | Bedeckter oder offener. | Ja. | |
| Ja, bei den Stoffen unter a) bis 10 kg, bei den Stoffen unter b) in beliebigen Mengen. Die Behälter mit den Metallpräparaten müssen mit den anderen Gegenständen in einen starken, dichten, sicher verschlossenen Holzbehälter zusammengepackt sein, der bei den Metallpräparaten unter a) die Bezeichnung „Giftige Stoffe" trägt. | Bedeckter oder offener. | Ja, Stoffe unter a) dürfen aber nicht mit Nahrungs- und Genußmitteln zusammenverladen werden. | Leere Behälter, worin Stoffe unter a) enthalten gewesen sind, müssen vollkommen dicht geschlossen sein. Ihr früherer Inhalt muß auf ihnen und im Frachtbrief angegeben sein; sie dürfen nicht mit Nahrungs- und Genußmitteln zusammen verladen werden. |

| Gegenstand | Nr. der Anlage C | Verpackung |
|---|---|---|
| 1 | 2 | 3 |
| **Minenzündungen** s. Zündungen, sprengkräftige. | | |
| **Minolite** und **Minolite I** s. Ammoniaksalpetersprengstoffe a). | | |
| **Mischgas** s. Leucht- und Fettgas unter a). | | |
| **Mischungen** von **amorphem Phosphor** mit **Harzen oder Fetten,** deren Schmelzpunkt über 35 ° C liegt. | II. Zif. 3. | Kisten, die kein Ausstreuen gestatten, wenn die Mischungen nicht in ungeladene Geschosse eingegossen sind. In letzterem Falle ist eine Verpackung nicht besonders vorgeschrieben. |
| **Mischungen** von **Kupfervitriol** mit **Kalk, Soda** oder dgl. s. Kupfervitriol. | | |
| **Mischungen** mit **Natriumsuperoxyd** s. dieses. | | |
| **Momentzündschnüre** s. Zündschnüre. | | |
| **Monachit I** und **II** s. Ammoniaksalpetersprengstoffe a). | | |
| **Munition** s. Leucht- und Signalmittel, Zündschnüre, Zündungen, Sprengladungen, Patronen für Handfeuerwaffen, Geschützmunition, Signalfeuerwerk. | | |
| **Nasse, organische Nitrokörper** s. Nitrokörper. | | |
| **Natrium** s. Alkalimetalle. | | |
| **Natriumazid.** | I e. Zif. 4. | Starke, dichte, sicherverschlossene Gefäße aus Eisen (auch Eisenblech). Die Gefäße müssen völlig trocken oder mit Petroleum beschickt sein. Aufschrift: „Natriumazid. Vor Nässe zu schützen.“ |
| **Natriumsuperoxyd, auch in Mischungen, die nicht gefährlicher sind als Natriumsuperoxyd.** | I e. Zif. 3. | innere: Starke, dichte, sicher verschlossene Gefäße aus Eisen (auch Eisenblech). Die Gefäße müssen völlig trocken sein. — äußere: Holzkisten mit einem gegen Eindringen von Wasser gedichteten Blecheinsatz. Auf den Versandstücken muß ihr Inhalt fest und dauerhaft angegeben sein, auch müssen sie die Aufschrift tragen: „Vor Nässe zu schützen.“ |
| **Natronlauge** s. Ätzlauge. | | |
| **Neolin** s. Kohlenwasserstoffe. | | |
| **Neu-Anagon**, **Neu-Dahmenit**, **Neu-Westfalit** s. Ammoniaksalpetersprengstoffe a). | | |
| **Nitrierte Chlorhydrine** s. Chlorhydrine. | | |

| Ist Zusammenpackung mit anderen Gegenständen zulässig? | Zu verwendender Wagen | Ist Beiladung zulässig? | Bemerkungen |
|---|---|---|---|
| 4 | 5 | 6 | 7 |
| Nein. | Bedeckter oder offener. | Ja. | |
| Ja, bei Mengen bis 5 kg nach Spalte 3 verpackt. | Bedeckter. | Ja. | Die Versandstücke sind besonders sorgfältig zu behandeln. Sie dürfen nicht geworfen und müssen im Wagen so fest gelagert werden, daß sie gegen Scheuern, Rütteln, Stoßen, Umkanten und Herabfallen aus den oberen Lagen gesichert sind. **Nicht mit Wasser zu löschen!** |
| Ja, bei Mengen bis 5 kg nach Spalte 3 verpackt. | Bedeckter. | Ja. | Die Versandstücke sind besonders sorgfältig zu behandeln. Sie dürfen nicht geworfen und müssen im Wagen so fest gelagert werden, daß sie gegen Scheuern, Rütteln, Stoßen, Umkanten und Herabfallen aus den oberen Lagen gesichert sind. |

| Gegenstand | Nr. der Anlage C | Verpackung |
|---|---|---|
| 1 | 2 | 3 |
| **Nitrobenzol** und **Gemische von Holzgeist und Benzol** (mit oder ohne Erdwachs), z. B. Pansol, s. auch Nitrokörper, organische, unter I $\alpha$). | III. Ziff. 7. | Starke, dichte, sicher verschlossene Gefäße aus Holz (Fässer), Glas, Ton (Steinzeug u. dgl.) oder Metall.<br>Gefäße aus Glas oder Ton sind einzeln oder zu mehreren unter Verwendung geeigneter Verpackungsstoffe in starke Übergefäße (Weiden- oder Metallkörbe, Kübel oder Kisten) fest einzusetzen; Übergefäße (ausgenommen Kisten) müssen mit guten Handhaben versehen sein. Offene Übergefäße müssen eine Schutzdecke haben, die, wenn sie aus Stroh, Rohr, Schilf oder ähnlichen leicht brennbaren Stoffen besteht, mit Lehm- oder Kalkmilch oder dgl. unter Zusatz von Wasserglas getränkt ist. |
| **Nitroglyzerinlösungen,** höchstens einprozentige in Alkohol s. Schwefeläther. | | |
| **Nitrokörper, organische:**<br>I. 1. **Gruppe der Sprengmittel. Nitrokörper,** soweit sie bei Stoß, Reibung oder Entzündung nicht gefährlicher als reine Pikrinsäure und — 48 Stunden bei 75° gelagert — beständig (gewichtsbeständig) sind (vgl. auch 2. Gruppe), und zwar:<br>$\alpha$) **In Wasser unlöslich, keine explosiven Salze bildend:**<br>Hexanitrodiphenylamin,<br>Tetranitronaphthalin,<br>Trinitroanilin,<br>Trinitrobenzol,<br>Trinitrochlorbenzol,<br>Trinitromesitylen,<br>Trinitronaphthalin,<br>Trinitropseudokumol,<br>Trinitrotoluol, auch im Gemenge mit Dinitrotoluol, Terpentin und höchstens 0,5 Prozent Kollodiumwolle (Plastrotyl),<br>Trinitroxylol. | Ia. A. 1. Gruppe b). | Starke, dichte, sicher verschlossene Holzbehälter oder sogenannte amerikanische Pappefässer, worin die Nitrokörper fest verpackt sein müssen.<br>Deutliche, haltbare Aufschrift: „Nitrokörper. 1. Gruppe."<br>Bei Verpackung der wasserlöslichen Nitrokörper ($\beta$) darf kein Blei verwendet werden. |

| Ist Zusammenpackung mit anderen Gegenständen zulässig? | Zu verwendender Wagen | Ist Beiladung zulässig? | Bemerkungen |
|---|---|---|---|
| 4 | 5 | 6 | 7 |
| Ja, in Mengen bis 10 kg. Die Gefäße müssen dann mit den übrigen Gegenständen in starke, dichte, sicher verschlossene Holzbehälter zusammengepackt sein. Die Gefäße mit Nitrobenzol usw. müssen in den Behälter fest eingebettet sein. | Offener, kleine Mengen bis 10 kg (für sich allein oder mit anderen Gegenständen zusammengepackt — s. Sp. 4 —) dürfen in bedeckten Wagen befördert werden.<br>**Elektrische Bahnen.**<br>1. Wagen oder Wagenabteilungen dürfen nicht verwendet werden, worin sich dem Betriebe dienende elektrische Apparate, wie stromführende Elektromotoren oder Generatoren, Transformatoren, Blitzplatten, Widerstände, Sicherungen, elektromagnetische Bremsen, Heizapparate befinden. Zugelassen sind Glühlampen, die in besonders starke Glasschutzglocken eingeschlossen sind, und deren Ausschalter und Sicherungen sich außerhalb der Wagen oder Wagenabteile befinden; ferner sind isolierte Drahtleitungen gestattet, die gegen mechanische Beschädigungen gut geschützt sind.<br>2. Über den offenen Wagen sind starke Schutzdecken aus Holz oder einem anderen isolierenden Stoffe anzubringen, die es verhüten, daß ein herabgefallener Leitungsdraht eine Zündung herbeiführt. Die Schutzdecken dürfen den freien Zutritt der Luft zum Gute nicht verhindern.<br>3. Bei Verwendung von Kessel-(Bassin-)Wagen ist über dem Wagen eine starke Schutzdecke aus Holz oder einem anderen isolierenden Stoffe anzubringen, die es verhindert, daß ein herabgefallener Leitungsdraht den Strom auf die metallenen Teile des Wagens überträgt. | Ja. | 1. Die Wagen sind vor Beginn der Verladung auf beiden Seiten mit roten Zetteln zu versehen, die deutlich die Aufschrift: „Feuergefährlich." und „Vorsichtig verschieben." tragen.<br>2. Die Versandstücke müssen im Wagen sicher gelagert werden. Offene Körbe und Kübel sind am Wagen zu befestigen, auch dürfen sie nicht aufeinander gestellt werden.<br>3. Während der Beförderung schadhaft gewordene Behälter sind sofort auszuladen und können, wenn ihre Wiederherstellung nicht alsbald möglich ist, mit dem vorhandenen Inhalt ohne weiteres für Rechnung des Absenders verkauft werden.<br>4. Dicht verschlossene leere Blechbehälter, worin solche Stoffe enthalten waren, dürfen in bedeckten Wagen, andere Gefäße müssen in offenen Wagen befördert werden; auf die frühere Verwendung der Behälter ist im Frachtbriefe hinzuweisen. |
| Nein. | Bedeckter, mit Blei ausgekleidete oder mit Blei bedeckte Wagen dürfen für wasserlösliche Nitrokörper nicht verwendet werden.<br>**Elektrische Bahnen.**<br>Die Nitrokörper dürfen nicht in Wagen befördert werden, die stromführende oder unter Spannung stehende elektrische Leitungen oder Apparate enthalten, also auch nicht in Wagen, die elektrisch beleuchtet sind. | Ja, ausgenommen sind sprengkräftige Zündungen (Ib. Zif. 4) und die unter dem Stichwort „Schießmittel" unter III aufgeführten Schießmittel der 2. Gruppe; den wasserlöslichen Nitrokörpern darf auch kein Blei beigeladen werden. | 1. Jede Sendung muß von einer Bescheinigung eines von der Eisenbahn anerkannten Chemikers begleitet sein, daß die Nitrokörper den Bestimmungen unter Ia. der Anlage C zur EVO. entsprechend zusammengesetzt sind und die dort vorgeschriebene Prüfung bestanden haben.<br>2. Auf dem Frachtbriefe muß vom Absender bescheinigt sein, daß die Verpackung der Nitrokörper den Vorschriften unter Ia der Anlage C zur EVO. entspricht, auch muß angegeben sein, ob die Nitrokörper im Wasser löslich sind. |

| Gegenstand | Nr. der Anlage C | Verpackung |
|---|---|---|
| 1 | 2 | 3 |
| **Noch Nitrokörper, organische.**<br>*β*) **In Wasser löslich:**<br>Pikrinsäure,<br>Tetranitronaphthol,<br>Trinitrokresol,<br>Trinitronaphthol,<br>alle diese Stoffe (*α* und *β*) auch im Gemenge miteinander. | | |
| II. 2. **Gruppe der Sprengmittel. (Höchstgewicht einer Stückgutsendung 200 kg). Organische Nitrokörper, in Wasser unlösliche, nasse,** mit einem Gehalte von mindestens 25 Prozent Wasser (75 Teile Trockenstoff und 25 Teile Wasser), soweit sie in trockenem Zustande bei Stoß, Reibung oder Entzündung nicht gefährlicher als Tetranitromethylanilin und — 48 Stunden bei 75° gelagert — beständig (gewichtsbeständig) sind. | Ia. A. 2. Gruppe a). | Haltbare Holzbehälter mit Zinkblecheinsatz, die zwischen Deckel und dem oberen Rande eine Gummidichtung besitzen.<br>Deutliche, haltbare Aufschrift: „Nasse Nitrokörper. 2. Gruppe."<br>Höchstes Gewicht des Inhalts eines Behälters: 25 kg. |
| III. 3. **Gruppe der Sprengmittel** (nur in Wagenladungen zu befördern). **Organische Nitrokörper und Gemenge** von solchen, die den Anforderungen für die 1. und 2. Gruppe nicht entsprechen, aber bei Stoß, Reibung oder Entzündung sich nicht gefährlicher erweisen als Tetranitromethylanilin, auch — 48 Stunden bei 75 ° gelagert — beständig (gewichtsbeständig) sind. | Ia. A. 3. Gruppe a). | Starke, dichte, sicher verschlossene Holzbehälter oder sogenannte amerikanische Pappefässer, worin die Nitrokörper fest verpackt sein müssen.<br>Deutliche, haltbare Aufschrift: „Nitrokörper. 3. Gruppe."<br>Bei der Verpackung der wasserlöslichen Nitrokörper darf kein Blei verwendet werden. |

| Ist Zusammenpackung mit anderen Gegenständen zulässig? | Zu verwendender Wagen | Ist Beiladung zulässig? | Bemerkungen |
|---|---|---|---|
| 4 | 5 | 6 | 7 |
| Nein. | Bedeckter.<br>**Elektrische Bahnen.**<br>Die Nitrokörper dürfen nicht in Wagen befördert werden, die stromführende oder unter Spannung stehende elektrische Leitungen oder Apparate enthalten, also auch nicht in Wagen, die elektrisch beleuchtet sind. | Ja, ausgenommen sind sprengkräftige Zündungen (I b. Ziff. 4) und die unter dem Stichworte „Schießmittel" unter III aufgeführten Schießmittel der 2. Gruppe. Von den Nitrokörpern, von Chlorat- oder Perchloratsprengstoffen der 2. Gruppe, von nitrierten Chlorhydrinen oder von Triplastit dürfen nur insgesamt 200 kg in denselben Wagen verladen werden. Die Annahme zur Beförderung kann demgemäß beschränkt werden. | 1. Jede Sendung muß von einer Bescheinigung eines von der Eisenbahn anerkannten Chemikers begleitet sein, daß die Nitrokörper den Bestimmungen unter **Ia.** der Anlage C zur EVO. entsprechend zusammengesetzt sind und die dort vorgeschriebene Prüfung bestanden haben.<br>2. Aufgabe als Eilgut ist nicht zulässig.<br>3. Auf dem Frachtbriefe muß vom Absender bescheinigt sein, daß die Verpackung der Nitrokörper den Vorschriften unter Ia. der Anlage C zur EVO. entspricht. |
| Nein. | Bedeckter; mit Blei ausgekleidete oder mit Blei bedeckte Wagen dürfen für wasserlösliche Nitrokörper nicht verwendet werden.<br>**Elektrische Bahnen.**<br>Die Nitrokörper dürfen nicht in Wagen befördert werden, die stromführende oder unter Spannung stehende elektrische Leitungen oder Apparate enthalten, also auch nicht in Wagen, die elektrisch beleuchtet sind. | Ja, ausgenommen sind sprengkräftige Zündungen (Ib. Ziff. 4) und die unter dem Stichworte „Schießmittel" unter III aufgeführten Schießmittel der 2. Gruppe. Ferner darf Blei bei den wasserlöslichen Nitrokörpern nicht beigeladen werden. Die Menge der beigeladenen Nitrokörper und der Gemenge von solchen darf höchstens 1000 kg betragen, auch ist Bedingung, daß die anderen Güter nicht leicht entzündlich sind und nicht früher als die Nitrokörper ausgeladen werden. | 1. Die Frachtbriefe dürfen keine anderen Gegenstände umfassen. Die darin enthaltene Bezeichnung des Sprengstoffs ist mit roter Tinte zu unterstreichen. Die Frachtbriefe müssen außer Anzahl, Gattung, Zeichen und Nummer der Behälter auch das Rohgewicht jedes einzelnen Behälters enthalten.<br>2. Auf dem Frachtbriefe muß vom Absender bescheinigt sein, daß Beschaffenheit und Verpackung der Sprengstoffe den Vorschriften unter **Ia.** der Anlage C zur EVO. entspricht, auch muß angegeben sein, ob die Nitrokörper in Wasser löslich sind.<br>3. Aufgabe als Eilgut ist unzulässig.<br>4. Weiter sind die Beförderungsvorschriften unter **Ia. B** Abs. (3), **D** Abs. (3), **E** Abs. (5), **F, G, H, J, K** zu beachten. Die Vorschrift unter Ia. F Abs. (2) gilt nicht für elektrische Lokomotiven ohne Feuerherd. |

| Gegenstand | Nr. der Anlage C | Verpackung |
|---|---|---|
| 1 | 2 | 3 |
| **Nitrozellulose** (Schießbaumwolle, Kollodiumwolle), wenn sie den Stabilitätsanforderungen genügt: | | |
| I. 1. **Gruppe der Sprengmittel:** | I a. A. 1. Gruppe c). | |
| α) Schießbaumwolle in **Flockenform** und Kollodiumwolle **ungepreßt** mit mindestens 25 Prozent Wasser- oder Alkoholgehalt (75 Teile Trockenstoff und 25 Teile Flüssigkeit); <br><br> β) Schießbaumwolle und Kollodiumwolle, **gepreßt**, mit mindestens 15 Prozent Wassergehalt (85 Teile Trockenstoff und 15 Teile Wasser). | | Starke, dichte, sicher verschlossene Holzbehälter, worin die Nitrozellulose wasser- bezw. alkoholdicht und fest verpackt sein muß. Statt der Holzbehälter können auch sogenannte amerikanische Pappefässer verwendet werden. <br> Deutliche, haltbare Aufschrift: „Nasse Nitrozellulose. 1. Gruppe." |
| II. 3. **Gruppe der Sprengmittel** (nur in Wagenladungen zu befördern): | I a. A. 3. Gruppe b). | |
| α) Schießbaumwolle und Kollodiumwolle, **ungepreßt**, mit mindestens 15 Prozent Wassergehalt (85 Teile Trockenstoff und 15 Teile Wasser); | | Zu α). <br> Haltbare Holzbehälter, die keine eisernen Reifen oder Bänder haben. Außer den Holzbehältern sind auch sogenannte amerikanische Pappefässer zulässig. Die Behälter dürfen nicht mit eisernen Nägeln verschlossen sein. <br> Die Nitrozellulose muß wasserdicht so fest verpackt sein, daß der Inhalt sich nicht reiben kann. <br> Deutliche, haltbare Aufschrift: „Nitrozellulose. 3. Gruppe." |
| β) gemahlene Schießbaumwolle, auch mit Zusatz von 30 bis 50 Prozent Kali- oder Barytsalpeter **in Patronenform gepreßt**, mit einem Paraffinüberzug. | | Zu β). <br> innere: Die Patronen müssen durch festes Umschlagpapier zu Paketen vereinigt sein. <br> äußere: Wie zu α). |
| **Nitrozelluloselösungen:** | | |
| a) in Schwefeläther, Amylalkohol, Äthylalkohol, Methylalkohol, Essigäther, Amylazetat, Azeton, Nitrobenzol oder in Gemengen dieser Flüssigkeiten (z. B. Zaponlacke) <br> s. Schwefeläther; | | |
| b) in Essigsäure. | III. Zif. 4. | Starke, dichte, sicher verschlossene Gefäße aus Holz (Fässer), Glas, Ton (Steinzeug oder dgl.). <br> Gefäße aus Glas oder Ton sind einzeln oder zu mehreren unter Verwendung geeigneter Verpackungsstoffe in starke Übergefäße (Weiden- oder Metallkörbe, Kübel oder Kisten) fest einzusetzen; Übergefäße (ausgenommen Kisten) müssen mit guten Handhaben versehen sein. Offene Übergefäße müssen eine Schutzdecke haben, die, wenn sie aus Stroh, Rohr, Schilf oder ähnlichen leicht brennbaren Stoffen besteht, mit Lehm- |

| Ist Zusammenpackung mit anderen Gegenständen zulässig? | Zu verwendender Wagen | Ist Beiladung zulässig? | Bemerkungen |
|---|---|---|---|
| 4 | 5 | 6 | 7 |
| Nein. | Bedeckter. **Elektrische Bahnen.** Nitrozellulose darf nicht in Wagen befördert werden, die stromführende oder unter Spannung stehende elektrische Leitungen oder Apparate enthalten, also auch nicht in Wagen, die elektrisch beleuchtet sind. | Ja, ausgenommen sind sprengkräftige Zündungen (I b. Ziff. 4) und die unter dem Stichworte „Schießmittel" unter III aufgeführten Schießmittel der 2. Gruppe. | Jede Sendung muß von einer Bescheinigung eines von der Eisenbahn anerkannten Chemikers begleitet sein, daß der Sprengstoff den Bestimmungen unter I a. der Anlage C zur EVO. entsprechend zusammengesetzt ist und die dort vorgeschriebene Prüfung bestanden hat. Außerdem muß auf dem Frachtbriefe vom Absender bescheinigt sein, daß die Verpackung des Sprengstoffs den Vorschriften unter I a. der Anlage C zur EVO. entspricht. |
| Nein. | Bedeckter. **Elektrische Bahnen.** Nitrozellulose darf nicht in Wagen befördert werden, die stromführende oder unter Spannung stehende elektrische Leitungen oder Apparate enthalten, also auch nicht in Wagen, die elektrisch beleuchtet sind. | Ja, ausgenommen sind sprengkräftige Zündungen (I b. Ziff. 4) und die unter dem Stichworte „Schießmittel" unter III aufgeführten Schießmittel der 2. Gruppe. Nur Mengen bis zu 1000 kg dürfen mit anderen Gütern zusammengeladen werden, vorausgesetzt, daß diese nicht leicht entzündlich sind und nicht früher als die Nitrozellulose ausgeladen werden. | 1. Die Frachtbriefe für Nitrozellulose dürfen keine anderen Gegenstände umfassen. Die darin enthaltene Bezeichnung des Sprengstoffs ist mit roter Tinte zu unterstreichen. Die Frachtbriefe müssen außer Anzahl, Gattung, Zeichen und Nummer der Behälter auch das Rohgewicht jedes einzelnen Behälters enthalten.<br>2. Auf dem Frachtbriefe muß vom Absender bescheinigt sein, daß Beschaffenheit und Verpackung der Sprengstoffe den Vorschriften unter I a. der Anlage C zur EVO. entspricht.<br>3. Aufgabe als Eilgut ist unzulässig.<br>4. Weiter sind die Beförderungsvorschriften unter I a. B Abs. (3), D Abs. (3), E Abs. (5), F, G, H, J, K zu beachten. Die Vorschrift unter I a. F Abs. (2) gilt nicht für elektrische Lokomotiven ohne Feuerherd. |
| Ja, in Mengen bis 10 kg. Die Gefäße müssen dann mit den übrigen Gegenständen in starke, dichte, sicher ver- | Offener, nur kleine Mengen bis 10 kg (für sich allein, oder mit anderen Gegenständen zusammengepackt — s. | Ja. | 1. Körbe und Kübel mit Glasballons dürfen nicht auf Karren gefahren, auch nicht auf der Schulter oder dem Rücken getragen werden.<br>2. Die Wagen sind vor Beginn der Verladung auf beiden Seiten mit roten Zetteln zu versehen, die deutlich die Aufschrift: „Feuergefährlich." und „Vorsichtig verschieben." tragen.<br>3. Die Versandstücke müssen im Wagen sicher gelagert werden. Offene Körbe und Kübel sind am Wagen zu befestigen, auch dürfen sie nicht aufeinander gestellt werden. |

| Gegenstand | Nr. der Anlage C | Verpackung |
|---|---|---|
| 1 | 2 | 3 |
| **Noch Nitrozelluloselösungen.** | | oder Kalkmilch oder dergleichen unter Zusatz von Wasserglas getränkt ist.<br>Jedes Versandstück muß auf rotem Grunde die deutliche, gedruckte Aufschrift: „Feuergefährlich." tragen. Körbe und Kübel mit Glasballons müssen ferner mit der deutlichen Aufschrift: „Vorsichtig tragen." versehen sein. |
| **Nitrozellulosepulver** s. Schießmittel. | | |
| **Nobelit** s. Dynamite und dynamitähnliche Sprengstoffe. | | |
| **Öle, aus Braunkohlenteer bereitete,** s. Kohlenwasserstoffe. | | |
| **Öle, fette, Firnisse, mit Firnis versetzte Farben, Terpentinöl (Kienöl) und andere ätherische Öle, absoluter Alkohol, Weingeist** (Spiritus), sowie **daraus bereitete Flüssigkeiten (Spirituslacke, Sikkative, flüssige Seifen** u. dgl.) **in Mengen über 40 kg.** | III. Ziff. 9. | Starke, dichte, sicher verschlossene Gefäße aus Holz (Fässer), Glas, Ton (Steinzeug oder dgl.) oder Metall.<br>Gefäße aus Glas oder Ton sind einzeln oder zu mehreren unter Verwendung geeigneter Verpackungsstoffe in starke Übergefäße (Weiden- oder Metallkörbe, Kübel oder Kisten) fest einzusetzen; Übergefäße (ausgenommen Kisten) müssen mit guten Handhaben versehen sein. Offene Übergefäße müssen eine Schutzdecke haben, die, wenn sie aus Stroh, Rohr, Schilf oder ähnlichen leicht brennbaren Stoffen besteht, mit Lehm- oder Kalkmilch oder dgl. unter Zusatz von Wasserglas getränkt ist. |

| Ist Zusammenpackung mit anderen Gegenständen zulässig? | Zu verwendender Wagen | Ist Beiladung zulässig? | Bemerkungen |
|---|---|---|---|
| 4 | 5 | 6 | 7 |
| schlossene Holzbehälter verpackt sein. Die Gefäße mit den Nitrozelluloselösungen müssen in den Behältern fest eingebettet sein. | Sp. 4 —) dürfen in bedeckten Wagen befördert werden.<br>**Elektrische Bahnen.**<br>1. Wagen oder Wagenabteilungen dürfen nicht verwendet werden, worin sich dem Betriebe dienende elektrische Apparate, wie stromführende Elektromotoren oder Generatoren, Transformatoren, Blitzplatten, Widerstände, Sicherungen, elektromagnetische Bremsen, Heizapparate befinden. Zugelassen sind Glühlampen, die in besonders starke Glasschutzglocken eingeschlossen sind, und deren Ausschalter und Sicherungen sich außerhalb der Wagen oder Wagenabteile befinden; ferner sind isolierte Drahtleitungen gestattet, die gegen mechanische Beschädigungen gut geschützt sind.<br>2. Über den offenen Wagen sind starke Schutzdecken aus Holz oder einem anderen isolierenden Stoffe anzubringen, die es verhüten, daß ein herabgefallener Leitungsdraht eine Zündung herbeiführt. Die Schutzdecken dürfen den freien Zutritt der Luft zum Gute nicht verhindern.<br>3. Bei Verwendung von Kessel- (Bassin-) Wagen ist über dem Wagen eine starke Schutzdecke aus Holz oder einem anderen isolierenden Stoffe anzubringen, die es verhindert, daß ein herabgefallener Leitungsdraht den Strom auf die metallenen Teile des Wagens überträgt. | | 4. Während der Beförderung schadhaft gewordene Behälter sind sofort auszuladen und können, wenn ihre Wiederherstellung nicht alsbald möglich ist, mit dem vorhandenen Inhalt ohne weiteres für Rechnung des Absenders verkauft werden.<br>5. Dicht verschlossene leere Gefäße, worin solche Lösungen enthalten waren, dürfen in bedeckten Wagen, andere Gefäße müssen in offenen Wagen befördert werden; auf die frühere Verwendung der Behälter ist im Frachtbrief hinzuweisen. |
| Ja. Die Gefäße müssen dann mit den anderen Gegenständen in starke, dichte, sicher verschlossene Holzbehälter zusammengepackt sein. | Bedeckter oder offener.<br>**Elektrische Bahnen.**<br>1. Wagen oder Wagenabteilungen dürfen nicht verwendet werden, worin sich dem Betriebe dienende elektrische Apparate, wie stromführende Elektromotoren oder Generatoren, Transformatoren, Blitzplatten, Widerstände, Sicherungen, elektromagnetische Bremsen, Heizapparate befinden. Zugelassen sind Glühlampen, die in besonders starke Glasschutzglocken eingeschlossen sind, und deren Ausschalter und Sicherungen sich außerhalb der Wagen oder Wagenabteile befinden; ferner sind isolierte Drahtleitungen gestattet, die gegen mechanische Beschädigungen gut geschützt sind.<br>2. Über den offenen Wagen mit Terpentinöl, absolutem Alkohol und Weingeist sind starke Schutzdecken aus Holz oder einem anderen isolierenden Stoffe anzubringen, die es verhüten, daß ein herabgefallener Leitungsdraht eine Zündung herbeiführt. Die Schutzdecken dürfen den freien Zutritt der Luft zum Gute nicht verhindern.<br>3. Bei Verwendung von Kessel- (Bassin-) Wagen ist über dem Wagen eine starke Schutzdecke aus Holz oder einem anderen isolierenden Stoffe anzubringen, die es verhindert, daß ein herabgefallener Leitungsdraht den Strom auf die metallenen Teile des Wagens überträgt. | Ja. | Mengen bis 40 kg werden ohne Beschränkung befördert. |

| Gegenstand | Nr. der Anlage C | Verpackung | |
|---|---|---|---|
| 1 | 2 | 3 | |
| **Ölsatz** (Rückstände von der Ölraffinerie)<br>s. Ätzlauge. | | | |
| **Oleum, festes,**<br>s. Anhydrid. | | | |
| **Organische Nitrokörper**<br>s. Nitrokörper. | | | |
| **Pansol**<br>s. Nitrobenzol. | | | |
| **Panzergranatpatronen**<br>s. Geschützmunition. | | | |
| **Papier, mit Fett oder Öl getränktes, und daraus gefertigte Hülsen.** | II. Ziff. 10. | Beliebige Verpackung. | |
| **Paraffinzünder**<br>s. Scherzartikel d). | | | |
| **Pastanil** s. Ammoniaksalpetersprengstoffe a). | | | |
| **Patronen:**<br>I. **Patronen aus Sprengstoffen**<br>s. die einzelnen Sprengstoffe.<br>II. **Patronen für Geschütze**<br>s. Geschützmunition.<br>III. **Patronen für Handfeuerwaffen:**<br>a) **Fertige Metallpatronen mit ausschließlich aus Metall bestehenden Hülsen.** Die Geschosse müssen mit den Hülsen so fest verbunden sein, daß sie sich nicht ablösen können und ein Ausstreuen der Pulverladung verhindert ist.<br>b) **Fertige Patronen, deren Hülsen nur zum Teil aus Metall bestehen.** Die ganze Menge des Pulvers muß sich in dem metallenen Patronenunterteil befinden und durch einen Pfropfen oder Spiegel abgeschlossen sein. Die Pappe muß so beschaffen sein, daß ein Brechen bei der Beförderung ausgeschlossen ist.<br>c) **Fertige Patronen in Papierhülsen,** die einzeln in gut verschlossene Blechhülsen eingelegt sind.<br>d) **Fertige Zentralfeuerpappepatronen.** Die Pappe muß eine Wandstärke von mindestens 0,7 mm haben und so beschaffen sein, daß ein Brechen bei der Beförderung ausgeschlossen ist.<br>e) **Kugelzündhütchen** (Flobertmunition).<br>f) **Schrotzündhütchen** (Flobertmunition).<br>g) **Flobertzündhütchen ohne Kugel und Schrot.** | Ib. Ziff. 6. | innere:<br>Die Patronen sind in Behälter aus Blech, Holz oder steifer Pappe so fest zu verpacken, daß sie sich nicht verschieben können. | äußere:<br>Starke, dichte, sicher verschlossene Holzkiste, worin die Behälter dicht neben- und übereinander zu verpacken sind. Zwischenräume sind mit Pappe, Papier, Werg, Holzwolle oder Hobelspänen — alles völlig trocken — so fest auszufüllen, daß jedes Schlottern verhindert ist.<br>Das Rohgewicht einer Kiste darf 200 kg nicht übersteigen.<br>Die Kisten müssen die deutliche Aufschrift „Patronen für Handfeuerwaffen. Ib." tragen. |

| Ist Zusammenpackung mit anderen Gegenständen zulässig? | Zu verwendender Wagen | Ist Beiladung zulässig? | Bemerkungen |
|---|---|---|---|
| 4 | 5 | 6 | 7 |
| Ja. Das Papier oder die Hülsen müssen dann mit den anderen Gegenständen in einen starken, dichten, sicher verschlossenen Holzbehälter zusammengepackt sein. | Bedeckter oder offener mit Decke. | Ja. | Solche Papierhülsen werden nur befördert, wenn im Frachtbriefe bescheinigt ist, daß sie nach der Tränkung erhitzt und dann in Wasser völlig abgekühlt sind. |
| Nein. | Bedeckter. | Ja. | Der Absender hat im Frachtbrief eine Erklärung zu unterzeichnen, die zu lauten hat: „Der Unterzeichnete erklärt, daß die zu diesem Frachtbrief gehörige Sendung in Beschaffenheit und Verpackung den in der Anlage C zur EVO. unter Ib. für Patronen für Handfeuerwaffen getroffenen Vorschriften entspricht.“ |

| Gegenstand | Nr. der Anlage C | Verpackung | |
|---|---|---|---|
| 1 | 2 | 3 | |
| **Patronenhülsen, leere,** mit Zündvorrichtung s. Zündungen, nichtsprengkräftige. | | | |
| **Perchloratsprengstoffe** s. Chlorat- und Perchloratsprengstoffe. | | | |
| **Permonite**, **Persalit** } s. Chlorat- und Perchloratsprengstoffe. | | | |
| **Petarden** s. Sprengladungen b). | | | |
| **Petroklastit** s. Schwarzpulver und schwarzpulverähnliche Gemenge a). | | | |
| **Petroleum** s. Kohlenwasserstoffe. | | | |
| **Petroleumäther** s. Kohlenwasserstoffe. | | | |
| **Petroleumnaphtha** s. Kohlenwasserstoffe. | | | |
| **Phosgen** s. Chlorkohlenoxyd. | | | |
| **Phosphor:** | | innere: | äußere: |
| a) gewöhnlicher (weißer oder gelber); | II. Zif. 1. | Starke, dichte, gut verlötete Blechgefäße, worin der Phosphor mit Wasser umgeben sein muß. | Starke, sicher verschlossene Holzbehälter, worin die Blechgefäße fest eingesetzt sein müssen. Auf den Kisten ist der Inhalt deutlich und dauerhaft anzugeben, auch müssen sie die Bezeichnung „Oben.“ tragen. |
| b) amorpher (roter). | II. Zif. 2. | Starke, dichte, gut verlötete Blechgefäße. Bei Mengen bis zu 2 kg dürfen auch Glasgefäße, Kruken oder Kisten verwendet werden. | Starke, sicher verschlossene Holzbehälter, worin die Gefäße fest eingesetzt sein müssen. Auf den Kisten ist der Inhalt deutlich und dauerhaft anzugeben. |
| **Phosphoreisen** und ähnliche Verbindungen von Phosphor mit Metallen. **Phosphorkalzium.** **Phosphorstrontium.** | II. Zif. 2. | Wie Phosphor, amorpher (roter). | |
| **Phosphormischungen mit Harzen** oder **Fetten** s. Mischungen. | | | |
| **Phosphorverbindungen mit Metallen** s. Phosphoreisen. | | | |

| Ist Zusammenpackung mit anderen Gegenständen zulässig? | Zu verwendender Wagen | Ist Beiladung zulässig? | Bemerkungen |
|---|---|---|---|
| 4 | 5 | 6 | 7 |
| Nein. | Bedeckter oder offener. | Ja. | |
| Ja, in Mengen bis 5 kg. Die Gefäße mit Phosphor müssen mit den anderen Gegenständen in einen starken, dichten, sicher verschlossenen Holzbehälter zusammenverpackt sein. | Bedeckter oder offener. | Ja. | |

| Gegenstand | Nr. der Anlage C | Verpackung |
|---|---|---|
| 1 | 2 | 3 |
| **Phosphortrichlorid, Phosphoroxychlorid, Phosphorpentachlorid** (Phosphorsuperchlorid) und **Azetylchlorid.** | V. Ziff. 6. | a) Vollkommen dichte und mit guten Verschlüssen versehene Gefäße aus Schweißeisen, Flußeisen, Gußstahl, Blei oder Kupfer<br>oder<br>b) Glasgefäße. Hierbei gelten folgende Vorschriften:<br>α) Die Glasgefäße müssen starkwandig und mit gut eingeschliffenen, gedichteten und gegen Herausfallen gesicherten Glasstöpseln verschlossen sein.<br>β) Wenn die Glasgefäße mehr als 5 kg enthalten, sind sie in metallene Gefäße einzusetzen. Flaschen mit geringerem Inhalt dürfen in starke Holzbehälter verpackt werden, die durch Zwischenwände in so viele Abteilungen geteilt sind, als Flaschen versandt werden. Ein Behälter darf nicht mehr als vier Abteilungen enthalten.<br>γ) Die Glasgefäße sind in die Behälter so einzusetzen, daß sie mindestens 30 mm von den Wänden abstehen. Die Zwischenräume sind mit Kieselgur oder ähnlichen nicht brennbaren Stoffen fest auszustopfen; bei Azetylchlorid dürfen hierzu auch Sägespäne verwandt werden.<br>δ) Auf dem Deckel der äußeren Behälter ist der Inhalt anzugeben und das Glaszeichen anzubringen. |
| **Photogen** s. Kohlenwasserstoffe. | | |
| **Pikrinsäure** s. Nitrokörper, organische, 1. Gruppe β). | | |
| **Plastammon** s. Ammoniaksalpetersprengstoffe a). | | |
| **Plastrotyl** s. Nitrokörper, organische, 1. Gruppe α). | | |
| **Platz-Patronen** s. Zündungen, nicht sprengkräftige. | | |
| **Pniowit A, I, II, III** s. Ammoniaksalpetersprengstoffe a). | | |
| **Pottaschenlauge** s. Ätzlauge. | | |
| **Praeposit** s. Schwarzpulver u. schwarzpulverähnliche Gemenge a) und b). | | |
| **Präzipitat, weißes** und **rotes,** s. Metallpräparate, giftige. | | |
| **Preßluft, Sauerstoff, Stickstoff** und **Wasserstoff, verdichtet.** | I d. Ziff. 4. | Dicht verschlossene nahtlose Gefäße aus Schweißeisen, Flußeisen oder Gußstahl*), die mit mindestens einem Ventil zum Füllen und Entleeren versehen sein müssen.<br>Auf den Gefäßen muß vermerkt sein:<br>a) die Höhe des zulässigen Füllungsdrucks, der nicht mehr als 200 Atmosphären bei 17,5° betragen darf,<br>b) der Prüfungsstempel und der Tag der letzten Prüfung, der nicht mehr als 5 Jahre zurückliegen darf.<br>Sind die Gefäße in Kisten verpackt, so ist auf diesen der Inhalt anzugeben, sind die Gefäße unverpackt, müssen sie mit Vorrichtungen versehen sein, die ein Rollen verhindern, auch müssen sie zum Schutz der Ventile Kappen aus Schmiedeeisen, Stahl oder schmiedbarem Guß tragen. Keiner Kappen bedürfen Ventile, die im Innern des Flaschenhalses angebracht und durch einen gut sitzenden Metallstöpsel geschützt sind. |

*) Zur Beförderung von verdichtetem Sauerstoff und verdichtetem Wasserstoff dürfen auch solche Behälter benutzt werden, die laut angebrachtem Stempel nach den besonderen Vorschriften der Militärverwaltung amtlich geprüft und innerhalb der letzten 3 Jahre nachgeprüft sind. In diesem Falle dürfen die Gase auf 170 Atmosphären verdichtet sein. Bei Behältern, die nach der amtlichen Prüfung mit einem Betriebsdruck von höchstens 150 Atmosphären in Anspruch genommen werden dürfen, ist die Verdichtung der Gase nur bis zu dieser Grenze zulässig. Im übrigen gelten die obigen Vorschriften.

| Ist Zusammenpackung mit anderen Gegenständen zulässig? | Zu verwendender Wagen | Ist Beiladung zulässig? | Bemerkungen |
|---|---|---|---|
| 4 | 5 | 6 | 7 |
| Ja, in Mengen bis 5 kg. Die Chloridgefäße müssen dann mit den übrigen Gegenständen in einen starken, dichten, sicher verschlossenen Holzbehälter fest eingebettet sein. | Bedeckter oder offener. | Ja. | |
| Nein. | Bedeckter. Offene Wagen sind nur zulässig, wenn die Gefäße in Fuhrwerken aufgegeben werden, die mit Plänen bedeckt sind. | Ja. | 1. Es kann verlangt werden, daß der Absender durch ein Manometer den in den Behältern vorhandenen Druck nachweist. Diese Prüfung hat dann der Annahmebeamte im Frachtbriefe zu bescheinigen.<br>2. Die Gefäße dürfen nicht geworfen und nicht den Sonnenstrahlen oder der Ofenwärme ausgesetzt werden.<br>3. Die Gefäße sind im Eisenbahnwagen so zu lagern, daß sie nicht umfallen oder herabfallen können.<br>4. Über die Beschaffenheit des Materials und Herstellung der Gefäße und über die amtliche Prüfung der Gefäße sind besondere Vorschriften unter I d. B und C getroffen*). |

*) Wegen der nach den Vorschriften der Militärverwaltung geprüften Behälter s. die Fußnote in Sp. 3.

| Gegenstand | Nr. der Anlage C | Verpackung |
|---|---|---|
| 1 | 2 | 3 |
| **Proben von Sprengstoffen**<br>s. Sprengstoffproben. | | |
| **Produkte, chemische, explosionsfähige, nicht selbstentzündliche,**<br>s. explosionsfähige, nicht selbstentzündliche, chemische Produkte. | | |
| **Pulver** zur Herstellung von Bordelaiser Brühe<br>s. Kupfervitriol. | | |
| **Pulver** zu **Spreng- und Schießzwecken**<br>s. Schwarzpulver und Schießmittel. | | |
| **Pulverfäden,** gut durchgelatinierte und **daraus hergestellte Fabrikate**<br>s. Schießmittel. | | |
| **Putzöl**<br>s. Kohlenwasserstoffe. | | |
| **Putzlappen** (Putztücher), **Putzwolle, gebrauchte,**<br>s. Spinn- und Webstoffe. | | |
| **Pyridin mit Holzgeist**<br>s. Denaturierungsmittel. | | |
| **Pyrophorische Metalle**<br>s. Metalle, pyrophorische. | | |
| **Pyrotechnische Scherzartikel**<br>s. Scherzartikel, pyrotechnische. | | |
| **Pyrotechnische Zündstäbchen**<br>s. Zündstäbchen, pyrotechn. | | |
| **Quecksilberpräparate**<br>s. Metallpräparate, giftige. | | |
| **Radauplätzchen**<br>s. Scherzartikel, pyrotechnische e). | | |
| **Raketen**<br>s. Feuerwerkskörper **a) Kunstfeuerwerk**<br>und<br>**Leucht- und Signalmittel für Zwecke des Krieges oder des Rettungswesens.** | | |
| **Raketenhülsen**<br>s. **Feuerwerkskörper.** | | |
| **Rauschgelb**<br>s. Arsenikalien **a).** | | |
| **Realgar**<br>s. Arsenikalien **a).** | | |
| **Reibzünder**<br>s. Zündhölzer **a)** gewöhnliche und Zündungen I. | | |
| **Roburit, Roburit I, IA, IC, ID, IE** oder **Kronenpulver, Roburit IT** oder **Gesteinssicherheitspulver, Roburit II** und **IIa, Wetter-Roburit** und **Gesteins-Roburit**<br>s. Ammoniaksalpetersprengstoffe a). | | |

| Ist Zusammenpackung mit anderen Gegenständen zulässig? | Zu verwendender Wagen | Ist Beiladung zulässig? | Bemerkungen |
|---|---|---|---|
| 4 | 5 | 6 | 7 |
| | | | |

| Gegenstand | Nr. der Anlage C | Verpackung | |
|---|---|---|---|
| 1 | 2 | 3 | |
| **Römische Lichter** s. Feuerwerkskörper. | | | |
| **Rotes Präzipitat** s. Metallpräparate. | | | |
| **Rückstände** von der **Leimlederfabrikation** s. Kesselrückstände. | | | |
| **Ruß, frisch geglühter.** | II. Ziff. 5. | Dichte, gut verschlossene Behälter. Holzbehälter müssen im Innern mit dichten Stoffen ausgekleidet sein; sie sind in haltbare Übergefäße (Körbe, Kübel, Kisten) einzusetzen. | |
| **Salit** s. Dynamite und dynamitähnliche Sprengstoffe. | | | |
| **Salonfeuerwerk** s. Feuerwerkskörper. | | | |
| **Salpetersäure** s. Schwefelsäure. | | | |
| **Salze, chlorsaure,** s. Chlorsaures Kali. | | | |
| **Salzsäure** s. Schwefelsäure. | | | |
| **Salzwestfalit** s. Ammoniaksalpetersprengstoffe a). | | | |
| **Sammler, elektrische,** s. Schwefelsäure. | | | |
| **Sauerstoff, verdichteter,** s. Preßluft. | | | |
| **Scheidewasser** s. Schwefelsäure. | | | |
| **Scherbenkobalt** (Fliegenstein) s. Arsenikalien a). | | | |
| **Scherzartikel, pyrotechnische,** und zwar: | | innere: | äußere: |
| **a)** Knallbonbons, Blumenkarten, Blättchen von Kollodiumpapier und ähnliche Sachen, die ganz geringe Mengen von Kollodiumpapier oder kleine Knallsilberpünktchen enthalten; | Ic. Ziff. 2a). | Starke Papierumschläge oder Schachteln. | Starke, dichte, sicher verschlossene Holzkisten, worin die Pakete so fest zu verpacken sind, daß sie sich nicht bewegen können. |
| b) Knallerbsen, Knallgranaten und ähnliche Artikel mit Knallsilber; 1000 Stück dürfen nicht über 1 g Knallsilber enthalten. | Ic. Ziff. 2b). | Holzkistchen oder starke, mit Papier umwickelte Pappschachteln. Ein Behälter darf höchstens 1000 in Sägemehl festgelegte Stück dieser Gegenstände enthalten. | desgleichen. Die Bretter der Kisten müssen außerdem gefügt, die Seitenteile durch Zinken oder Kopfleisten miteinander verbunden sein (sog. französische Kisten). Brettstärke mindestens 18 mm. Die Kisten sind im Innern mit gutem zähem Papier vollständig auszulegen, an dessen Stelle sind auch dünne Zinkeinsätze zulässig. Leer bleibende Hohlräume in den Kisten sind mit geeigneten trockenen Verpackungsstoffen (Holzwolle, Papier oder dgl.) fest auszustopfen. Feuchtes Heu, Putzwolle oder ähnliche zur Selbstentzündung neigende Stoffe dürfen nicht verwendet sein. |
| | | Auf der Kiste müssen der Inhalt und die genaue Adresse des Absenders deutlich und dauerhaft angegeben sein. Rohgewicht einer Kiste höchstens 100 kg, Gesamtgewicht des Feuersatzes höchstens 20 kg. | |

| Ist Zusammenpackung mit anderen Gegenständen zulässig? | Zu verwendender Wagen | Ist Beiladung zulässig? | Bemerkungen |
|---|---|---|---|
| 4 | 5 | 6 | 7 |
| Nein. | Bedeckter oder offener. | Ja. | Ist im Frachtbrief bescheinigt, daß der Ruß nicht frisch geglüht ist (d. h. mindestens 48 Stunden gelagert hat), wird er ohne Beschränkung befördert. |
| Nein. | Bedeckter. | Ja. | |
| Nein. | Bedeckter. | Ja. | Im Frachtbrief hat der Absender zu bescheinigen, daß Art und Verpackung der Sendung den Vorschriften unter Ic. der Anlage C zur EVO. entspricht. |

| Gegenstand | Nr. der Anlage C | Verpackung | |
|---|---|---|---|
| 1 | 2 | 3 | |
| Noch **Scherzartikel** usw.<br>c) Konfettibomben, Boskozylinder, Kotillonfrüchte u. ähnliche Artikel, die eine kleine Ladung von Kollodiumwolle zum Ausstoßen einer ungefährlichen Füllung, wie Wattekugeln, Konfetti und dergl., enthalten. | Ic Zif. 2c). | innere:<br>Starke Papierumschläge oder Schachteln. | äußere:<br>Wie vor. |
| d) Zündblättchen (Amorces), Zündbänder, Paraffinzündbänder, Knallkorke, Knallkapseln, enthaltend einen Knallsatz aus Kaliumchlorat od. Salpeter, aus geringen Mengen von Phosphor, ferner aus Schwefelantimon, Schwefel, Milchzucker, Ultramarin, Klebemitteln (Dextrin, Gummi) oder dergleichen. In 1000 Zündpillen dürfen im ganzen höchstens 7,5 g Knallsatz verwendet sein. — Der Zündsatz eines Knallkorkes darf höchstens 0,08 g wiegen. Die Oberfläche des Zündsatzes muß von dem oberen Rande der Bohrung im Korke mindestens 5 mm entfernt sein. Die Korke müssen, wenn der Zündsatz nicht zwischen Papierblättchen festgelegt oder in einem dichten festen Näpfchen aus Papiermasse eingebettet ist, derart dicht und frei von Poren sein, daß ein Durchsickern der flüssigen Zündmasse ausgeschlossen ist. Der Zündsatz muß durch eine Schicht Korkmehl und etwas darüber gegossenes Paraffin abgedeckt sein. Bei Einschluß des Satzes zwischen Papierblättchen genügt auch ein eingepreßter Kartonring, der den Satz festhält. Bei Verwendung von Näpfchen genügt Verschluß der Korköffnung durch ein aufgepreßtes und festgeklebtes Papierblättchen. — Bei den Knallkapseln ist der Zündsatz, höchstens 0,08 g, in ein Näpfchen einzubetten, das den mittleren Teil des Bodens einer aus Pappe gezogenen Kapsel bildet und gegenüber dem äußeren Kapselrande vertieft liegt. Die Zündmasse muß mit einem dichten, nicht abspringenden Überzug bedeckt sein, der auch den Näpfchenrand überziehen muß. | Ic Zif. 2d). | α) Zündblättchen.<br>Starke Pappschachteln, von denen jede höchstens 100 Zündpillen enthalten darf. Je 12 Schachteln mit Zündblättchen sind zu einer Rolle und je 12 Rollen wieder zu einem festen Pakete mit Papierumschlag zu verbinden. | Wie vor. |
| | | β) Zündbänder und Paraffinzündbänder.<br>Wie unter α) oder zylindrische Blechbüchsen mit oben und unten dicht aufgeschobenen Deckeln. Jede Büchse darf höchstens 12 gerollte Bandstreifen mit je 50 Zündpillen enthalten. Höchstens je 30 Büchsen sind durch Papierumschlag zu einem festen Pakete zu vereinigen. | Wie vor. |
| | | γ) Knallkorke.<br>Knallkorke in starke Pappschachteln, von denen jede höchstens 50 Stück enthalten darf. Die Korke sind am Boden der Schachtel festzukleben; die Zwischenräume sind mit trockenem Holzmehl oder Korkmehl dicht aufzufüllen Auf das Mehl ist eine passende Watteschicht zu legen und die Schachtel mit einem übergreifenden Deckel zu schließen. Jede Schachtel für sich oder je zwei Schachteln zusammen sind zu verschnüren und je 10 Schachteln wieder mit Papierumschlag zu einem festen Pakete zu vereinigen. Eine Kiste darf höchstens 20 Pakete enthalten. | Wie vor. — Die Zwischenräume in den Behältern müssen aber mit trockenem Holzmehl od. Sägespänen fest ausgestopft sein. |
| | | δ) Knallkapseln.<br>Je 50 Knallkapseln sind in eine starke Pappschachtel mit trockenem, feinem Sägemehl fest einzupacken; jede Schachtel ist mit übergreifendem Deckel zu verschließen und der Verschluß durch Umschnürung oder Streifband zu sichern. Je 10 Schachteln sind durch Papierumschlag zu einem festen Pakete zu vereinigen. Eine Kiste darf höchstens 20 Pakete enthalten | Wie vor zu γ). |
| e) Sogenanntes spanisches Feuerwerk, wie Radauplätzchen, Krawallstangen, Gewitterhagel.<br>Der einzelne Körper darf höchstens 2,5 g wiegen und neben Gummi und Farben höchstens 6 Prozent gelben Phosphor, höchstens 23 Prozent amorphen Phosphor und höchstens 21 Prozent Kaliumchlorat enthalten | Ic. Zif. 2e). | Holzkistchen, von denen jedes nicht mehr als 144 Feuerwerkskörper, gut in Sägemehl verpackt, enthalten darf. | Wie vor unter c). |
| **Schieferöle** s. Kohlenwasserstoffe. | | | |
| **Schießbaumwolle** s. Nitrozellulose. | | | |
| **Schießmittel:**<br>**I. 1. Gruppe. Rauchschwache, gelatinierte Nitrozellulosepulver und nitroglyzerinhaltige Nitrozellulosepulver — auch in Form von Kartuschen —, soweit sie den Anforderungen in Spalte 7 entsprechen.** | Ia. B. 1. Gruppe. | Die Schießmittel — auch in Form von Kartuschen — müssen fest in haltbare Holzbehälter verpackt sein, deren Fugen so gedichtet sind, daß kein Ausstreuen stattfinden kann. Auch sogenannte amerikanische Pappefässer sind zulässig. Die Behälter dürfen keine eisernen Nägel, Schrauben oder sonstigen eisernen Befestigungsmittel (Reifen, Bänder oder dgl.) haben. Metallene Packgefäße (mit Ausnahme von eisernen) sind zulässig, wenn sie völlig dicht und nachgiebig genug sind, um die Entstehung eines eine Detonation bedingenden Innendrucks zu verhindern.<br>Deutliche, haltbare Aufschrift: „Rauchschwaches Pulver. 1. Gruppe.“ | |

| Ist Zusammenpackung mit anderen Gegenständen zulässig? | Zu verwendender Wagen | Ist Beiladung zulässig? | Bemerkungen |
|---|---|---|---|
| 4 | 5 | 6 | 7 |
| Nein. | Bedeckter. | Ja. | Wie vor. |
| Nein. | Bedeckter. | Ja. | Wie vor. |
| Nein. | Bedeckter. | Ja. | Wie vor. |
| Nein. | Bedeckter. | Ja, ausgenommen sind sprengkräftige Zündungen (Ib. Zif. 4) und die unter III aufgeführten Schießmittel der 2. Gruppe. | 1. Anforderungen an die Schießmittel der 1. Gruppe.<br>(1) Die Ausgangsstoffe (Nitrozellulose und Nitroglyzerin) müssen von bester Beschaffenheit sein.<br>a) Die zu verwendende Nitrozellulose muß folgenden Stabilitätsbedingungen*) genügen:<br>α) die Abspaltung von Stickoxyd während einer 2stündigen Erhitzung auf 132° darf für 1 g Nitrozellulose nicht mehr als 3 ccm betragen;<br>β) die Verpuffungstemperatur der Nitrozellulose muß über 180° liegen. |

**Elektrische Bahnen.** Solche Schießmittel dürfen nicht in Wagen befördert werden, die stromführende oder unter Spannung stehende Leitungen oder

*) Die Vorschriften unter a) und b) gelten nicht für die vor dem 23. Juni 1906 hergestellten Pulver.

| Gegenstand | Nr. der Anlage C | Verpackung | |
|---|---|---|---|
| 1 | 2 | 3 | |
| Noch **Schießmittel.** | | | |
| II. 2. Gruppe (nur in Wagenladungen zu befördern).<br>**Rauchschwache gelatinierte Nitrozellulosepulver und nitroglyzerinhaltige Nitrozellulosepulver, die den Anforderungen für die Pulver der 1. Gruppe nicht entsprechen.**<br>**Rauchschwache nichtgelatinierte Nitrozellulosepulver (sogenannte Mischpulver).**<br>**Schwarzpulver (gepreßt oder gekörnt) und ähnliche für Schießzwecke geeignete Pulver.**<br>**Gut durchgelatinierte Pulverfäden und daraus hergestellte Fabrikate.** | 1a. B. 2. Gruppe. | innere:<br>Loses Kornpulver muß vor der Verpackung in Tonnen oder Kisten in haltbare, dichte Säcke geschüttet sein.<br>Innerhalb des Behälters für prismatisches Pulver in einzelnen Stücken müssen sich zur Festlegung der Pulverprismen zwei Platten von Filz oder einem ähnlichen elastischen Stoffe, die eine an einer Kopfwand, die andere unter dem Deckel befinden. | äußere:<br>Zum Verpacken von prismatischem Pulver in einzelnen Stücken sind starke, dichte, sicher verschlossene Holzbehälter zu verwenden. Die Wände der Behälter müssen gezinkt, Boden und Deckel müssen durch verleimte, hölzerne Nägel oder durch Messingschrauben gut befestigt sein.<br>Zum Verpacken von anderem Pulver sind Behälter, wie sie unter I für Pulver der 1. Gruppe vorgeschrieben sind, zu verwenden.<br>Das Rohgewicht eines Behälters darf höchstens 90 kg betragen.<br>Deutliche, gedruckte oder schablonierte Aufschrift: „Schießpulver. 2. Gruppe." |
| | | Ausnahmen für Frachtstücke von höchstens 200 kg Gewicht s. nachstehend unter III. | |

| Ist Zusammenpackung mit anderen Gegenständen zulässig? | Zu verwendender Wagen | Ist Beiladung zulässig? | Bemerkungen |
|---|---|---|---|
| 4 | 5 | 6 | 7 |
| | Apparate enthalten, also auch nicht in Wagen, die elektrisch beleuchtet sind. | | b) Das zu verwendende Nitroglyzerin muß völlig säurefrei sein.<br>(2) Das fertige Pulver muß gelatiniert sein und folgenden Anforderungen entsprechen:<br>a) Nitrozellulosepulver müssen eine Verpuffungstemperatur von mindestens 170° haben und bei der Stabilitätsprüfung mindestens 1 Stunde auf 132° erhitzt werden können, ohne deutlich erkennbare gelbrote Dämpfe abzuspalten;<br>b) nitroglyzerinhaltige Nitrozellulosepulver müssen eine Verpuffungstemperatur von mindestens 160° haben und bei der Stabilitätsprüfung mindestens $1^1/_2$ Stunden auf 120° erhitzt werden können, ohne deutlich erkennbare gelbrote Dämpfe abzuspalten.<br>(3) Nitrozellulosepulver und nitroglyzerinhaltige Nitrozellulosepulver dürfen bei der Trauzlschen Bleiblockprobe im Vergleiche mit einem nitroglyzerinhaltigen Nitrozellulose-Würfelpulver von 2 mm Seitenlänge (aus 60 Prozent Nitrozellulose [12 Prozent Stickstoffgehalt] und 40 Prozent Nitroglyzerin bestehend) eine höchstens 10 Prozent stärkere Ausbauchung ergeben als dieses.<br>(4) Nähere Bestimmungen über das Verfahren bei Prüfung der Pulver und ihrer Ausgangsstoffe hat das Reichs-Eisenbahnamt getroffen.<br>**2. Bescheinigungen, Frachtbriefe.**<br>Auf dem Frachtbriefe muß von einem von der Eisenbahn anerkannten Chemiker bescheinigt sein, daß die Pulver den für sie gestellten Anforderungen entsprechen. Bei der Weiterbeförderung von Teilsendungen durch andere Absender als die herstellenden Fabriken kann von der Bescheinigung eines von der Eisenbahn anerkannten Chemikers abgesehen werden, wenn der Absender auf dem Frachtbrief erklärt, daß das Pulver oder die damit gefüllten Kartuschen einer geprüften und bescheinigten Lieferung entstammen. Auf Erfordern ist dies glaubhaft nachzuweisen. |
| Nein. | Bedeckter.<br>**Elektrische Bahnen.**<br>Solche Schießmittel dürfen nicht in Wagen befördert werden, die stromführende oder unter Spannung stehende Leitungen oder Apparate enthalten, also auch nicht in Wagen, die elektrisch beleuchtet sind. | Ja, ausgenommen sind andere Sprengstoffe (I a) und sprengkräftige Zündungen (I b. Ziff. 4). Nur Mengen bis zu 1000 kg dürfen mit anderen Gütern zusammengeladen werden, vorausgesetzt, daß diese nicht leicht entzündlich sind und nicht früher als die Schießmittel ausgeladen werden. | 1. Die Frachtbriefe dürfen keine anderen Gegenstände umfassen. Die darin enthaltene Bezeichnung des Schießmittels ist mit roter Tinte zu unterstreichen. Die Frachtbriefe müssen außer Anzahl, Gattung, Zeichen und Nummer der Behälter auch das Rohgewicht jedes einzelnen Behälters enthalten.<br>2. Auf dem Frachtbriefe muß vom Absender bescheinigt sein, daß Beschaffenheit und Verpackung des Schießmittels den Vorschriften unter I a. der Anlage C zur EVO. entspricht.<br>3. Aufgabe als Eilgut ist unzulässig.<br>4. Weiter sind die Beförderungsvorschriften unter I a. der Anlage C zur EVO. B Abs. (3), D Abs. (3), E Abs. (5), F, G, H, J und K zu beachten. Die Vorschrift unter I a. F Abs. (2) gilt nicht für elektrische Lokomotiven ohne Feuerherd. |

| Gegenstand | Nr. der Anlage C | Verpackung | |
|---|---|---|---|
| 1 | 2 | 3 | |
| **Noch Schießmittel.** | | innere: | äußere: |
| **III. Schießmittel der 2. Gruppe, gut durchgelatinierte Pulverfäden, sowie daraus hergestellte Fabrikate in Frachtstücken von zusammen höchstens 200 kg und in der nebenstehenden Verpackung.** | Ia. Beförderungsvorschriften. A. Schießmittel d). | Die Stoffe müssen in dichte Beutel gefüllt sein, die das Verstauben und Ausstreuen verhindern. Die Beutel müssen in Metallhülsen verpackt sein, deren Verschluß zwar völlig dicht ist, jedoch im Falle eines Brandes dem Drucke der sich im Innern entwickelnden Pulvergase nachgeben kann. Das Schießmittel in jedem Beutel darf höchstens 1 kg, die damit beschickte Hülse höchstens 1,5 kg wiegen. Gut durchgelatinierte Pulverfäden und daraus hergestellte Fabrikate werden ohne Metallhülsen befördert, auch kann der dichte Beutel wegfallen, wenn die zur Verpackung verwendeten Holzbehälter einen Zinkblecheinsatz haben. | Die Metallhülsen mit Schießmitteln oder die staubsicheren Beutel mit Pulverfäden oder daraus hergestellten Fabrikaten müssen in haltbare Holzbehälter verpackt sein. Leerer Raum muß mit geeigneten trockenen Verpackungsstoffen so fest ausgefüllt werden, daß jedes Schlottern während der Beförderung ausgeschlossen ist.<br>In einem Behälter dürfen weder verschiedenartige Schießmittel, noch Schießmittel mit anderen explosionsfähigen Stoffen zusammengepackt sein.<br>Die Behälter dürfen nur dann durch eiserne Nägel verschlossen sein, wenn diese gut verzinkt sind. Die Behälter müssen eine den Inhalt deutlich kennzeichnende haltbare Aufschrift tragen. Außerdem sind sie mit einem Plombenverschluß oder mit einem auf zwei Schraubenköpfen des Deckels angebrachten Siegel (Abdruck oder Marke) oder mit einem über Deckel und Wände geklebten, die Schutzmarke enthaltenden Zeichen zu versehen. |
| **Schießpulver** s. Schießmittel. | | | |
| **Schlagröhren** s. Zündungen, nichtsprengkräftige. | | | |
| **Schlagzündschrauben** s. Zündungen, nichtsprengkräftige. | | | |
| **Schnellzündschnüre** s. Zündschnüre. | | | |
| **Schrapnellpatronen** und **Schrapnellgranatpatronen** s. Geschützmunition. | | | |
| **Schrotzündhütchen** s. Patronen für Handfeuerwaffen. | | | |
| **Schwärmer** (Feuer-) s. Feuerwerkskörper. | | | |

| Ist Zusammenpackung mit anderen Gegenständen zulässig? | Zu verwendender Wagen | Ist Beiladung zulässig? | Bemerkungen |
|---|---|---|---|
| 4 | 5 | 6 | 7 |
| Nein. | Bedeckter. **Elektrische Bahnen.** Solche Schießmittel dürfen nicht in Wagen befördert werden, die stromführende oder unter Spannung stehende Leitungen oder Apparate enthalten, also auch nicht in Wagen, die elektrisch beleuchtet sind. | Ja, ausgenommen sind andere Sprengstoffe I a und sprengkräftige Zündungen (I b. Ziff. 4). Die Schießmittel dürfen nur in Mengen bis 200 kg Rohgewicht in einen Wagen zusammenverladen werden. Die Annahme zur Beförderung kann demgemäß beschränkt werden. | 1. Jedem Behälter muß ein besonderer Frachtbrief beigegeben sein, der keine anderen Gegenstände umfaßt.<br>2. Der Absender hat im Frachtbrief eine von ihm unterzeichnete Erklärung abzugeben, worin auch das Zeichen der Plombe, des Siegels, der Siegelmarke oder der Schutzmarke angegeben ist. Die Erklärung hat zu lauten:<br>„Der Unterzeichnete erklärt, daß die zu diesem Frachtbriefe gehörige, mit dem Zeichen . . . . verschlossene Sendung in Beschaffenheit und Verpackung den in der Anlage C zur Eisenbahn-Verkehrsordnung unter I a. getroffenen Bestimmungen entspricht."<br>3. Aufgabe als Eilgut ist unzulässig. |

| Gegenstand | Nr. der Anlage C | Verpackung |
|---|---|---|
| 1 | 2 | 3 |
| **Schwarzpulver und schwarzpulverähnliche Gemenge** s. auch Schießmittel:<br>I. 1. **Gruppe der Sprengmittel. Schwarzpulverähnliche, handhabungssichere Sprengstoffe,** soweit sie sich unter dem Einflusse von Stoß, Reibung oder Entzündung nicht gefährlicher erweisen als Sprengsalpeter von folgender Zusammensetzung: 75 Prozent Natronsalpeter, 10 Prozent Schwefel, 15 Prozent Braunkohle, und zwar:<br>**a)** Cahücit, Petroklastit (Haloklastit), auch mit den angehängten Zahlen I, II, III usw., Praeposit, Sprengsalpeter u. Castroper Sprengsalpeter od. Löwenpulver, **patroniert.**<br>b) Praeposit, **nicht patroniert.** | Ia. A. 1. Gruppe d). | **innere:** Zu a). Luftdicht verschlossene Blechbüchsen. Mit Paraffin oder Zeresin getränkte Patronen können auch durch eine feste Umhüllung von Papier zu Paketen vereinigt werden. Auch nicht getränkte Patronen bis zum Gesamtgewicht von $2^1/_2$ kg dürfen zu Paketen vereinigt werden, wenn diese durch einen Überzug von Zeresin oder Harz völlig von der Luft abgeschlossen sind. Bei Praepositpatronen genügen auch dichte Hüllen aus Pergamentpapier.<br>**äußere:** Starke, dichte, sicher verschlossene Holzbehälter, worin die Blechbüchsen oder die Pakete fest verpackt sein müssen. Deutliche, haltbare Aufschrift: „Schwarzpulverähnliche, handhabungssichere Sprengstoffe (Name). 1. Gruppe." Höchstes Gewicht des Inhalts eines Behälters 50 kg.<br>Zu b). Büchsen aus Weißblech mit dicht schließendem Deckel zugelassen. Jede Büchse darf höchstens 5 kg Praeposit enthalten und ist in kräftiges Packpapier völlig einzuwickeln. Höchstens 3 Büchsen sind in einen starken, dichten, sicher verschlossenen Holzbehälter so einzusetzen, daß die Deckel der Büchsen durch den Behälter in ihrer Lage durchaus festgehalten werden. |
| II. **3. Gruppe der Sprengmittel** (nur in Wagenladungen zu befördern). **Schwarzpulver** (Gemenge von Kalisalpeter, Schwefel und Kohle) in Mehlform, gekörnt oder gepreßt, ferner **schwarzpulverähnliche Gemenge,** die den Bedingungen für die 1. Gruppe nicht entsprechen, sich aber unter dem Einfluß von Stoß, Reibung oder Entzündung nicht gefährlicher erweisen, als staubfein gemahlenes Jagdpulver von folgender Zusammensetzung: 75 Prozent Kalisalpeter, 10 Prozent Schwefel und 15 Prozent Faulbaumkohle. | Ia. A. 3. Gruppe d). | **innere:** Loses **Kornpulver** muß in dichte, haltbare Säcke, **Mehlpulver in Lederbeutel** verpackt sein.<br>**äußere:** Haltbare, dichte, sicher verschlossene Holzbehälter, die das Verstreuen oder Verstauben des Inhalts sicher verhindern. In den Behältern müssen die Säcke, die Lederbeutel oder das patronierte Pulver fest verpackt sein. Auch sogenannte amerikanische Pappefässer sind zulässig. Die Behälter dürfen keine eisernen Nägel, Schrauben oder sonstigen eisernen Befestigungsmittel (Reifen, Bänder oder dgl.) haben. Auch metallene Packgefäße (mit Ausnahme von eisernen) sind zulässig, wenn ihr Verschluß zwar völlig dicht ist, jedoch im Falle eines Brandes dem Drucke der sich im Innern entwickelnden Pulvergase nachgeben kann.<br>Das Rohgewicht eines Behälters darf höchstens 90 kg betragen.<br>Die Behälter müssen die deutliche, gedruckte oder schablonierte Aufschrift: „Sprengpulver. 3. Gruppe." tragen. |
| **Schwarzpulverzündschnüre** s. Zündschnüre. | | |
| **Schwefeläther, auch mit anderen Flüssigkeiten gemengt** (z. B. Hoffmannstropfen), **Lösungen von Nitrozellulose in Schwefeläther** (Kollodium), in **Amylalkohol, in Aethylalkohol,** in **Methylalkohol,** in **Essigäther,** in **Amylazetat,** in **Azeton,** in **Nitrobenzol** oder in **Gemengen** dieser **Flüssigkeiten (z. B. Zaponlacke), höchstens einprozentige Lösungen von Nitroglyzerin in Alkohol.** | III. Ziff. 3. | Starke, dichte, sicher verschlossene Gefäße aus Glas, Ton (Steinzeug oder dgl.) oder Metall.<br>Gefäße aus Glas oder Ton sowie Blechgefäße sind einzeln oder zu mehreren unter Verwendung geeigneter Verpackungsstoffe in Übergefäße (Weiden- oder Metallkörbe, Kübel oder Kisten) fest einzusetzen. Übergefäße (ausgenommen Kisten) müssen mit guten Handhaben versehen sein. Offene Übergefäße müssen eine Schutzdecke haben, die, wenn sie aus Stroh, Rohr, Schilf oder ähnlichen leicht brennbaren Stoffen besteht, mit Lehm- oder Kalkmilch oder dgl. unter Zusatz von Wasserglas getränkt ist.<br>Blech- oder andere Metallgefäße dürfen nur bis zu $^9/_{10}$ (bei 15°) gefüllt werden.<br>Jedes Versandstück muß auf rotem Grunde die deutliche, haltbare Aufschrift: „Feuergefährlich." tragen. Körbe und Kübel mit Glasballons müssen ferner mit der deutlichen Aufschrift versehen sein: „Vorsichtig tragen." |

| Ist Zusammenpackung mit anderen Gegenständen zulässig? | Zu verwendender Wagen | Ist Beiladung zulässig? | Bemerkungen |
|---|---|---|---|
| 4 | 5 | 6 | 7 |
| Nein. | Bedeckter. **Elektrische Bahnen.** Solche Sprengstoffe dürfen nicht in Wagen befördert werden, die stromführende elektrische Leitungen oder Apparate enthalten, also auch nicht in Wagen, die elektrisch beleuchtet sind. | Ja, ausgenommen sind sprengkräftige Zündungen (Ib. Ziff. 4) und die unter dem Stichworte „Schießmittel" unter III aufgeführten Schießmittel der 2. Gruppe. | 1. Jede Sendung muß von einer Bescheinigung eines von der Eisenbahn anerkannten Chemikers begleitet sein, daß der Sprengstoff den Bestimmungen unter Ia. der Anlage C zur EVO. entsprechend zusammengesetzt ist und die dort vorgeschriebene Prüfung bestanden hat.<br>2. Auf dem Frachtbriefe muß vom Absender bescheinigt sein, daß die Verpackung des Sprengstoffs den Vorschriften unter Ia. der Anlage C zur EVO. entspricht. |
| Nein. | Bedeckter. **Elektrische Bahnen.** Solche Sprengstoffe dürfen nicht in Wagen befördert werden, die stromführende elektrische Leitungen oder Apparate enthalten, also auch nicht in Wagen, die elektrisch beleuchtet sind. | Ja, ausgenommen sind sprengkräftige Zündungen (Ib. Ziff. 4) und die unter dem Stichworte „Schießmittel" unter III aufgeführten Schießmittel der 2. Gruppe. Nur Mengen bis zu 1000 kg dürfen mit anderen Gütern zusammengeladen werden, vorausgesetzt, daß diese nicht leicht entzündlich sind, und nicht früher als das Pulver ausgeladen werden. | 1. Die Frachtbriefe dürfen keine anderen Gegenstände umfassen. Die darin enthaltene Bezeichnung des Sprengstoffs ist mit roter Tinte zu unterstreichen. Die Frachtbriefe müssen außer Anzahl, Gattung, Zeichen und Nummer der Behälter auch das Rohgewicht jedes einzelnen Behälters enthalten.<br>2. Auf dem Frachtbriefe muß vom Absender bescheinigt sein, daß die Beschaffenheit und Verpackung des Sprengpulvers den Vorschriften entspricht.<br>3. Aufgabe als Eilgut ist unzulässig.<br>4. Weiter sind die Beförderungsvorschriften unter Ia. der Anlage C zur EVO. B Abs. (3), D (Abs. (3), E Abs. (5), F, G, H, J und K zu beachten. Die Vorschrift unter Ia. F Abs. (2) gilt nicht für elektrische Lokomotiven ohne Feuerherd. |
| Ja, in Mengen bis 10 kg. Die Gefäße müssen dann mit den übrigen Gegenständen in starke, dichte, sicher verschlossene Holzbehälter zusammengepackt sein. Die Gefäße mit Schwefeläther usw. müssen in den Behältern fest eingebettet sein. | Offener, nur kleine Mengen bis 10 kg (allein oder mit anderen Gegenständen zusammengepackt — s. Sp. 4 —) dürfen in bedeckten Wagen befördert werden. **Elektrische Bahnen.** 1. Wagen oder Wagenabteilungen dürfen | Ja. | 1. Körbe und Kübel mit Glasballons dürfen nicht auf Karren gefahren, auch nicht auf der Schulter oder dem Rücken getragen werden.<br>2. Die Wagen sind vor Beginn der Verladung auf beiden Seiten mit roten Zetteln zu versehen, die deutlich die Aufschrift: „Feuergefährlich." und „Vorsichtig verschieben." tragen.<br>3. Die Versandstücke müssen im Wagen sicher gelagert werden. Offene Körbe und Kübel sind am Wagen zu befestigen, auch dürfen sie nicht aufeinandergestellt werden.<br>4. Während der Beförderung schadhaft gewordene Behälter sind sofort auszuladen und können, wenn ihre Wiederherstellung nicht alsbald möglich ist, mit dem vorhandenen Inhalt ohne weiteres für Rechnung des Absenders verkauft werden.<br>5. Dicht verschlossene leere Blechbehälter, worin solche Stoffe enthalten waren, dürfen in bedeckten Wagen, andere Gefäße müssen in offenen Wagen befördert werden; auf die frühere Verwendung der Behälter ist im Frachtbrief hinzuweisen. |

| Gegenstand | Nr. der Anlage C | Verpackung |
|---|---|---|
| 1 | 2 | 3 |
| Noch **Schwefeläther.** | | |
| **Schwefelkohlenstoff.** | III. Ziff. 8. | Starke, dichte, sicher verschlossene Gefäße aus Glas, Ton (Steinzeug oder dgl.) oder Metall.<br>Gefäße aus Glas oder Ton sowie Blechgefäße sind einzeln oder zu mehreren unter Verwendung geeigneter Verpackungsstoffe in Übergefäße (Weiden- oder Metallkörbe, Kübel oder Kisten) fest einzusetzen. Übergefäße (ausgenommen Kisten) müssen mit guten Handhaben versehen sein. Offene Übergefäße müssen eine Schutzdecke haben, die, wenn sie aus Stroh, Rohr, Schilf oder ähnlichen leicht brennbaren Stoffen besteht, mit Lehm- oder Kalkmilch oder dgl. unter Zusatz von Wasserglas getränkt ist.<br>Blech- oder andere Metallgefäße dürfen nur bis zu $^{9}/_{10}$ (bei 15°) gefüllt werden.<br>Jedes Versandstück muß auf rotem Grunde die deutliche, haltbare Aufschrift: „Feuergefährlich." tragen. Körbe und Kübel mit Glasballons müssen ferner mit der deutlichen Aufschrift versehen sein: „Vorsichtig tragen." |

| Ist Zusammenpackung mit anderen Gegenständen zulässig? | Zu verwendender Wagen | Ist Beiladung zulässig? | Bemerkungen |
|---|---|---|---|
| 4 | 5 | 6 | 7 |
| | nicht verwendet werden, worin sich dem Betriebe dienende elektrische Apparate, wie stromführende Elektromotoren oder Generatoren, Transformatoren, Blitzplatten, Widerstände, Sicherungen, elektromagnetische Bremsen, Heizapparate befinden. Zugelassen sind Glühlampen, die in besonders starke Glasschutzglocken eingeschlossen sind, und deren Ausschalter und Sicherungen sich außerhalb der Wagen oder Wagenabteile befinden; ferner sind isolierte Drahtleitungen gestattet, die gegen mechanische Beschädigungen gut geschützt sind.<br>2. Über den offenen Wagen sind starke Schutzdecken aus Holz oder einem anderen isolierenden Stoffe anzubringen, die es verhüten, daß ein herabgefallener Leitungsdraht eine Zündung herbeiführt. Die Schutzdecken dürfen den freien Zutritt der Luft zum Gute nicht verhindern.<br>3. Bei Verwendung von Kessel- (Bassin-) Wagen ist über dem Wagen eine starke Schutzdecke aus Holz oder einem anderen isolierenden Stoffe anzubringen, die es verhindert, daß ein herabgefallener Leitungsdraht den Strom auf die metallenen Teile des Wagens überträgt. | | |
| Ja, **in Mengen bis 2 kg.** Die Gefäße müssen dann mit den übrigen Gegenständen in starke, dichte, sicher verschlossene Holzbehälter zusammengepackt sein. Die Gefäße mit Schwefelkohlenstoff müssen in den Behältern fest eingebettet sein. | Offener, nur kleine Mengen bis **2 kg** (allein oder mit anderen Gegenständen zusammengepackt — s. Sp. 4 —) dürfen in bedeckten Wagen befördert werden.<br>**Elektrische Bahnen.**<br>1. Wagen oder Wagenabteilungen dürfen nicht verwendet werden, worin sich dem Betriebe dienende elektrische Apparate, wie stromführende Elektromotoren oder Generatoren, Transformatoren, Blitzplatten, Widerstände, Sicherungen, elektromagnetische Bremsen, Heizapparate befinden. Zugelassen sind Glühlampen, die in besonders starke Glasschutzglocken eingeschlossen sind, und deren Ausschalter und Sicherungen sich außerhalb der Wagen oder Wagenabteile befinden; ferner sind isolierte Drahtleitungen gestattet, die gegen mechanische Beschädigungen gut geschützt sind.<br>2. Über den offenen Wagen sind starke Schutzdecken aus Holz oder einem anderen isolierenden Stoffe anzubringen, die es verhüten, daß ein herabgefallener Leitungsdraht eine Zündung herbeiführt. Die Schutzdecken dürfen den freien Zutritt der Luft zum Gute nicht verhindern.<br>3. Bei Verwendung von Kessel- (Bassin-) Wagen ist über dem Wagen eine starke Schutzdecke aus Holz oder einem anderen isolierenden Stoffe anzubringen, die es verhindert, daß ein herabgefallener Leitungsdraht den Strom auf die metallenen Teile des Wagens überträgt. | Ja. | 1. Körbe und Kübel mit Glasballons dürfen nicht auf Karren gefahren, auch nicht auf der Schulter oder dem Rücken getragen werden.<br>2. Die Wagen sind vor Beginn der Verladung auf beiden Seiten mit roten Zetteln zu versehen, die deutlich die Aufschrift: „Feuergefährlich." und „Vorsichtig verschieben." tragen.<br>3. Die Versandstücke müssen im Wagen sicher gelagert werden. Offene Körbe und Kübel sind am Wagen zu befestigen, auch dürfen sie nicht aufeinandergestellt werden.<br>4. Während der Beförderung schadhaft gewordene Behälter sind sofort auszuladen und können, wenn ihre Wiederherstellung nicht alsbald möglich ist, mit dem vorhandenen Inhalt ohne weiteres für Rechnung des Absenders verkauft werden.<br>5. Dicht verschlossene leere Blechbehälter, worin solche Stoffe enthalten waren, dürfen in bedeckten Wagen, andere Gefäße müssen in offenen Wagen befördert werden; auf die frühere Verwendung der Behälter ist im Frachtbrief hinzuweisen. |

| Gegenstand | Nr. der Anlage C | Verpackung |
|---|---|---|
| 1 | 2 | 3 |
| **Schwefelsäure** (Vitriolöl), **Salzsäure, Salpetersäure** (Scheidewasser), **Flußsäure;** wegen Schwefelsäure, wasserfreie, s. Anhydrid. | V. Ziff. 1. | Starke, dichte, sicher verschlossene Gefäße, die durch den Inhalt nicht angegriffen werden. Der Verschluß muß so beschaffen sein, daß er weder durch Erschütterungen noch durch den Inhalt beschädigt werden kann. Bei Verwendung von Gefäßen aus Glas oder Ton ist nachstehendes zu beachten:<br>a) die Gefäße sind unter Verwendung geeigneter Verpackungsstoffe in starke Übergefäße (Weiden- oder Metallkörbe, Kübel oder Kisten) fest einzusetzen; Übergefäße (ausgenommen Kisten) müssen mit guten Handhaben versehen sein,<br>b) bei konzentrierter Salpetersäure mit einem spezifischen Gewichte von mindestens 1,48 bei 15° (46,8° Baumé) und bei roter rauchender Salpetersäure sind die Glas- oder Tongefäße in den Übergefäßen mit einer ihrem Inhalte mindestens gleichkommenden Menge Kieselgur oder anderer geeigneter trockenerdiger Stoffe einzubetten,<br>c) Verpackungsstoff a) und b) ist nicht erforderlich, wenn die Glasgefäße in eiserne Mantelkörbe eingesetzt sind, und durch gut federnde, mit Asbest belegte Schließen so gehalten werden, daß sie sich in den Körben nicht bewegen können,<br>d) die Vorschriften unter a) bis c) gelten nicht für Topfwagen.<br>Feuerlöschvorrichtungen, die solche Säuren enthalten, müssen so gebaut sein, daß keine Säure ausfließen kann.<br>Mit Schwefelsäure gefüllte elektrische Sammler (Akkumulatoren) sind in einem Batteriekasten so zu befestigen, daß die einzelnen Zellen sich nicht bewegen können. Der Batteriekasten ist mit aufsaugenden Verpackungsstoffen in eine Kiste fest zu verpacken. Die Kisten müssen auf den Deckeln die deutlichen Aufschriften: „Elektrische Sammler (Akkumulatoren)." und „Oben." tragen. Sind die Sammler geladen, so müssen die Pole gegen Kurzschluß gesichert sein.<br>Für schwefelsäurehaltigen Bleischlamm aus Akkumulatoren dürfen Holzgefäße nur verwendet werden, wenn ein Austropfen der Säure verhindert ist. |
| **Schweflige Säure** s. Ammoniak. | | |
| **Schwergefrierbare Dynamite** s. Dynamite. | | |
| **Seebojen mit Fett- und Mischgas** s. Leucht- und Fettgas a) Sp. 7 Ziff. 1. | | |
| **Seide, gefettet** oder **gefirnißt,** s. Spinn- und Webstoffe. | | |
| **Seide, hochbeschwerte** (Cordonnet-, Souple-, Bourre de Soie- und Chappe-Seide) **in Strängen.** | II. Ziff. 7. | Starke Kisten. Sind diese höher als 12 cm, so müssen zwischen den einzelnen Lagen der Seide durch Holzroste ausreichende Hohlräume geschaffen sein, die mit Öffnungen in den Kistenwänden in Verbindung stehen, so daß Luft durchziehen kann. An den äußeren Kistenwänden sind Leisten anzubringen, die das Zustellen der Luftlöcher verhindern. |
| **Seifen, flüssige,** s. Flüssigkeiten, bereitet aus Petroleumnaphtha usw. sowie Öle, fette. | | |

| Ist Zusammenpackung mit anderen Gegenständen zulässig? | Zu verwendender Wagen | Ist Beiladung zulässig? | Bemerkungen |
|---|---|---|---|
| 4 | 5 | 6 | 7 |
| Ja, in Mengen bis 10 kg. Die Gefäße mit den Säuren müssen dann mit den übrigen Gegenständen in einen starken, dichten, sicher verschlossenen Holzbehälter **fest** eingebettet sein. | Bedeckter od. offener bei Feuerlöschvorrichtungen und bei elektrischen Sammlern, sonst offener; nur Säuren in Mengen bis 10 kg (allein oder mit anderen Gegenständen zusammengepackt — s. Sp. 4 —) dürfen in bedeckten Wagen befördert werden. | Ja. | 1. In den Frachtbriefen muß<br>a) bei **Salpetersäure** in Glasgefäßen das spezifische Gewicht bei 15° vermerkt sein; fehlt eine solche Angabe, so ist die Säure als konzentriert (s. b) in Sp. 3) zu behandeln;<br>b) bei **schwefelsäurehaltigem Bleischlamm aus Akkumulatoren** bescheinigt sein, daß ein Austropfen der Schwefelsäure verhindert ist.<br>c) bei **Abfallschwefelsäure aus Nitroglyzerinfabriken** bescheinigt sein, daß sie vollständig denitriert ist; andernfalls ist die Säure von der Beförderung ausgeschlossen.<br>Bei **Abfallsäure aus Nitrozellulosefabriken** bedarf es einer solchen Bescheinigung nicht; ein geringer Gehalt an Nitrozellulose bleibt außer Betracht.<br>2. Leere Gefäße, worin solche Säuren enthalten gewesen sind, müssen bei Aufgabe als Stückgut dicht verschlossen oder vollständig gereinigt sein. Ihr früherer Inhalt muß im Frachtbrief angegeben sein. Auf Feuerlöschvorrichtungen und elektrische Sammler findet diese Vorschrift keine Anwendung.<br>**Brennende Güter, unter denen sich Schwefelsäure befindet, sind nicht mit Wasser zu löschen.** |
| Nein. | Bedeckter oder offener mit Decke. | Ja. | Ist in dem Frachtbriefe bescheinigt, daß die Seide nicht hochbeschwert ist, wird sie ohne Beschränkung befördert. |

| Gegenstand | Nr. der Anlage C | Verpackung |
|---|---|---|
| 1 | 2 | 3 |
| **Seilerwaren, gefettet** oder **gefirnißt,** s. Spinn- und Webstoffe. | | |
| **Sicherheits-Gallerte-Dynamit** s. Dynamite und dynamitähnliche Sprengstoffe. | | |
| **Sicherheitssprengpulver der Vereinigten Cöln-Rottweiler Pulverfabriken** s. Ammoniaksalpetersprengstoffe a). | | |
| **Sicherheitssprengstoff der Güttlerschen Pulverfabriken** s. Ammoniaksalpetersprengstoffe a). | | |
| **Sicherheitszünder** (Zündschnüre aus dünnem, dichtem Schlauche mit Schwarzpulverseele von geringem Querschnitte); wegen anderer Zündschnüre s. Zündungen. | Ic. Ziff. 1c). | Starke, dichte, sicher verschlossene Holzkisten, deren Brettstärke mindestens 18 mm betragen muß. Im Innern sind sie mit gutem, zähem Papier auszulegen; an dessen Stelle sind dünne Zinkeinsätze zulässig. Auf den Kisten muß ihr Inhalt deutlich und haltbar angegeben sein. |
| **Sicherheitszündschnuranzünder** s. Zündungen, nichtsprengkräftige. | | |
| **Siegenit** u. **Wetter-Siegenite** s. Ammoniaksalpetersprengstoffe a). | | |
| **Signal-blue-lights** s. Feuerwerkskörper. | | |
| **Signalfeuerwerk** vgl. auch Leucht- und Signalmittel: | | |
| I. **Kanonenschläge u. dgl. für Zwecke des Krieges oder des Rettungswesens**, bestehend aus einer mit Bindfaden umschnürten und geleimten Papierhülse, die **höchstens 200 g Kornpulver** mit Zündschnur, aber ohne Detonationszünder enthält. | Ib. Ziff. 8. | Signalfeuerwerk muß in haltbare Holzbehälter fest verpackt sein, deren Fugen so gedichtet sind, daß **kein** Ausstreuen stattfinden kann. Auch sogenannte **amerikanische** Pappefässer sind zulässig. Die Behälter dürfen keine eisernen Nägel, Schrauben oder sonstigen **eisernen** Befestigungsmittel (Reifen, Bänder oder dgl.) **haben**. Das Rohgewicht eines Behälters darf **höchstens** 90 kg betragen. Deutliche, haltbare Aufschrift: „Signalfeuerwerk. Ib." |

| Ist Zusammenpackung mit anderen Gegenständen zulässig? | Zu verwendender Wagen | Ist Beiladung zulässig? | Bemerkungen |
|---|---|---|---|
| 4 | 5 | 6 | 7 |
| Nein. | Bedeckter. | Ja. | |
| Nein. | Bedeckter.<br>**Elektrische Bahnen.**<br>Solches Signalfeuerwerk darf nicht in Wagen befördert werden, die stromführende oder unter Spannung stehende elektrische Leitungen oder Apparate enthalten, also auch nicht in Wagen, die elektrisch beleuchtet sind. | Ja, ausgenommen sind sprengkräftige Zündungen (Ib. Ziff. 4). Nur Mengen bis 1000 kg dürfen mit anderen Gütern zusammenverladen werden, vorausgesetzt, daß diese nicht leicht entzündlich sind und nicht früher als das Signalfeuerwerk ausgeladen werden. | 1. Auf dem Frachtbriefe muß vom Absender bescheinigt sein, daß Art und Verpackung der Sendung den Vorschriften unter Ib. in Anlage C zur EVO. entspricht.<br>2. Die Kanonenschläge und dergleichen dürfen nicht als Eilgut aufgegeben werden.<br>3. Weiter sind die Beförderungsvorschriften für Sprengmittel der 3. Gruppe unter Ia. B Abs. (3), D Abs. (8), E Abs. (5), F, G, H, J und K zu beachten. |

| Gegenstand | Nr. der Anlage C | Verpackung | |
|---|---|---|---|
| 1 | 2 | 3 | |
| **Noch Signalfeuerwerk.** | | innere: | äußere: |
| II. **Kanonenschläge und dgl.**, bestehend aus einer mit Bindfaden umschnürten und geleimten Papierhülse, die **höchstens** 75 g **Kornpulver** mit Zündschnur, aber ohne Detonationszünder enthält. | Ic. Zif. 4. | Starke Schachteln, worin das Feuerwerk fest eingebettet sein muß, die einzelnen Körper durch eine starke Schicht Sägemehl oder einen ähnlichen geeigneten Stoff voneinander getrennt. | Starke, dichte, sicher verschlossene Holzkisten. Die Bretter müssen gefügt, die Seitenteile durch Zinken oder Kopfleisten miteinander verbunden sein (sog. französische Kisten). Brettstärke mindestens 18 mm.<br>Die Kisten sind im Innern mit gutem, zähem Papier auszulegen; an dessen Stelle sind dünne Zinkeinsätze zulässig.<br>Leer bleibende Hohlräume in den Kisten sind mit geeigneten, trockenen Verpackungsstoffen (Holzwolle, Papier oder dgl.) fest auszustopfen. Feuchtes Heu, Putzwolle oder ähnliche zur Selbstentzündung neigende Stoffe dürfen nicht verwendet werden.<br>Auf der Kiste müssen der **Inhalt und die genaue Adresse des Absenders deutlich und dauerhaft angegeben** sein.<br>Höchstes Rohgewicht einer Kiste 100 kg,<br>höchstes Gesamtgewicht an Feuersatz darin 20 kg,<br>höchstes Gewicht an Feuerwerks-Kornpulver 2,5 kg. |
| **Sikkative**<br>s. Öle, fette. | | | |
| **Silberregen**<br>s. Feuerwerkskörper. | | | |
| **Silesia** und **Silesia I**<br>s. Chlorat- und Perchloratsprengstoffe. | | | |
| **Sodalauge**<br>s. Ätzlauge. | | | |
| **Sodor, metallene Kohlensäurekapseln,**<br>s. Ammoniak, Fußnote 2. | | | |
| **Solaröl**<br>s. Kohlenwasserstoffe. | | | |
| **Sonnen (Feuer-)**<br>s. Feuerwerkskörper. | | | |
| **Souple-Seide**<br>s. Seide, hochbeschwerte. | | | |
| **Spanisches Feuerwerk**<br>s. Scherzartikel, pyrotechnische e). | | | |
| **Sparklet, metallene Kohlensäurekapseln,**<br>s. Ammoniak, Fußnote 2. | | | |

| Ist Zusammenpackung mit anderen Gegenständen zulässig? | Zu verwendender Wagen | Ist Beiladung zulässig? | Bemerkungen |
|---|---|---|---|
| 4 | 5 | 6 | 7 |
| Nein. | Bedeckter. | Ja. | In den Frachtbriefen muß vom Absender bescheinigt sein, daß Art und Verpackung der Sendung den Vorschriften unter I c. der Anlage C zur EVO. entspricht. |

| Gegenstand | Nr. der Anlage C | Verpackung |
|---|---|---|
| 1 | 2 | 3 |
| **Spinn- und Webstoffe, gefettet oder gefirnißt,** und zwar: **Wolle, Haare, Kunstwolle, Baumwolle, Seide, Flachs, Hanf, Jute — in rohem Zustand, als Abfälle vom Verspinnen** und **Verweben,** als **Lumpen** oder **Lappen** —; ferner **Seilerwaren, Treibriemen** aus Baumwolle und Hanf, **Weber-, Harnisch- und Geschirrlitzen.** | II. Ziff. 8. | Beliebige Verpackung, nur gebrauchte **Putzwolle** und nicht trockene Putzlappen (Putztücher) müssen in starke, dichte, sicher verschlossene **Behälter** verpackt sein. |
| **Spiritus** s. Öle, fette. | | |
| **Spirituslacke** s. Öle, fette. | | |
| **Sprenggelatine** s. Dynamite und dynamitähnliche Sprengstoffe. | | |
| **Sprenggranatpatronen** s. Geschützmunition. | | |
| **Sprengkapseln** s. Zündungen, sprengkräftige. | | |
| **Sprengladungen, brisante für Geschosse, Torpedos** und **Minen,** ferner **Sprengpatronen, Sprengbüchsen und dgl., sämtlich ohne Zünder:**<br>a) **Sprengladungen aus reiner Pikrinsäure** oder aus Sprengstoffen, die sich bei der Prüfung nach I a. A 1. Gruppe b) nicht gefährlicher als reine Pikrinsäure erwiesen haben;<br>b) **Petarden** für **Knallhaltsignale** auf Eisenbahnen. | Ib. Ziff. 5. | Zu a) Sprengladungen.<br>Starke, dichte, sicher verschlossene **Holzkisten,** worin die Sprengladungen so zu verpacken sind, daß sie sich nicht verschieben können. Aufschrift der Kiste: **„Brisante Sprengladungen. Ib."**<br>Zu b) Petarden.<br>innere:<br>Völlig dichte **Kisten** aus **mindestens 22 mm starken, gespundeten Brettern,** die durch Holzschrauben zusammengehalten sind. Darin müssen die Petarden fest in Papierschnitzel, Sägemehl oder Gips gebettet oder auf andere Weise so fest und getrennt gelegt sein, daß sie weder sich untereinander, noch die Kistenwände berühren können.<br>Die Kisten müssen von einer Überkiste umgeben sein.<br>äußere:<br>Dichte **Überkiste,** die höchstens **0,06 cbm** groß sein darf.<br>Deutliche, haltbare Aufschrift: **„Petarden für Haltsignale. Ib."** |
| **Sprengsalpeter** s. Schwarzpulver und schwarzpulverähnliche Gemenge a). | | |
| **Sprengstoffe (Sprengmittel)** s. Ammoniaksalpetersprengstoffe, Nitrokörper, Nitrozellulose, Schwarzpulver und schwarzpulverähnliche Sprengstoffe, Chlorat- und Perchloratsprengstoffe, Dynamite und dynamitähnliche Sprengstoffe, Sprengstoffproben. | | |

| Ist Zusammenpackung mit anderen Gegenständen zulässig? | Zu verwendender Wagen | Ist Beiladung zulässig? | Bemerkungen |
|---|---|---|---|
| 4 | 5 | 6 | 7 |
| Nein. | Bedeckter oder offener mit Decke; für gebrauchte Putzwolle und nicht trockene Putzlappen auch offener Wagen ohne Decke. | Ja. | 1. Die gefetteten oder gefirnißten Spinn- und Webstoffe — ausgenommen gebrauchte Putzwolle und Putzlappen — müssen trocken sein.<br>2. Ist in den Frachtbriefen bescheinigt, daß diese Stoffe nicht gefettet oder gefirnißt sind, werden sie ohne Beschränkung befördert. |
| Nein. | Bedeckter.<br>**Elektrische Bahnen.**<br>Diese Gegenstände dürfen nicht in Wagen befördert werden, die stromführende oder unter Spannung stehende elektrische Leitungen oder Apparate enthalten, also auch nicht in Wagen, die elektrisch beleuchtet sind. | Ja. | 1. Der Absender hat im Frachtbriefe zu bescheinigen, daß die Sendung nach der Vorschrift unter Ib. in Anlage C zur EVO. verpackt ist.<br>2. Bei den Sprengladungen unter a) muß außerdem durch einen von der Eisenbahn anerkannten Chemiker auf dem Frachtbriefe bescheinigt sein, daß die Beschaffenheit der Sprengstoffe den Bedingungen unter Ib. 5a) entspricht. Bei der Weiterbeförderung von Teilsendungen von Sprengladungen durch andere Absender als die herstellenden Fabriken kann von der Bescheinigung eines von der Eisenbahn anerkannten Chemikers abgesehen werden, wenn der Absender auf dem Frachtbrief erklärt, daß die Sprengladungen einer geprüften und bescheinigten Lieferung entstammen. Auf Erfordern ist dies glaubhaft nachzuweisen. |

| Gegenstand | Nr. der Anlage C | Verpackung | |
|---|---|---|---|
| 1 | 2 | 3 | |
| **Sprengstoffproben,** an amtlich anerkannte Prüfungsstellen zur Untersuchung gesandte: | | innere: | äußere: |
| I. **Proben neuer Sprengstoffe,** die nicht gefährlicher sind als der Vergleichs-Donarit (I a. A 1. Gruppe a)), **patroniert.** **Höchstgewicht** der Proben 5 kg. | Ia. Eingang der Beförderungsvorschriften. | Die Patronen müssen durch festes Papier zu Paketen bis zum Gewichte von $2^1/_2$ kg vereinigt und in eine starke, haltbare Holzkiste verpackt sein. Diese Kiste darf höchstens 5 kg Sprengstoffproben enthalten. | Die innere Kiste muß in eine haltbare hölzerne Überkiste verpackt sein. Der Zwischenraum zwischen den Wandungen beider Kisten muß mindestens 5 cm betragen und mit Kieselgur oder Sägemehl ausgefüllt sein. Deutliche, haltbare Aufschrift: „Sprengstoffproben. 1. Gruppe." |
| II. **Proben anderer neuer Sprengstoffe, soweit sie nicht gefährlicher sind als Sprenggelatine oder Gurdynamit, patroniert.** **Höchstgewicht** der Proben 15 kg. Als Wagenladung zu befördern. | I a. A 3. Gruppe g). | Die Patronen, zu deren Hülsen kein gefettetes oder geöltes (wohl aber paraffiniertes) Papier verwendet sein darf, müssen durch festes Umschlagpapier zu Paketen vereinigt sein; in den Paketen müssen sie mit Wellpappe so eingepackt sein, daß sie schichtweise in ihrer Lage festgehalten werden. | Die Pakete sind in starke, dichte, sicher verschlossene Holzbehälter, die keine eisernen Reifen oder Bänder haben, so fest einzusetzen, daß sie sich nicht verschieben können. Die Behälter müssen an zwei gegenüberliegenden Stirnseiten mit zuverlässigen Handgriffen oder Handleisten versehen sein. Bei Fässern und Tonnen sind Handgriffe nicht erforderlich, wenn durch tief eingelassene Böden und Deckel eine feste Handhabe gegeben ist. Ein Behälter darf höchstens 15 kg Sprengstoffproben enthalten. Deutliche, gedruckte oder schablonierte Aufschrift: „Sprengstoffproben. 3. Gruppe." sowie die Bezeichnung des Ursprungsorts (Fabrikmarke). |
| **Sprengzündhütchen** s. Zündungen, sprengkräftige. | | | |
| **Stahlspäne, gefettete,** s. Eisen- und Stahlspäne. | | | |

| Ist Zusammenpackung mit anderen Gegenständen zulässig? | Zu verwendender Wagen | Ist Beiladung zulässig? | Bemerkungen |
|---|---|---|---|
| 4 | 5 | 6 | 7 |
| Nein. | Bedeckter. **Elektrische Bahnen.** Solche Proben dürfen nicht in Wagen befördert werden, die stromführende oder unter Spannung stehende elektrische Leitungen oder Apparate enthalten, also auch nicht in Wagen, die elektrisch beleuchtet sind. | Ja, ausgenommen sind sprengkräftige Zündungen (I b. Ziff. 4) und die unter dem Stichworte „Schießmittel" unter III aufgeführten Schießmittel der 2. Gruppe | Dem Frachtbriefe muß die Bescheinigung eines von der Eisenbahn anerkannten Chemikers beigefügt werden, daß Art und Verpackung der Sendung den Vorschriften unter I a. in Anlage C zur EVO. entspricht. |
| Nein. | Bedeckter. **Elektrische Bahnen.** Solche Proben dürfen nicht in Wagen befördert werden, die stromführende oder unter Spannung stehende elektrische Leitungen oder Apparate enthalten, also auch nicht in Wagen, die elektrisch beleuchtet sind. | Ja, ausgenommen sind sprengkräftige Zündungen (I b. Ziff. 4) und die unter dem Stichworte „Schießmittel" unter III aufgeführten Schießmittel der 2. Gruppe sowie leicht entzündliche Güter. Die beigeladenen Güter dürfen aber nicht früher als die Sprengstoffproben ausgeladen werden. | 1. Die Frachtbriefe dürfen keine anderen Gegenstände umfassen. Die darin enthaltene Bezeichnung des Sprengstoffs ist mit roter Tinte zu unterstreichen. Die Frachtbriefe müssen außer Anzahl, Gattung, Zeichen und Nummer der Behälter auch das Rohgewicht jedes einzelnen Behälters enthalten.<br>2. Auf dem Frachtbriefe muß vom Absender bescheinigt sein, daß Beschaffenheit und Verpackung des Sprengstoffs den Vorschriften unter I a. in Anlage C zur EVO. entspricht. Außerdem muß jeder Sendung ein vom Fabrikanten ausgestelltes, amtlich beglaubigtes Ursprungszeugnis und die Bescheinigung eines von der Eisenbahn anerkannten Chemikers über ordnungsmäßige Beschaffenheit und Verpackung beigegeben sein.<br>3. Aufgabe als Eilgut ist unzulässig.<br>4. Weiter sind die Beförderungsvorschriften unter I a. B Abs. (3), a)—d), D Abs. (3), E Abs. (5) a) und d), F, G, H, J und K zu beachten. Die Vorschrift unter I a. F Abs. (2) gilt nicht für elektrische Lokomotiven ohne Feuerherd. |

| Gegenstand | Nr. der Anlage C | Verpackung |
|---|---|---|
| 1 | 2 | 3 |
| **Stalldünger** | | |
| a) **mit Streu durchsetzter.** | VI. Ziff. 7. | Wird nur in Wagenladungen befördert. Verpackung ist nicht erforderlich. |
| b) **anderer Dünger** s. Fäkalien. | | |
| **Steinkohlen-Plastammon** s. Ammoniaksalpetersprengstoffe a). | | |
| **Stickstoff, verdichteter,** s. Preßluft. | | |
| **Stickstofftetroxyd** (verflüssigtes Gas) s. Ammoniak. | | |
| **Stoffe, tierische, übelriechende, fäulnisfähige,** s. Tierische Stoffe. | | |
| **Streichzünder** s. Zündhölzer α). | | |
| **Sublimat** s. Metallpräparate. | | |
| **Talg,** roher, zu technischen Zwecken bestimmt, s. Flechsen, frische. | | |
| **Terpentinöl und daraus bereitete Flüssigkeiten** s. Öle, fette. | | |
| **Tetranitronaphthalin** s. Nitrokörper, organische, 1. Gruppe α). | | |
| **Tetranitronaphthol** s. Nitrokörper, organische 1. Gruppe β). | | |
| **Thornit** s. Ammoniaksalpetersprengstoffe a). | | |

| Ist Zusammenpackung mit anderen Gegenständen zulässig? | Zu verwendender Wagen | Ist Beiladung zulässig? | Bemerkungen |
|---|---|---|---|
| 4 | 5 | 6 | 7 |
| Nein. | Offener. | Nein. | 1. Die Eisenbahn kann die Beförderung auf bestimmte Züge beschränken, auch besondere Vorschriften über Zeit und Frist des Auf- und Abladens, sowie der An- und Abfuhr treffen.<br>2. Die Eisenbahn kann von den Absendern oder Empfängern die Reinigung der Ladestellen verlangen.<br>3. Die Eisenbahn muß Eisenbahnwagen, worin solche Ladungen in losem Zustande befördert worden sind, nach jedesmaligem Gebrauch dem Reinigungs- (Desinfektions-) Verfahren unterwerfen, das für die Beseitigung von Ansteckungsstoffen bei der Beförderung von Vieh auf Eisenbahnen vorgeschrieben ist. Durch die Desinfektion müssen die den Wagen etwa anhaftenden Ansteckungsstoffe völlig beseitigt werden. Ausgenommen hiervon sind nur Wagen, die bestimmungsgemäß ausschließlich zur Beförderung von solchem Dünger benutzt werden. Die Kosten der Desinfektion hat der Absender oder der Empfänger zu ersetzen.<br>4. Macht sich ein lästiger Geruch während der Beförderung bemerkbar, so kann die Eisenbahn den Dünger jederzeit auf Kosten des Absenders oder des Empfängers mit geeigneten Mitteln zur Beseitigung des Geruchs behandeln lassen. |

| Gegenstand | Nr. der Anlage C | Verpackung |
|---|---|---|
| 1 | 2 | 3 |
| **Tierische Stoffe, zu unschädlicher Beseitigung bestimmte** (ganze Körper, Körperteile u. Abfälle). Wegen anderer tierischer, fäulnisfähiger oder übelriechender, tierischer Stoffe s. Fäkalien, Flechsen, frische, Häute, Knochen, gereinigte, trockene, Kälbermagen, Stalldünger. | VI. Ziff. 10. | Die Stoffe müssen in luft- und wasserdichten eisernen Wagen befördert werden. Diese müssen mit Ventilen versehen sein, die bei zu hohem Drucke der sich entwickelnden Gase dem Aufreißen der Wagenwände vorbeugen. |
| **Titanit III und IV** s. Ammoniaksalpetersprengstoffe a). | | |
| **Toluol** s. Kohlenwasserstoffe. | | |
| **Torföle** s. Kohlenwasserstoffe. | | |
| **Treibriemen aus Baumwolle u. Hanf, gefettet** od. **gefirnißt,** s. Spinn- und Webstoffe. | | |
| **Tremonit,** auch **Tremonit S** s. Dynamite und dynamitähnliche Sprengstoffe. | | |
| **Trinitroanilin**, **Trinitrobenzol**, **Trinitrochlorbenzol** } s. Nitrokörper, organische, 1. Gruppe α). | | |
| **Trinitrokresol** s. Nitrokörper, organische, 1. Gruppe β). | | |
| **Trinitromesitylen**, **Trinitronaphthalin** } s. Nitrokörper, organische, 1. Gruppe α). | | |
| **Trinitronaphthol** s. Nitrokörper, organische, 1. Gruppe β). | | |
| **Trinitropseudokumol**, **Trinitrotoluol,** auch im Gemenge mit Dinitrotoluol, Terpentin und höchstens 0,5 Prozent Kollodiumwolle (Plastrotyl), **Trinitroxylol** } s. Nitrokörper, organische, 1. Gruppe α). | | |
| **Triplastit** (Gemenge von 50 bis 60 Prozent Trinitrotoluol, 10 bis 14 Prozent flüssigem Dinitrotoluol, 0,4 bis 2 Proz. Schieß- oder Kollodiumwolle und 25 bis 40 Prozent Bleinitrat). | | |
| a) 2. Gruppe der Sprengmittel. Höchstgewicht einer Stückgutsendung 200 kg. | I a. A. 2. Gruppe d) | Starke, dichte, sicher verschlossene Holzbehälter oder sogenannte amerikanische Pappefässer. Der Inhalt muß fest verpackt sein. Deutliche, haltbare Aufschrift: „Sprengstoff Triplastit. 2. Gruppe." Höchstes Gewicht des Inhalts eines Behälters: 25 kg. |
| b) 3. Gruppe der Sprengmittel. Sendungen mit einem höheren Gewicht als 200 kg. | I a. A. 3. Gruppe. | Wie unter a). Deutliche, haltbare Aufschrift: „Sprengstoff Triplastit. 3. Gruppe." |
| **Übelriechende, tierische Stoffe** s. Tierische Stoffe. | | |
| **Verbindungen von Phosphor mit Metallen** s. Phosphoreisen. | | |

| Ist Zusammenpackung mit anderen Gegenständen zulässig? | Zu verwendender Wagen | Ist Beiladung zulässig? | Bemerkungen |
|---|---|---|---|
| 4 | 5 | 6 | 7 |
| Nein. | Besonders eingerichteter (s. Sp. 3). | Nein. | 1. Die Eisenbahn kann die Beförderung auf bestimmte Züge beschränken, auch besondere Vorschriften über Zeit und Frist des Auf- und Abladens sowie der An- und Abfuhr treffen.<br>2. Die Eisenbahn kann von den Absendern oder den Empfängern die Reinigung der Ladestellen verlangen.<br>3. Die Eisenbahn muß die Wagen, worin diese Stoffe befördert worden sind, dem Reinigungs- (Desinfektions-) Verfahren unterwerfen, das für die Beseitigung von Ansteckungsstoffen bei der Beförderung von Vieh auf Eisenbahnen vorgeschrieben ist, und zwar sofort nach der Entladung, wenn der Inhalt von Tieren herstammte, die mit Rinderpest, Milzbrand, Tollwut, Rotz oder Maul- und Klauenseuche behaftet waren, anderenfalls alle 4 Wochen. Durch die Desinfektion müssen die den Wagen etwa anhaftenden Ansteckungsstoffe völlig beseitigt werden. Die Kosten der Desinfektion hat der Absender oder der Empfänger zu ersetzen. |
| Nein. | Bedeckter. | Ja, ausgenommen sind sprengkräftige Zündungen (I b Ziff. 4) und die unter dem Stichwort „Schießmittel" unter III aufgeführten Schießmittel der 2. Gruppe. Von Triplastit, Chlorhydrinen, Chlorat- und Perchlorat-Sprengstoffen (2. Gruppe) oder von Nitrokörpern (2. Gruppe) dürfen nur insgesamt 200 kg in denselben Wagen verladen werden. Die Annahme zur Beförderung kann demgemäß beschränkt werden. | 1. Jede Sendung muß von einer Bescheinigung eines von der Eisenbahn anerkannten Chemikers begleitet sein, daß der Sprengstoff den Bestimmungen unter I a der Anlage C zur EVO. entsprechend zusammengesetzt ist und die dort vorgeschriebene Prüfung bestanden hat.<br>2. Im Frachtbriefe muß der Absender bescheinigen, daß die Verpackung des Sprengstoffs den Vorschriften unter I a der Anlage C zur EVO. entspricht.<br>3. Aufgabe als Eilgut ist unzulässig. |
| **Elektrische Bahnen.** Triplastit darf nicht in Wagen befördert werden, die stromführende oder unter Spannung stehende elektrische Leitungen oder Apparate enthalten, also auch nicht Wagen, die elektrisch beleuchtet sind. | | | |
| Nein. | Wie vor unter a). | Ja, ausgenommen sind sprengkräftige Zündungen (I b Ziff. 4) und die unter dem Stichwort „Schießmittel" unter III. aufgeführten Schießmittel der 2. Gruppe. Höchstens 1000 kg Triplastit dürfen mit anderen Gütern zusammen verladen werden, vorausgesetzt, daß diese nicht leicht entzündlich sind und nicht früher als das Triplastit ausgeladen werden. | 1. Die Frachtbriefe dürfen keine anderen Gegenstände umfassen. Die darin enthaltene Bezeichnung des Sprengstoffs ist mit roter Tinte zu unterstreichen. Die Frachtbriefe müssen außer Anzahl, Gattung, Zeichen und Nummer der Behälter auch das Rohgewicht jedes einzelnen Behälters enthalten.<br>2. Auf dem Frachtbriefe muß vom Absender bescheinigt sein, daß die Verpackung der Sprengstoffe den Vorschriften unter I a. der Anlage C zur EVO. entspricht.<br>3. Aufgabe als Eilgut ist unzulässig.<br>4. Weiter sind die Beförderungsvorschriften unter I a. B Abs. (3), D Abs. (3), E Abs. (5), F, G, H, J und K zu beachten. Die Vorschrift unter I a. F Abs. (2) gilt nicht für elektrische Lokomotiven ohne Feuerherd. |

| Gegenstand | Nr. der Anlage C | Verpackung |
|---|---|---|
| 1 | 2 | 3 |
| **Vitriolöl** s. Schwefelsäure. | | |
| **Wasserfreie Schwefelsäure** s. Anhydrid. | | |
| **Wassergas.** | Id. Ziff. 3 | Dicht verschlossene Gefäße aus Schweißeisen, Flußeisen oder Gußstahl, die mit mindestens einem Ventil zum Füllen und Entleeren versehen sein müssen.<br>Auf den Gefäßen muß vermerkt sein:<br>a) die Höhe des zulässigen Füllungsdrucks, der nicht mehr als 10 Atmosphären bei 17,5° betragen darf,<br>b) der Prüfungsstempel und der Tag der letzten Prüfung, der nicht mehr als 5 Jahre zurückliegen darf.<br>Sind die Gefäße in Kisten verpackt, so ist auf diesen der Inhalt deutlich anzugeben, sind die Gefäße unverpackt, müssen sie mit Vorrichtungen versehen sein, die ein Rollen verhindern, auch müssen sie zum Schutze der Ventile Kappen aus Schmiedeeisen, Stahl oder schmiedbarem Guß tragen. Keiner Kappen bedürfen Ventile, die im Innern des Flaschenhalses angebracht und durch einen gut sitzenden Metallstöpsel geschützt sind. |
| **Wasserstoff, verdichteter,** s. Preßluft. | | |
| **Weberlitzen, gefettet** oder **gefirnißt,** s. Spinn- und Webstoffe. | | |
| **Weingeist** s. Öle, fette. | | |
| **Weißes Präzipitat** s. Metallpräparate. | | |
| **Westfalit** und **Westfalit A, Gesteins-** auch **Neuwestfalit, Kohlenwestfalit, Salzwestfalit** s. Ammoniaksalpetersprengstoffe a). | | |
| **Wetter-Astralit** s. Ammoniaksalpetersprengstoffe a). | | |
| **Wetterdynamit, Wittenberger,** s. Dynamite und dynamitähnliche Sprengstoffe. | | |
| **Wetter-Fulmenit** und **Wetter-Fulmenit I** s. Ammoniaksalpetersprengstoffe a). | | |
| **Wetter-Permonit** s. Chlorat- und Perchloratsprengstoffe. | | |
| **Wetter-Roburit**, **Wetter-Romperite** s. Ammoniaksalpetersprengstoffe a). | | |
| **Wettersichere Gelatine-Dynamite** s. Dynamite. | | |
| **Wetter-Siegenite** s. Ammoniaksalpetersprengstoffe a). | | |

| Ist Zusammenpackung mit anderen Gegenständen zulässig? | Zu verwendender Wagen | Ist Beiladung zulässig? | Bemerkungen |
|---|---|---|---|
| 4 | 5 | 6 | 7 |
| Nein. | Bedeckter oder offener. | Ja. | 1. Es kann verlangt werden, daß der Absender durch ein Manometer den in den Behältern vorhandenen Druck nachweist. Diese Prüfung hat der Abnahmebeamte im Frachtbriefe zu bescheinigen.<br>2. Die Gefäße dürfen nicht geworfen und nicht den Sonnenstrahlen oder der Ofenwärme ausgesetzt werden.<br>3. Die Gefäße sind im Eisenbahnwagen so zu lagern, daß sie nicht umfallen oder herabfallen können.<br>4. Über die Beschaffenheit des Materials und Herstellung der Gefäße und über die amtliche Prüfung der Gefäße sind besondere Vorschriften unter Id. B und C getroffen. |

Die offenen Wagen müssen aber in den Monaten April bis Oktober einschl. mit Decken ganz eingedeckt sein, wenn die Gefäße nicht in Holzkisten verpackt sind. Offene Wagen dürfen auch verwendet werden, wenn die Aufgabe in besonders für Landwege eingerichteten Fahrzeugen erfolgt, die mit Plänen bedeckt sind.

**Elektrische Bahnen.**

Bei Verwendung offener Wagen sind über diesen starke Schutzdecken aus Holz oder einem anderen isolierenden Stoffe anzubringen, die es verhüten, daß ein herabgefallener Leitungsdraht eine Zündung herbeiführt. Die Schutzdecken dürfen den freien Zutritt der Luft zum Gute nicht verhindern.

| Gegenstand | Nr. der Anlage C | Verpackung |
| --- | --- | --- |
| 1 | 2 | 3 |
| **Winterdynamit I** und **II,** auch **Belgisches Winterdynamit** s. Dynamite und dynamitähnliche Sprengstoffe. | | |
| **Wittenberger Wetterdynamite** s. Dynamite. | | |
| **Wolle, gefettet** oder **gefirnißt,** s. Spinn- und Webstoffe. | | |
| **Wunderkerzen** s. Zündstäbchen, pyrotechnische. | | |
| **Xylol** s. Kohlenwasserstoffe. | | |
| **Yonckit I, II** und **III** s. Chlorat- und Perchloratsprengstoffe. | | |
| **Zaponlack** s. Schwefeläther. | | |
| **Zentralfeuerpappepatronen** s. Patronen für Handfeuerwaffen. | | |
| **Zinkäthyl,** auch in ätherischer Lösung. | II. Ziff. 4. | Starke, dichte, gut verschlossene Gefäße aus Glas, Ton (Steinzeug u. dgl.) oder Metall.<br>Gefäße aus Glas oder Ton sind einzeln oder zu mehreren unter Verwendung von Asche oder trockener Kieselgur in starke Blechgefäße einzusetzen, die dicht zu verlöten sind.<br>Gefäße aus Metall sind einzeln oder zu mehreren unter Verwendung geeigneter Verpackungsstoffe in starke Übergefäße (Weiden- oder Metallkörbe, Kübel oder Kisten) fest einzusetzen. Offene Übergefäße müssen eine Schutzdecke haben, die, wenn sie aus Stroh, Rohr, Schilf oder ähnlichen leicht brennbaren Stoffen besteht, mit Lehm- oder Kalkmilch oder dgl. unter Zusatz von Wasserglas getränkt sein muß.<br>Jedes Versandstück muß auf rotem Grunde die deutliche, gedruckte Aufschrift tragen: „Feuergefährlich." Übergefäße mit Glasballons müssen ferner mit der deutlichen Aufschrift versehen sein: „Vorsichtig tragen." |
| **Zündbänder, Zündblättchen** s. Scherzartikel, pyrotechnische d). | | |

| Ist Zusammenpackung mit anderen Gegenständen zulässig? | Zu verwendender Wagen | Ist Beiladung zulässig? | Bemerkungen |
|---|---|---|---|
| 4 | 5 | 6 | 7 |
| Ja, in Mengen bis 2 kg. Die Gefäße müssen dann mit den anderen Gegenständen in einen starken, dichten, sicher verschlossenen Holzbehälter fest eingebettet sein. Das Zusammenpacken mit anderen selbstentzündlichen Stoffen, sowie mit Sprengstoffen (I a.), Munition (I b.), Zündwaren und Feuerwerkskörpern (I c.) und mit den unter III aufgeführten brennbaren Flüssigkeiten ist nicht gestattet. | Offener, nur kleine Mengen bis 10 kg (allein oder mit anderen Gegenständen in eine Kiste zusammenverpackt — s. Sp. 4 —) dürfen in bedeckten Wagen befördert werden.<br>**Elektrische Bahnen.**<br>Über den offenen Wagen sind starke Schutzdecken aus Holz oder einem anderen isolierenden Stoffe anzubringen, die es verhüten, daß ein herabgefallener Leitungsdraht eine Zündung herbeiführt. Die Schutzdecken dürfen den freien Zutritt der Luft zum Gute nicht verhindern. | Ja. | 1. Übergefäße mit Glasballons dürfen nicht auf Karren gefahren, auch nicht auf der Schulter oder dem Rücken getragen werden.<br>2. Die Wagen sind vor Beginn der Verladung auf beiden Seiten mit roten Zetteln zu versehen, die deutlich die Aufschrift: „Feuergefährlich.“ und „Vorsichtig verschieben.“ tragen.<br>3. Die Versandstücke müssen im Eisenbahnwagen sicher gelagert werden. Offene Körbe und Kübel sind am Wagen zu befestigen, auch dürfen sie nicht aufeinander gestellt werden.<br>4. Während der Beförderung schadhaft gewordene Behälter sind sofort auszuladen und können, wenn ihre Wiederherstellung nicht alsbald möglich ist, mit dem vorhandenen Inhalt ohne weiteres für Rechnung des Absenders verkauft werden.<br>5. Dicht verschlossene leere Blechbehälter, worin Zinkäthyl enthalten war, dürfen in bedeckten Wagen, andere Gefäße müssen in offenen Wagen befördert werden; auf die frühere Verwendung der Behälter ist im Frachtbrief hinzuweisen. |

| Gegenstand | Nr. der Anlage C | Verpackung | |
|---|---|---|---|
| 1 | 2 | 3 | |
| **Zündhölzer:** | | innere: | äußere: |
| a) **gewöhnliche**, und andere **Reib- und Streichzünder**; | Ic. Zif. 1a). | Starke Papierumschläge oder Schachteln. | Starke, dichte, sicher verschlossene Holzkisten, oder feste Blechgefäße, worin die Pakete so fest verpackt sein müssen, daß sie sich nicht bewegen können. Auf der Kiste muß ihr Inhalt deutlich und dauerhaft angegeben sein. |
| b) **bengalische Zündhölzer, Goldregenhölzer, Blumenregenhölzer und dgl.** s. Zündstäbchen, pyrotechnische. | | | |
| **Zündhütchen, Zündschrauben, Zündspiegel** s. Zündungen, nichtsprengkräftige. | | | |
| **Zündkörper** s. Zündhölzer. | | | |
| **Zündladungen** s. Zündungen, sprengkräftige. | | | |
| **Zündmittel** s. Zündungen. | | | |
| **Zündschnüre ohne Zünder:** a) **Schwarzpulverzündschnüre** (gesponnene Schnüre oder Zündschnüre aus dichtem Schlauche mit Schwarzpulverseele von geringem Querschnitt), (wegen Sicherheitszünder vergleiche Ic, Ziffer 1c). b) **Schnellzündschnüre** (Zündschnüre aus dickem Schlauche mit Schwarzpulverseele von großem Querschnitt oder mit Seele aus nitrierten Baumwollfäden). c) **Momentzündschnüre** (dünnwandige Metallröhren von geringem Querschnitt mit einer Seele aus Sprengstoffen von nicht größerer Gefährlichkeit als reine Pikrinsäure oder gesponnene Schnüre von geringem Querschnitt mit einer Seele aus abgestumpftem Knallsatz von nicht größerer Gefährlichkeit als Schwarzpulver). | Ib. Zif. 2. | Zündschnüre sind in haltbare, dichte, sicher verschlossene Holzbehälter (Kisten oder Tonnen) fest zu verpacken, die das Verstreuen oder Verstauben sicher verhindern und die nicht mit eisernen Reifen oder Bändern versehen sind. Statt der hölzernen Behälter können auch sogenannte amerikanische Pappefässer verwendet werden. Die Behälter dürfen nicht mit eisernen Nägeln verschlossen sein. Höchstgewicht der Zündschnüre in einem Behälter 60 kg, höchstes Rohgewicht des Behälters 90 kg. Die Behälter müssen die deutliche und haltbare, auf rotem Papier gedruckte Aufschrift: „Zündschnüre. Ib." tragen. | |
| **Zündspiegel** s. Zündungen, nichtsprengkräftige. | | | |
| **Zündstäbchen, pyrotechnische** wie bengalische Zündhölzer, Goldregenhölzer, Blumenregenhölzer, Wunderkerzen u. dgl. | Ic. Zif. 1b). | Schachteln, je 10 bis 12 Schachteln in einem Papierumschlag. | Starke, dichte, sicher verschlossene Holzkisten, worin die Pakete so fest zu verpacken sind, daß sie sich nicht bewegen können. Auf der Kiste muß ihr Inhalt deutlich und dauerhaft angegeben sein. |

| Ist Zusammen-packung mit anderen Gegen-ständen zulässig? | Zu ver-wendender Wagen | Ist Beiladung zulässig? | Bemerkungen |
|---|---|---|---|
| 4 | 5 | 6 | 7 |
| Ja, in Mengen bis zu 5 kg, nach Sp. 3 verpackt. Ausge-schlossen sind Gegenstände unter I a., I b., I c., II und III der Anlage C. | Bedeckter. | Ja. | |
| Nein. | Bedeckter. | Ja. | Bei den Momentzündschnüren unter c) muß auf dem Frachtbriefe durch einen von der Eisenbahn anerkannten Chemiker bescheinigt sein, daß die Beschaffenheit des Sprengstoffs den Bedingungen unter I b. Ziff. 2 c) in Anlage C zur EVO. entspricht. |
| Nein. | Bedeckter. | Ja. | |

| Gegenstand | Nr. der Anlage C | Verpackung | |
|---|---|---|---|
| 1 | 2 | 3 | |
| **Zündungen:**<br>I. **Nichtsprengkräftige Zündungen (Zündungen, die weder durch Sprengkapseln noch infolge sonstiger Einrichtungen eine brisante Wirkung äußern):**<br>a) **Zündhütchen für Schußwaffen** (Metallhütchen mit festsitzendem Zündsatz);<br>**Zündspiegel** (Pappnäpfchen mit festsitzendem Zündsatz), und zwar<br>α) Munitionszündspiegel, die höchstens 40 mg Zündsatz enthalten und deren überstehender Papprand mindestens doppelt so hoch ist als der Durchmesser des eingepreßten Zündsatzes;<br>β) andere Zündspiegel mit einem höheren (höchstens aber mit 80 mg) Zündsatz oder mit einem niedrigeren Papprand als unter α) angegeben; der Papprand muß über die Zündsatzoberfläche hervorragen.<br>b) **Leere Patronenhülsen** mit Zündvorrichtungen für Schußwaffen.<br>c) **Brandeln, Schlagröhren, Zündschrauben, elektrische Zünder ohne sprengkräftige Zündung, Sicherheitszündschnuranzünder** (Hebelzünder), **Schlagzündschrauben oder ähnliche Zündungen** mit kleiner Schwarzpulverladung (z. B. Alzünder), die durch Reibung oder Elektrizität zur Wirkung gebracht werden.<br>d) **Geschoßzünder ohne Sprengkapseln oder Einrichtungen, die eine brisante Wirkung hervorrufen. Zündmittel zu Geschoßzündern** und dergleichen.<br>e) **Platz-(Manöver-)Patronen für Handfeuerwaffen.** | Ib. Ziff. 3. | innere:<br>Vor dem Einlegen in die äußeren Behälter sind die Zündhütchen mit unbedeckter Zündsatzoberfläche bis zu 1000 Stück, Zündhütchen mit bedeckter Zündsatzoberfläche bis zu 5000 Stück in Blechbehälter, steife Pappschachteln oder Holzkisten fest zu verpacken. — Munitionszündspiegel (α) sind bis zu 1000 Stück in steife Pappschachteln fest zu verpacken. Die Schachteln müssen einen übergreifenden Deckel haben und sind gut zu verschnüren. Jede Kiste darf höchstens zehn Schachteln enthalten und muß innen mit einem 1 cm dicken Filz ausgelegt sein. — Andere Zündspiegel (β) sind schichtweise aufrechtstehend in starke Pappschachteln zu verpacken, die einzelnen Schichten sind durch Zwischenlagen zu trennen; sämtliche Hohlräume sind durch Sägemehl oder dergleichen auszufüllen. Jede Schachtel darf höchstens 1000 Spiegel, jede Kiste höchstens zehn Schachteln enthalten. Die Platz- (Manöver-) Patronen (e) sind fest in Schachteln zu verpacken, die höchstens 100 Stück enthalten dürfen. | äußere:<br>Die Zündungen sind in starke, dichte, sicher verschlossene Holzkisten fest zu verpacken; bei den Zündhütchen unter a) sind auch Holzfässer, bei den leeren Patronenhülsen b) Säcke, bei den elektrischen Zündungen c) hölzerne Tonnen oder sogenannte amerikanische Pappefässer zulässig.<br>Die Behälter müssen die deutliche Aufschrift „Nichtsprengkräftige Zündungen. Ib." tragen.<br>Höchstes Rohgewicht eines Behälters mit Zündhütchen unter a) 200 kg, mit Zündungen unter c) und d) 150 kg. |
| II. **Sprengkräftige Zündungen:**<br>a) **Sprengkapseln** (Sprengzündhütchen).<br>b) **Minenzündungen,** die durch Elektrizität oder Reibung oder durch Sicherheitszünder (s. diese) zur Wirkung kommen.<br>c) **Geschoßzünder,** in denen eine Sprengkapsel und brisanter Sprengstoff im Gewichte von höchstens 20 g oder Einrichtungen für brisante Zündung enthalten sind, ähnlich wie sie durch Sprengkapsel und Sprengstoff hervorgerufen wird (sogenannte **brisante Geschoßzünder ohne Detonatoren**).<br>d) **Zündladungen** (gepreßte Körper aus brisanten, nicht gefährlicher als reine Pikrinsäure sich verhaltenden Sprengstoffen von höchstens 20 g Gewicht mit eingesetzter Sprengkapsel — Sprengzündhütchen —).<br>e) **Geladene Gefechtspistolen für Torpedos ohne Zünder.** | Ib. Ziff. 4. | Zu a) Sprengkapseln (Sprengzündhütchen).<br>(1) α) Höchstens 100 Stück müssen stehend nebeneinander mit der Öffnung nach oben in starke Blechbehälter so verpackt sein, daß eine Bewegung der einzelnen Kapseln (auch bei Erschütterungen) ausgeschlossen ist.<br>β) Der leere Raum in den einzelnen Kapseln und zwischen ihnen muß mit trockenem Sägemehl oder einem ähnlichen sandfreien Stoffe vollständig ausgefüllt sein, wenn nicht die Einrichtung der Kapseln, z. B. eine den Sprengsatz sicher abschließende innere Schutzkapsel, Gewähr dafür bietet, daß der Sprengsatz bei der Beförderung nicht gelockert wird.<br>γ) Der Boden und die innere Seite des Deckels des Blechbehälters müssen mit einer Filz- oder Tuchplatte, die inneren Wände der Behälter mit Kartonpapier so bedeckt sein, daß eine unmittelbare Berührung der Sprengkapseln mit dem Bleche ausgeschlossen ist. | Starke, dichte, mit Messingschrauben oder verzinnten Holzschrauben zu verschließende hölzerne Überkiste von wenigstens 25 mm Wandstärke.<br>Deutliche, haltbare Aufschrift: „Sprengkapseln. Ib. Nicht stürzen." Sie ist mit einem Plombenverschluß oder mit einem auf zwei Schraubenköpfen des Deckels angebrachten Siegel (Abdruck oder Marke) oder mit einem über Deckel und Wände geklebten, die Schutzmarke enthaltenden Zeichen zu versehen.<br>Jede Kiste darf an Sprengsatz nicht mehr als 20 kg enthalten; Kisten, deren Gewicht 25 kg übersteigt, müssen mit Handhaben oder Leisten versehen sein.<br>Ausnahmen für die Zusammenladung mit Ammoniaksalpetersprengstoffen s. Sp. 7 Ziff. 2. |

| Ist Zusammenpackung mit anderen Gegenständen zulässig? | Zu verwendender Wagen | Ist Beiladung zulässig? | Bemerkungen |
|---|---|---|---|
| 4 | 5 | 6 | 7 |
| Nein. | Bedeckter. | Ja. | Der Absender hat im Frachtbrief eine von ihm unterzeichnete Erklärung abzugeben, die zu lauten hat:<br>„Der Unterzeichnete erklärt, daß die zu diesem Frachtbriefe gehörige Sendung in Beschaffenheit und Verpackung den in Anlage C zur EVO. unter I b. für nichtsprengkräftige Zündungen getroffenen Vorschriften entspricht." |
| Nein. | Bedeckter.<br>**Elektrische Bahnen.**<br>Die sprengkräftigen Zündungen dürfen nicht in Wagen befördert werden, die stromführende oder unter Spannung stehende elektrische Leitungen oder Apparate enthalten, also auch nicht in Wagen, die elektrisch beleuchtet sind. | Ja, ausgenommen sind Sprengstoffe (I a.), Geschützmunition (Ib. Ziff. 7) und Signalfeuerwerk (I b. Ziff. 8). Jedoch dürfen Ammoniaksalpetersprengstoffe mit Sprengkapseln zusammengeladen werden, wenn die Sprengkapseln in der für diesen Fall besonders vorgesehenen Weise (Sp. 7 Ziff. 2) verpackt sind. | 1. Bei den sprengkräftigen Zündungen muß der Frachtbrief eine vom Absender und von einem von der Eisenbahn anerkannten Chemiker ausgestellte Bescheinigung über die Beachtung der unter I b in Anlage C zur EVO. für sprengkräftige Zündungen getroffenen Verpackungsvorschriften enthalten. Bei den sprengkräftigen Zündungen unter c) bis e) muß außerdem durch einen von der Eisenbahn anerkannten Chemiker bescheinigt sein, daß die Beschaffenheit der Sprengstoffe den Bestimmungen für reine Pikrinsäure entspricht.<br>2. Sollen Sprengkapseln mit Ammoniaksalpetersprengstoffen zusammen in demselben Wagen befördert werden, sind folgende Änderungen in der Verpackung der Sprengkapseln erforderlich:<br>a) Zwischen der inneren Kiste und der Überkiste muß überall ein Zwischenraum von mindestens 12 cm vorhanden sein, der mit trockenem Holzmehl oder Sägemehl fest ausgefüllt ist. Durch geeignete Vorrichtungen muß sichergestellt sein, daß sich dieser Zwischenraum durch Rütteln während der Beförderung nicht ändern kann.<br>b) Die einzelne Kiste darf höchstens 2 kg Knallquecksilber-Sprengsatz oder eine in ihrer Wirkung gleichwertige Menge einer anderen Sprengsatzmischung enthalten.<br>c) Die Überkiste so verpackter Sprengkapseln muß die Aufschrift tragen:<br>„Sprengkapseln I b. nach Abs. (3) α) verpackt. Nicht stürzen." |

| Gegenstand | Nr. der Anlage C | Verpackung |
|---|---|---|
| 1 | 2 | 3 |
| Noch **Zündungen.**<br>II. Sprengkräftige. | | innere: |

innere:

(2) α) Die so gefüllten Blechbehälter sind mit je einem haltbaren Papierstreifen so zu umkleben, daß der Deckel fest auf den Inhalt gepreßt und ein Schlottern der Sprengkapseln verhindert wird. Je 5 Blechbehälter sind in einem Umschlag aus starkem Packpapiere zu einem Pakete zu vereinigen oder in eine Pappschachtel fest einzulegen.

β) Die Pakete oder Schachteln sind in eine haltbare Holzkiste von mindestens 22 mm Wandstärke oder in einen starken Blechbehälter so einzuschließen, daß möglichst keine Hohlräume im Innern der Behälter entstehen. In jeder Schicht ist mindestens ein Paket oder eine Schachtel mit einem festen Bande zu umwinden; an diesem Bande muß das Paket oder die Schachtel ohne Schwierigkeit herausgenommen werden können.

γ) Hohlräume in den Behältern sind mit Papier, Stroh, Heu, Werg, Holzwolle oder Hobelspänen — alles völlig trocken — auszustopfen, worauf der Deckel des Behälters, wenn dieser aus Blech besteht, aufgelötet, wenn er von Holz ist, mit Messingschrauben oder verzinnten Holzschrauben befestigt wird. Die Löcher für die Schrauben müssen im Deckel und in den Wänden schon vor dem Füllen der Behälter vorgebohrt sein.

(3) Der Behälter, dessen Deckel den Inhalt so niederzuhalten hat, daß ein Schlottern verhindert wird, ist in eine hölzerne Überkiste mit dem Deckel nach aufwärts einzulegen. Der Raum zwischen Behälter und Überkiste muß allseitig mindestens 30 mm betragen und mit Sägespänen, Stroh, Werg, Holzwolle oder Hobelspänen — alles völlig trocken — ausgefüllt sein.

Ausnahmen für die Zusammenladung mit Ammoniaksalpetersprengstoffen s. Sp. 7 Zif. 2.

Zu b) Minenzündungen.

| innere: | äußere: |
|---|---|
| (1) Elektrische Zündungen mit kurzen Drähten oder festem Kopfe sind zu höchstens 100 Stück aufrechtstehend in starke Blechbehälter oder in starke Pappschachteln zu verpacken. Im übrigen | Wie zu a) Sprengkapseln.<br>Deutliche, haltbare Aufschrift der Überkiste: „Minenzündungen. Ib. Nicht stürzen." |

gelten die Vorschriften zu a) Abs. (1) und (2).

(2) Elektrische Zündungen an langen Guttaperchadrähten oder -bändern, an Wachsdrähten oder -bändern oder an einem Schafte aus getränkter Pappe sind zu höchstens 100 Stück in Pakete zu vereinigen. In einem Pakete dürfen höchstens 10 Stück zusammengebunden sein. Die Zündungen müssen abwechselnd an das eine oder das andere Ende des Pakets gelegt sein. Je höchstens 10 Pakete sind in starkes Papier einzuwickeln, zu verschnüren und in eine starke Holz- oder Blechkiste zu verpacken, in der sie mittels Heu, Stroh oder ähnlichen Stoffen — alles völlig trocken — gegen Verschiebung gesichert sein müssen.

(3) Elektrische Zündungen an Holzstäben sind zu höchstens 100 Stück in hölzerne Kisten von mindestens 12 mm Deckel-, Boden- und Seitenwandstärke und mindestens 20 mm Stirnwandstärke zu verpacken. Die Kisten müssen mindestens 80 mm länger sein als die Zünder. An jeder Stirnwand muß die Hälfte der Zünder mit Drähten sicher befestigt sein, so daß kein Zünder den anderen oder die Wandungen berühren kann und jedes Schlottern verhindert ist. Höchstens 10 solcher Kisten sind in eine hölzerne Überkiste zu verpacken.

| Ist Zusammenpackung mit anderen Gegenständen zulässig? | Zu verwendender Wagen | Ist Beiladung zulässig? | Bemerkungen |
|---|---|---|---|
| 4 | 5 | 6 | 7 |

| Gegenstand | Nr. der Anlage C | Verpackung |
|---|---|---|
| 1 | 2 | 3 |

**Noch Zündungen.**

**II. Sprengkräftige.**

innere:

(4) Friktionszünder sind zu je höchstens 50 Stück in ein Bündel zu vereinigen; ihr Reiberdrahtende muß mit einer über die Reiberdrahtöse greifenden Papierverklebung versehen sein. Die Bündel sind am Zünderkopfende in Holzwolle und dann in Papier einzuschlagen; ihre umgebogenen Reiberdrahtenden sind zuerst in eine aufgebundene, ungefüllte und dann in eine zweite mit Holzwolle gefüllte Papierkappe zu legen. Hierbei muß darauf gesehen werden, daß die Holzwolle nicht in unmittelbare Berührung mit den Reiberdrähten kommen kann, damit der Reiberdraht beim Herausnehmen der Zünder oder beim Abnehmen der Papierkappe nicht hängen bleiben oder herausgerissen werden kann. Höchstens 20 Bündel sind in eine Kiste aus mindestens 22 mm starken gezinkten Brettern von der Länge der Zünder zu verpacken und mit Papier oder Holzwolle — beides völlig trocken — gegen Verschiebung zu sichern.

(5) Zünder mit Sicherheitszündschnüren sind zu höchstens 100 Stück in eine Holzkiste aus mindestens 12 mm starken Brettern zu verpacken, jeder Zünder für sich zusammengerollt und höchstens 10 Zünder zu einem in starkes Papier eingeschlagenen und verschnürten Paket vereinigt. Die Pakete müssen unter sich und von den Kistenwandungen mindestens 20 mm abstehen und durch Hobelspäne, Holzwolle oder Werg — alles völlig trocken — gegen Verschiebung gesichert sein. Höchstens 10 solcher Kisten dürfen zusammengepackt werden.

(6) Die Behälter mit Minenzündungen der Abs. (1) bis (5) sind, wie zu a) Abs. (2) für die Behälter von Sprengkapseln vorgeschrieben ist, zu verschließen und nach a) Abs. (3) in Überkisten zu verpacken.

Zu c) Sprengkräftige Geschoßzünder und zu d) Zündladungen.

| innere: | äußere: |
|---|---|
| Die sprengkräftigen Geschoßzünder und Zündladungen sind zu höchstens 25 Stück in Holzkisten aus 22 mm starken Brettern zu verpacken; die Kistenwände müssen gezinkt, Boden und Deckel durch Messing- oder verzinnte eiserne Schrauben verschlossen | Wie zu a) Sprengkapseln. Deutliche, haltbare Aufschrift der Überkiste: „Sprengkräftige Geschoßzünder. Ib." oder „Zündladungen. Ib." „Nicht stürzen." |

sein. In den Holzkisten sind die Zünder und Zündladungen mittels Einlagen aus Holz oder Metall derart zu lagern, daß sie unter sich und von den Kistenwänden mindestens 10 mm abstehen und gegen Bewegung gesichert sind. Bei Verwendung von Zinkblecheinsätzen muß die Holzkiste mindestens 17 mm Wandstärke haben. Mehr als 4 Kisten dürfen nicht zusammengepackt werden.

Verschluß der Holzkisten wie zu a) Abs. (2) für Sprengkapseln. Verpackung in Überkisten wie zu a) Abs. (3), jedoch lichter Raum zwischen Kisten und Überkiste mindestens 100 mm.

Zu d) Geladene Gefechtspistolen für Torpedos ohne Zünder.

| | |
|---|---|
| Die Gefechtspistolen sind zu höchstens 10 Stück in Holzkisten aus 22 mm starken Brettern zu verpacken; die Kistenwände müssen gezinkt, Boden und Deckel durch Messing- oder | Wie zu a) Sprengkapseln. Deutliche, haltbare Aufschrift der Überkiste: „Geladene Gefechtspistolen für Torpedos. Ib. Nicht stürzen." |

| Ist Zusammenpackung mit anderen Gegenständen zulässig? | Zu verwendender Wagen | Ist Beiladung zulässig? | Bemerkungen |
|---|---|---|---|
| 4 | 5 | 6 | 7 |

| Gegenstand | Nr. der Anlage C | Verpackung |
|---|---|---|
| 1 | 2 | 3 |
| Noch **Zündungen.**<br>II. **Sprengkräftige.** | | innere:<br>verzinnte eiserne Schrauben verschlossen sein. Bei Verwendung von Zinkblecheinsätzen muß die Wandstärke der Holzkiste mindestens 17 mm betragen. In den Holzkisten sind die Gefechtspistolen mittels Holzeinlagen derart zu lagern, daß sie unter sich und von den Kistenwänden mindestens 20 mm abstehen und gegen Verschiebung gesichert sind. Mehr als 5 Kisten dürfen nicht zusammengepackt werden.<br>Verschluß der Kisten wie zu a) Abs. (2) für Sprengkapseln. Verpackung in Überkisten wie zu a) Abs. (3), jedoch lichter Raum zwischen Kisten und Überkiste mindestens 100 mm. |
| **Zündwaren.**<br>Die hierzu gehörigen Waren sind im Verzeichnis unter ihrer Bezeichnung besonders aufgeführt. | Ic. | — |
| **Zyankalium** und **Zyannatrium:**<br>a) in fester Form; | IV. Ziff. 3. | Haltbare, dichte Behälter, die so verschlossen sein müssen, daß kein Verstreuen, Verstauben oder Auslaufen des Inhalts möglich ist, und zwar:<br>a) starke, eiserne Fässer mit aufgeschraubtem Deckel und Rollreifen<br>oder<br>b) doppelte Fässer aus festem, trockenem Holze mit Einlagereifen oder ebensolche doppelte Kisten mit Umfassungsbändern, wobei die inneren Gefäße mit dichtem Stoff ausgekleidet sein müssen. Statt der inneren Holzbehälter können auch verlötete Blechgefäße oder Gefäße aus Glas oder Ton verwendet werden. Die Glas- und Tongefäße müssen in den Übergefäßen (Körben, Kübeln, Kisten) mit geeigneten Verpackungsstoffen fest verpackt sein. Unter diesen Bedingungen können auch mehrere solcher Gefäße zu einem Versandstücke vereinigt werden.<br>Auf den Versandstücken muß ihr Inhalt deutlich und dauerhaft angegeben sein. Außerdem ist die Bezeichnung „Gift." hinzuzufügen. |
| b) **Zyankaliumlauge, Zyannatriumlauge.** | IV. Ziff. 5. | Haltbare, dichte Behälter, die so verschlossen sind, daß kein Auslaufen des Inhalts möglich ist, und zwar:<br>a) gut verschlossene eiserne Gefäße, die in feste Holz- oder Metallbehälter mit Kieselgur, Sägemehl oder anderen aufsaugenden Stoffen fest eingebettet sind<br>oder<br>b) Kesselwagen. Die Kessel dürfen keine Nietnähte haben oder müssen doppelwandig sein. Sie dürfen an den unteren Teilen keine Öffnungen (Hähne, Ventile oder dgl.) haben. Die Öffnungen müssen abgedichtet und durch fest aufgeschraubte Metallkappen geschützt sein.<br>Auf den Versandstücken und auf den Kesselwagen muß ihr Inhalt deutlich und dauerhaft angegeben sein. Außerdem ist die Bezeichnung „Gift." hinzuzufügen. |

| Ist Zusammenpackung mit anderen Gegenständen zulässig? | Zu verwendender Wagen | Ist Beiladung zulässig? | Bemerkungen |
|---|---|---|---|
| 4 | 5 | 6 | 7 |
| — | — | — | |
| Ja, in Mengen bis 5 kg, doch ist die Zusammenpackung mit Säuren oder sauren Salzen verboten. Die Behälter mit Zyankalium oder Zyannatrium müssen mit den anderen Gegenständen in einen starken, dichten, sicher verschlossenen Holzbehälter zusammengepackt sein, der die Bezeichnung „Giftige Stoffe." tragen muß. | Bedeckter oder offener. | Ja, nur die Zusammenladung mit Säuren, Nahrungs- und Genußmitteln ist verboten. | Leere Behälter, worin Zyankalium oder Zyannatrium enthalten gewesen ist, müssen vollkommen dicht verschlossen sein. Ihr früherer Inhalt muß auf ihnen und im Frachtbrief angegeben sein. Ihr Zusammenladen mit Nahrungs- und Genußmitteln ist verboten. |
| Nein. | Offener oder Kesselwagen. | Ja, nur das Zusammenladen mit Säuren, sauren Salzen, Nahrungs- und Genußmitteln ist verboten. | 1. Die Kesselwagen sind in die Züge so einzustellen, daß sie von Wagen mit flüssigen Säuren mindestens durch einen Wagen getrennt sind.<br>2. Leere Gefäße und Kesselwagen, worin diese Stoffe enthalten gewesen sind, müssen vollkommen dicht geschlossen sein. Ihr früherer Inhalt muß auf ihnen und im Frachtbrief angegeben sein. Ihr Zusammenladen mit Nahrungs- und Genußmitteln ist verboten. |

# Begründung

## des Reichs-Eisenbahnamtes zum Entwurfe der EVO.

Das auf Grund des Artikels 45 Ziffer 1 der Reichsverfassung am 10. Juni 1870 erlassene Betriebsreglement für die deutschen Eisenbahnen hat, nachdem es schon im Jahre 1874 an einigen Stellen geändert war, in den Jahren 1891 und 1892 eine erste Umarbeitung erfahren. Sie war veranlaßt durch das für den 1. Januar 1893 in Aussicht stehende Inkrafttreten des Berner Internationalen Übereinkommens über den Eisenbahnfrachtverkehr; die für den inneren deutschen Güterverkehr geltenden Bestimmungen des Betriebsreglements mußten mit den Vorschriften des Internationalen Übereinkommens in Übereinstimmung gebracht werden. Das neue Reglement ist unter der deutschen Bezeichnung „Verkehrsordnung" am 1. Januar 1893 in Kraft getreten. Nachdem das Handelsgesetzbuch vom 10. Mai 1897 erlassen war, wurde es notwendig, die Verkehrsordnung mit diesem und zugleich mit dem am 16. Juni 1898 abgeschlossenen Zusatzübereinkommen zum Berner Übereinkommen in Einklang zu bringen. Die danach umgearbeitete Eisenbahn-Verkehrsordnung vom 26. Oktober 1899 trat am 1. Januar 1900 in Kraft. Seitdem sind wieder verschiedene Bestimmungen, dem Verkehrsbedürfnis entsprechend, geändert, auch ist am 19. September 1906 ein zweites Zusatzübereinkommen zum Berner Übereinkommen abgeschlossen worden. Ferner haben sich manche von den Eisenbahnen in ihren Tarifen getroffene Zusatzbestimmungen so bewährt, daß ihre Übernahme in die Eisenbahn-Verkehrsordnung erwünscht ist. Mehrere dieser Vorschriften sind überdies nicht zweifellos lediglich Ergänzungen, sondern können auch als Änderungen der Verkehrsordnung aufgefaßt werden, weshalb ihre Aufnahme in die Ordnung selbst rätlich erscheint. Weiter hat die am 1. Mai 1907 auf den deutschen Eisenbahnen erfolgte Einführung neuer Personen- und Gepäcktarife die Änderung verschiedener Bestimmungen der Verkehrsordnung notwendig gemacht. Endlich erheischt die rastlose Entwickelung des Güterverkehrs die Anpassung mancher Bestimmungen an die modernen Verhältnisse, insbesondere hat sich auch die Notwendigkeit ergeben, die Vorschriften über die bedingungsweise zur Eisenbahnbeförderung zugelassenen Gegenstände, wie später erläutert ist, auf einer ganz neuen Grundlage umzuarbeiten.

Alle diese Umstände haben dazu geführt, die Eisenbahn-Verkehrsordnung einer gründlichen Durchsicht zu unterziehen, um nunmehr eine Rechtsverordnung zu schaffen, die nach Form und Inhalt den fortgeschrittenen Bedürfnissen des deutschen Eisenbahnverkehrs in vollem Umfange Rechnung trägt.

Ein nach diesen Gesichtspunkten im Reichs-Eisenbahnamt aufgestellter Entwurf einer neuen Ordnung ist vor etwa zwei Jahren den meistbeteiligten hohen Bundesregierungen sowie den berufenen Vertretungen des Handels, der Industrie und der Landwirtschaft mitgeteilt worden. Bei der Fassung der Vorschriften ist zugleich die Sprache der neueren Gesetze angenommen. Der Entwurf wurde dann in zwei am 4./6. April und am 15./17. Oktober 1907 abgehaltenen Konferenzen mit Vertretern der Bundesregierungen beraten. An der letzten Konferenz nahmen auch die meisten Mitglieder des der ständigen Tarifkommission der deutschen Eisenbahnverwaltungen beigegebenen Ausschusses der Verkehrsinteressenten teil, der aus Vertretern des Handels, der Industrie und der Landwirtschaft besteht. Außerdem haben zweimal, im Juli 1907 in Salzburg und im Mai 1908 in Eisenach Besprechungen zwischen Vertretern Deutschlands, Österreichs und Ungarns stattgefunden, wodurch fast überall eine Übereinstimmung der Entwürfe neuer reglementarischer Bestimmungen in den drei Staaten erreicht worden ist. Allseitig wird hierauf mit Rücksicht auf das langjährige freundnachbarliche Verhältnis sowie im Interesse der Weiterbildung des Vereins-Betriebsreglements und des Internationalen Übereinkommens großer Wert gelegt.

Der aus diesen Beratungen hervorgegangene Entwurf, dessen Anordnung sich dem Gange der Abfertigungsgeschäfte eng anschließt, ist nachstehend im einzelnen erläutert.

## I.

## Eingangsbestimmungen.

### Zu § 1.

Der Inhalt entspricht dem jetzigen Abs. (1) der Eingangsbestimmungen. Die Kleinbahnen hier besonders zu erwähnen, scheint entbehrlich.

### Zu § 2.

Abs. (1) bis (3). Hier sind die in den Tarifen aller Bahnen regelmäßig vorkommenden Zusatzbestimmungen behandelt, die ebenso wie in der Eisenbahn-Bau- und Betriebsordnung (BO.) als Ausführungsbestimmungen bezeichnet sind. Eine sachliche Änderung ist nur soweit vorgesehen, als der Kreis der zulässigen Abweichungen, dem tatsächlichen Bedürfnis entsprechend, nach dem Vorgange der BO. erweitert wird und die Genehmigung im Tarife selbst ersichtlich gemacht werden muß. Letzteres empfiehlt sich aus Zweckmäßigkeitsgründen, weil die jetzt vorgeschriebenen Veröffentlichungen in den Zeitungen oft nicht genügend beachtet werden, es auch für die Verkehrsinteressenten schwierig ist, sie später aufzufinden.

Abs. (4) entspricht dem jetzigen Abs. (2) der Eingangsbestimmungen. Da diese Vorschriften Ausnahmeverhältnisse behandeln, sind sie an den Schluß gesetzt. Die Einschiebung der Worte: „sei es allgemein, sei es nur für bestimmte Bahnstrecken oder Verkehrsbeziehungen" erschien zur Fernhaltung von Zweifeln zweckmäßig.

Da die Gründe, aus denen erwünscht sein kann, zunächst eine vorläufige oder vorübergehende Änderung vorzunehmen, verschiedener Art sein können, ist es nicht angezeigt, einzelne Fälle (dringendes Verkehrsbedürfnis, Versuchszweck) besonders anzuführen.

Einem nicht unberechtigten Wunsche der Verkehrsinteressenten entsprechend sollen derartige Verfügungen auch im Reichsanzeiger bekannt gemacht werden.

## II.

## Allgemeine Bestimmungen.

Der bisherige § 1 „Pflichten der Eisenbahnbediensteten" ist weggelassen, weil er nur Dienstvorschriften enthält, die nicht in eine Rechtsverordnung gehören. Auch die polizeilichen Vorschriften der jetzigen §§ 2 und 5 sind nicht wieder aufgenommen. Sie sollen nicht nur für Reisende und Verfrachter, sondern auch für jeden Dritten gelten und gehören deshalb in die BO., wo sie in den §§ 77 ff. behandelt sind.

### Zu § 3, bisher § 6.

Die Vorschriften sind mehr als bisher mit den Bestimmungen des § 453 Abs. 1 HGB. in Übereinstimmung gebracht. Da die Vorschriften in Abs. (1) Ziffer 2 und Abs. (2) auch bei der Beförderung von Personen, Gepäck und Tieren Anwendung finden können, werden sie schon hier und nicht erst, wie bisher, in dem die Beförderung von Gütern behandelnden Abschnitt aufzuführen sein.

### Zu § 4.

Abs. (1) enthält die Vorschriften über die regelmäßigen Züge, Abs. (2) die Bestimmungen über die Sonderfahrten. Letztere waren bisher im § 10 Abs. (2) nur für die Personenbeförderung vorgesehen, sie sind aber schon in diesem Abschnitte zu berücksichtigen, weil Sonderfahrten auch für Fahrzeuge und andere Güter gewährt werden.

### § 5

entspricht dem seitherigen § 9 (vgl. HGB. § 458).

### Zu § 6, bisher § 7.

Das Wort „Transportpreise" in der Überschrift ist fortgelassen, weil die Preise einen Teil der Tarife bilden.

Abs. (1). Der Grundsatz der Öffentlichkeit der Tarife erscheint im zweiten Satze als besondere Vorschrift, während er bisher nur aus der Bestimmung, daß die Transportpreise nach Maßgabe der zu Recht bestehenden, gehörig veröffentlichten Tarife zu berechnen sind, gefolgert werden konnte.

Abs. (2). Das Preisverzeichnis in den Tarifen soll wirklich feststehende Preise enthalten. Tarife, die z. B. die Anwendung der jeweils auf einem der vorhandenen Verkehrswege geltenden billigsten Frachtsätze in Aussicht stellen, genügen diesem Erfordernisse nicht.

Abs. (5). Die Bestimmungen über das Inkrafttreten sind hier zusammengefaßt. Rückwirkende Kraft der Tarife ist ausgeschlossen. Die Tarife können sich auch selbst keine rückwirkende Kraft beilegen. Die Änderung der sechswöchigen Veröffentlichungsfrist für Erhöhungen oder andere Erschwerungen in eine zweimonatige trägt einem dringenden Wunsche der Verkehrsinteressenten Rechnung.

### Zu § 7, bisher § 4.

Abs. (1). Das Beschwerdebuch soll wegfallen; es ist, wie auch von den Verkehrsinteressenten anerkannt wird, eine veraltete Einrichtung und wird häufig zu Beschwerden von zweifelhaftem Werte benutzt, die in der ersten Erregung niedergeschrieben sind. Die Verfolgung solcher Beschwerden, die später nicht selten den Beschwerdeführern selbst unangenehm ist, verursacht den Eisenbahnen viel unnötiges Schreibwerk. Einer Bezeichnung der Stellen, bei denen Beschwerden angebracht werden können, bedarf es nicht, jedenfalls war der seitherige Ausdruck „Dienstvorgesetzte" zu eng.

Abs. (2). Die belehrenden Zusätze des bisherigen Abs. (2) scheinen bei dem heutigen Bildungsgrade des Publikums ebenfalls entbehrlich.

### Zu § 8, bisher § 3.

Der zu eng gefaßte Ausdruck „der Stationsvorsteher" ist hier und später überall durch „der Aufsichtsbeamte" ersetzt.

### Zu § 9, bisher § 8.

Die bisherige Vorschrift, wonach auch die ausländische Silberscheidemünze als Zahlungsmittel auf den Grenzstationen ausgeschlossen war, ist als undurchführbar gestrichen. Die Eisenbahn kann Vorsorge treffen, daß solche Münze wieder in das Ursprungsland zurückgeleitet wird.

Daß die Verpflichtung zur Annahme ausländischen Geldes wegfällt, wenn seine Annahme gesetzlich verboten ist, wird nicht besonders erwähnt zu werden brauchen.

## III.

## Beförderung von Personen.

### § 10, bisher § 10

enthält einige förmliche Änderungen; außerdem sind die Vorschriften über Inhalt und Gestalt der Fahrpläne den tatsächlichen Verhältnissen entsprechend erweitert.

Der bisherige Abs. (2) ist nach § 4 übernommen.

Die Vorschrift des bisherigen Abs. (3) ist als selbstverständlich weggelassen.

### Zu § 11.

Die jetzt im § 20 vorgesehenen Vorschriften über die von der Beförderung ausgeschlossenen oder nur unter gewissen Vorsichtsmaßregeln zugelassenen Personen sind an dieser Stelle eingefügt, weil sie schon vor der Lösung von Fahrkarten beachtet werden müssen. Sie sind übersichtlicher gegliedert.

### Zu § 12, bisher § 11.

Abs. (1). Der erste Satz des bisherigen Abs. (1) ist als entbehrlich weggelassen (vgl. § 6). Am Ende ist anstatt des früheren Ausdrucks „direkte Fahrkarten" gesagt „der dort verkäuflichen Fahrkarten", um klarzustellen, daß der Tarifauszug nicht nur die gedruckten, sondern auch die handschriftlich ausgefertigten Karten (sogenannten Blankokarten) enthalten muß.

Abs. (2). Der letzte Satz des bisherigen Abs. (2) konnte im Hinblick auf die allgemeine Vorschrift im § 8 wegbleiben.

### Zu § 13.

Während der seitherige § 12 lediglich vom Inhalte der Fahrkarte sprach, ist jetzt deren Bedeutung als Grundlage des Beförderungsvertrags in den Vordergrund gestellt. Die bisherige Vorschrift, daß die Preisangabe bei Valutaschwankungen wegfallen kann, ist veraltet. Zur Ausfüllung einer Lücke ist, der jetzigen Tariflage entsprechend, im Abs. (3) vorgeschrieben, daß die Geltungsdauer der Fahrkarten im Tarife festgesetzt werden muß.

### Zu § 14, bisher § 13.

Abs. (1) entspricht sachlich den beiden ersten Sätzen des bisherigen Abs. (1).

Abs. (2) stimmt mit dem letzten Satze des bisherigen Abs. (1) überein, wird aber zweckmäßig als besonderer Absatz zu behandeln sein.

Abs. (3). Durch die Änderung, wonach das Fahrgeld abgezählt zu entrichten ist, wird der Zweck der Vorschrift klarer ausgedrückt.

Wegen des früheren Abs. (3) vgl. § 15.

### Zu § 15.

Die Fälle, wo den Reisenden ein Anspruch auf im voraus bestellte Abteile oder bestimmte Plätze eingeräumt ist, werden als zusammengehörig in einem besonderen Paragraphen an dieser Stelle zu behandeln sein.

Abs. (1) bis (3) geben in übersichtlicherer Gliederung den Inhalt des jetzigen § 13 Abs. (3) wieder. Im ersten Absatz ist die Bestellfrist allgemein behandelt. Die bisherige Vorschrift, wonach auf Zwischenstationen Abteile nur beansprucht werden konnten, wenn sie im ankommenden Zuge unbesetzt waren, ist unter Umständen irreführend, jedenfalls aber entbehrlich, weil Abteile allgemein nur eingeräumt werden dürfen, wenn keine Rücksichten des Betriebs oder des Verkehrs entgegenstehen.

Abs. (4) entspricht dem jetzigen § 17 Abs. (1) Satz 1 und 2.

### § 16

stimmt im wesentlichen mit dem früheren § 21 überein, dessen Überschrift, dem Inhalt entsprechend, durch das Wort „Fahrpreiszuschläge" ergänzt ist. Diese Bestimmungen, die sich ihrem Inhalte nach am besten an die §§ 14 und 15 anschließen, sind hierher vorgezogen.

Abs. (3) enthält eine bisher fehlende Vorschrift über die Behandlung des Gepäcks eines Reisenden, der ausgesetzt ist, weil er sich geweigert hat, das Fahrgeld und den Zuschlag zu bezahlen.

Im Abs. (4) ist den seitherigen Bestimmungen des Abs. (7) eine Vorschrift darüber vorausgeschickt, in welchen Fällen eine Bahnsteigkarte zu lösen ist. Im letzten Satze sind zur Vermeidung von Mißverständnissen die Worte „unbefugter Weise" durch „ohne gültigen Ausweis" ersetzt.

Abs. (5). Die Vorschrift des bisherigen Abs. (4) ist an dieser Stelle aufgeführt, weil es sich hierbei nicht um Reisende, sondern um Personen handelt, die mit Bahnsteigkarten im Wagen Platz nehmen, um Reisende und Beamte über die Besetzung des Abteils zu täuschen und so ihren abreisenden Angehörigen eine bequeme Fahrt zu sichern.

Abs. (6) und (7) entsprechen den seitherigen Abs. (6) und (5). Sie gehören an den Schluß, weil sie sich auf alle vorher behandelten Fälle beziehen.

## Zu § 17, bisher § 15.

Abs. (2). Die Berechtigung zum Aufenthalt in den Warteräumen der Übergangsstationen soll nicht mehr auf Reisende mit durchgehenden Fahrkarten beschränkt, sondern im Interesse des Publikums auf alle Weiterreisenden ausgedehnt werden.

Der letzte Satz ist auf dringenden Wunsch der Verkehrsinteressenten aufgenommen, um den auf Übergangsstationen während der Nacht angekommenen Reisenden, wenn sie nur wenige Stunden bis zur Weiterfahrt zu warten haben, die Benutzung der Wartesäle zu sichern.

Der neue Abs. (3) scheint zur Vermeidung von Unzuträglichkeiten erwünscht.

Abs. (4) entspricht einem mehrfach hervorgetretenen Bedürfnisse.

## Zu § 18.

Die bisherigen Vorschriften der §§ 17 und 18 über besondere Abteile für Frauen und für Nichtraucher sind zusammengefaßt und übersichtlicher gegliedert.

Abs. (2). Wiederholt vorgekommene Unzuträglichkeiten machen diese Vorschrift erwünscht.

Die jetzige Vorschrift, wonach brennende Tabakspfeifen mit Deckeln versehen sein müssen (§ 18 Abs. (4)), geht zu sehr ins Einzelne und ist daher zur Aufnahme in eine Rechtsverordnung ungeeignet.

## § 19

enthält die in engem Zusammenhange stehenden Anordnungen über das Einsteigen der Reisenden in die Wagen und über die Anweisung der Plätze. Bisher waren sie in den §§ 16 Abs. (1) und 17 Abs. (1) bis (3) vorgesehen. Die früheren Vorschriften im § 16 Abs. (2) und (3) konnten wegbleiben, weil sie wegen ihrer polizeilichen Natur in die B O. (§ 81) aufgenommen sind.

Abs. (1). Die Vorschrift des Abläutens ist weggelassen, dagegen ist das Abrufen in den Warteräumen wenigstens für größere Stationen beibehalten, weil es hier für das weniger reisegewandte Publikum immerhin von Wert ist.

Abs. (2) und (3) entsprechen dem bisherigen § 17 Abs. (2) und (3).

Abs. (4) erster Satz enthält die frühere Vorschrift des letzten Satzes im § 17 Abs. (1), nur ist der Ausdruck „mitreisende Angehörige“ als zu eng durch „jede mit ihm reisende Person“ ersetzt. Der zweite Satz enthält den jetzigen Abs. (2) des § 24 unter Weglassung der Worte „auf den Zwischenstationen“. Die Vorschrift ist hierher genommen, weil sie nicht nur für die Zwischenstationen gilt.

## Zu § 20, bisher § 14.

Die Vorschriften sind, der tatsächlichen Abwicklung des Beförderungsvertrags entsprechend, in verbesserter Fassung an diese Stelle gesetzt.

Abs. (3). Die Worte „soweit im Tarif nichts anderes bestimmt ist“ sind eingeschaltet, um klarzulegen, daß die Eisenbahn berechtigt ist, für gewisse Fahrkarten (Schülerkarten, Arbeiterkarten und dergleichen) den Übergang in die höhere Wagenklasse auszuschließen. Tatsächlich verfahren die Bahnen schon heute in dieser Weise. Durch die Hinzufügung der Worte „oder ein Zug mit höheren Fahrpreisen“ ist eine Lücke in der jetzigen Vorschrift geschlossen.

## § 21

entspricht dem seitherigen § 19. Die durch den neuen einheitlichen Personentarif gebotenen Änderungen sind berücksichtigt; auch ist eine Vorschrift über die Rückgabe des Gepäcks vorgesehen.

## Zu § 22, bisher § 22.

Die bisherige Vorschrift, niemand dürfe sich während der Fahrt „seitwärts aus dem Wagen beugen“, kann entbehrt werden, nachdem an den Fenstern der weitausladenden Personenwagen fast ohne Ausnahme die Worte „Nicht hinauslehnen“ oder „Hinauslehnen gefährlich“ angebracht sind. Ebensowenig ist auf die Beibehaltung der Vorschrift, niemand dürfe sich „gegen die Tür anlehnen“, jetzt noch Wert zu legen.

Die bisher in den Abs. (1) und (3) enthaltenen Verbote wegen des Aufenthalts auf den Plattformen und wegen des Hinauswerfens von Gegenständen aus dem Wagen sind im § 81 der B O. vorgesehen.

§ 23

enthält die Vorschriften des bisherigen § 23 mit einigen Fassungsänderungen.

### Zu § 24, bisher § 24.

Abs. (1). Die Vorschrift, daß die Türen „an der zum Aussteigen bestimmten Seite" geöffnet werden müssen, ist als selbstverständlich weggelassen. Das Ausrufen der Aufenthaltsdauer wird zweckmäßig auf Aufenthalte von mehr als 4 Minuten zu beschränken sein. Der frühere Abs. (2) ist nach § 19 Abs. (4) übernommen.

Abs. (2), bisher Abs. (3). Die Änderung im zweiten Satze, wonach das erste Zeichen zum Platznehmen vom Zugführer gegeben werden soll, entspricht der jetzigen Übung. Neben dem Zugführer werden naturgemäß auch die Schaffner dafür zu sorgen haben, daß sofort eingestiegen wird.

Der frühere Abs. (4) ist weggelassen, weil er überflüssig scheint und überdies zum Teil veraltet ist.

### Zu § 25, bisher § 25.

Die vorgesehenen Änderungen sind durch die inzwischen erfolgte Reform der Personentarife verursacht. Einer Vorschrift, wonach es zugelassen ist, in einem höher tarifierten Zuge oder in einer höheren Klasse weiterzureisen, bedarf es mit Rücksicht auf § 20 Abs. (3) nicht mehr. Die Aufnahme einer Bestimmung, daß in besonderen Fällen die Fahrtunterbrechung ausgeschlossen werden kann, scheint im Hinblick auf § 2 Abs. (2) entbehrlich.

### Zu § 26, bisher § 26.

Abs. (1) gibt den im seitherigen Abs. (1) aufgestellten Grundsatz wieder.

Abs. (2) bis (4). Das in den seitherigen Absätzen (2) bis (4) verschieden geregelte Verfahren bei Versäumung eines Zuganschlusses und bei Ausfall einer Fahrt ist, in Anlehnung an die bestehenden Tarifvorschriften, gleichmäßig — und zwar zugunsten der Reisenden — geregelt, weil beide Vorkommnisse dieselben Folgen für den Reisenden haben. Die Bestimmung, daß die Beförderung mit einem anderen Zuge nur erfolgen kann, wenn es ohne Überlastung des Zuges und nach den Betriebseinrichtungen möglich ist, ist im Hinblick auf § 3 Abs. (1) Ziff. 3 als selbstverständlich weggelassen. Durch den Abs. (5) soll der Eisenbahn, der jetzigen Übung entsprechend, gestattet werden, Luxuszüge von der Benutzung auszuschließen.

Abs. (6). Die bisherige Vorschrift, wonach der Eisenbahn die Kosten für die Weiterbeförderung — abzüglich des Fahrgeldes für die nicht durchfahrene Strecke — zu erstatten waren, ist im Interesse des Verkehrs gestrichen.

Abs. (8). In Übereinstimmung mit den Fahrdienstvorschriften soll nur verlangt werden, daß Verspätungen über 15 Minuten bekannt zu machen sind.

### Zu § 27.

Die Vorschriften des seitherigen § 27 sind unter Berücksichtigung der einheitlichen Zusatzbestimmungen des Tarifs umgearbeitet und übersichtlicher gestaltet. Die Mitnahme kleiner Vögel und anderer kleiner Tiere in die Personenwagen scheint unbedenklich, weil sie an die Voraussetzung geknüpft ist, daß kein Mitreisender widerspricht.

### Zu § 28, bisher § 28.

Der frühere Abs. (3), der sich an Abs. (1) anschließt, ist als Abs. (2) vorgezogen. Die Fassung ist verbessert. In dem neuen Abs. (4) sind die bisher im Abs. (1) letzter Satz und im § 34 Abs. (6) vorgesehenen Bestimmungen über die Haftung enthalten, die hierher gehören.

### Zu § 29, bisher § 29.

Im Abs. (1) ist im Eingange das Wort „feuergefährliche" gestrichen, weil kurz darauf die leicht entzündlichen Stoffe nochmals aufgeführt sind. Ebenso sind die Worte „auf irgend eine Weise Schaden verursachen können" als zu weitgehend weggelassen. Dagegen schien es erwünscht, auch die ätzenden und die übelriechenden Stoffe aufzunehmen.

Der bisherige Abs. (3) ist als Abs. (2) vorangenommen, weil er sich nur auf den vorhergehenden Absatz bezieht.

In dem klarer gefaßten Abs. (4) sind, einem aus den beteiligten Kreisen laut gewordenen Wunsche entsprechend, auch Schützen berücksichtigt.

Der bisherige Abs. (5) ist als entbehrlich weggelassen.

## IV.

## Beförderung von Reisegepäck.

### Zu § 30, bisher § 30.

Für Abs. (1) bis (3) ist die am 1. Mai 1908 eingeführte neue Fassung vorgesehen.

Abs. (4) und (5) enthalten Verbesserungen förmlicher Art. Der Schlußsatz des seitherigen Abs. (5) ist nach § 35 Abs. (2) übernommen.

### Zu § 31, bisher § 31.

Abs. (2). Der Schlußsatz ist weggelassen, weil seine Rechtsgültigkeit von namhaften Rechtslehrern (Thöl, Schott, Hahn u. a.) zutreffend angefochten wird. Es handelt sich bei einer durch die Nichtbeachtung der Vorschrift eintretenden Verschleppung nicht um eine Versäumung, die die Eisenbahn „weder herbeigeführt hat noch abzuwenden vermochte" (HGB. § 466 Abs. 1). Die Eisenbahn kann sich daher nicht von der Haftpflicht befreien.

### Zu § 32, bisher § 32.

Im Abs. (1) sind die Vorschriften der bisherigen Abs. (1) und (2) über die Auflieferung des Reisegepäcks zusammengefaßt. Um die Aufgabe von Gepäck ohne Lösung einer Fahrkarte zu ermöglichen, ist der letzte Satz aufgenommen.

Abs. (2) enthält die hierher gehörige Vorschrift des früheren § 34 Abs. (2). Am Ende ist statt des bisher im § 30 Abs. (5) vorgesehenen Hinweises die Vorschrift des § 92 Abs. (4) wiederholt.

Abs. (3) behandelt in Anlehnung an den bisherigen Abs. (2) letzter Satz die Auflieferung von Fahrzeugen.

Abs. (5), bisher Abs. (3). Die Vorschrift wegen des Vermerks im Gepäckschein über die Angabe des Interesses an der Lieferung ist aus dem früheren § 34 Abs. (2) hierher übernommen.

Abs. (6), bisher Abs. (5) und (6), ist dahin geändert, daß das unabgefertigt beförderte Gepäck als zur Beförderung angenommen gilt. Da die Eisenbahn bei der nachträglichen Abfertigung die Fracht von der Auflieferungsstation ab erhebt, ist diese Regelung billig.

### Zu § 33.

Die Aufnahme dieser Vorschriften entspricht einem hervorgetretenen Bedürfnisse.

### Zu § 34, bisher § 33.

Der seitherige Abs. (6) ist dem Abs. (2), mit dem er in engem Zusammenhange steht, als Schlußsatz beigefügt, er ist jedoch im Verkehrsinteresse dahin eingeschränkt, daß die spätere Auslieferung sich nur auf solche Fahrzeuge erstreckt, die nicht im Packwagen, sondern in einem besonderen Wagen verladen sind und deren Übergang in den nächsten Anschlußzug daher mit Verschiebearbeiten verbunden ist.

Der Beginn der Abholungsfrist für nach 6 Uhr Abends ankommende Fahrzeuge ist im Abs. (3) aus Billigkeitsgründen auf 8 Uhr des nächsten Morgens hinausgeschoben.

Seinem Inhalt entsprechend ist der frühere Abs. (5) als Abs. (4) eingereiht.

Abs. (6) enthält die hierher gehörige Vorschrift des früheren § 34 Abs. (5).

### Zu § 35, bisher § 34.

Ihrem Inhalt entsprechend sind die bisherigen Absätze (2) in den § 32 (Abs. (2) und (5)), (3) in den § 36 und (5) in den § 34 verwiesen.

In dem neuen Abs. (2) sind die Vorschriften der bisherigen §§ 34 Abs. (4) und 30 Abs. (5) wegen Beschränkung der Höhe des Schadensersatzes zusammengefaßt. Statt des Hinweises ist die Vorschrift des § 95 wiederholt.

Im neuen Abs. (3), bisher Abs. (6), war nur noch das in den Fahrzeugen belassene Gepäck zu behandeln, weil die Haftung für Handgepäck schon im § 28 Abs. (4) geregelt ist und weil das unabgefertigt beförderte Reisegepäck nach § 32 Abs. (6) als zur Beförderung übernommen angesehen werden soll.

### Zu § 36, bisher § 35.

Abs. (1) entspricht dem seitherigen Abs. (3) des § 34. Die Frist von 8 Tagen ist im Interesse des Publikums auf 14 Tage ausgedehnt worden.

Abs. (2) entspricht dem bisherigen Abs. (1).

In Abs. (3), bisher Abs. (2), sind die Worte „auch wenn er bereits Entschädigung erhalten hat" mit Rücksicht auf die Bestimmung weggelassen, daß dem Reisenden auf sein Verlangen das Gepäck gegen Rückzahlung des Ersatzbetrags ausgeliefert wird. Die Einschaltung der Worte „nach Abzug des gemäß § 37 für die verspätete Lieferung zu gewährenden Schadensersatzes" ist zur Behebung entstandener Zweifel erwünscht. Wieder aufgefundenes Gepäck soll künftig auf jeder inländischen Station kostenfrei ausgehändigt, bei Rückgabe auf der Abgangsstation soll die Fracht erstattet werden.

### § 37, bisher § 36,

ist wie § 94 angeordnet worden.

Abs. (1). Die bisherigen Vorschriften in Abs. (2) a) und b) sind umgestellt, weil zur Vermeidung ungerechtfertigter Härten der Schlußsatz unter b) zugefügt wurde. In die neue Vorschrift a) ist hinter dem Worte „Fristüberschreitung" im Hinblick auf § 36 Abs. (2) zur Beseitigung von Zweifeln eingeschaltet „höchstens aber für 3 Tage".

In Abs. (2) ist neben einer Vergütung ohne Schadensnachweis der Fall vorgesehen, daß ein Schaden überhaupt nicht entstanden ist. Auch dann soll die Eisenbahn zu schnellerer Abwickelung derartiger Fälle im allgemeinen Verkehrsinteresse verpflichtet sein, für die Fristüberschreitung einen mäßigen Betrag zu zahlen. Vgl. auch § 94.

Abs. (4) entspricht dem bisherigen Abs. (3).

### Zu § 38, bisher § 37.

Die Vorschriften sind der Übersichtlichkeit wegen in vier Absätze gegliedert. Die neue Vorschrift in Abs. (3), wonach der Tarif in den Gepäckaufbewahrungsräumen aushängen muß, entspricht dem Verkehrsbedürfnisse.

### Zu § 39, bisher § 38.

Der Eingang ist im Interesse der Reisenden dahin geändert, daß nicht nur auf „größeren Stationen", sondern tunlichst auf allen Stationen, wo Gepäck abgefertigt wird, Einrichtungen für seine Aufbewahrung getroffen werden müssen. Für das nicht rechtzeitig abgeholte Gepäck gibt es auf solchen Stationen fast immer Niederlageräume, so daß den Bahnen aus der Änderung keine Schwierigkeiten erwachsen werden.

## V.

## Beförderung von Expreßgut.

Der Expreßgutverkehr ist eine verhältnismäßig neue Einrichtung, deren Vorschriften, den hervortretenden Bedürfnissen entsprechend, noch häufigen Änderungen unterliegen. Deshalb empfiehlt es sich, hier nur die grundlegenden Bestimmungen vorzusehen, ihren weiteren Ausbau aber dem Tarife zu überlassen.

### Zu § 40.

Abs. (1) entspricht der am 1. Mai 1908 eingeführten neuen Fassung des bisherigen § 39.

Abs. (2). Als erster Satz ist die hierher gehörige Vorschrift aus dem bisherigen § 40 Abs. (2) übernommen. Der zweite Satz sowie die Abs. (3) bis (5) treffen in Anlehnung an die Vorschriften für den Güterverkehr allgemeinere Bestimmungen über das Verfahren bei der Annahme von Expreßgut.

### Zu § 41.

Schon die bisherige Eisenbahn-Verkehrsordnung ging davon aus, daß das Expreßgut als eine Art Gepäck anzusehen sei. Um dies klar auszudrücken und eine unanfechtbare Rechtsgrundlage für verschiedene Tarifvorschriften zu schaffen, ist im ersten Satze des Abs. (1) ausdrücklich gesagt, daß Expreßgut „wie Gepäck“ befördert wird. Der zweite Satz und Abs. (2), die im deutschen Eisenbahn-Personen- und Gepäcktarif — Teil I — als Zusatzbestimmungen zu § 40 enthalten sind, werden wegen ihrer Wichtigkeit für den Beförderungsvertrag in die Verkehrsordnung zu übernehmen sein.

### Zu § 42.

Auch diese jetzt nur im Tarife vorgesehenen wichtigen Vorschriften gehören in die Verkehrsordnung.

### § 43

entspricht dem bisherigen § 41; neu ist, daß die erforderlichen Ausführungsbestimmungen im Tarife einheitlich festzusetzen sind.

## VI.

## Beförderung von Leichen.

### Zu § 44, bisher § 42.

Als Abs. (1) ist die Bestimmung über die zu benutzenden Züge (jetzt Abs. (3) erster Satz) vorangestellt; hieran reiht sich als

Abs. (2) der bisherige Abs. (1) über die rechtzeitige Anmeldung zu diesen Zügen.

Abs. (3) entspricht dem jetzigen Abs. (2). Die Fassungsänderung ist durch die jetzt allgemein übliche Verpackungsweise bedingt.

Abs. (4) gibt in etwas veränderter Fassung den Inhalt des bisherigen Abs. (4) wieder. Die für die Absender wichtige Tatsache, daß auch die zur Ausstellung von Leichenpässen befugten ausländischen Behörden in Deutschland bekannt gemacht werden, ist vermerkt.

Abs. (5) ersetzt den seitherigen § 43 Abs. (1). Die vorgesehene Änderung entspricht der Vorschrift des Tarifs.

Abs. (6) ist dem letzten Satze des seitherigen § 43 Abs. (1) entnommen.

Abs. (7) enthält die aus den bisherigen Abs. (4) und (7) übernommenen Bestimmungen über die Zahlung der Fracht und die Berechnung des Frachtzuschlags.

### Zu § 45.

Abs. (1) gibt den Inhalt des seitherigen § 42 Abs. (5) wieder. Hinzugefügt ist eine Bestimmung über die Beiladung von Gegenständen, die zur Leiche gehören.

Abs. (2) entspricht dem seitherigen § 42 Abs. (3),

Abs. (3) dem seitherigen § 42 Abs. (6). Die neue Vorschrift wegen Benachrichtigung des Empfängers bei Versäumung eines Anschlußzuges trägt einem mehrfach hervorgetretenen Bedürfnisse Rechnung.

### § 46

enthält in verbesserter Fassung die Abs. (2) und (3) des bisherigen § 43. Auf Grund des neuen Abs. (2) kann die Auslieferung der Leiche zu dem für Gepäck bestimmten Zeitpunkte beansprucht werden. Nach dem neuen Abs. (3) hat der Empfänger über die Empfangnahme eine Bescheinigung auszustellen; dies ist erwünscht, weil sonst die Eisenbahn, wenn der Beförderungsschein nicht zurückgegeben werden kann, keinen Ausweis über die Ablieferung in Händen hätte. Im neuen Abs. (3) wird vorgeschrieben, daß die Frist für die Abholung einer nach 6 Uhr Abends ankommenden Leiche ebenso wie bei den Fahrzeugen (§ 34 Abs. (3)) erst am nächsten Morgen um 8 Uhr beginnt.

### Zu § 47.

Im § 47 sind die bisher im § 42 Abs. (9) und (8) getroffenen Ausnahmebestimmungen mit einigen Fassungsänderungen vorgesehen.

Abs. (1). Für die Beförderung von Leichen nach dem Bestattungsplatze des Aufgabeorts, die bei dem raschen Anwachsen der Großstädte immer mehr an Bedeutung gewinnt, sollen Abweichungen mit Genehmigung der Landesaufsichtsbehörde zugelassen werden. Bisher wurde die Beförderung solcher Sendungen, für die die EVO. nicht galt, lediglich von den Eisenbahnen geregelt, was nicht erwünscht scheint.

Abs. (2). Die Vorschriften über die Beförderung der zu wissenschaftlichen Zwecken dienenden Leichen sind, dem Bedürfnis entsprechend, auch auf die Rück- und Weitersendung ausgedehnt. Diese Leichen werden ausschließlich auf Frachtbrief befördert.

## VII.

## Beförderung von lebenden Tieren.

### Zu § 48, bisher § 46.

Abs. (1). Der Zusatz am Schlusse trägt einem dringenden Wunsche der Landwirtschaft Rechnung. Wenn die Tiere 24 Stunden vor der Beförderung angemeldet sind, wird die Eisenbahn auch in der Lage sein, für ihre Unterbringung im Zuge zu sorgen.

Nach Abs. (2) soll die Annahme von Tieren an Sonn- und Festtagen, der jetzigen langjährigen Übung entsprechend, im allgemeinen ausgeschlossen werden. Die Bekanntmachung der zugelassenen Ausnahmen soll in gleicher Weise wie beim Güterverkehr erfolgen. Bisher war die Regelung des Tierverkehrs an diesen Tagen dem Tarif überlassen.

Abs. (3) enthält den ersten Satz des jetzigen § 44 Abs. (2). Die selbstverständliche Vorschrift des zweiten Satzes wegen Ausschlusses der Tiere von der Beförderung bei Seuchengefahr ist auch im Hinblick auf die Bestimmung unter § 3 Abs. (1) Ziffer 2 entbehrlich.

Abs. (4) entspricht dem jetzigen § 44 Abs. (3), Abs. (5) dem ersten Satze des Abs. (3) im bisherigen § 46.

Abs. (6) stimmt im wesentlichen mit dem jetzigen § 44 Abs. (5) überein.

Abs. (7) und (8) sind aus dem bisherigen § 44 Abs. (4) übernommen. Dem dringenden Wunsche der deutschen Viehhändler entsprechend sollen die Viehbegleiter auf ihr Verlangen im Packwagen oder in einem Personenwagen befördert werden; nur zur Abwendung von Betriebsgefahren soll ihr Aufenthalt im Viehwagen gefordert werden können.

Die jetzt im Abs. (4) zur Abwendung einer Feuersgefahr vorgesehenen, sehr ins einzelne gehenden Vorschriften sind weggelassen, weil sie in eine Rechtsverordnung nicht passen und weil andere Gesetzesvorschriften, z. B. § 368 StGB. Ziffer 5 und 6 einen ausreichenden Schutz gewähren.

Abs. (9) entspricht dem bisherigen § 45, Abs. (10) dem bisherigen § 48 Abs. (2). Im ersteren Absatz ist die Verwendung eines Eilfrachtbriefs vorgeschrieben, damit die Abfertigungsstellen in augenfälliger Weise auf die beschleunigt zu befördernden Tiersendungen aufmerksam gemacht werden.

Abs. (11) gibt den jetzigen § 44 Abs. (6) wieder.

### Zu § 49.

In Abs. (1) ist dem Absender das für ihn wertvolle Recht eingeräumt, den Beförderungsweg vorzuschreiben.

Abs. (2) gibt den heutigen § 44 Abs. (7) wieder.

### Zu § 50.

Die Vorschriften sind dem heutigen § 46 Abs. (3) entnommen. Neu sind die im Verkehrsinteresse liegenden Bestimmungen, daß die Tiere mit tunlichster Beschleunigung zur Abnahme bereit zu stellen sind und daß bei unbegleiteten Sendungen der Empfänger von der Ankunft zu benachrichtigen ist.

### Zu § 51.

Die Vertretungen der Landwirtschaft haben wiederholt beantragt, kürzere Lieferfristen für Tiersendungen einzuführen, weil eine lange Beförderungsdauer die Tiere sehr ungünstig beeinflusse und ihre Widerstandsfähigkeit gegen Krankheiten schwäche. Wenn auch anzuerkennen sei, daß die Eisenbahnen sich seit Jahren mit Erfolg bemühten, die Sendungen regelmäßig in kürzerer Zeit als der festgesetzten Lieferfrist zu befördern, so müsse doch, um den Interessenten einen rechtlichen Anspruch auf die Innehaltung der tatsächlichen Lieferfristen zu geben, entscheidender Wert darauf gelegt werden, daß diese Fristen in der Verkehrsordnung festgesetzt würden. Da diesem Verlangen eine Berechtigung nicht abzusprechen sein wird, ist eine Neuregelung der Lieferfrist vorgeschlagen.

Die bisher ebenso wie für Eilgut vorgesehene Expeditionsfrist von 1 Tag, die bei den fast ausschließlich in einzelnen Stücken aufgelieferten Eilgütern durch den Zeitaufwand bei der Vorbereitung zur Beförderung (Ordnung auf dem Güterboden nach Art und Bestimmung der Güter, Bezettelung, Verwägen, Verladen u. dgl.) begründet ist, hat bei den Tiersendungen keine innere Berechtigung, denn bei ihnen erfolgen die Wagenstellung, die Verladung, bei der Abfertigung auf Beförderungsschein sogar die Frachtberechnung vor Beginn der Lieferfrist. Um der Eisenbahn einen billigen Ausgleich für den Wegfall der Abfertigungsfrist, der sich bei kurzen Entfernungen doch vereinzelt fühlbar machen könnte, zu gewähren, soll die Beförderungsfrist insofern aufgebessert werden, als am ersten Beförderungstage nicht mehr wie jetzt 300, sondern nur 150 km zu leisten sind.

Zugunsten des Vorschlags im Entwurfe haben die landwirtschaftlichen Vertretungen ihre viel weitergehenden Anträge zurückgestellt.

Abs. (4). Im Interesse pünktlicher Durchführung der Personenzüge ist für die mit diesen zu befördernden Pferde, ebenso wie es für die als Reisegepäck aufgelieferten Fahrzeuge im § 34 Abs. (2) geschehen, eine Vorschrift aufgenommen, wonach die Weiterbeförderung, wenn unterwegs ein Übergang auf einen anderen Zug stattfinden muß, erst mit dem nächsten Personenzuge verlangt werden kann.

### § 52

entspricht dem bisherigen Abs. (1) des § 48. Der frühere Abs. (2) ist als Abs. (10) in den § 48 übernommen.

## VIII.

## Beförderung von Gütern.

### § 53

entspricht dem jetzigen § 49.

### Zu § 54, bisher § 50.

Abs. (1). Hier sind, wie bisher, unter A die von der Beförderung ausgeschlossenen Gegenstände aufgeführt. Die früheren Ziffern 2 und 3 konnten wegbleiben, weil sie schon im § 3 berücksichtigt sind. Die explosionsgefährlichen Gegenstände unter B sind, der Anordnung der neuen Anlage C entsprechend, in die Unterabteilungen a bis e eingeteilt. Die Anmerkungen hierzu wurden erforderlich, damit gewisse Substanzen, die nur unter besonderen Umständen, z. B. durch Initialzündung, zur Explosion gebracht werden können, regelmäßig aber nicht explosionsgefährlich sind, z. B. Mono- und Dinitrotoluol auch künftig bedingungslos befördert werden können.

Abs. (2) A umfaßt die nach der Anlage C bedingungsweise zur Beförderung zugelassenen Gegenstände, und zwar Ziffer 1 die explosionsgefährlichen Gegenstände und selbstentzündlichen Stoffe der Nr. I und II, Ziffer 2 die Stoffe der übrigen Nummern. Die Teilung in zwei Ziffern ist nötig, um den zwischen beiden Gruppen bestehenden Unterschied hervorzuheben. Explosionsgefährliche und selbstentzündliche Stoffe sind nämlich von der Beförderung ausgeschlossen, wenn sie nicht in Nr. I oder II unter besonderen Bedingungen zugelassen sind. Gegenstände der in den Nr. III bis VI aufgeführten Klassen sind dagegen an sich unbeschränkt zur Beförderung zugelassen; sollen einzelne dieser Gegenstände bedingungsweise befördert werden, so müssen sie in die Anlage C aufgenommen werden.

In einem besonderen Unterabsatz ist zur Beseitigung mehrfach hervorgetretener Zweifel vorgeschrieben, daß die Gegenstände der Anlage C miteinander oder mit anderen Gütern nur zusammengepackt werden dürfen, wenn es in dieser Anlage zugelassen ist.

Unter B 1 bis 3 sind die bisherigen Vorschriften unter B 2 bis 4 mit einigen Verbesserungen der Fassung aufgenommen.

Wegen der früheren Vorschrift unter C vgl. § 56 Abs. (1) k).

### Zu § 55, bisher § 52.

Vor den Vorschriften über den Inhalt des Frachtbriefs (bisher § 51) bedarf seine Form der Erläuterung.

Abs. (1) und (2) geben in vereinfachter Fassung den bisherigen Abs. (1) wieder; vorangestellt sind die Eingangsworte des bisherigen § 51 Abs. (1).

Abs. (3) und (4) stimmen im wesentlichen mit den jetzigen Abs. (3) und (6) überein.

Im Abs. (5) sind wie im jetzigen Abs. (2) Ausnahmebestimmungen vorgesehen. Sie gehen etwas weiter als die seitherigen, um für gewisse Sendungen, die ohne Beigabe von Begleitpapieren befördert werden (z. B. Milchsendungen), eine rechtliche Grundlage zu schaffen.

Wegen der Absätze (4), (5), (7) und (8) des bisherigen § 52 siehe § 56.

### Zu § 56, bisher § 51.

Abs. (1). Die neue Fassung des Einganges ist gewählt, weil es sich hier nur um Eintragungen des Absenders handelt.

Weggelassen sind folgende bisherigen Bestimmungen:

- die Vorschrift unter b), wonach die Versandstation einzutragen war, weil diese durch Abstempelung des Frachtbriefs mit dem Tagesstempel der Abfertigungsstelle kenntlich gemacht wird;
- die Vorschrift unter c), wonach der Absender die Bestimmungsbahn angeben mußte, weil diese für den inneren Verkehr keinen Wert mehr hat;
- die in einen besonderen Abs. (7) verwiesene Vorschrift unter c) wegen Weiterbeförderung nach Bestimmungsorten, wo keine Güterstation oder Güternebenstelle vorhanden ist;
- die Vorschrift unter e), wonach der Absender seinen Wunsch nach Anwendung von Ausnahmetarifen im Frachtbrief anzugeben hatte, im Hinblick auf § 89 Abs. (1) letzter Satz;
- die Vorschrift unter g), daß anzugeben ist, ob die Sendung als Eil- oder Frachtgut befördert werden soll; sie ist nach der Fassung des neuen § 67 Abs. (1) überflüssig;
- die nach § 67 Abs. (2) übernommene Vorschrift unter l) über die Wahl des Beförderungswegs, die mit dem Inhalte des Frachtbriefs in keinem Zusammenhange steht.

Neu aufgenommen sind:

- die hierher gehörigen Bestimmungen des früheren § 50 unter C, betreffend das Verbot, die bedingungsweise zur Beförderung zugelassenen Gegenstände bahnlagernd zu stellen, das Verbot ist aber auf die Güter der Anlage C beschränkt worden, weil hinsichtlich der übrigen heute im § 50 unter C aufgeführten Gegenstände die Eisenbahnen auf Grund des neuen § 54 Abs. (2) B. Ziffer 1 und 2 verbieten können, sie bahnlagernd zu stellen, während für die Eisenbahnfahrzeuge der Ziffer 3 a. a. O. eine solche Bestimmung überflüssig ist;
- die Vorschrift des früheren § 52 Abs. (6), betreffend die Eintragung der Nummer und der Eigentumsmerkmale der vom Absender beladenen Wagen.

Die einzelnen Vorschriften sind, dem Vordrucke des Frachtbriefs entsprechend, übersichtlicher geordnet. Unter h) (und weiterhin) war ursprünglich beabsichtigt, das Fremdwort „Duplikat" durch das deutsche „Doppel", das bei anderen Reichsbehörden seit langen Jahren eingeführt ist, zu ersetzen. Die auch von hervorragenden Sprachsachverständigen dringend befürwortete Verdeutschung mußte aber im Hinblick auf die wünschenswerte Übereinstimmung mit den österreichischen und ungarischen Betriebsreglementen unterbleiben, weil in diese das Doppel wegen der Sprachenverhältnisse in den habsburgischen Staaten nicht aufgenommen werden konnte.

In der neuen Vorschrift unter o) konnte der Zusatz, daß die Unterschrift des Absenders auch durch Druck oder Stempel ersetzt werden darf, im Hinblick auf Abs. (10) wegbleiben.

Abs. (2) entspricht dem bisherigen § 52 Abs. (8), das Wort „Versandstation" ist aber durch „Eisenbahn" ersetzt, um klarzustellen, daß es nicht den einzelnen Stationen überlassen sein soll, für jede Wagenladung einen besonderen Frachtbrief zu fordern.

Abs. (3) gibt den ersten Satz des bisherigen § 52 Abs. (7) wieder.

Abs. (4) enthält mit Verbesserungen in der Fassung die übrigen Vorschriften des bisherigen § 52 Abs. (7).

Abs. (5) entspricht im wesentlichen dem bisherigen § 52 Abs. (4). Die Vorschrift wegen Abstempelung der dem Frachtbriefe beigefügten Blätter ist nach § 61 Abs. (1) verwiesen.

Abs. (6) trägt einem berechtigten Wunsche des Handels Rechnung.

Abs. (7) enthält in klarerer Fassung die Vorschrift des bisherigen Abs. (1) c). Dem Absender wird richtigerweise schon hier das Recht eingeräumt, über die Weiterbeförderung des Gutes bis zum Bestimmungsorte zu verfügen, was heute erst im § 68 Abs. (4) geschieht. Die in der alten Vorschrift dem Empfänger auferlegte Pflicht, für die Weiterbeförderung zu sorgen, gehört in den § 76.

Abs. (8). Die entsprechende Vorschrift des bisherigen § 52 Abs. (5) ist auf Wunsch des Handels dahin erweitert, daß für den Empfänger bestimmte nachrichtliche Vermerke jeder Art zugelassen werden sollen, wenn sie die Sendung betreffen. Daß diese Vermerke nicht ungebührlich lang sein dürfen, geht aus den gewählten Beispielen hervor. Ebenso ist die nicht gerechtfertigte Beschränkung, daß die Vermerke sich auf die ganze Sendung beziehen müssen, weggelassen.

Abs. (9) entspricht dem bisherigen § 51 Abs. (2); hinzugefügt ist, daß die Zulassung weiterer Erklärungen und Schriftstücke durch den Tarif zu veröffentlichen ist. Die Vorschrift wegen Zulassung anderer Urkunden statt des Frachtbriefs konnte im Hinblick auf § 2 Abs. (2) und § 55 Abs. (5) wegbleiben.

Abs. (10). Die Aufnahme der ersten Vorschrift scheint zur Vermeidung von Unzuträglichkeiten erwünscht, die Zulassung von Eintragungen durch Druck oder Stempel trägt einem Verlangen der Interessenten Rechnung, dem Bedenken nicht entgegenstehen.

## Zu §§ 57 bis 59.

Der außerordentlich lange bisherige § 53 mit seinen verschiedenartigen Bestimmungen ist in drei Paragraphen zerlegt.

§ 57 entspricht im wesentlichen dem Abs. (1) des bisherigen § 53.

§ 58.

Abs. (1) entspricht dem Abs. (2) des bisherigen § 53. Die Vorschrift, wonach die Prüfung des Inhalts der Sendungen durch die Eisenbahn gebührenfrei erfolgt, ist der Vollständigkeit wegen aufgenommen. Die Hinzufügung des letzten Satzes scheint gerechtfertigt und zur Vermeidung von Weiterungen erwünscht.

Abs. (2) und (3) enthalten die jetzt im Abs. (3) getroffenen Vorschriften über die Ermittelung der Stückzahl und des Gewichts der Güter. Durch die Neuordnung ist die in dieser Hinsicht bestehende Verschiedenheit bei Behandlung der von der Eisenbahn und der vom Absender verladenen Güter klarer zum Ausdrucke gebracht.

Im Abs. (2) ist der Eisenbahn zur Beschleunigung des Abfertigungsverfahrens das Recht eingeräumt, von Verwägung der Stückgüter abzusehen oder bei gleichartigen Gütern nur eine Probeverwägung vorzunehmen, wenn der Absender das Gewicht in den Frachtbrief eingetragen und nicht im Frachtbriefe die Verwägung verlangt hat. Die Haftung wird hierdurch nicht geändert.

Abs. (4) entspricht dem bisherigen Abs. (4). Nach der neuen Fassung soll dem Absender nicht nur, wie bisher, freistehen, der Feststellung der Stückzahl und des Gewichts beizuwohnen, sondern er soll verlangen können, daß ihm hierzu auch Gelegenheit geboten werde. Die Worte „wenn sie auf der Versandstation erfolgt" sind beigefügt, um Unzuträglichkeiten und Mißverständnissen vorzubeugen. Sie entsprechen dem Zweck und Sinn der Vorschrift.

Abs. (5). Diese zurzeit nur in den Tarifvorschriften vorgesehenen Bestimmungen werden zweckmäßig in die Verkehrsordnung zu übernehmen sein.

Abs. (6) gibt in geänderter Fassung den bisherigen Abs. (5) wieder. Die Änderungen sind erforderlich, weil die Verwägung nicht immer auf der Versandstation erfolgen kann; auch fehlte bisher eine Vorschrift darüber, daß die Feststellung der Stückzahl zu bescheinigen ist. Der Schlußsatz ist zur Vermeidung von Unzuträglichkeiten hinzugefügt.

§ 59.

In Abs. (1) ist die hierher gehörige Vorschrift über das Verladen der Güter aus dem bisherigen § 56 Abs. (1) übernommen. In Übereinstimmung mit § 86 Abs. (1) ist hinzugefügt, daß die Vereinbarung zwischen dem Absender und der Eisenbahn im Frachtbriefe zu treffen ist

Abs. (2) entspricht im wesentlichen dem Abs. (6) des jetzigen § 53.

## Zu § 60.

Abs. (1) enthält die Vorschriften der Abs. (7) bis (12) des bisherigen § 53 mit folgenden Änderungen:

In der Eingangsbestimmung ist zur Vermeidung einer abweichenden Auslegung, wie sie auch in einzelnen Gerichtsurteilen hervorgetreten ist, ausgesprochen, daß die Frachtzuschläge ohne Rücksicht darauf, ob ein Verschulden des Absenders vorliegt oder nicht, zu erheben sind. Würden die auch im Interesse der Betriebssicherheit eingeführten Frachtzuschläge als Vertragsstrafe angesehen, so wären sie in zahlreichen Fällen wirkungslos, denn ein Verschulden des Absenders läßt sich häufig schwer nachweisen; die Spediteure z. B. stellen in der Regel die Frachtbriefe gutgläubig nach den Angaben ihrer Kunden aus.

a) Aus Billigkeitsgründen ist der Betrag des Frachtzuschlags nach dem Grade der Gefährdung abgestuft. Der Zuschlag soll ferner künftig nur bei „unrichtiger" Inhaltsangabe erhoben werden; die frühere Vorschrift, wonach er auch bei „ungenauer" Inhaltsangabe zu erheben war, hat öfters zu Zweifeln und bisweilen zu ungerechtfertigten Härten geführt. In den Fällen, wo eine wirkliche Transportgefährdung vorliegt, wird die „ungenaue" Angabe wohl immer auch eine „unrichtige" sein.

b) Der erste und letzte Satz entsprechen im wesentlichen der Fassung des früheren § 53 Abs. (9). Bei den Verhandlungen mit Vertretern der beteiligten Bundesregierungen wurde darauf hingewiesen, daß hiernach mitunter sehr hohe Frachtzuschläge erhoben werden müßten, die sich billigerweise nicht aufrecht erhalten ließen. Sei z. B. einer Wagenladung von Gütern einer ermäßigten Tarifklasse nur e i n Frachtstück einer höheren Klasse ohne besondere Angabe des Inhalts und Gewichts beigeladen, so müsse die Fracht und der Zuschlag für die ganze Sendung nach dem Satze der höheren Tarifklasse berechnet werden. Um diesem Übelstand abzuhelfen, ist der zweite Satz eingefügt.

c) Da die Fracht für Vieh auch nach der Stückzahl berechnet wird und dabei falsche Angaben vorkommen, ist die unrichtige Angabe der Stückzahl der unrichtigen Gewichtsangabe gleichgestellt.

Abs. (2). Eine ähnliche Vorschrift ist im § 17 Abs. (6) für den Personenverkehr und im § 27 Abs. (5) für die gebührenpflichtigen Tiere getroffen. Sie ist erforderlich, um den Eisenbahnverwaltungen die rechtliche Unterlage zu geben, wenn sie aus Billigkeitsgründen Nachlässe gewähren wollen.

Abs. (3) entspricht im wesentlichen Abs. (13) des bisherigen § 53. Die neue Vorschrift unter b) entspricht dem Berner Zusatzübereinkommen zum Internationalen Übereinkommen.

Abs. (4). Der erste Satz ist seiner Wichtigkeit wegen aus den Tarifvorschriften in die Verkehrsordnung übernommen. Durch die im zweiten und dritten Satze vorgesehene Bestimmung wird, der herrschenden und in der Natur des Rechtsverhältnisses zwischen Eisenbahn, Absender und Empfänger begründeten Rechtsauffassung entsprechend, eine Lücke in der Verkehrsordnung ausgefüllt.

Abs. (5). Auch eine Vorschrift über die Verjährung des Anspruchs auf Zahlung oder Rückzahlung von Frachtzuschlägen fehlte bis jetzt in der Verkehrsordnung. Die neue Bestimmung stammt ebenfalls aus dem Berner Zusatzübereinkommen. Die dort vorgesehene Vorschrift, daß die unter den Parteien durch Anerkenntnis, Vergleich oder gerichtliches Urteil festgestellten Ansprüche von der Verjährung ausgeschlossen sind, konnte wegbleiben, weil die Regelung dieser Frage besser den allgemeinen gesetzlichen Vorschriften überlassen wird. Vgl. auch § 71 Abs. (2).

### Zu § 61, bisher § 54.

Abs. (1). Am Schlusse ist die hierher gehörige Vorschrift über die Abstempelung der dem Frachtbrief angehefteten Blätter beigefügt (jetzt § 52 Abs. (4) letzter Satz).

Abs. (2) bis (7) geben in vereinfachter Fassung die bisherigen Vorschriften in den Abs. (2) bis (7) wieder. Im neuen Abs. (2) ist der Vollständigkeit wegen hinzugefügt, daß vor Abstempelung des Frachtbriefs auch die vom Absender übernommenen Beträge bezahlt sein müssen.

Abs. (8). Durch diese Vorschrift ist im Interesse einer schnellen Abwickelung des Annahmegeschäfts nachgelassen, daß die Abfertigungsstelle die Übergabe auch durch Abstempelung einer vorgelegten Bescheinigung bestätigen kann.

### Zu § 62, bisher § 58.

Abs. (1) bis (3) entsprechen im allgemeinen den bisherigen Absätzen, ihr Wortlaut ist aber mehr als bisher dem § 459 Ziffer 2 des Handelsgesetzbuchs angepaßt. Im Abs. (2) ist auf die Beigabe einer besonderen Erklärung über die Mängel der Verpackung verzichtet, weil die Eisenbahn durch das Anerkenntnis im Frachtbrief ausreichend geschützt wird. Im Abs. (3) erschien es zweckmäßig, lediglich auf die maßgebenden §§ 86 und 84 zu verweisen.

Abs. (4) bringt den Grundsatz klarer zum Ausdrucke, daß der Absender auch für Schäden haftet, die durch nicht genügende Verpackung Personen treffen oder an anderen Gütern oder an Betriebsmitteln entstehen.

Abs. (5). Die Aufnahme dieser Vorschrift scheint zur Beschleunigung der Abfertigung und zur Vermeidung von Unzuträglichkeiten erwünscht.

Abs. (6) gibt den Eisenbahnen das Recht, für an sich ungefährliche Artikel, die durch Geruch, Staubentwickelung oder dergleichen lästig fallen, oder die leicht entzündlich sind, wie Stroh, Heu oder dergleichen, geeignete Verpackungsvorschriften zu treffen. Solche Vorschriften sind jetzt zum Teil im Tarife, zum Teil in der Verkehrsordnung vorgesehen. Die Herbeiführung eines gleichmäßigen Verfahrens ist angezeigt.

Abs. (7) und (8) geben den Inhalt der bisherigen Abs. (4) und (5) wieder. Abs. (7) schreibt (ebenso wie § 31 Abs. (2)) die Entfernung älterer Beförderungszeichen vor, um Verwechselungen und Verschleppungen vorzubeugen.

### Zu § 63, bisher § 56.

Im Interesse der Übersichtlichkeit sind hier nur die Vorschriften über die Annahme der Güter aufgeführt und die Vorschriften über die Beförderung in den § 67 verwiesen.

Abs. (1). Der hierher gehörige frühere Abs. (1) des § 55 ist in der Fassung des HGB. (§ 453 Abs. 2) als erster Satz aufgenommen. Durch den zweiten Satz wird die Befugnis der Eisenbahn, in gewissen Fällen die Annahme von Gütern einzuschränken oder einzustellen, im Interesse einer einheitlichen Handhabung an die Genehmigung der Landesaufsichtsbehörde gebunden.

Abs. (2) ist dem ersten Satze des bisherigen § 56 Abs. (1) entnommen. Hinzugefügt ist im Interesse des Verkehrs, daß die Dienststunden durch Aushang bekannt zu machen sind.

Abs. (3) enthält in vereinfachter Fassung die Vorschriften des bisherigen Abs. (3). Die jetzt nur im Tarife vorgesehene Beschränkung der Annahme auf Eilgut, dessen zoll- oder steueramtlicher Behandlung kein Hindernis entgegensteht, ist erforderlich, weil eine solche Behandlung an den Sonn- und Festtagen in der Regel nicht stattfindet. Die gegenwärtig vorgeschriebene Bekanntmachung der Annahmezeiten in einem Ortsblatte scheint entbehrlich, weil diese Zeiten nur höchst selten geändert werden.

Abs. (4). Die Vorschriften waren bisher im Abs. (1) enthalten. Neu ist die zur Vermeidung von Unzuträglichkeiten hinzugefügte Bestimmung, daß die vom Absender voraus zu zahlenden Beträge ebenfalls binnen 24 Stunden gezahlt werden müssen.

Abs. (5) umfaßt alle die Wagenstellung betreffenden Vorschriften, die zurzeit in den Abs. (6) und (7) mit der Verladung zusammen behandelt oder in den Abfertigungsvorschriften der Eisenbahnen vorgesehen waren. Es soll künftig nur verlangt werden, daß der Besteller das ungefähre Gewicht angibt, weil ihm eine genaue Angabe oft nicht möglich ist. Neu ist ferner die im Verkehrsinteresse eingefügte, der Billigkeit entsprechende Vorschrift, daß die Wagenbesteller, wenn die Wagen nicht bereit gehalten werden können, kostenfrei zu benachrichtigen sind, soweit dies tunlich ist. Ferner soll der Besteller, wenn er einen Wagen erst nach der Bereitstellung wieder abbestellt, eine Gebühr bezahlen. Es ist nämlich bei Wagenmangel nicht selten vorgekommen, daß die Bestellung über den wirklichen Bedarf hinausging. Zum Schutze hiergegen ist die Gebühr vorgesehen.

Im Abs. (6) sind alle Vorschriften über die Verladung vereinigt. Die Beladefristen durch ein Ortsblatt bekannt zu machen, scheint nach den gemachten Erfahrungen entbehrlich, es genügt, wenn sie bei den Abfertigungsstellen aushängen. Wie in Abs. (4) wird auch hier verlangt, daß innerhalb der Ladefrist die beanstandeten Frachtbriefe zu berichtigen und die vom Absender übernommenen Beträge zu zahlen sind. Der für gewisse Fälle vorgesehene Verzicht auf Wagenstandgeld an Sonn- und Festtagen trägt einem dringenden Wunsche der Interessenten Rechnung.

Abs. (7) entspricht dem bisherigen Abs. (8). Die Vorschrift, daß der Absender die Dauer der zoll- oder steueramtlichen Abfertigung nachzuweisen hat, ist als schwer erfüllbar weggelassen.

Abs. (8). Die bisher in den § 56 Abs. (1) letzter Satz, § 60 Abs. (3) und § 68 Abs. (3) zerstreuten Vorschriften über die Anfuhr der Güter sind hier eingeordnet.

Im Abs. (9) ist auf Anregung der Interessenten das Recht des Absenders, die Anfuhr der Güter selbst zu besorgen, ausdrücklich anerkannt.

Abs. (10). Die hierher gehörigen Bestimmungen über die Güternebenstellen sind aus dem bisherigen § 68 Abs. (3) entnommen.

Abs. (11) entspricht im wesentlichen dem heutigen § 60 Abs. (3).

### Zu § 64, bisher § 55.

Die vorläufige Einlagerung des Gutes bildet eine Ausnahme und wird sich am besten an die Vorschriften über die Annahme anreihen.

Abs. (1) entspricht bei einigen Fassungsverbesserungen den bisherigen Abs. (1) und (2). Die hinzugefügte Vorschrift wegen des Ausschlusses leicht verderblicher und bedingungsweise zur Beförderung zugelassener Güter von der Einlagerung entspricht der heutigen Übung; diese muß aber durch die Verkehrsordnung ausdrücklich zugelassen werden, weil sonst ihre Rechtsgültigkeit in Zweifel gezogen werden könnte.

Abs. (2) ist dem früheren Abs. (3) entnommen.

### Zu § 65, bisher § 59.

Die Zoll-, Steuer-, Polizei- und statistischen Vorschriften werden dem Paragraphen über die Beförderung voranzustellen sein, weil sie zum großen Teil schon vorher beachtet werden müssen.

Abs. (1) entspricht dem bisherigen Abs. (1) und (2), Abs. (2) dem bisherigen Abs. (3). Die neue Vorschrift am Schlusse des Abs. (1) ist erwünscht, um die Beigabe ordnungsmäßiger Begleitpapiere zu sichern und dadurch Güteranhäufungen auf den Zollstationen zu vermeiden. Durch die Gewährung einer 48stündigen Frist ist den Interessenten Gelegenheit geboten, Anstände zu beseitigen, ohne daß ihnen Kosten erwachsen.

Abs. (3), früher Abs. (4). Außer den unzulässigen sind auch die unausführbaren Vorschriften erwähnt, weil diese nicht selten vorkommen (z. B. Verzollung nach Rein- statt nach Rohgewicht, Verzollung von Holz nach Festmetern statt nach Gewicht usw.).

Abs. (4) stimmt im wesentlichen mit dem bisherigen Abs. (5) überein. Neu ist die Bestimmung, daß der Absender oder sein Bevollmächtigter im Frachtbriefe verlangen können, von der Ankunft des Gutes auf der Verzollungsstation benachrichtigt zu werden. Dies entspricht einem dringenden Wunsche der Verkehrsinteressenten.

Abs. (5). Der erste Satz ist dem bisherigen Abs. (6) entnommen; der zweite Satz entstammt dem neuen Zusatzübereinkommen zum Internationalen Übereinkommen und entscheidet in zutreffender Weise eine bis jetzt streitige Rechtsfrage. Nach dem Vorgange in Abs. (2) ist aber hinzugefügt, daß die Eisenbahn mit der Zollbehandlung einen Spediteur betrauen darf.

Abs. (6) bisher Abs. (7).

§ 66

stimmt, von einigen Verbesserungen der Fassung abgesehen, mit dem bisherigen § 57 überein. Durch die neue Fassung des Abs. (3) soll der Eisenbahn die Grundlage gegeben werden, Deckenmiete auch dann zu erheben, wenn die Bedeckung zwar nicht im Frachtbriefe beantragt, aber aus Zollrücksichten erforderlich ist.

Im

§ 67

sind sämtliche die Beförderung betreffenden Vorschriften, die bisher an verschiedenen Stellen zerstreut waren, zusammengefaßt.

Abs. (1). Der erste Satz entspricht dem bisherigen § 56 Abs. (2). Der zweite schafft die rechtliche Grundlage für die Beförderung des „beschleunigten Eilguts".

Abs. (2) enthält die hierhergehörigen Bestimmungen des bisherigen § 51 (1). Hiernach war die Abfertigung nach dem billigsten Frachtsatz und den günstigsten Beförderungsbedingungen vorzunehmen, was aber oft nicht durchführbar war, weil sich beide Fälle nicht immer decken. Deshalb ist die Fassung, den tatsächlichen Verhältnissen entsprechend, geändert. Bei Eilgütern ist dem Absender schon jetzt durch die Tarife gestattet, den Beförderungsweg vorzuschreiben, es wird sich aber empfehlen, dieses wichtige Recht in der Verkehrsordnung festzustellen.

Abs. (3) ist dem § 56 Abs. (4) entnommen. Der bisherige Abs. (5) desselben Paragraphen, wonach die Eisenbahn Maßregeln zur Feststellung der Reihenfolge bei der Güterabfertigung zu treffen hat, ist weggelassen, weil solche Maßregeln bei dem jetzt allgemein üblichen Abfertigungsverfahren schwer durchführbar, aber auch entbehrlich sind.

### Zu § 68, bisher § 60.

Der bisherige Abs. (1) ist durch die neue Fassung des § 6 entbehrlich geworden.

Die anderen Vorschriften entsprechen im wesentlichen den bisherigen §§ 60 Abs. (2) und 62 Abs. (2).

Abs. (1) ist etwas weiter gefaßt, auch ist eine jetzt fehlende Vorschrift darüber aufgenommen, daß Fracht und Gebühren in den Frachtbrief einzutragen sind.

Im Abs. (2) sind als Beispiele für Auslagen der Eisenbahn neben den Ausbesserungen noch erwähnt: „andere zur Erhaltung des Gutes notwendige Arbeiten". Hierunter fällt z. B. das Umschaufeln beim Warmwerden des Getreides und dergleichen.

Nach Abs. (3) sollen künftig gebührenfrei nur die von der Eisenbahn verauslagten Rollgelder sein, d. h. die Kosten, die der Eisenbahn für die von ihr übernommene Anfuhr der Güter erwachsen. Dagegen sollen im Interesse einer gleichmäßigen Behandlung aller Spediteure die von den Bahnspediteuren nachgenommenen Kosten für die Anfuhr von Gütern ihrer Privatkunden gebührenpflichtig werden. Diese Regelung entspricht einem langjährigen, nicht unbilligen Wunsche der Privatspediteure.

Der bisherige Abs. (3) ist als Abs. (11) nach § 63 übernommen.

### Zu §§ 69 bis 71, bisher § 61.

Der bisherigen Überschrift entsprechend sind die Vorschriften der Übersichtlichkeit wegen in drei Paragraphen zerlegt.

§ 69.

Abs. (1) behandelt in Anlehnung an den bisherigen § 61 Abs. (2) die Fälle, wo die Eisenbahn Vorausbezahlung der Fracht verlangen kann. Neu ist die Vorschrift im letzten Satze, die einem hervorgetretenen Bedürfnisse Rechnung trägt.

Abs. (2) entspricht im wesentlichen dem bisherigen § 61 Abs. (1), erster Satz. Hinzugefügt ist eine dem neuen Zusatzübereinkommen zum Internationalen Übereinkommen entsprechende und für den Verkehr unentbehrliche Vorschrift wegen Zulassung von Teilzahlungen.

Abs. (3) bisher § 51 Abs. (1) i).

Abs. (4) und (5). Diese für den Abschluß des Frachtvertrags wichtigen Vorschriften, die bisher im Tarife standen, gehören in die Verkehrsordnung.

Abs. (6) gibt im wesentlichen den letzten Satz des bisherigen Abs. (1),

Abs. (7) den bisherigen Abs. (3) wieder. Die Vorschrift, wonach die Eisenbahn auch für die vom Absender übernommenen Zoll- und ähnlichen Kosten Sicherheit verlangen kann, ist hinzugefügt; sie entspricht der bisherigen Übung.

§ 70

entspricht dem Abs. (4) des bisherigen § 61. Durch den neuen Abs. (4) ist eine Meinungsverschiedenheit über die rechtliche Natur derartiger Frachterstattungsansprüche zutreffend dahin entschieden, daß diese „Ansprüche aus dem Frachtvertrage" sind.

§ 71

entspricht bei Verbesserung der Fassung den Abs. (5) bis (7) des bisherigen § 61.

Zu § 72, bisher § 62.

Abs. (1) entspricht dem ersten Satze des jetzigen Abs. (1). Der bisherige zweite Satz, der die Eisenbahn berechtigt, bei den frei zu stellenden Gütern die Belastung mit Nachnahme zu verweigern, ist nach dem Vorgange des Internationalen Übereinkommens weggelassen. Durch die Hinzufügung der Worte „nach Eingang" hinter „Nachnahme" soll der Gegensatz zu den „Barvorschüssen" (Abs. (5)) deutlicher hervorgehoben werden.

Abs. (2) und (3) entsprechen dem bisherigen Abs. (3) und (4). Die Vorschrift im bisherigen Abs. (4), wonach das über die Auszahlung von Nachnahme Gesagte auch für die von den Spediteuren nachgenommenen Auslagen gilt, die vor der Aufgabe für das Frachtgut gemacht sind, ist als selbstverständlich weggelassen.

Abs. (4) entspricht in kürzerer Form dem bisherigen Abs. (5).

Abs. (5) regelt in Anlehnung an den bisherigen Abs. (6) die Gewährung von Barvorschüssen.

Im Abs. (6) ist die Vorschrift des bisherigen § 51 k) wiedergegeben und zugleich die jetzt nur aus dem Frachtbriefmuster zu folgernde Bestimmung eingefügt, daß der Betrag der Nachnahme mit Buchstaben in den Frachtbrief einzutragen ist. Der letzte Satz ist zur Vermeidung von Weiterungen aufgenommen.

Abs. (7) gibt den ersten Satz des Abs. (2) wieder. Die Vorschriften über die von der Eisenbahn nachgenommenen Auslagen und Gebühren befinden sich im § 68.

Zu § 73, bisher § 64.

Abs. (1) ist in Anlehnung an das neue Zusatzübereinkommen zum Internationalen Übereinkommen erheblich erweitert. Die bisher erst in Abs. (5) getroffene Vorschrift, wodurch die Eisenbahn zur Ausführung nachträglicher Verfügungen verpflichtet wird, ist hierher übernommen. Am Schlusse ist eine für den Absender wertvolle Vorschrift angefügt, wonach er unverzüglich benachrichtigt werden muß, wenn die Eisenbahn seine Verfügung nicht ausführen kann.

Abs. (2) ist eingefügt, damit die Eisenbahnen in der Lage sind, den hervortretenden Bedürfnissen des Verkehrs ohne weiteres zu entsprechen. Bisher waren andere als die in der EVO. vorgesehenen Verfügungen nach Abs. (1) unzulässig.

Abs. (3). Die Vorschrift im ersten Satze war bisher im Tarif vorgesehen, sie gehört aber wegen ihrer Wichtigkeit in die EVO. Im zweiten Satze — bisher Abs. (6) — ist die

Festsetzung des Musters für die Verfügungen mit Rücksicht auf die in Abs. (2) den Eisenbahnen erteilte Ermächtigung dem Tarife überlassen. Die Vorschrift über die Unterzeichnung der Frachtbriefe wird zweckmäßig auch für die Verfügungen gelten. Die Aufnahme des letzten Satzes entspricht einem Wunsche des Handelsstandes.

Abs. (4) ist ebenfalls auf dringenden Antrag der Interessenten eingefügt. Die früher ausnahmslos vorgeschriebene Vermittelung der Versandstation erfordert einen solchen Zeitaufwand, daß der Zweck der Verfügungen nicht selten vereitelt wurde.

Abs. (5) enthält ohne sachliche Änderungen die zusammengehörigen Vorschriften im früheren Abs. (2) und im zweiten Satze des früheren Abs. (6). Der Schlußsatz ist im Verkehrsinteresse zur Vermeidung von Unzuträglichkeiten aufgenommen.

Der neue Abs. (6) gibt dem Absender, der nicht mehr im Besitze des Frachtbriefduplikats oder des Aufnahmescheins und daher nach Abs. (5) im allgemeinen nicht mehr verfügungsberechtigt ist, ausdrücklich das Recht, über das Gut zu verfügen, wenn der Empfänger die Annahme verweigert. Diese Befugnis ist für den Absender, wie der Handel geltend gemacht hat, von großem Werte, weil der Empfänger, der nach der Annahmeverweigerung kein weiteres Interesse an dem Gute hat, mit der Rücksendung des ihm übermittelten Duplikats häufig sehr säumig ist.

Abs. (7). Die neuen Vorschriften sind im Interesse der Aufrechthaltung eines geordneten Betriebs erforderlich.

Abs. (8). Der neue Wortlaut soll klarstellen, daß die Eisenbahn für die Ausführung der nachträglichen Verfügung außer der tarifmäßigen besonderen Gebühr die Zahlung der etwa entstehenden höheren Fracht- und Nebengebühren sowie sonstiger Auslagen verlangen kann. Nach dem Schlußsatze soll die Eisenbahn wie bei der Fracht — § 68 Abs. (1) — Vorausbezahlung fordern dürfen. Diese Vorschriften entsprechen der bestehenden Übung.

Abs. (9) stimmt im wesentlichen mit dem bisherigen Abs. (4) überein.

### Zu § 74, bisher § 65.

Die bisherigen Vorschriften stammen aus einer Zeit, wo das deutsche Eisenbahnnetz noch wenig dicht war. Während damals bei Sperrung des Betriebs auf einer Eisenbahnstrecke die Beförderung in der Regel unmöglich wurde, kann sie jetzt in den meisten Fällen über Hilfswege erfolgen. Den geänderten Verhältnissen trägt die neue Fassung Rechnung.

Abs. (1) behandelt den die Regel bildenden Fall, daß die Beförderung über einen Hilfsweg möglich ist. Für seine Benutzung sollen die Eisenbahnen keine Mehrfracht erheben dürfen. Da der Absender fast immer das größte Interesse daran hat, daß sein Gut so schnell wie möglich befördert wird, scheint es zweckmäßig, die Eisenbahn zu verpflichten, ohne weiteres den Hilfsweg zu benutzen. Durch ein Anhalten des Gutes und durch das Einholen einer Verfügung des Absenders würde immer eine Verzögerung herbeigeführt werden.

Abs. (2) und (3) regeln in Anlehnung an die bisherige Vorschrift den Fall, daß die Beförderung unmöglich ist.

Die im Abs. (4) vorgesehene Bestimmung ist jetzt im Tarif enthalten, sie gehört aber ihrem Wesen nach in die Verkehrsordnung.

### Zu § 75, bisher § 63.

Gegen die bisherigen Bestimmungen treten folgende Änderungen ein:

Abs. (1), (3) und (4). Nach den bisherigen Vorschriften im Abs. (1) waren die Lieferfristen durch den Tarif festzusetzen. Tatsächlich werden aber nur die regelmäßigen Fristen einschließlich der Zuschlagsfristen für Güternebenstellen und für den Übergang auf Bahnen mit anderer Spurweite in den Tarif aufgenommen, während die zeitlich begrenzten Zuschlagsfristen für außergewöhnliche Verkehrsverhältnisse durch besondere Bekanntmachungen veröffentlicht werden. Dieser Übung wird durch die neue Fassung Rechnung getragen. Im Abs. (4) ist zur Ausfüllung einer Lücke vorgeschrieben, daß die Zuschlagsfristen nicht vor ihrer Veröffentlichung in Kraft treten.

Abs. (5). Die Lieferfrist soll auf den dringenden Wunsch der Interessenten bei den am Vormittag aufgelieferten Gütern schon um 12 Uhr Mittags beginnen. Dies scheint ohne erhebliche Opfer der Eisenbahnen möglich, weil die Anzahl dieser Güter der Natur der Sache nach immer beschränkt bleiben wird; anderseits werden aber die Absender durch die neue Vorschrift vielleicht doch bewogen werden, die Güter mehr als bisher in den Vormittagsstunden aufzuliefern, was im Interesse der Eisenbahnen sehr erwünscht wäre. Die weitergehenden Wünsche der Verkehrsinteressenten auf Abkürzung der Lieferfristen werden von den Eisenbahnverwaltungen nicht für durchführbar gehalten. Am Schlusse sind die Worte „und das Gut zur Auslieferung bereit gestellt ist“ angefügt, um eine Lücke in den heutigen Vorschriften, die zu Unzuträglichkeiten führen könnte, zu beseitigen.

Abs. (6). Hier und im § 79 Abs. (5) ist auf Wunsch des Handels dem Absender das Recht eingeräumt, vorzuschreiben, daß der Empfänger von der Ankunft bahnlagernd gestellter Güter benachrichtigt werde.

Abs. (7). Das Ruhen der Lieferfristen wird billigerweise auch auf die durch nachträgliche Verfügungen des Absenders verursachten Verzögerungen auszudehnen sein.

Abs. (8) und (9). Die Änderungen sind durch die neuen Vorschriften im Abs. (5) bedingt.

Die bisherigen §§ 66 bis 68 sind im Interesse größerer Übersichtlichkeit in der Weise neu geordnet, daß im neuen § 76 die allgemeinen Vorschriften über die Ablieferung, im § 77 die Vorschriften über die Nachzählung und Nachwägung auf der Bestimmungsstation, im § 78 die Vorschriften über die Zuführung und im § 79 die Vorschriften über die Benachrichtigung des Empfängers von der Ankunft der Güter zusammengestellt sind.

### Zu § 76, bisher § 66.

Abs. (1) enthält im ersten Satze den bisherigen Abs. (1). Die Fassung lehnt sich mehr als bisher an den § 435 des HGB. an. Hinzugefügt ist der hierher gehörige frühere § 75 Abs. (2), der zur Vermeidung hervorgetretener Mißdeutungen dahin ergänzt ist, daß der Übergabe an den Empfänger nur die Übergabe an solche Räume der Zollverwaltung gleichsteht, die nicht unter Verschluß (Mitverschluß) der Eisenbahn stehen. Die sogenannten Eisenbahn-Zollschuppen sind also hiermit nicht gemeint.

Abs. (2) und (3). Der Abs. (3) konnte dem bisherigen Abs. (3) gegenüber wesentlich vereinfacht werden, weil ein Teil der jetzt darin erwähnten Frachtbriefvorschriften veraltet ist. Als Ort der Ablieferung ist neben der Bestimmungsstation auch die dieser gleichstehende Güternebenstelle berücksichtigt.

Als Abs. (4) ist der bisherige § 67, der hierher gehört, aufgenommen.

Abs. (5) gibt in vereinfachter Fassung den bisherigen Abs. (4) wieder.

Im Abs. (6) sind die aus § 68 Abs. (1) übernommenen Vorschriften über das Ausladen mit einigen Verbesserungen der Fassung enthalten.

Abs. (7) betrifft die Fälle, wo die Güter dem Empfänger zugeführt werden, oder wo ihm von der Ankunft Nachricht zu geben ist (bisher § 68 Abs. (1)).

Abs. (8) ist aus dem bisherigen § 60 Abs. (3) übernommen.

Als Abs. (9) sind die hierher gehörigen Vorschriften des § 68 Abs. (4) über die Ablieferung der nach solchen Orten bestimmten Güter eingefügt, wo keine Abfertigungs- oder Güternebenstelle vorhanden ist; die Fassung ist aber unter näherer Anlehnung an § 468 des HGB. geändert.

Abs. (10) stimmt im wesentlichen mit dem § 68 Abs. (7) überein.

### § 77

entspricht § 68 Abs. (8). Auf Wunsch der Interessenten sind auch Vorschriften über die Nachzählung der Frachtstücke vorgesehen.

Abs. (2) lehnt sich in der Fassung an § 58 Abs. (3) an.

### Zu § 78.

Abs. (1) entspricht dem Abs. (3) des bisherigen § 68. Hinzugefügt ist wie im § 63 Abs. (8) eine Vorschrift, wonach die Eisenbahn die Gebühr durch Aushang bekannt zu machen hat und die Rollfuhrleute den Tarif mit sich führen müssen.

Abs. (2) und (3) stimmen im wesentlichen mit § 68 Abs. (5) und (6) überein. Das Recht der Empfänger, die Güter selbst abzuholen, soll aber, dem Wunsche der Verkehrsinteressenten entsprechend, künftig dauernd nur dann beschränkt oder aufgehoben werden, wenn besondere örtliche Verhältnisse dies erfordern.

Abs. (4). Die für Eilgut bisher im § 68 Abs. (2) allgemein vorgeschriebene Zuführungsfrist von 6 Stunden läßt sich der örtlichen Verhältnisse wegen vielfach nicht einhalten, während es anderseits in manchen Orten angängig ist, sie abzukürzen. Aus diesem Grunde empfiehlt es sich, keine bestimmte Frist vorzuschreiben und ihre Festsetzung der Eisenbahn zu überlassen.

### Zu § 79.

Abs. (1). Die bisher im § 68 Abs. (1) enthaltenen Vorschriften sind vereinfacht. Den heutigen Verhältnissen entsprechend ist auch die Benachrichtigung durch Fernsprecher vorgesehen.

Abs. (2) entspricht im wesentlichen den bisherigen Bestimmungen im § 68 Abs. (2) Auf Wunsch der Interessenten ist ausdrücklich ausgesprochen, daß die Benachrichtigung „sofort" nach der Bereitstellung erfolgen muß. Der Zwischensatz „sofern nicht außergewöhnliche Verhältnisse eine längere Frist unvermeidlich machen" ist als den heutigen Verkehrsverhältnissen nicht mehr entsprechend gestrichen.

Abs. (3). Die bisher nur im Tarife getroffenen Vorschriften darüber, wann die Benachrichtigung bei den verschiedenen Arten der Zustellung als erfolgt gilt, werden wegen ihrer rechtlichen Bedeutung in die Verkehrsordnung aufzunehmen sein. Die Benachrichtigung durch Telegramme soll nicht mehr mit der Aufgabe, sondern im Interesse der Empfänger erst eine Stunde nach der Aufgabe als bewirkt gelten.

Abs. (4) ist seinem Inhalte nach aus § 68 Abs. (1) dritter und letzter Satz übernommen.

Abs. (5) enthält den vorletzten Satz aus § 68 Abs. (1). Dem Absender ist jedoch das wichtige Recht eingeräumt, bei bahnlagernden Gütern im Frachtbriefe die Benachrichtigung über die Ankunft vorzuschreiben.

Abs. (6) ist aufgenommen, weil die Empfänger von Wagenladungsgütern, die bei Umladungen erfahrungsgemäß leiden, großen Wert darauf legen, vor Einlösung des Frachtbriefs und Annahme der Sendung von der Umladung Kenntnis zu erhalten, um das Gut genau prüfen und etwaige Beschädigungen sofort feststellen zu können.

### Zu § 80, bisher § 69.

Abs. (1) und (2) geben in vereinfachter Fassung die bisherigen Abs. (1) und (2) wieder. In Abs. (2) scheint eine Bekanntmachung der Entladefrist in einem Ortsblatte nach den gemachten Erfahrungen entbehrlich. Dagegen ist eine der Billigkeit entsprechende Vorschrift hinzugefügt, wonach die Entladefristen erst beginnen, wenn das Gut zum Ausladen bereitgestellt ist. Am Schlusse dieses Absatzes ist eine nicht unzweckmäßige Bestimmung eingeschaltet, die der Eisenbahn das Recht einräumt, zu verlangen, daß die Güter während der Dienststunden ausgeladen und abgeführt werden.

Abs. (3) entspricht dem jetzigen Abs. (3); wegen des Zusatzes, betreffend bahnlagernde Güter, vgl. § 79 Abs. (5). Die Abnahmefrist soll auch hier nicht mehr mit der Ankunft, sondern erst mit der Bereitstellung des Gutes beginnen.

Abs. (4) enthält die bisher bei der Auflieferung (§ 56 Abs. (3)) behandelten, hierher gehörigen Auslieferungsbeschränkungen an Sonn- und Festtagen.

Abs. (5) entspricht im allgemeinen dem bisherigen Abs. (4); auch hier ist jetzt die polizeiliche Abfertigung berücksichtigt. Auf die Vorschrift, daß der Absender die Dauer der Abfertigung nachzuweisen hat, kann verzichtet werden.

Abs. (6), bisher Abs. (5). Auf dringenden Wunsch der Interessenten ist, ebenso wie im § 63 Abs. (6), unter gewissen Voraussetzungen auf Wagenstandgeld an Sonn- und Festtagen verzichtet.

Abs. (7) und (8) enthalten in vereinfachter Fassung die Vorschriften der bisherigen Abs. (6) und (7). Neu ist der im Verkehrsinteresse angefügte Schlußsatz des Abs. (7), wonach die Eisenbahn auf Verlangen des Empfängers die vergeblich versuchte Abholung auf dem Frachtbriefe zu bescheinigen hat.

## Zu § 81, bisher § 70.

Zur Beseitigung hervorgetretener Mißverständnisse und rechtlicher Bedenken ist in der neuen Fassung zwischen der „Annahme" und der „Abnahme" des Gutes, die bisher gleichmäßig behandelt waren, streng unterschieden. Die Abs. (1) bis (5), wonach die Verfügung des Absenders über das Gut einzuholen ist, das Gut auf Gefahr und Kosten des Absenders lagert, und dem Absender der Verkaufserlös zuzustellen ist, können für Güter nicht gelten, die zwar angenommen, aber nicht abgenommen sind, weil mit der Einlösung des Frachtbriefs die Rechte des Absenders aus dem Frachtvertrag erloschen und auf den Empfänger übergegangen sind. Deshalb sind die Abnahmeverzögerungen in den Abs. (1) bis (5) unberücksichtigt geblieben und in den Abs. (6) verwiesen.

### Im einzelnen:

Abs. (1) ist dem bisherigen Abs. (1) entnommen. Neu ist die Bestimmung, daß die für die Einlösung der Frachtbriefe in den Dienstvorschriften vorgesehenen Fristen im Tarife bekannt zu machen sind. Dies empfiehlt sich, weil die Empfänger ein lebhaftes Interesse haben, von diesen Fristen allgemein Kenntnis zu erhalten. Ferner ist auf Wunsch der Interessenten ebenso wie im letzten Zusatzübereinkommen zum Internationalen Übereinkommen eine Vorschrift eingeschaltet, wonach der Absender im Frachtbrief eine unmittelbare Benachrichtigung durch den Telegraph oder brieflich über die Ablieferungshindernisse verlangen und in diesem Falle seine Anweisung gleichfalls unmittelbar an die Bestimmungsstation richten kann. Auch die Rücksendung des Gutes im Falle eines Ablieferungshindernisses soll er im Frachtbriefe vorschreiben können.

Abs. (2) ist zur Beseitigung der über diese Frage bestehenden Rechtsunsicherheit eingefügt und regelt die Fälle in einer für das verkehrstreibende Publikum wie für die Eisenbahn erwünschten Weise.

Abs. (3) und (4), früher Abs. (2) und (3). Der letzte Satz des bisherigen Abs. (3) ist in den Abs. (5) übernommen. Hinzugefügt ist am Ende des Abs. (4) eine Vorschrift, wonach die Eisenbahn für den Verkauf des Gutes eine Gebühr erheben darf. Dies ist erforderlich, weil dem hier und da bemerkten Bestreben, die Eisenbahn als Verkaufsvermittler für unbestellt abgesandte Waren zu benutzen, ein Riegel vorgeschoben werden muß. Von dem bevorstehenden Verkaufe des Gutes soll künftig auch der Empfänger benachrichtigt werden, weil er sich hierdurch noch zur Annahme der Sendung bestimmen lassen kann.

Abs. (5), bisher Abs. (4). Der aus Abs. (3) übernommene Schlußsatz ist durch die Berücksichtigung der Verkaufsgebühr ergänzt.

Abs. (6) regelt in Anlehnung an die bisherige Übung das Verfahren bei verweigerter oder verzögerter Abnahme.

## Zu § 82, bisher § 71.

Abgesehen von Vereinfachungen der Fassung sind die bisherigen Vorschriften dadurch geändert, daß als Abs. (4) eine bisher im Tarife vorgesehene Bestimmung hinzugefügt wurde, wonach der Verfügungsberechtigte, der eine Minderung oder Beschädigung des Gutes behauptet und dadurch eine Untersuchung veranlaßt hat, deren Kosten zu tragen hat, wenn keine oder nur eine von der Eisenbahn schon anerkannte Minderung oder Beschädigung festgestellt wird. Da Bedenken über die Rechtsgültigkeit der an sich gerechtfertigten Tarifvorschrift bestehen, wird ihre Übernahme in die Verkehrsordnung empfohlen. Durch die gewählte Fassung würden auch die jetzt hervorgetretenen Zweifel darüber, wer die Kosten zu tragen hat, wenn die Behauptung des Berechtigten sich nur zum Teil als richtig erweist, beseitigt werden.

Im Abs. (1) ist, einem Wunsche der Verkehrsinteressenten entsprechend, vor „festzustellen" das Wort „schriftlich" eingefügt worden.

## § 83

gibt in klarerer Fassung den Inhalt des bisherigen § 72 wieder. Der letzte Satz ist hinzugefügt, um klarzustellen, daß durch diese Vorschrift das Recht der Beteiligten, sich auf Grund der Zivilprozeßordnung den Beweis zu sichern, nicht berührt wird.

§ 84

entspricht dem bisherigen § 75 Abs. (1). Der frühere Abs. (2) ist nach § 76 Abs. (1) übernommen.

Zu § 85, bisher § 76.

Abs. (1) und (2). Nach einer Reihe von Orten, die an der Eisenbahn liegen, können wegen fehlender Einrichtungen Güter nicht abgefertigt werden. Da auch diese Orte nach Sinn und Zweck des § 468 HGB. in Verbindung mit § 53 der Verkehrsordnung so anzusehen sind, als wenn sie nicht an der Eisenbahn lägen, während anderseits für die Beförderung nach abseits der Bahn liegenden Orten mit Güternebenstellen die Haftpflicht der Eisenbahn als Frachtführer bis zur Güternebenstelle besteht, so mußte der bisherige Wortlaut entsprechend geändert werden.

Zu § 86, bisher § 77.

Die mit § 459 des HGB. gleichlautenden Bestimmungen sind beibehalten.

Zu § 87, bisher § 78.

Die aus § 460 des HGB. entnommenen Bestimmungen sind beibehalten, die übrigen Vorschriften in der Fassung verbessert; die bisherigen Abs. (1) bis (3) sind in den ersten Absatz zusammengefaßt. Abs. (5) ist hinzugefügt, um der irrigen Auffassung zu begegnen, daß höchstens 2 Prozent Kalo abgezogen werden dürften, auch bei solchen Gütern, die erfahrungsmäßig einen größeren Gewichtsverlust erleiden können (z. B. Eis und dergleichen).

Zu § 88, bisher §§ 80 und 83.

Die zusammengehörigen Vorschriften über die Höhe des Schadensersatzes sind in einem Paragraphen vereinigt, der dem Zusammenhange nach an dieser Stelle einzureihen sein wird.

Abs. (1) entspricht dem bisherigen § 80. Am Ende sind die Worte „bezahlt ist" ersetzt durch „schon bezahlt oder noch zu bezahlen ist". Bei Sendungen auf Zollbegleitschein II z. B. können die Zollgebühren sichergestellt aber noch nicht bezahlt sein; ähnlich liegen die Fälle bei Frachtstundungen.

Abs. (2) entspricht dem bisherigen § 83. Der zweite Satz ist als überflüssig weggelassen.

Zu § 89, bisher § 81.

Abs. (1) entspricht dem bisherigen Abs. (1); am Ende ist die hierher gehörige Bestimmung angefügt, wonach der Absender den Ausnahmetarif, dessen Anwendung er wünscht, im Frachtbriefe bezeichnen muß (bisher § 51 Abs. (1) e)).

Abs. (2) stimmt, von einigen Fassungsverbesserungen abgesehen, mit dem bisherigen Abs. (2) überein.

Zu § 90, bisher § 79.

Ohne sachliche Änderung ist die Fassung verbessert.

Zu § 91, bisher § 82.

Die Fassung ist vereinfacht und verbessert. Die frühere Vorschrift, wonach der Entschädigungsberechtigte nur, wenn das Gut innerhalb von 4 Monaten nach Ablauf der Lieferfrist wieder aufgefunden wurde, dessen Zustellung verlangen konnte, ist auf Wunsch der Interessenten weggelassen. Bei Erb- und Familienstücken z. B. wird oft großer Wert auf ihre Wiedererlangung gelegt. Der Zusatz am Schlusse des § 91 Abs. (2) ist durch die neue Fassung des § 94 bedingt.

Zu § 92, bisher § 84.

Außer einigen Verbesserungen der Fassung sind folgende Änderungen vorgenommen:

Der für die Angabe des Interesses an der Lieferung von der Eisenbahn zu erhebende Betrag stellt sich seiner Natur nach nicht als ein Frachtzuschlag im Sinne des § 60, sondern als eine Gebühr dar, weshalb er in den Abs. (1) und (3) auch als solche bezeichnet ist.

Zur Beseitigung von Zweifeln darüber, welcher Betrag für die im bisherigen Abs. (3) bestimmten Rechnungseinheiten festgesetzt werden darf, ist in Anlehnung an die neue Bestimmung des Internationalen Übereinkommens die jetzt im Nebengebührentarife der deutschen Eisenbahnen vorgesehene Gebühr eingestellt.

### Zu § 93, bisher § 85.

Die aus § 463 des HGB. übernommenen Vorschriften sind beibehalten.

### Zu § 94, bisher §§ 86 und 87.

Die frühere Vorschrift, wonach bei Lieferfristüberschreitungen von weniger als 12 Stunden keine Vergütung verlangt werden konnte, ist auf Wunsch der Verkehrsinteressenten, die darin eine ungerechtfertigte Verlängerung der ihres Erachtens ohnehin reichlich bemessenen Lieferfristen erblicken, weggelassen.

In den Abs. (1) und (2) ist ebenso wie im neuen Zusatzübereinkommen zum Internationalen Übereinkommen aus Billigkeitsgründen eine Vorschrift aufgenommen, wonach bei einer zu niedrigen Angabe des Interesses an der Lieferung mindestens die ohne Angabe des Interesses zu leistende Frachtvergütung beansprucht werden kann. Wegen der geänderten Fassung im Eingange des Abs. (2) vgl. die Begründung zu § 37 Abs. (2).

Die bisher offene und verschieden beantwortete Frage, ob neben den Ansprüchen wegen Verlust, Minderung oder Beschädigung des Gutes noch ein Anspruch wegen Versäumung der Lieferfrist geltend gemacht werden kann, soll durch den neuen Abs. (3) in bejahendem Sinne geregelt werden.

### § 95

stimmt mit dem bisherigen § 88 überein.

### § 96, bisher § 89.

Zur Vermeidung von Mißverständnissen sind hier auch die Gegenstände erwähnt, deren Beförderung nach § 3 Abs. (1) Ziffer 2 verboten ist.

### § 97, bisher § 90.

Abgesehen von Verbesserungen in der Fassung sind folgende Änderungen vorgenommen:

Abs. (1) Ziffer 4. Am Schlusse ist im Interesse der Verfrachter der letzte Satz aus § 438 Abs. 3 des HGB. hinzugefügt.

Ziffer 5. Die Erwähnung dieser Ansprüche scheint zur Vermeidung von Irrtümern erwünscht.

### § 98

entspricht, abgesehen von einigen Fassungsänderungen, dem bisherigen § 91.

### Zu §§ 99 und 100, bisher §§ 73 und 74.

Nach § 100 Abs. (5) sollen die Bahnen den Schaden nicht mehr nach ihren Frachtanteilen, sondern nach dem Verhältnis ihrer Streckenlängen gemeinsam tragen. Hierdurch wird das Abrechnungsgeschäft wesentlich gefördert, weil die Anteilszahlen häufig erst jahrelang nach der Herausgabe des Tarifs festgestellt werden.

# Anlagen.

## Anlage A und B, bisher A und A 1.

Die Fassung ist vielfach verbessert.

In der Anlage A ist dem Umstande, daß die Leiche auch ohne Begleiter befördert werden kann, Rechnung getragen.

In der Anlage B § 2 Abs. (1) sind auf Antrag der Landwirtschaft unter die Monate, in denen offene Wagen nur auf Wunsch der Absender gestellt werden dürfen, noch der März und der November aufgenommen.

Im § 6 Abs. (1) sind — ebenfalls auf Antrag der landwirtschaftlichen Kreise — die Vorschriften über das Ausladen der Tiere zum Füttern und Tränken als unzweckmäßig weggelassen.

## Anlage C, bisher B.

Die Bestimmungen der bisherigen Anlage B zur Eisenbahn-Verkehrsordnung entbehren, wie sich aus der Entstehungsgeschichte dieser Anlage erklärt, vielfach der vom Standpunkte der Verkehrsinteressenten wie der Eisenbahn gleich wünschenswerten Übersichtlichkeit und Einheitlichkeit. Sie sind ohne eine bestimmte Richtschnur aufgestellt und geordnet. Auch sind häufig gleichartige Gegenstände ohne Grund unter mehreren Nummern behandelt, was zur Folge hat, daß für sie ganz verschiedene Beförderungsbedingungen vorgesehen sind. Dazu kommt, daß zahlreiche Vorschriften sich infolge der neueren Fortschritte auf dem Gebiete der Technik und der Chemie als dringend änderungsbedürftig erwiesen haben.

Um diesen Mängeln abzuhelfen, war eine gründliche Umarbeitung notwendig.

Dieser Aufgabe hat sich unter Leitung des Reichs-Eisenbahnamts ein besonderer Ausschuß von Vertretern des Königlich Preußischen Handelsministeriums, der Königlich Preußischen Technischen Deputation für Gewerbe und des Königlich Preußischen Militär-Versuchsamts unterzogen, der in enger persönlicher Fühlung mit der beteiligten Industrie arbeitete.

In der neuen Anlage C sind die bedingungsweise zur Beförderung zugelassenen Gegenstände in 6 Gruppen (Nummern I bis VI) eingeteilt, von denen die erste (explosionsgefährliche Gegenstände) wieder in 5 Unterabteilungen (a bis e) zerfällt. Stoffe, die verschiedene Gefahren in sich schließen, sind der Gruppe zugewiesen, wohin sie ihrer vornehmlichen Gefährlichkeit nach gehören. Von verschiedenen zur Auswahl stehenden Sicherheitsvorschriften sind im Interesse des Verkehrs die leichtesten vorgesehen, soweit dies ohne Beeinträchtigung der Betriebssicherheit geschehen konnte. Die feuergefährlichen festen Stoffe (Heu, Stroh, Torf, Holzspäne und dergleichen), die unter Umständen durch Funkenflug aus der Maschine in Brand geraten können, die übelriechenden — nicht zugleich fäulnisfähigen — Stoffe und die staubenden Güter (Gips, Kalkäscher und dergleichen) sind weggelassen, weil die mit ihrer Beförderung verbundene Gefahr verhältnismäßig gering und ihre vollständige Aufzählung schwierig ist. Der Eisenbahn ist durch die neue Vorschrift im § 62 Abs. (6) die Möglichkeit gegeben, sich durch geeignete Verpackungsvorschriften im Tarife vor Schäden, die durch solche Güter entstehen können, zu schützen.

Wegen der grundsätzlichen Verschiedenheit der bisherigen und der neuen Anlage muß davon abgesehen werden, die Abweichungen einzeln aufzuführen und zu erörtern.

Hervorgehoben darf folgendes werden:

Für jede Sprengmittel-Gruppe (I a. A.) ist zur Prüfung der darin aufgeführten Sprengmittel auf ihre Gefährlichkeit ein bestimmter Vergleichsstoff vorgesehen, was bisher nur bei den Stoffen der Nr. LIII a der Fall war.

Kesselwagen sind in dem Entwurfe nur da ausdrücklich erwähnt, wo bei ihrer Verwendung besondere Sicherheitsvorschriften zu beachten sind. Sie sonst noch hervorzuheben, erschien überflüssig, weil die Anlage C, ihrem Zweck entsprechend, nur die im Interesse der Betriebssicherheit erforderlichen Vorschriften über die Art und Beschaffenheit der Packgefäße zu treffen, nicht aber zu entscheiden hat, ob es dem Bedürfnisse des Verkehrs mehr entspricht, wenn die vorgeschriebenen Gefäße lose verladen oder wenn sie mit dem Wagen fest verbunden sind (Kesselwagen, Topfwagen und dergleichen). Die Beurteilung dieser Frage wird ebenso wie bei den bedingungslos zur Beförderung zugelassenen Gütern zweckmäßig den Eisenbahnen zu überlassen sein.

Mehrere Gegenstände sind wegen ihrer Gefährlichkeit neu aufgenommen, andere, die im Handel nicht mehr vorkommen, sind gestrichen worden.

Die Schlußbestimmung trägt einem dringenden Wunsche der Vertretungen von Handel und Industrie Rechnung, um eine schnellere Erledigung der im Verkehrsinteresse erforderlichen Änderungen und Ergänzungen zu ermöglichen.

Um den Abfertigungsbeamten die Handhabung der neuen Vorschriften zu erleichtern, hat das Reichs-Eisenbahnamt ein alphabetisches Verzeichnis der in der Anlage C aufgeführten Gegenstände unter Angabe der in Frage kommenden Beförderungsbedingungen aufgestellt.

### Anlage D und E, bisher Anlage C und D.

Auf Wunsch der Verkehrsinteressenten und der Eisenbahnverwaltungen ist das Frachtbriefmuster den Forderungen des modernen Verkehrs gemäß geändert.

Die Spalten „Nummer" und „Eigentumsmerkmale" sind, dem Bedürfnis entsprechend, verbreitert. Um dies zu ermöglichen, wurden die Spalten „Ladegewicht" und „Ladefläche", von denen immer nur eine in Frage kommt, vereinigt.

In der Frachtbriefadresse ist ebenso wie in der von den Eisenbahnverwaltungen neuerdings eingeführten Eisenbahnpaketadresse statt „Station der .......... Eisenbahn" gesetzt „Bestimmungsstation". Die Angabe der Bestimmungsbahn ist nach § 56 Abs. (1) nicht mehr erforderlich. Die Spalte „etwa beantragter Transportweg" ist zur Vermeidung irriger Auslegung durch die Verfrachter den Vorschriften der Verkehrsordnung entsprechend geändert. Die Spalte „Frachtkarte $\frac{\text{Nr.}}{\text{Pos.}}$――――", die nach Einführung des neuen Abfertigungsverfahrens auf allen deutschen Bahnen für den inneren Verkehr entbehrlich ist, ist weggelassen. Für die zulässigen oder vorgeschriebenen Erklärungen ist, lebhaften Wünschen der Interessenten entsprechend, unter der Adresse Raum vorgesehen. Da der Absender nach § 56 Abs. (1) o) verpflichtet ist, seine Wohnung anzugeben, so ist eine bezügliche Ergänzung des Vordrucks vorgesehen.

Die Spalten „Interesse an der Lieferung", „Nachnahme", „Duplikat (Aufnahmeschein) beantragt?" und „Freivermerk des Absenders" sowie der Raum für den Duplikatstempel sind auf die zweite Seite des Musters verwiesen, um mehr Raum für die Angabe des Inhalts und für die Unterschrift des Absenders zu gewinnen. Durch die Änderung soll auch verhütet werden, daß die Nachnahmebeträge bei Aufstellung der Rechnung von den Abfertigungsbeamten übersehen werden, wie es bisher öfters geschehen ist. Das der Berechnung zugrunde zu legende Gewicht ist im Interesse größerer Übersichtlichkeit ebenfalls auf der zweiten Seite vorgesehen und daneben die Tarifklasse und der Frachtsatz vermerkt.

Die Anlage F entspricht der bisherigen Anlage F.

Die bisherigen Anlagen E und G sind durch die neue Fassung der §§ 62 Abs. (2) und 73 Abs. (2) entbehrlich geworden.

Der Anhang ist, der neuen Anlage C entsprechend, umgearbeitet. In der Überschrift ist dem Umstande Rechnung getragen, daß durch geeignete Vorrichtungen ein Bruch der Oberleitung unschädlich gemacht werden kann.

# Sachverzeichnis.*)

(Die Zahlen bedeuten die Paragraphen und Absätze der EVO.)



*) Das alphabetische Verzeichnis der durch die Anlage C bedingungsweise zur Beförderung zugelassenen Gegenstände siehe Seite 103.

GPSR Compliance

*The European Union's (EU) General Product Safety Regulation (GPSR) is a set of rules that requires consumer products to be safe and our obligations to ensure this.*

*If you have any concerns about our products, you can contact us on ProductSafety@springernature.com*

In case Publisher is established outside the EU, the EU authorized representative is:

Springer Nature Customer Service Center GmbH
Europaplatz 3
69115 Heidelberg, Germany

**Batch number: 10866362**

Printed by Printforce, the Netherlands